Voss | **BWL kompakt**
Grundwissen
Betriebswirtschaftslehre

Dr. Rödiger Voss | **BWL kompakt**
Grundwissen
Betriebswirtschaftslehre

Merkur
Verlag Rinteln

das Kompendium®

herausgegeben von Christian Jaschinski

Verfasser:

Dr. Rödiger Voss

Akademischer Rat am Institut für Bildungsmanagement,
Pädagogische Hochschule Ludwigsburg

1. Auflage 2004
© 2004 by MERKUR VERLAG RINTELN

Gesamtherstellung:

MERKUR VERLAG RINTELN
Hutkap GmbH & Co. KG, 31735 Rinteln

E-Mail: info@merkur-verlag.de   info@das-kompendium.de
Internet: www.merkur-verlag.de   www.das-kompendium.de

ISBN 3-8120-0646-4

Vorwort des Herausgebers

Liebe Leserin, lieber Leser,

Wirtschaftswissenschaft ist ein umfassendes und faszinierendes Fachgebiet. Wissenschaft und Praxis sollen einander befruchten und der Fortentwicklung des Wissens und somit dem wirtschaftlichen Erfolg zum Wohle aller dienen. Dem trägt die Buchreihe das Kompendium Rechnung, indem sie den Spagat zwischen wissenschaftlichem und praktischem Anspruch wagt.

Ausgerichtet auf eine generelle Anwendbarkeit ist der vorliegende Band umfassend und ausgewogen in seiner Themenabdeckung, gleichzeitig interessant aufgemacht und sicherlich ein Medium, das man regelmäßig und gern nutzen wird.

das Kompendium ist ein idealer Wegbegleiter für Studierende sowie für Praktikerinnen und Praktiker ein Manual der Wirtschaftswissenschaft, das für die tägliche Arbeit und qualifizierte Weiterbildung unverzichtbar ist – somit ein Tool, das man nicht mehr missen möchte.

Haben Sie Fragen, Anregungen oder Kritik – Lob und Tadel gleichermaßen –, lassen Sie es mich wissen. Nur so können wir die Bücher für Ihre Ansprüche weiter optimieren. Sie erreichen mich unter info@das-kompendium.de. Weitere Informationen auch zu anderen Bänden der Reihe finden Sie unter das-kompendium.de.

Ich wünsche Ihnen viel Erfolg bei der Arbeit mit diesem Buch!

Christian Jaschinski

Vorwort des Autors

Selbstverständlich sind bei Kaufleuten betriebswirtschaftliche Kenntnisse unabdingbar. Derartige Kenntnisse sind jedoch auch auf anderen Gebieten zunehmend notwendig. So kommen heutzutage auch Techniker, Informatiker und andere Mitarbeiter in Industrie- und Dienstleistungsunternehmen nicht mehr ohne betriebswirtschaftliches Grundwissen aus. Neben Studenten und Kaufleuten gehört der letztgenannte Personenkreis daher ebenfalls zur Zielgruppe dieses Buches.

Die einzelnen Artikel zu 16 zentralen betriebswirtschaftlichen Bereichen sind nach Schlagwörtern alphabetisch angeordnet und so gestaltet, dass auch ein Nicht-Fachmann einen Einstieg in das jeweilige Fachgebiet erhält. Aus diesem Grund sind die Kapitel übersichtlich gegliedert und eine Vielzahl von Grafiken und Beispielen in den Text eingebaut. Zum Abschluss eines jeden Abschnitts besteht die Möglichkeit, sein Wissen anhand eines Kontrollfragenblocks zu überprüfen. Wer durch die Lektüre des Buches besonderes Interesse an einer der behandelten Fragen gefunden hat, mag die angeführten Literaturhinweise nutzen, um sein Wissen zu vertiefen. Das Hauptziel ist allerdings, einen Überblick über die Betriebswirtschaftslehre zu vermitteln und wirtschaftliche Sachverhalte und Fragestellungen darzustellen.

Als „Grundwissen Betriebswirtschaftslehre" hat das vorliegende Buch bereits mehr als 55.000 interessierte Leser gefunden, was für die Lesbarkeit und Anwendbarkeit der dargebotenen Sachzusammenhänge spricht. Die Weiterentwicklung der Betriebswirtschaftslehre und der für sie relevanten Rechtsnormen werden auch weiterhin nach dem bewährten Konzept schnellstmöglich in die jeweiligen Kapitel integriert. Die vorliegende Auflage ist gegenüber der andernorts erschienenen vorangegangenen Auflage völlig neu überarbeitet worden, was sich auch in einer Ausweitung der Themenschwerpunkte ausdrückt. Neben der grundlegenden Aktualisierung der Inhalte und des Datenmaterials wurden einige Abschnitte erweitert, wie etwa die Ausführungen zu den Begriffen „Rechtsformen" oder „Bilanz- und Erfolgsrechnung". Berücksichtigt wurden dabei u.a. die neuesten kartell- und handelsrechtlichen Bestimmungen, die internationale Rechnungslegung sowie die Anwendung neuer Medien (Internet) und Organisationsformen in der betrieblichen Praxis. Hinzugefügt wurde ein eigener Abschnitt zum Qualitätsmanagement. Dadurch wurde es möglich, den in der Theorie und Praxis viel diskutierten Modellen und Ansätzen des Qualitätsmanagements den entsprechenden Stellenwert einzuräumen. Im Zuge der inhaltlichen Veränderungen sind Tabellen und Grafiken, soweit möglich, durchweg auf den aktuellsten Stand gebracht.

Dieses Buch basiert auf meiner jahrelangen Lehrpraxis an Universitäten (u.a. Universität zu Köln, Otto-Friedrich-Universität Bamberg), Fachhochschulen (u.a. Fachhochschule Köln und Rheinische Fachhochschule Köln) und aktuell an der Pädagogischen Hochschule in Ludwigsburg. Im Rahmen dieser Tätigkeiten vermittelte ich Lehrinhalte über das gesamte Spektrum der Betriebswirtschaftslehre. Daneben sammelte ich Erfahrungen in der Unternehmenspraxis, sei es aktiv in der Unternehmensberatung oder auf der Geschäftsführungsebene im Einzelhandel. Die beschriebenen praktischen und didaktischen Erkenntnisse und Fertigkeiten wurden bei der Konzeption des Textes angewandt.

Den folgenden Mitarbeiterinnen und Mitarbeitern, die beratend an diesem Werk mitgewirkt haben, gilt mein besonderer Dank: Dipl.-Volksw. Lutz Decker und Dipl.-Kfm. Thomas Langer. Zahlreiche wertvolle Hinweise erhielt ich zudem von Thomas Kottmann, Alexander Tomisch, Alexandra Bechet, Marc Wendel, Verena Körner, Sven Wippermann sowie Kai Schwäble. Nicht zuletzt gilt mein Dank den studentischen Hilfskräften an unserem Institut für ihren Einsatz: Eva Abertshauser, Katrin Mainka und Timea Eberling.

Ludwigsburg im Frühjahr 2004   Rödiger Voss

Inhalt

1 | Betriebswirtschaftliche Grundlagen

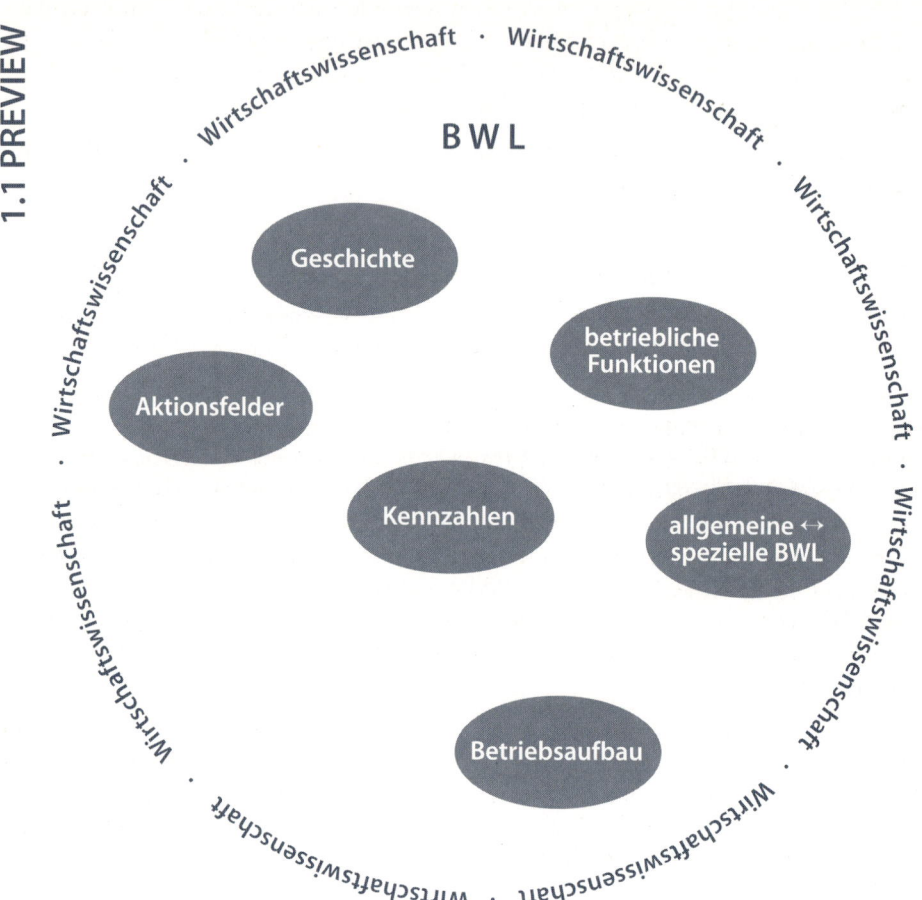

1.2   Problemstellung

Betriebswirtschaftliche Kenntnisse und Sachzusammenhänge sind heutzutage nicht nur für ausgebildete Betriebswirte, sondern auch für Techniker, Informatiker und andere Mitarbeiter in Industrie- und Dienstleistungsunternehmen relevant. Mögliche Aufgabenfelder, die betriebswirtschaftliches Wissen erfordern, sind z. B.:

- Abteilungsleitung (Personalführung, Kostenverantwortung);
- Ermittlung der Anforderungen für innovative Produkte bzw. Dienstleistungen;
- Selbstständigkeit, Existenzgründung;
- technischer Vertrieb;
- Erstellung und Vergleich von Angeboten.

Wie kann die Betriebswirtschaftslehre bei diesen Problemlagen helfen? Bei der Beantwortung dieser Frage hilft eine Beschreibung des Aufgabenspektrums dieses Fachs:

Die **Betriebswirtschaftslehre (BWL)** beschreibt, erklärt und analysiert das wirtschaftliche Handeln im Betrieb und versucht hieraus bestimmte Gesetzmäßigkeiten bzw. Vorgehensweisen abzuleiten. Die Erforschung des Betriebes und die damit verknüpften Problemstellungen stehen also im Mittelpunkt der Betrachtung. Hierdurch soll dem Unternehmer eine **Managementhilfe** gegeben werden, die es ihm ermöglicht, betriebliche Probleme zu erkennen und zu beseitigen. Um diesbezügliche Handlungsanweisungen für die Praxis formulieren zu können, ist die Ableitung von Theorien und Modellen unabdingbar. Dieses Streben nach Erkenntnis, d. h. die Suche nach Antworten und Wahrheiten, ist ein wesentliches Charakteristikum einer jeden Wissenschaft.

Auch andere Wissenschaften wie z. B. die Rechtswissenschaft oder die Soziologie befassen sich mit dem Betrieb. Sie analysieren jedoch rechtliche und soziologische Fragestellungen eines Betriebes und nicht wirtschaftliche. Aus diesem Grunde ist die Bezeichnung Betriebswirtschaft angebracht. Dies verdeutlicht, dass sich die BWL auf wirtschaftlich relevante Probleme des Betriebes konzentriert.

In diesem Abschnitt erfolgen zunächst weitere grundlegende Erläuterungen zur Betriebswirtschaftslehre, um dann den Betrieb als Untersuchungsobjekt der BWL näher darzustellen.

1.3   Die Betriebswirtschaftslehre

1.3.1   Geschichtliche Wurzeln der Betriebswirtschaftslehre

Einen eigenständigen Charakter als akademische Disziplin besitzt die BWL erst seit Beginn des 20. Jahrhunderts. Sie ist somit gerade einmal hundert Jahre als wirtschaftswissenschaftliches Teilgebiet etabliert, während die Volkswirtschaftslehre sich schon rund hundert Jahre früher zur selbstständigen Wissenschaft entwickelte. Begonnen hat die Entwicklung der BWL im Jahr **1898,** als in Aachen, Leipzig, St. Gallen und Wien die ersten **Handelshochschulen** gegründet wurden. In den darauf folgenden

Jahren folgten zahlreiche weitere Gründungen, z. B. in Köln (1901), Berlin (1906) und München (1910). Der Grund für die Einführung der Handelshochschulen war die Knappheit an Handelslehrern, die durch die Einführung der Berufsschulpflicht entstand. Die meisten Hochschulen wurden später an Universitäten oder technischen Hochschulen aufgenommen. Selbstständig blieben lediglich die Handelshochschule St. Gallen und die Hochschule für Welthandel in Wien.

Natürlich existierte bereits vor der Gründung der einzelnen Handelshochschulen eine große Vielfalt von Wissen, das für Kaufleute relevant war. Buchhaltung und kaufmännischer Schriftverkehr lassen sich schon im Altertum bei den Ägyptern, Griechen und Römern nachweisen. Es existieren Tontafeln als Buchungsbelege, die älter als 5000 Jahre sind. Das Wissen um diese Techniken wurde jedoch meist nur von Generation zu Generation weitergegeben und nicht veröffentlicht. Die älteste Veröffentlichung stammt aus dem Jahr 1494. Sie ist von **Luca Pacioli,** der als erster die **doppelte Buchführung** ausführlich darstellte. Einige weitere Werke folgten dieser Veröffentlichung, die meisten davon erschienen in Oberitalien, das zur Zeit der Renaissance als Handelszentrum Europas galt. Es kann allerdings von keiner geschlossenen wissenschaftlichen Arbeit gesprochen werden. Erst der französische Kaufmann und Handelspolitiker **Jacques Savary** sorgte mit seinem im Jahr 1676 erschienenen Werk „Der vollkommene Kauf- und Handelsmann" für eine straffe Systematik. Er beschreibt hierbei auf 850 Seiten ausführlich, was ein Großhändler seiner Zeit von der Gründung bis zum Konkurs seines Betriebes zu beachten hat. Savary versucht, allgemein gültige Richtlinien für den Kaufmann zu entwickeln, die seinem Unternehmen zu Reichtum verhelfen sollen. Die Publikation hatte einen wesentlichen Einfluss auf nachfolgende Werke und erlebte zahlreiche Neuauflagen und Übersetzungen. In London veröffentlichte **Daniel Defoe** 1727 ein Werk mit ähnlichem Inhalt. Bei beiden Werken wird der Beruf des Kaufmanns als Mittel angesehen, um eine angesehene gesellschaftliche Stellung zu erlangen. Im deutschsprachigen Raum setzten sich **Paul Jakob Marperger** (1714: „Handelsjunge"; 1715: „Handelsdiener") und **Carl Günther Ludovici** mit diesem Themenkreis auseinander. All diese Veröffentlichungen haben gemeinsam, dass sie eine Mischung aus verschiedenen Wissensgebieten wie Rechtswissenschaft, Mathematik, Technik usw. darstellen. Außerdem beschäftigen sie sich nur mit Handelsbetrieben.

Die **industrielle Revolution** im Laufe des 19. Jahrhunderts ließ diese handelsbetrieblichen Ratgeber an Bedeutung verlieren. Betriebswirtschaftliche Themen wurden so zunächst von Volkswirten wie von Thünen behandelt. Erst mit der Gründung der Handelshochschulen erlebte die Handelswissenschaft einen Neuanfang und eine Entwicklung hin zur allgemeinen Betriebswirtschaftslehre, die sich zunächst allerdings primär auf die Analyse von Industriebetrieben konzentrierte.

Nach dem Ersten Weltkrieg verdankt die Betriebswirtschaftslehre ihre Weiterentwicklung vor allem **Eugen Schmalenbach** und **Heinrich Nicklisch.** Nicklisch konzipierte das fünfbändige Sammelwerk „Handwörterbuch der Betriebswirtschaftslehre". Schmalenbach gab zusammen mit Mahlberg, Schmidt und Walb den „Grundriß der Betriebswirtschaftslehre" heraus, der 16 Bände umfasst.

Die „Grundlagen der Betriebswirtschaftslehre" von **Erich Gutenberg,** deren erster Band „Die Produktion" im Jahr 1951 erschien, gaben der BWL ein umfangreiches theoretisches Gerüst.

Während der letzten Jahrzehnte hat die Betriebswirtschaftslehre als wissenschaftliche Disziplin einen signifikanten Bedeutungszuwachs erlangt. Die Probleme der Betriebsführung haben im Wirtschaftsleben einen Komplexitätsgrad erreicht, der eine wissenschaftliche Vertiefung der Ausbildung von Führungskräften nahezu herausforderte. Aus diesem Grund wurde die wissenschaftliche Basis der BWL um psychologische und soziologische Modelle erweitert. Daneben wurden neue Methoden entwickelt, wie z. B. Optimierungsmethoden, die Spieltheorie oder die stochastische Integralrechnung. Die Auswertung der empirischen Ansätze wurde durch die verbesserte Verfügbarkeit von Daten und Rechnerkapazitäten exorbitant erleichtert.

1.3.2 Betriebswirtschaft als Teilbereich der Wirtschaftswissenschaft

Die Wirtschaftswissenschaften beschäftigen sich mit dem Wirtschaften von Individuen in Volkswirtschaften und Betrieben. Als Gebiete der Wirtschaftswissenschaften lassen sich daraus logischerweise die Betriebswirtschaftslehre und die Volkswirtschaftslehre ableiten. Die Abgrenzung beider Teildisziplinen ist nicht einfach, da zahlreiche Überschneidungen und fließende Übergänge zwischen den beiden Wissenschaften bestehen.

Die **Volkswirtschaftslehre** erforscht Probleme der Gesamtwirtschaft, also das Zusammenwirken von mehreren Betrieben, Haushalten und dem Staat in der Wirtschaft. Es liegt eine Makroperspektive („Vogelperspektive") vor. Die **BWL** konzentriert sich hingegen auf die einzelnen Betriebe und deren Wirtschaften („Froschperspektive").

Zusammenfassend lässt sich sagen, dass in der BWL eine **einzelwirtschaftliche** Betrachtungsweise vorliegt, in der VWL jedoch eine **gesamtwirtschaftliche.** Diese Gesamtwirtschaft hat ihre eigenen Probleme und ergibt sich nicht nur aus der Addition der einzelwirtschaftlichen Problemlagen. Deshalb ist eine Trennung dieser beiden Wissenschaften zweckmäßig.

1.3.3 Gliederung der Betriebswirtschaftslehre

Die BWL lässt sich in die allgemeine und die spezielle Betriebswirtschaftslehre unterteilen.

Die **allgemeine BWL** klärt Fragen, die alle Betriebstypen gemeinsam haben. Gebiete der allgemeinen BWL sind u. a. Entscheidungstheorie und Wissenschaftstheorie. Die Fragestellungen der allgemeinen BWL sind demnach unabhängig von der jeweiligen wirtschaftlichen Branche.

Die **spezielle BWL** beschäftigt sich hingegen mit besonderen Problemen einzelner Wirtschaftszweige, wie z. B. Handels- und Bankbetriebe. Diese Unterteilung in allgemeine und spezielle Betriebswirtschaftslehre wurde von vielen Seiten kritisiert und hat oft nur eine rein hochschulorganisatorische Bedeutung. Deshalb wird das Gebiet der speziellen BWL in zunehmendem Maße nach betrieblichen Funktionsbereichen (= betriebliche Haupttätigkeitsgebiete) untergliedert. Als spezielle Funktionslehren sind Finanzierung, Rechnungswesen usw. zu nennen.

Eine reine Unterteilung nach betrieblichen Funktionen wird der betriebswirtschaftlichen Problemlage jedoch nicht gerecht, da z. B. die Probleme der Finanzierung in Handelsbetrieben und Bankbetrieben unterschiedlich sind. Eine Lösung bietet die Kombination der beiden Einteilungsmöglichkeiten der speziellen BWL.

Spezielle Betriebswirtschaftslehren	
Wirtschaftszweige	BWL der Banken BWL des Handels BWL der Industrie BWL der Versicherungen usw.
Funktionen	BWL der Beschaffung BWL der betrieblichen Finanzierung BWL der Planung und Logistik BWL des Rechnungswesens usw.
Kombination beider Bereiche	BWL des Rechnungswesens von Industriebetrieben BWL der Finanzierung von Banken usw.

1.4 Der Betrieb als Untersuchungsobjekt der BWL

Der Betrieb als Ort des wirtschaftlichen Handelns wird im Rahmen der BWL intensiv untersucht. Zunächst empfiehlt sich eine Abgrenzung dieses Begriffs.

1.4.1 Einteilung der Betriebe

Die Begriffe Unternehmen und Betrieb werden in diesem Buch im Wesentlichen synonym verwendet. In der Praxis wird für das Wort Betrieb oft auch die Bezeichnung Firma oder Geschäft benutzt.

Eine mögliche theoretische Unterscheidung wäre, den **Betrieb als Oberbegriff** für Haushalte und Unternehmen anzusehen.

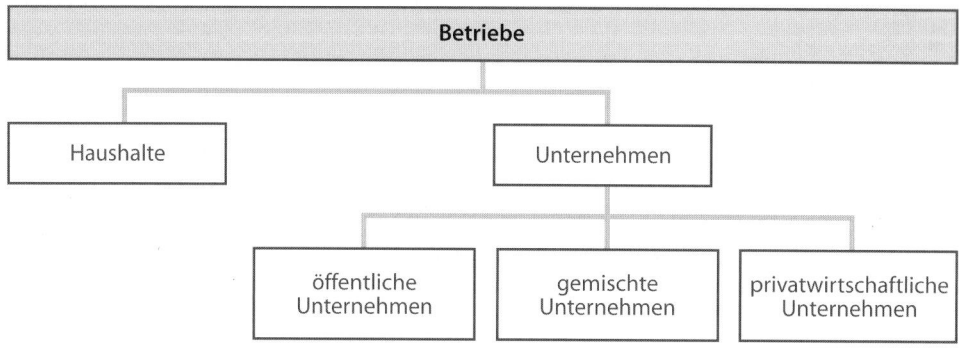

Die **Haushalte** sind als konsumierende Einheiten anzusehen, die die Leistungen (Produkte und Dienstleistungen) des Unternehmens erhalten. Sie produzieren nur **für den eigenen Bedarf.** Es ist jedoch sinnvoll, die Haushalte als Betriebe zu bezeichnen, da auch hier betriebswirtschaftliche Entscheidungen notwendig sind. In der Küche eines jeden Haushaltes stehen oft solche **Entscheidungssituationen** an, z. B. die Frage, ob ein neuer Mikrowellenherd oder ein Elektroherd angeschafft werden soll. Es handelt sich im betriebswirtschaftlichen Sinn um ein Investitionsproblem. Natürlich sind Haushalte auch Produktionsstätten, z. B. bei der Zubereitung von Essen.

Die **Unternehmen** hingegen erbringen Leistungen für die Haushalte und andere Unternehmen. Diese Leistungen lassen sich in Urproduktion (z. B. Gewinnung von Rohstoffen), Produktion (z. B. Maschinen, Verbrauchs- und Gebrauchsgüter) und Dienstleistungen unterteilen (z. B. Banken, Handel und Versicherungen).

Öffentliche Unternehmen befinden sich im Staatsbesitz. Folglich erhalten sie ihre finanziellen Mittel von Gebietskörperschaften (z. B. Bund und Länder). Sie verfolgen andere Ziele als privatwirtschaftliche Unternehmen (siehe Kap. 1.4.2). Als Beispiele lassen sich etwa die kommunalen Eigenbetriebe als eine Form eines kaufmännisch geführten Wirtschaftsunternehmens mit sehr enger Bindung an die Verwaltung nennen (z. B. für Abwasserbeseitigung oder Wasserversorgung).

Öffentliche Unternehmen	
... mit eigener Rechtspersönlichkeit	**... ohne eigene Rechtspersönlichkeit**

■ öffentlich-rechtliche Organisationsformen
  ⊃ Anstalten
    – Sparkassen
    – Rundfunkanstalten
    – usw.
  ⊃ Körperschaften
    – gesetzliche Krankenkassen
    – Zweckverbände
    – usw.
  ⊃ Stiftungen
    – Deutsche Stiftung Denkmalschutz
    – Kulturstiftungen der Länder
    – usw.
■ privat-rechtliche
  Organisationsformen
	■ kommunale Eigenbetriebe
	  ⊃ Versorgungsunternehmen
	  ⊃ Verkehrsunternehmen
	  ⊃ usw.
	■ Regiebetriebe
	  ⊃ Schwimmbäder
	  ⊃ Schlachthöfe
	  ⊃ usw.

Bei **gemischten Unternehmen** besteht neben der staatlichen Beteiligung ein privater Kapitalanteil. So besitzt der Staat z. B. noch bedeutende Anteile an den Unternehmen „Deutsche Post AG" und „Deutsche Telekom AG".

Privatwirtschaftliche Unternehmen befinden sich im Besitz von privaten Kapitalgebern. Sie können in der Form einer Einzelfirma oder einer Gesellschaft (Personengesellschaft oder Kapitalgesellschaft, siehe Kap. 14) vorliegen.

1.4.2 Zentrale Merkmale des privatwirtschaftlichen Unternehmens

Die privatwirtschaftlichen Unternehmen sind anhand prägnanter Merkmale zu charakterisieren. Diese Merkmale erlauben eine Abgrenzung von Unternehmen und Haushalten sowie zwischen privaten und öffentlichen Unternehmen.

➤ **Erwerbswirtschaftliche Ziele**

Privatwirtschaftliche Unternehmen agieren in einer Marktwirtschaft. Sie richten ihre Planungs- und Organisationstätigkeit auf die **Gewinn- bzw. Umsatzmaximierung** aus. Hierdurch lassen sie sich von öffentlichen Unternehmen abgrenzen, die eher das Allgemeinwohl bzw. die Bedarfsdeckung der Bevölkerung im Auge haben. Es ist allerdings zu beachten, dass sich auch privatwirtschaftliche Unternehmen an der Rechtsordnung zu orientieren haben und somit das Ziel der Gewinnmaximierung nicht uneingeschränkt verfolgen können. So sind Preisabsprachen zwischen den einzelnen Anbietern verboten, weil sie den marktwirtschaftlichen Wettbewerb lahmlegen.

➤ **Autonomie**

Autonomie bezeichnet die Freiheit des Betriebes, ohne staatliche Lenkungsvorschriften planen zu können. Das Unternehmen kann seine Produktionspläne autonom bestimmen, wobei nur der gesetzliche Rahmen zu beachten ist. Die Unternehmen tragen allerdings auch das volle Risiko für ihre unternehmenspolitischen Entscheidungen. Staatliche Instanzen nehmen kein Risiko ab. („Wer den Nutzen hat, muss auch den Schaden tragen!")

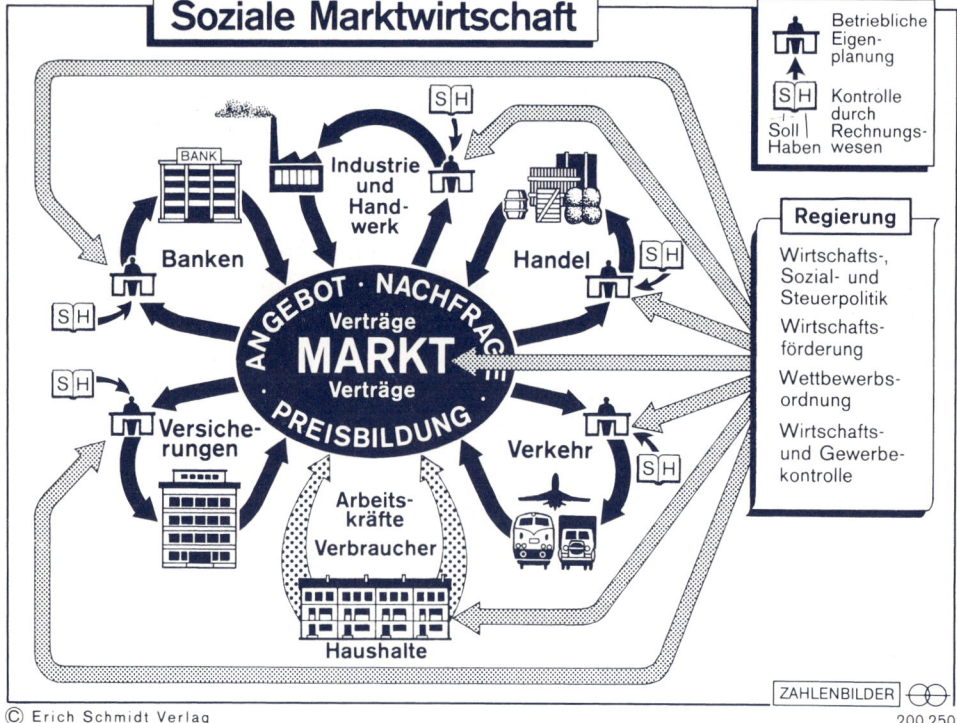

Eine weitere Grenze der Unternehmensautonomie stellt der **Markt** dar. Der Fortbestand des Unternehmens ist nur zu sichern, wenn das Produktionsprogramm so gestaltet wird, dass die auf den Absatzmärkten erzielten Erträge (z.B. erzielter Erlös für Produkte) die durch Beschaffungsmärkte bedingten Kosten (z.B. durch Beschaffung von Personal und Rohstoffen) decken. Die Wirtschaftlichkeitskontrolle erfolgt also durch die Konkurrenz von mehreren Unternehmen.

➤ Privateigentum

Unternehmen befinden sich grundsätzlich nicht im Staatsbesitz. Ausnahmen bilden in kapitalistischen Gesellschaften z.B. staatliche Forst- und Verkehrsbetriebe und staatliche Banken (siehe auch S. 23).

Das **Privateigentum** und das **Privaterbrecht** wird in den meisten Marktwirtschaften durch gesetzliche Vorschriften und Garantien des Rechtsstaates in umfangreichem Maße gesichert.

➤ Kombination von Produktionsfaktoren

In den Unternehmen werden die Produktionsfaktoren, nämlich Arbeit, Betriebsmittel und Werkstoffe, kombiniert. Diese Kombination erfolgt in jedem Unternehmen, unabhängig von der Wirtschaftsordnung. Aufgrund der Knappheit der Faktoren, ist der Unternehmer gezwungen, mit diesen hauszuhalten. Das **ökonomische Prinzip** gewährleistet eine solche wirtschaftliche Kombination.

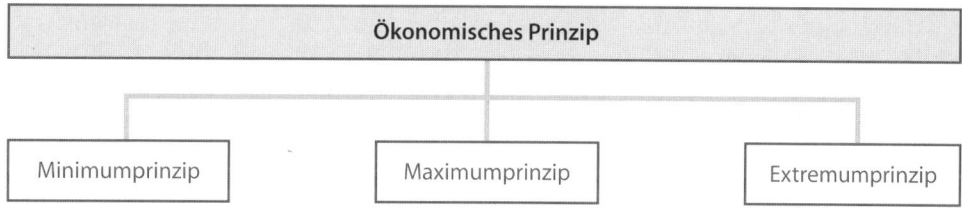

Nach dem **Minimumprinzip** ist mit dem geringstmöglichen Einsatz ein bestimmter Ertrag zu erreichen. Ein Beispiel für den unternehmenspolitischen Bereich wäre die Frage: „Wie viel Holz soll höchstens eingekauft werden, um hundert Holzstühle herzustellen?"

Das **Maximumprinzip** besagt, dass mit gegebenem Input ein höchstmöglicher Output erzielt werden sollte. Z.B.: „Wenn das Unternehmen 10 Tonnen Holz einkauft, wie viel Holzstühle können hiermit maximal hergestellt werden?"

Beim **Extremumprinzip** sind Einsatz und Ertrag variabel. Dem würde folgende Fragestellung entsprechen: „Wie viel Holz muss das Unternehmen kaufen, um möglichst viele Stühle zu produzieren?" In der Theorie ist das Extremumprinzip umstritten.

Das ökonomische Prinzip ist die Grundlage für zwei **wichtige betriebswirtschaftliche Kennzahlen:** die Produktivität und die Wirtschaftlichkeit.

Produktivität	= Output : Input *Beispiel:* $\dfrac{\text{produzierte Einheiten}}{\text{eingesetztes Material}}$
Wirtschaftlichkeit	= (Output · Preis) : (Input · Preis) *Beispiel:* $\dfrac{(\text{produzierte Einheiten} \cdot \text{Verkaufspreis})}{(\text{eingesetztes Material} \cdot \text{Einkaufspreis})}$

Die beiden Kennzahlen unterscheiden sich darin, dass bei der Produktivität die Input-Output-Relation auf Mengengrößen basiert, bei der Wirtschaftlichkeit jedoch auch die monetäre Seite in Geldeinheiten einbezogen wird.

➤ Fremdbedarfsdeckung

Die Kombination der Produktionsfaktoren zur Gütererzeugung erfolgt für Dritte, nämlich für Haushalte und andere Unternehmen. Dies erlaubt eine Abgrenzung der Begriffe Unternehmen und Haushalte (siehe Kap. 1.4.1).

1.4.3 Aufbau des Betriebes

Der Aufbau des Betriebes wird anhand einiger betrieblicher Funktionsbereiche exemplarisch erläutert. Anschließend werden die funktionellen Aufgabengebiete den entsprechenden betrieblichen Abteilungen zugeordnet.

➤ Betriebsführung (bzw. -leitung)

Die **Betriebsführung** umfasst jene Tätigkeiten, die zur Steuerung und Leitung eines Betriebes notwendig sind. Hierzu ist die Organisation, Planung und Kontrolle des Produktionsprozesses nötig. Diese Faktoren werden auch als **dispositive Produktionsfaktoren** bezeichnet. Die Aufgabenbereiche werden nicht nur von der Unternehmensleitung im Detail ausgeführt, sondern können an einzelne Abteilungen delegiert werden. Entscheidungskompetenz und Verantwortung liegen jedoch bei der Betriebsführung.

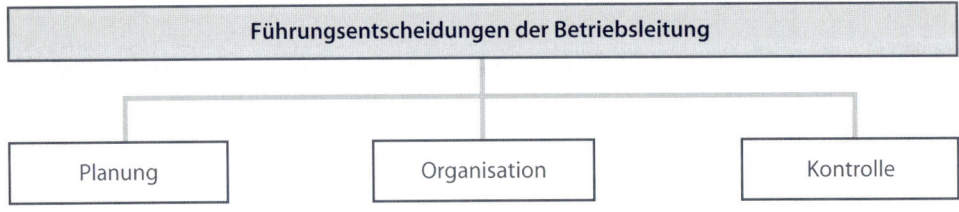

Die **Planung** bestimmt den zukünftigen Verlauf des Betriebsgeschehens. Es muss z. B. festgelegt werden, welche Güter im Unternehmen produziert werden oder wie die Produktionsfaktoren beschafft und eingesetzt werden. Die Arbeit der einzelnen

Funktionsbereiche ist durch die Betriebsleitung so zu koordinieren, dass deren Abstimmung optimal ist.

Beispiel | Eine Maschine kann erst produziert werden, wenn auf dem Beschaffungsmarkt die nötigen Produktionsfaktoren besorgt wurden. Das Fehlen einer kleinen Schraube kann die ganze Produktion lahm legen. Daher ist eine genaue Abstimmung von Einkaufsabteilung und Produktionsstätte unabdingbar.

Die **Organisation** regelt Aufbau und Ablauf der betrieblichen Tätigkeiten. Aufgrund der steigenden Marktdynamik (z.B. Wertewandel der Konsumenten wie Umweltbewusstsein) wird der organisatorische Wandel zu einem permanenten Managementproblem.

Die **Kontrolle** sorgt dafür, dass die Betriebsführung Informationen darüber erhält, ob die gesetzten Ziele erreicht wurden oder ob Abweichungen bestehen. Diese Kontrolle der Wirtschaftlichkeit dient als Grundlage für die weitere Planung. Sie erfolgt durch das betriebliche Rechnungswesen, das sich in externes Rechnungswesen, internes Rechnungswesen (Kosten- und Leistungsrechnung) und Betriebsstatistik gliedert. Insbesondere die Kosten- und Leistungsrechnung unterstützt die betrieblichen Führungsentscheidungen.

➤ Finanzierung und Investition

Die **Finanzierung** beschäftigt sich mit der Kapitalbeschaffung, also der Beschaffung von finanziellen Mitteln für spätere Investitionen. Bei einer **Investition** handelt es sich um die Verwendung des Kapitals (Zahlungsmittelabflüsse) zur Beschaffung von Produktionsfaktoren. Dies führt zu einer Kapitalbindung. Die investierten Mittel fließen in Form von Absatzerlösen in den Betrieb zurück und erhöhen damit den betrieblichen Ertrag. Hierbei sollte der erwirtschaftete Ertrag die investierten Mittel übersteigen, damit es zu einem Gewinn kommt.

Beispiel | Beim Kauf von Roh-, Hilfs- und Betriebsstoffen für die betriebliche Produktion handelt es sich um eine Investition. Die Aufnahme eines hierzu notwendigen Kredits stellt eine Finanzierung dar.

Die Bereiche Finanzierung und Investition sind der kaufmännischen Abteilung, eventuell auch der Unternehmensführung vorbehalten. Denkbar ist auch, dass sich ein so genannter **Cash Manager** in eigener Verantwortung um den Ausgleich von Finanzmittelüberschüssen und -defiziten kümmert.

➤ Beschaffung

Die **Beschaffung** dient der Bereitstellung von Produktionsfaktoren. Es geht um die Beschaffung von Arbeitskräften, Maschinen, Betriebsmitteln und Werkstoffen, die von so genannten Beschaffungsmärkten bezogen werden. Unter Beschaffung versteht man also alle mit dem Einkauf verbundenen Tätigkeiten des Unternehmens. Beschaffungsaufgaben können im Zuständigkeitsbereich von verschiedenen betrieblichen Abteilungen liegen, die Personalabteilung regelt z.B. die Beschaffung von Arbeitskräften.

> **Produktion**

Die **Produktion** (Fertigung) dient der Leistungserstellung, d.h. der Erzeugung von Gütern und Dienstleistungen. Im Produktionsprozess werden Halb- und Fertigwaren unter dem Einsatz von Produktionsfaktoren hergestellt.

Beispiel | In einem Kunststoffverarbeitungsbetrieb werden Kunststoffstühle hergestellt. Im Produktionsprozess wird der Kunststoff durch Arbeiter mit der Hilfe von Maschinen zu fertigen Stühlen verarbeitet.

> **Absatz und Logistik**

Mit **Absatz** (Marketing) ist nicht nur der reine Verkauf von Produkten angesprochen, sondern es sind auch jene Maßnahmen gemeint, die diesen Verkauf unterstützen. Ein **Marketingmanager** übernimmt also die Verantwortung für die gesamten vertrieblichen Aktivitäten des Unternehmens und gestaltet so dessen Wachstumskurs in erheblichem Umfang.

Die **Logistik** regelt den innerbetrieblichen Transport und den Außentransport, wie die Festlegung der Transportwege bei Wareneingang bzw. -ausgang. Es handelt sich dabei um eine Querschnittsfunktion, von der die anderen Funktionsbereiche direkt betroffen sind. Ein logistisches Ziel ist u.a., die Kosten der Steuerung, Beschaffung, Verpackung und des Transports zu senken.

Die einzelnen Funktionsbereiche werden in separaten Kapiteln weiter vertieft.

1.4.4 Der Markt als Aktionsfeld des Betriebes

Auf dem **Markt** treffen Angebot und Nachfrage aufeinander und führen damit zur Preisbildung. Unter dem **Angebot** versteht man die Summe an Produkten und Dienstleistungen, die am Markt zum Kauf bzw. Tausch angeboten werden. Die **Nachfrage** setzt sich aus der Summe aller Kaufwünsche von Wirtschaftssubjekten (Haushalte, öffentliche, gemischte und privatwirtschaftliche Unternehmen) nach Gütern und Dienstleistungen zusammen.

> **Unterscheidung nach Art der angebotenen Güter**

Märkte lassen sich für die verschiedensten Güter unterscheiden. Auf **Konsumgütermärkten** fragen Haushalte Gebrauchs- und Verbrauchsgüter nach, die von Unternehmen angeboten werden. Auf **Geldmärkten** bieten Kreditinstitute Geld an, das von anderen Kreditinstituten nachgefragt wird. Dadurch wird deren Liquiditätsdisposition erleichtert.

> **Unterscheidung nach Marktzutrittsmöglichkeiten**

Nach der Marktzutrittsmöglichkeit unterscheidet man offene, beschränkte und geschlossene Märkte.

Ist ein Markt für jedes Individuum zugänglich, spricht man von einem **offenen Markt.** Es besteht freie Konkurrenz zwischen den einzelnen Anbietern. So kann beispielsweise jeder Nachhilfestunden für Grundschüler am Markt anbieten.

Bei einem **beschränkten Markt** muss man bestimmte Bedingungen erfüllen, damit der Marktzutritt gewährt wird. Dies kann z. B. durch einen Qualifikationsnachweis oder durch eine Prüfung geschehen. Man kann seine Dienste als Steuerberater erst nach einem abgeschlossenen Studium und bestandener Steuerberaterprüfung anbieten. In der Realität ist ein beschränkter Markt sehr häufig vorzufinden. Einzelne Beschränkungsvorschriften können sich allerdings im Zeitablauf ändern. So ist z. B. in Deutschland mittlerweile auch der Absatz von Bier erlaubt, das dem deutschen Reinheitsgebot nicht genügt.

Ein **geschlossener Markt** liegt vor, wenn der Marktzutritt nur einem bestimmten Anbieter- oder Nachfragerkreis erlaubt ist. Es besteht keine Möglichkeit, in einen solchen Markt einzutreten. So ist dem Staat als einzigem die Nachfrage nach Rüstungsgütern vorbehalten.

> **Unterscheidung nach Anzahl der Anbieter und Nachfrager**

Der Nationalökonom Walter Eucken unterschied als erster verschiedene Marktformen nach der Anzahl und Bedeutung der Marktteilnehmer (Anbieter und Nachfrager), die sich am Markt gegenüberstehen.

Marktformen mit besonderer Bedeutung werden im Folgenden diskutiert. Die größte Marktmacht ist bei monopolistischen Marktformen vorhanden. Sie befinden sich im folgenden Schema vor allem links unten und rechts oben.

Marktformenschema			
Nachfrager / Anbieter	**ein großer**	**wenig mittlere**	**viele kleine**
ein großer	bilaterales Monopol	beschränktes Monopol	Monopol
wenig mittlere	beschränktes Monopson	bilaterales Oligopol	Oligopol
viele kleine	Monopson	Oligopson	bilaterales Polypol

Bei einem **Monopol** (griechisch = Alleinverkauf) steht ein Anbieter vielen kleinen Nachfragern gegenüber. Es besteht also keine Konkurrenz für den Anbieter. Er kann die Produktionsmenge und den Verkaufspreis der Produkte frei bestimmen. Normalerweise liegt der Monopolpreis über dem Preis, der sich bei einem Polypol bildet.

Monopole werden häufig vom Staat gehalten oder vergeben und unterliegen dessen Kontrolle. **Staatliche Monopole** werden oft in der Hinsicht kritisiert, dass sie den freien Wettbewerb einschränken. Aus diesem Grund wurden zahlreiche dieser Monopole in den letzten Jahren aufgelöst.

Beispiel

Ein solches Monopol stellte z. B. die Telekommunikation dar, die in der Deutschen Post integriert und damit dem Postminister unterstellt war. Aufgrund der hohen Investitionen in die Infrastruktur schien es nicht möglich, Wettbewerb zuzulassen. So bestand in Deutschland und vielen anderen Staaten ein nationaler Anbieter mit meist schlechter Kostenstruktur und unzureichendem Service. Aufgrund des Fortschritts in der digitalen Technologie wurden die Infrastrukturkosten verringert und ein Wettbewerb wirtschaftlich. Durch die Auflösung des staatlichen Monopols besteht mittlerweile eine intensive Konkurrenz auf dem Markt für Telekommunikation, die zur Senkung der Preise und einer gleichzeitigen Verbesserung des Kundendienstes führte. Dem Verbraucher stehen nun neben den Standardtelefonen Mobiltelefone, Internet und eine Fülle weiterer Dienste von vielen Anbietern (z. B. Freenet oder Arcor) offen. Ein bestehendes staatliches Monopol besitzt die Deutsche Post AG mit dem Briefmonopol für den Transport von Sendungen unter 100 Gramm. Die Exklusivlizenz ist im Postgesetz bis zum 31.12.2007 festgeschrieben. Die Liberalisierung des Marktes vollzieht sich „Schritt für Schritt". So galten bis zum 31.12.2002 noch 200 Gramm als Monopolgrenze. Ab dem 1.1.2006 soll die Gewichtsgrenze auf 50 Gramm gesenkt werden. Viele kleine Privatdienste umgehen das Monopol allerdings bereits durch eine geringfügige Variation des Leistungsangebotes, z. B. durch das Angebot einer höherwertigen Leistung. Eine solche Leistung stellt beispielsweise die Abholung und Zustellung von Briefen am selben Tag dar.

Weitere gesetzliche Monopole kommen aufgrund von **rechtlichen Schutzbestimmungen** zustande, z. B. durch Patente und Lizenzen. Dies lässt sich durch hohe Forschungs- und Entwicklungsausgaben bei einigen Gütern, die vom Unternehmen am Markt erst zurückgewonnen werden müssen (z. B. bei pharmazeutischen Erzeugnissen), rechtfertigen. Rein rechnerisch lässt sich ein Monopol aus dem Triffinsche Koeffizienten (siehe Kap. 8.4.3.1) ableiten, der im Monopolfall den Wert null annimmt.

Bei einem **Oligopol** teilen sich wenige Anbieter den Absatz und damit die Marktmacht. Der Oligopolist kann die Produktionsmenge und den Angebotspreis nicht frei kalkulieren, sondern muss das Verhalten der Konkurrenz beachten, da er sonst Abnehmer für seine Produkte verliert. In der Praxis weisen viele Märkte oligopolistische Züge auf, z. B. die Elektro-, Eisen- und Stahl-, Mineralöl- und die Pharmaindustrie. Die Unternehmensmanager müssen sich also intensiv mit dieser Marktform beschäftigen.

Ein **Polypol** wird durch viele kleine Anbieter und Nachfrager charakterisiert. Aus diesem Grund wird oft auch die Bezeichnung atomistische Marktform gewählt. Eine Absprache unter den einzelnen Anbietern ist aufgrund der großen Anzahl unmöglich. Ein einzelnes Unternehmen kann seinerseits keinen Einfluss auf den Marktpreis nehmen, da sein Marktanteil sehr gering ist. Der Triffinsche Koeffizient nimmt in diesem Fall einen Wert an, der unendlich (∞) groß ist.

Kritisch ist anzumerken, dass bei diesem Schema keine genaue Abgrenzung zwischen wenigen und vielen Marktteilnehmern vorhanden ist.

1.5 Check-up

1.5.1 Zusammenfassung

✔ Sie lernten geschichtliche Wurzeln der Betriebswirtschaftslehre sowie bedeutende Protagonisten der BWL (z. B. Schmalenbach, Gutenberg) kennen.

✔ Sie haben erfahren, dass die BWL ein Teilgebiet der Wirtschaftswissenschaften ist und dass sie sich in allgemeine und spezielle Betriebswirtschaftslehre unterteilen lässt.

✔ Sie lasen über die zentralen Merkmale (erwerbswirtschaftliche Ziele, Autonomie, Privateigentum, Kombination von Produktionsfaktoren sowie Fremdbedarfs-deckung) des privatwirtschaftlichen Unternehmens.

✔ Sie haben gelernt, dass der Aufbau eines Betriebes mit Hilfe von Funktions- bzw. Aufgabenbereichen dargestellt werden kann.

✔ Sie erfuhren, dass der Markt das Aktionsfeld des Betriebes ist. Auf diesem Markt können verschiedene Marktformen abgegrenzt werden.

1.5.2 Kontrollfragenblock

1. Bei welcher Marktform teilen sich wenige Anbieter den Absatz zur Versorgung von vielen kleinen Nachfragern? Nennen Sie mehrere praktische Beispiele!
2. Nennen Sie die zentralen Merkmale von privatwirtschaftlichen Unternehmen!
3. Wann würden Sie das Geburtsjahr der Betriebswirtschaftslehre ansetzen?
4. Sind Haushalte auch Betriebe? Nehmen Sie begründet Stellung!
5. Was versteht man unter einem Markt?
6. Beurteilen Sie die Aussage: „In einem Monopol steht vielen kleinen Nachfragern eine große Anzahl von kleinen Anbietern gegenüber!"
7. Was unterscheidet BWL und VWL?
8. Was versteht man unter dem Maximumprinzip?
9. Kennzeichnen Sie einen offenen Markt!
10. Was versteht man unter „spezieller BWL"?

1.5.3 Weiterführende Literatur

Bestmann, U. (Hrsg.): Kompendium der Betriebswirtschaftslehre, 10. Auflage, München 2001.

Corsten, H.; Reiss, M. (Hrsg.): Betriebswirtschaftslehre, 3. Auflage, München und Wien 1999.

Schierenbeck, H.: Grundzüge der Betriebswirtschaftslehre, 16. Auflage, München 2003.

2 | Bilanz- und Erfolgsrechnung

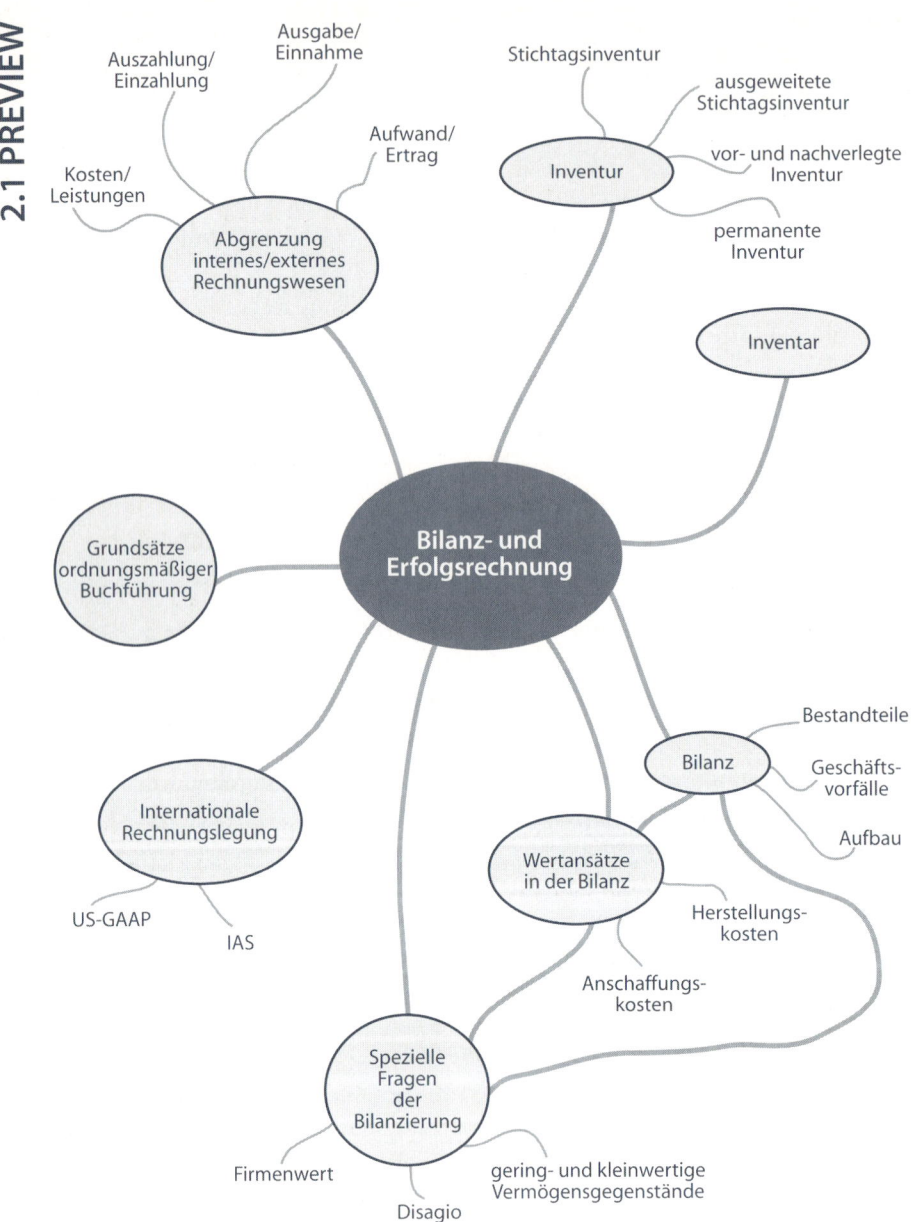

2.2 Problemstellung

Die Bilanz- und Erfolgsrechnung erfolgt auf dem Gebiet des externen betrieblichen Rechnungswesens. Während das **interne Rechnungswesen** (Kosten- und Leistungsrechnung) vornehmlich Planungs- und Kontrollaufgaben verfolgt, dient das **externe Rechnungswesen** der Publikation und Dokumentation des Betriebsgeschehens gegenüber externen Beteiligten (wie z. B. Gläubigern, Lieferanten und Staat). Jeder dieser Externen hat ein besonderes Interesse am Unternehmen:

■ Die Gläubiger wollen wissen, ob ihre Forderungen gegenüber dem Unternehmen gedeckt sind.

■ Lieferanten sind an Daten interessiert, die etwas über die Finanzkraft des Partners aussagen, weil sie mit einem verlässlichen Geschäftspartner zusammenarbeiten wollen.

■ Der Staat wünscht Informationen, um das Unternehmen angemessen zu besteuern.

■ Anteilseigner (Aktionäre usw.) sind an der Frage interessiert, ob das Unternehmen in ihrem Sinne geleitet wird.

■ Gerichte müssen bei Vermögensstreitigkeiten auf die Richtigkeit der Buchführung vertrauen können.

■ Schließlich haben auch die Mitarbeiter des Unternehmens ein Recht auf Unterrichtung über die wirtschaftliche Lage ihres Unternehmens.

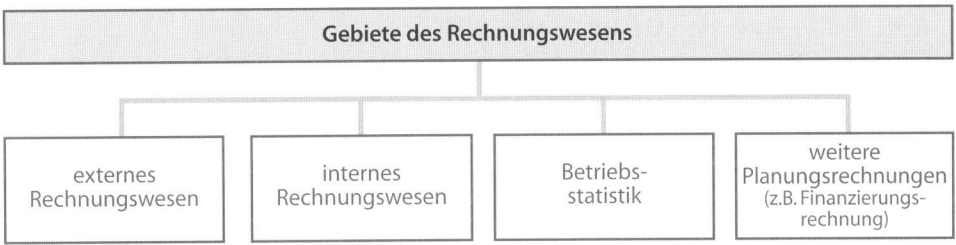

Um zu gewährleisten, dass die Bilanz die externen Beteiligten einwandfrei mit Daten versorgt, ist die Bilanz zahlreichen gesetzlichen Vorschriften unterworfen. Das interne Rechnungswesen (Kosten- und Leistungsrechnung) unterliegt solchen Zwängen nur in geringem Maße. Vorschriften zum internen Rechnungswesen existieren beispielsweise für Pflegeeinrichtungen, denn in der Pflege-Buchführungsverordnung sind Grundsätze und Mindestanforderungen über den Umfang der im Rahmen der Betriebsabrechnung nachzuweisenden Daten verankert.

Im Folgenden werden Fragen des externen Rechnungswesens erläutert; die anderen Teilgebiete sind Themen separater Kapitel (siehe Kap. 5 und 7).

3 Voss – ISBN 3-8120-0646-4

Unterschiede zwischen internem und externem Rechnungswesen		
Merkmale	**internes Rechnungswesen**	**externes Rechnungswesen**
Adressaten	Interne – Manager – sonstige Führungskräfte – Controlling	Externe – Gläubiger – Lieferanten – Staat usw.
gesetzliche Grundlage	weitgehend ungeregelt	weitgehend geregelt (insbes. §§ 238–342 HGB)
eingehende Größen	kalkulatorische	pagatorische
Publizität	keine	Pflicht bei Kapitalgesellschaften und Großunternehmen
Zwecke	Planung Kontrolle Kalkulation	Dokumentation Gläubigerschutz Rechenschaftslegung Besteuerungsgrundlage

2.3 Beziehung zwischen Grundbegriffen des externen und internen Rechnungswesens

Die Begriffe Auszahlung, Ausgaben, Aufwand und Kosten sowie Einzahlung, Einnahme, Ertrag und Leistung kommen im Rechnungswesen ständig vor. In der Umgangssprache werden sie meist synonym verwendet. Im betrieblichen Rechnungswesen ist allerdings eine genaue Abgrenzung angebracht. Dies ergibt sich aus den unterschiedlichen Zwecken der Kosten- und Leistungsrechnung und der Bilanz- und Erfolgsrechnung.

2.3.1 Auszahlung/Einzahlung

Auszahlungen und Einzahlungen bilden den Zahlungsverkehr des Unternehmens ab. Hieraus sind Aussagen über die Liquiditätslage abzuleiten. Im Rahmen einer Liquiditätsplanung ist darauf zu achten, dass die Bestände an liquiden Mitteln möglichst gering sein sollten, da sie sich nicht oder nur gering verzinsen. Andererseits sollte die Zahlungsfähigkeit des Unternehmens jederzeit gesichert sein. Unter **liquide Mittel** sind Bar- und Buchgeld (z.B. Bankguthaben) zu fassen.

Auszahlung	= Abnahme des Bestandes an liquiden Mitteln eines Unternehmens
Einzahlung	= Zunahme des Bestandes an liquiden Mitteln eines Unternehmens

Durch die Auszahlung überträgt das Unternehmen liquide Mittel auf andere Wirtschaftseinheiten (z. B. Lieferanten).

Beispiele für Auszahlungen:

Beispiel
- Barkauf einer Maschine
- Überweisung von Löhnen der Beschäftigten durch die Bank
- Abbuchung der Feuerversicherung des Unternehmens vom Postscheckkonto

Beispiele für Einzahlungen:

Beispiel
- Verkauf von Fertigprodukten gegen Bargeld
- Banküberweisung des Kunden an das Unternehmen für gekaufte Halbfabrikate

Die Erfassung der Auszahlungen und Einzahlungen bereitet keine Probleme, da nur festzustellen ist, ob und wie sich der Bestand an Bar- und Buchgeld verändert.

2.3.2 Ausgabe/Einnahme

Bei der Bezahlung von Gütern kommt es oft zu zeitlichen Verzögerungen, wie z. B. die Bezahlung einer Lieferantenrechnung aus der Vorperiode in der betrachteten Periode. Aus diesem Grunde existiert eine Ausgaben- und Einnahmenrechnung im Rechnungswesen.

Ausgabe	= Abfluss von liquiden Mitteln zuzüglich Schuldenzugänge und Forderungsabgänge des Unternehmens

Einnahme	= Zufluss von liquiden Mitteln zuzüglich Schuldenabgänge und Forderungszugänge

Beispiel
Ein Beispiel für eine Einnahme ist der Verkauf von Waren auf Ziel (Kredit). Es handelt sich um Forderungszugänge. Eine Ausgabe ist der Kauf von Rohstoffen auf Ziel, da die Schulden vermehrt werden.

Ausgabe und Auszahlung sowie Einzahlung und Einnahme müssen nicht gleichzeitig anfallen. Einige Beispiele vereinfachen die Abgrenzung:

Beispiel
a) Ausgabe gleichzeitig Auszahlung:
   → Barkauf von Rohstoffen
b) Ausgabe und keine Auszahlung:
   → Kauf einer Maschine auf Ziel (d. h., die Verbindlichkeiten [Schuldenzugänge] werden erhöht [= Ausgabe], der Bestand an liquiden Mitteln bleibt aber unverändert [= keine Auszahlung])
c) Keine Ausgabe, aber eine Auszahlung:
   → Barbezahlung der Verbindlichkeit aus b)

2.3.3 Aufwand/Ertrag

Die Begriffe Aufwand und Ertrag finden vornehmlich im Rahmen der jährlich zu erstellenden Erfolgsrechnung im externen Rechnungswesen Anwendung. Eine Aufwands- und Ertragsrechnung liefert die Zahlen zur Erstellung der Bilanz und der Gewinn- und Verlustrechnung.

Aufwand	= bewerteter Güter- bzw. Dienstleistungsverzehr eines Unternehmens in einer Abrechnungsperiode

Ertrag	= bewertete Leistungserstellung eines Unternehmens in einer Abrechnungsperiode

Ein **Ertrag** kennzeichnet einen Wertzuwachs durch erstellte Güter oder Dienstleistungen. Ein **Aufwand** hingegen bringt den Geldwert der verzehrten Güter zum Ausdruck. Diese sind erfolgswirksam und mindern im Rahmen der **Gewinn- und Verlustrechnung** den Jahreserfolg. Man kann sagen, dass das Unternehmen durch Aufwendungen „ärmer" wird, da das Eigenkapital vermindert wird.

> **Gewinn = Eigenkapitalmehrung**
>
> **Verlust = Eigenkapitalminderung**

Aufwendungen fallen in der Regel mit Ausgaben zusammen. Es sind jedoch zeitliche Diskrepanzen möglich. Einige Beispiele zur **Abgrenzung von Ausgabe und Aufwand:**

Beispiel

a) Aufwand und gleichzeitig Ausgabe:
  → Barzahlung von Löhnen
b) Aufwand, aber keine Ausgabe:
  → Abschreibungen auf Maschinen (d. h., der [Geld-]Wert der Maschine wird verringert [= Aufwand]. Dies ist aber nicht verbunden mit einer Veränderung des Bestandes an liquiden Mitteln oder Schuldenzugängen und Forderungsabgängen [= keine Ausgabe])
c) Kein Aufwand, aber eine Ausgabe:
  → Tilgungszahlung für ein erhaltenes Darlehen

2.3.4 Kosten/Leistungen

Unter **Kosten** versteht man bewerteten, sachzielbezogenen und gewöhnlichen Güter- oder Dienstleistungsverzehr, der in einer Abrechnungsperiode der Kostenrechnung erfolgt. Die Kosten- und Leistungsrechnung besitzt überwiegend Bedeutung bei der Planung und Kontrolle von unternehmerischen Entscheidungen. Eine weitergehende Darstellung des Kosten- und des Leistungsbegriffs erfolgt im Kapitel Kostenrechnung.

2.3.5   Abgrenzung zwischen Kosten und Aufwand

Das so genannte Schmalenbachschema verdeutlicht, dass Aufwand und Kosten nicht über- bzw. untergeordnet sind, sondern dass Überschneidungen bestehen. Die einzelnen Punkte des Schemas werden im Folgenden dargestellt.

Schmalenbachschema

Aufwand			
Wertverzehr im Rahmen des externen Rechnungswesens			
Neutraler Aufwand		Zweckaufwand = kostengleicher Aufwand	
betriebs- und periodenfremder Aufwand	Anders- aufwand		
		Grundkosten = aufwandsgleiche Kosten	Kalkulatorische Kosten
			Anderskosten	Zusatzkosten
		Kosten	
		Wertverzehr im Rahmen des internen Rechnungswesens	

➤ Zweckaufwand und Grundkosten

Der **Zweckaufwand** ist als kostengleicher Aufwand und die **Grundkosten** sind als aufwandsgleiche Kosten anzusehen, d. h., die Aufwendungen der Erfolgsrechnung sind deckungsgleich mit den ermittelten Kosten der Kostenrechnung. Es handelt sich um Aufwendungen, die in der Periode des Produktionsfaktorenverbrauchs anfallen und der Erfüllung des Betriebszweckes dienen. Es gilt demnach:

Zweckaufwand = Grundkosten

Beispiel

- ■ Fertigungslöhne und Gehälter
- ■ Verbrauch von Verpackungsmaterial

➤ Betriebs- und periodenfremde Aufwendungen

Ein **betriebsfremder Aufwand** steht in keinem Zusammenhang mit der betrieblichen Leistungserstellung. Er wird nicht durch Produktionstätigkeiten oder Absatzbemühungen des Betriebes verursacht, daher stehen ihm keine Kosten gegenüber.

- Spende an das Rote Kreuz
- Kursverluste beim nicht betriebsnotwendigen Devisenbestand

Der **periodenfremde Aufwand** kann zwar am Betriebszweck des Unternehmens orientiert sein, ist jedoch nicht der Periode zuzuordnen, in der die Produktionsfaktoren verbraucht wurden. Periodenfremde Aufwendungen kommen in der Erfolgsrechnung recht selten vor. Beispiele hierfür sind Steuernachbelastungen früherer Perioden und Nachzahlungen von Löhnen.

➤ Andersaufwand und Anderskosten

Die Andersaufwendungen entsprechen teilweise den Anderskosten. Der Wertverzehr wird im internen und externen Rechnungswesen allerdings unterschiedlich behandelt: Es werden außerordentlicher und bewertungsbedingter Andersaufwand unterschieden.

Ein **außerordentlicher Aufwand** (z. B. Abbrennen der Lagerhalle des Unternehmens, Ausfall von Forderungen durch Insolvenz) fällt unregelmäßig und vereinzelt an. Er würde in der Kostenrechnung ein unklares Bild des Betriebsgeschehens vermitteln, denn Zufallsschwankungen schlagen sich auf die Kalkulation von Produkten nieder.

Ein Produkt X verursacht vor Abbrennen der Lagerhalle Produktionskosten von 5,00 €/Stück, nach dem Brand allerdings 9,00 €/Stück, weil zahlreiche Reparaturarbeiten durchgeführt werden. Dies widerspricht den Kalkulationsüberlegungen der Kostenrechnung. Daher werden in der Kostenrechnung die außerordentlichen Aufwendungen als Anderskosten gleichmäßig auf mehrere Perioden verteilt, um den Kostenvergleich mehrerer Abrechnungsperioden oder Betriebsvergleiche zu ermöglichen.

Bewertungsbedingter Andersaufwand entsteht durch unterschiedliche Bewertungen im internen und externen Rechnungswesen. Es können unter anderem verschiedene Abschreibungsmethoden angewandt werden. In der Geschäftsbuchhaltung wird z. B. eine Maschine aus steuerlichen Gründen so schnell wie möglich abgeschrieben. In der Kostenrechnung entfällt diese Motivation. Außerdem kann in der Kostenrechnung vom Wiederbeschaffungspreis abgeschrieben werden, im externen Rechnungswesen sind durch das Gesetz als Obergrenze die Anschaffungs- und Herstellungskosten vorgeschrieben. Zusammenfassend ist zu sagen, dass dem Andersaufwand Kosten in anderer Höhe gegenüberstehen.

➤ Zusatzkosten

Unter Zusatzkosten versteht man kalkulatorische Kosten, denen kein Aufwand (auch nicht in anderer Höhe) gegenübersteht. Der Sachverhalt lässt sich am besten anhand des **kalkulatorischen Unternehmerlohns** darstellen. Bei einer Aktiengesellschaft wird dem Manager und der Geschäftsleitung ein Gehalt gezahlt. Dieses wird in der Kostenrechnung als Kosten und in der Bilanz als Aufwand verrechnet. Bei Einzelunternehmen wird der Geschäftsmann durch den Gewinn vergütet und nicht durch ein

Gehalt. Seine Arbeitskraft wird zwar verzehrt, er erhält aber keine Entlohnung. Der Betrieb hat somit keine Geldausgabe, es entsteht kein Aufwand. In der Kostenrechnung wird eine Vergütung als kalkulatorischer Unternehmerlohn angesetzt, da in Betrieben, die mit einem angestellten Geschäftsführer arbeiten, die Gehaltskosten verrechnet werden. Auf diese Weise wird der Vergleich zu anderen Betrieben gewährleistet.

Ähnlich verhält es sich mit der **kalkulatorischen Miete,** also der Miete für Räume, die sich im Besitz des Inhabers befinden und betrieblich genutzt werden. Die Miete wird in der Kostenrechnung als kalkulatorische Mietkosten angesetzt, da der Inhaber die Räume auch anderweitig vermieten könnte.

2.4 Darstellung von relevanten Begriffen im externen Rechnungswesen

2.4.1 Die Inventur

Bei der **Inventur** (lateinisch invenire = vorfinden) erfolgt eine Bestandsaufnahme aller Vermögensgegenstände und Verbindlichkeiten nach Art (Bezeichnung), Menge (Stückzahl, Gewicht usw.) und Wert (in Euro zum Bilanzstichtag). Diese Bestandsaufnahme wird häufig mit Tätigkeiten des Messens, Wiegens und Zählens in Verbindung gebracht. Dies ist aber vornehmlich beim Vorratsvermögen üblich, Schulden und Forderungen hingegen werden durch Saldenlisten und Belege erfasst.

Inventuren sind in der Regel sehr umfangreich. Deshalb ist meist ein Inventurleiter für die sorgsame Vorbereitung und Durchführung verantwortlich. Er kann zwischen verschiedenen Inventurformen und -techniken (-verfahren) wählen.

2.4.1.1 Inventurformen

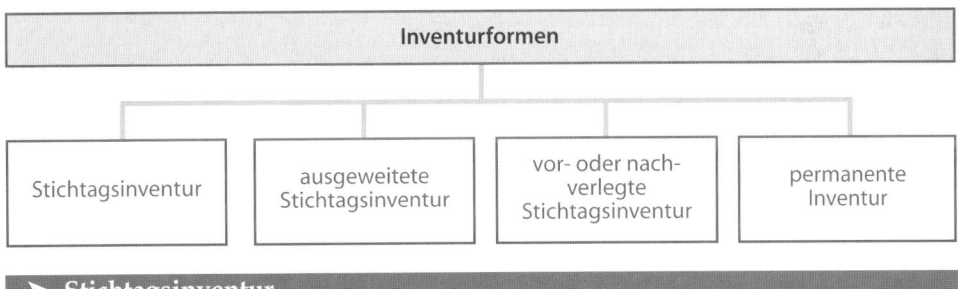

> ▶ **Stichtagsinventur**

Bei der **Stichtagsinventur** werden die Vermögensgegenstände und Schulden an einem Stichtag bzw. einen Tag vorher oder nachher aufgenommen. Dieser Stichtag kann z. B. am Ende eines Geschäftsjahres (z. B. 31.12.) liegen. Der Betrieb wird an diesem Tag aufgrund der zeitraubenden Erfassung aller Gegenstände meist geschlossen.

➤ Ausgeweitete Stichtagsinventur

Die Stichtagsinventur ist oft aus organisatorischen oder personellen Gründen nicht möglich. Vor allem bei großen Unternehmen, die umfangreiche Bestände besitzen, müssen die Inventurarbeiten zeitlich ausgeweitet werden. Die **ausgeweitete Inventur** ist daher nicht an einen bestimmten Abschlussstichtag gebunden, sondern bis zehn Tage vor oder nach diesem möglich. Bestandsveränderungen sind während dieser Zeit allerdings durch Belege oder Aufzeichnungen zu erfassen.

➤ Vor- oder nachverlegte Inventur

Gemäß § 241 Abs. 3 HGB kann der Bestand an einem Tag innerhalb der letzten drei Monate vor oder zwei Monate nach dem Geschäftsjahr ermittelt werden. Dabei ist zu beachten, dass die Bestände gemäß den Grundsätzen ordnungsmäßiger Buchführung fortgeschrieben oder zurückgerechnet werden, damit am Schluss des Geschäftsjahres eine ordnungsgemäße Bewertung erfolgen kann. Die vor- oder nachverlegte Inventur bietet den Vorteil, dass der Stichtag in Zeiten mit geringem Lagerbestand verlegt werden kann. Die Fortschreibung und Rückrechnung auf den Bilanzstichtag ist allerdings sehr aufwendig.

➤ Permanente Inventur

Bei der **permanenten** (permanent = dauernd) **Inventur** werden die Bestände aus fortlaufend geführten Karteien bzw. Dateien ermittelt. Die Bestandsaufnahme kann auf das Geschäftsjahr verteilt werden und erfordert keine zeitliche Bindung an einen Bilanzstichtag. Einmal im Jahr müssen die in der Kartei ausgeführten Buchbestände durch eine körperliche Bestandsaufnahme kontrolliert werden. Hierbei sind auch Teilinventuren für einzelne Vermögensgruppen möglich. Die permanente Inventur ist unzulässig, wenn das angewendete Verfahren nicht den Grundsätzen ordnungsmäßiger Buchführung entspricht oder nicht gewährleistet ist, dass der Bestand der Vermögensgegenstände nach Art, Menge und Wert ohne die körperliche Bestandsaufnahme für den Bilanzstichtag ermittelt werden kann. Dies ist z. B. bei (verderblichen) Waren mit hoher Schwundquote oder bei sonstigen unkontrollierten Abgängen unmöglich.

2.4.1.2 Inventurverfahren

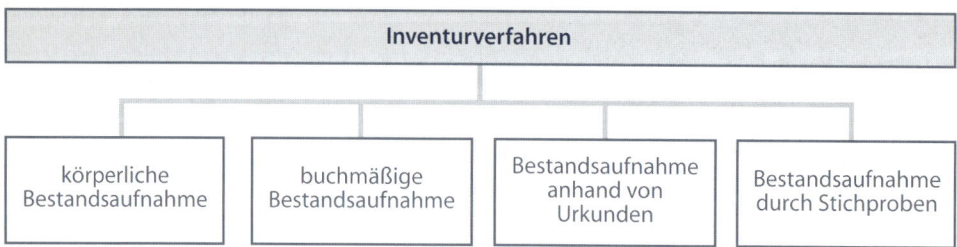

Bei der **körperlichen Inventur** erfolgt eine mengen- und wertmäßige Bestandsaufnahme aller körperlichen Vermögensgegenstände (z. B. Maschinen, Rohstoffe).

Bei der **buchmäßigen Aufnahme** wird die körperliche Aufnahme durch eine Ermittlung mit Hilfe von buchmäßigen Aufzeichnungen ersetzt bzw. ergänzt. Die jeweiligen Mengen und Werte werden den betrieblichen Aufzeichnungen entnommen. Dies ist vor allem bei Forderungen und Verbindlichkeiten nötig, welche man nicht messen und zählen kann. Eine buchmäßige Aufnahme wird vornehmlich im Rahmen der permanenten Inventur angewandt.

Eine **Bestandsaufnahme anhand von Urkunden** wird bei immateriellen Gütern und bei Dritten lagernden Vermögensgegenständen angewendet. Dies ist z. B. der Fall bei Lizenzen oder Patenten, die durch Lizenzverträge und Patenturkunden erfasst werden.

Bei der **Stichprobeninventur** wird aufgrund von Durchschnittswerten von Stichproben auf den Lagerbestandswert geschlossen. Die angewendeten mathematisch-statistischen Verfahren müssen jedoch den Grundsätzen ordnungsmäßiger Buchführung entsprechen.

2.4.2 Das Inventar

Das Inventar ist das Ergebnis der Inventur, damit ist die Inventur Voraussetzung für die Erstellung des Inventars. Beim Inventar handelt es sich um ein **Bestandsverzeichnis,** das alle durch die Inventur festgestellten Vermögensgegenstände und Schulden nach Art, Menge und Wert erfasst. Der Kaufmann muss das Inventar nach § 240 HGB zu Beginn seines Handelsgewerbes und für den Schluss eines jeden Geschäftsjahres aufstellen. Die Dauer eines Geschäftsjahres darf 12 Monate nicht überschreiten.

Ein formales **Gliederungsschema** für das Inventar ist weder im Handelsgesetzbuch noch in anderen Gesetzestexten vorgegeben. Eine Grundgliederung lässt sich jedoch aus den Zwecken des Inventars ableiten: der Ermittlung des Reinvermögens (Eigenkapitals) des Unternehmens und der Erfassung des Vermögens und der Schulden zur Aufstellung der Bilanz. Es bietet sich also ein Schema an, das sich an dem der Bilanz orientiert (siehe S. 44).

Inventargliederung

A. **Vermögen**
    I. Anlagevermögen
    II. Umlaufvermögen

B. **Schulden**
    I. langfristige Schulden
    II. kurzfristige Schulden

C. **Ermittlung des Reinvermögens**   (Vermögen – Schulden)

Inventare sind für den Zeitraum von 10 Jahren geordnet aufzubewahren. Sie können als Wiedergabe auf einem Bildträger (Mikrofilm) oder anderen Datenträgern (Magnetband) aufbewahrt werden, wenn dies den Grundsätzen ordnungsmäßiger Buchführung entspricht. Die Daten müssen zudem während der Dauer der **Aufbewahrungsfrist** verfügbar sein und jederzeit innerhalb einer angemessenen Frist lesbar gemacht werden können (§ 257 HGB). Für Bücher, Bilanzen, die Gewinn- und Verlustrechnung und Buchungsbelege gilt ebenfalls die 10-jährige Aufbewahrungsfrist. Alle übrigen steuererheblichen Geschäftsunterlagen und Geschäftsbriefe sind sechs Jahre aufzubewahren.

> **Inventur** = **Vorgang der Bestandsaufnahme**
>
> **Inventar** = **ausführliches Bestandsverzeichnis**

2.4.3 Die Bilanz

In der Bilanz (ital. bilancia = Waage) stehen sich eine **Aktivseite** mit den Vermögensgegenständen und eine **Passivseite** mit dem Kapital in Kontenform gegenüber. Das **Kapital** setzt sich aus Schulden (Fremdkapital) und Eigenkapital zusammen. Es erfolgt keine Aufzählung von Einzelwerten im Rahmen der Bilanz. Damit ist die Bilanz eigentlich nur eine vereinfachte, kurzgefasste Darstellung des Inventars.

Darstellung der Bilanz

Aktiva (Mittelverwendung)	**Passiva (Mittelherkunft)**
Vermögen	Eigenkapital Fremdkapital
Frage: In welche Vermögensgegenstände hat man Kapital angelegt? **= Summe der Aktivseite**	**Frage:** Woher (Eigentümer, Kreditgeber) ist das Kapital gekommen? **= Summe der Passivseite**

Die Begriffe **aktiv** und **passiv** haben ihren Ursprung im Lateinischen, dort bedeutet aktiv so viel wie handeln und passiv stillhalten oder ruhen.

Es ist zu beachten, dass beide Seiten der Bilanz stets gleich groß sind. Es gilt also die **Bilanzgleichung:**

> **Summe der Aktivseite = Summe der Passivseite**

Demnach ergibt sich das **Eigenkapital** als Differenz zwischen Vermögen (= Summe der Aktiva) und Fremdkapital. Es lassen sich folgende Gleichungen aus der Bilanzgleichung ableiten:

Vermögen	=	Eigenkapital	+	Fremdkapital
Eigenkapital	=	Vermögen	–	Fremdkapital
Fremdkapital	=	Vermögen	–	Eigenkapital

2.4.3.1 Arten von Geschäftsvorfällen

Geschäftsvorfälle werden in der Buchführung doppelt gebucht, d.h. auf zwei Konten. Aus diesem Grund lassen sich hinsichtlich der Auswirkung auf die Bilanz vier Arten von Geschäftsvorfällen unterscheiden.

Arten von Geschäftsvorfällen
Aktivtausch	Passivtausch	Bilanzverlängerung	Bilanzverkürzung

➤ Aktivtausch

Von einem **Aktivtausch** sind zwei Bestände auf der Aktivseite betroffen, der eine nimmt zu, der andere nimmt ab. Die Summe der Aktivbestände bleibt jedoch unverändert, wie auch die Bilanzsumme. Ein Beispiel ist der Kauf von einer Maschine gegen Bargeld.

Aktiva	Passiva
+ (z.B. Maschine)	
– (z.B. Kasse [Bargeld])	

➤ Passivtausch

Ein **Passivtausch** stellt einen Tauschvorgang auf der Passivseite dar. Ein Bestand nimmt ab, der andere nimmt zu. Die Bilanzsumme und die Summe der Passiva bleiben von diesem Vorgang unberührt. Ein gängiges Beispiel ist die Tilgung einer kurzfristigen Verbindlichkeit durch eine langfristige Verbindlichkeit.

Aktiva	Passiva
	+ (z.B. langfristige Verbindlichkeit)
	– (z.B. kurzfristige Verbindlichkeit)

➤ Bilanzverlängerung

Wenn ein Aktiv- und ein Passivposten zunehmen, spricht man von einer **Bilanzverlängerung** bzw. einer Aktiv-Passiv-Mehrung. Hierdurch wird die Bilanzsumme erhöht. Der Kauf von Hilfsstoffen auf Kredit stellt beispielsweise eine Bilanzverlängerung dar.

Aktiva	Passiva
+ (z. B. Hilfsstoffe)	+ (z. B. Verbindlichkeiten)

➤ **Bilanzverkürzung**

Eine **Bilanzverkürzung** bzw. eine Aktiv-Passiv-Minderung liegt vor, wenn ein Aktiv- und ein Passivposten berührt werden und beide abnehmen. Infolgedessen vermindert sich die Bilanzsumme. Die Rückzahlung eines Kredites in bar ist ein Beispiel für einen solchen Vorgang.

Aktiva	Passiva
– (z. B. Kasse [Bargeld])	– (z. B. Verbindlichkeiten)

2.4.3.2 Gliederung der Handelsbilanz

Der Gesetzgeber stellt besondere Ansprüche an die Gliederung der Handelsbilanz. Sie ist wie folgt aufzustellen:

Gliederung der Handelsbilanz nach § 266 HGB

Aktiva	Passiva
A. Anlagevermögen	A. Eigenkapital
I. immaterielle Vermögens-gegenstände	I. Gezeichnetes Kapital
II. Sachanlagen	II. Kapitalrücklage
III. Finanzanlagen	III. Gewinnrücklage
	IV. Gewinn-/Verlustvortrag
	V. Jahresüberschuss/-fehlbetrag
B. Umlaufvermögen	B. Rückstellungen
I. Vorräte	
II. Forderungen	C. Verbindlichkeiten
III. Wertpapiere	
IV. Kassenbestand, Schecks, Guthaben bei Kreditinstituten und Bundesbankguthaben	D. Rechnungsabgrenzungsposten
C. Rechnungsabgrenzungsposten	

Bei dieser Gliederung handelt es sich lediglich um eine **Mindestgliederung,** die kleine Kapitalgesellschaften zu beachten haben. Mittlere und große Kapitalgesellschaften haben die Pflicht zu einer feineren Gliederung. Die einzelnen Bilanzpositionen werden im Folgenden dargestellt.

Unterschiede zwischen Bilanz und Inventar		
Merkmale	**Bilanz**	**Inventar**
Form	Kontenform, d.h., Vermögen und Kapital werden in T-Kontenform gegenübergestellt	Staffelform, d.h., Vermögen, Schulden und Reinvermögen werden untereinander dargestellt
gesetzliche Regelung zur Form	Form und Reihenfolge sind im HGB vorgegeben (§ 266 HGB)	keine Formvorschriften im HGB vorhanden
Umfang	kurze, überschaubare Darstellung von Vermögen und Kapital	ausführliche Darstellung von Vermögen und Schulden
Inhalt	Zusammengefasste Gesamtwerte für Bilanzposten	Art, Menge, Einzel- und Gesamtwerte der Positionen
zeitliche Abfolge	Zweck des Inventars ist, die für die Aufstellung der Bilanz erforderlichen Vermögenswerte und Schulden zu erfassen. Das Inventar und damit auch die Inventur sind der Bilanz zeitlich vorgeordnet.	
Unterschrift	Unterschrift des Kaufmanns	wird nicht benötigt

2.4.3.3 Vermögen

Das Vermögen unterteilt man in Anlage- und Umlaufvermögen. Das **Anlagevermögen** umfasst Gegenstände, die bestimmt sind, dauernd im Geschäftsbetrieb zu bleiben. Es ist zu untergliedern in immaterielle Vermögensgegenstände (z. B. erworbene Lizenzen, Geschäfts- oder Firmenwert), Sachanlagen (z. B. Grundstücke, Gebäude und Fuhrpark) und Finanzanlagen (z. B. Ausleihungen und Beteiligungen).

Gegenstände des **Umlaufvermögens** sind z. B. Vorräte (Roh-, Hilfs- und Betriebsstoffe), Forderungen und das Bargeld in der Kasse. Dies sind Posten, die entweder schnell veräußert oder verbraucht werden oder aus anderen Gründen nur kurzfristig im Betrieb verbleiben. Das Umlaufvermögen verändert sich im Gegensatz zum Anlagevermögen ständig und dient somit dem laufenden Geschäftsbetrieb.

Zum Vermögen sind nur solche Posten zuzurechnen, die zum Betriebsvermögen gehören. Der Kaufmann muss **Betriebsvermögen** und **Privatvermögen** also strikt trennen.

Des Weiteren sind nach dem Grundsatz der wirtschaftlichen Zugehörigkeit nur die Gegenstände zu bilanzieren, die im wirtschaftlichen Eigentum des Unternehmens stehen. Hierbei ist derjenige Eigentümer, der Verfügungs- und Verwertungsgewalt über das Gut besitzt sowie die Gefahr des Untergangs trägt. Problematisch ist dies z. B. beim Leasing.

Leasing ist zu kennzeichnen durch die Vermietung von Wirtschaftsgütern durch den Produzenten der Güter oder durch Leasinggesellschaften. Das operative Leasing beinhaltet jederzeit kündbare Verträge und keine feste Grundmietzeit. Die Gefahr des zufälligen Untergangs liegt hier beim Leasinggeber, folglich besitzt er die Bilanzierungspflicht. Beim Spezial-Leasing hat jedoch der Leasingnehmer zu bilanzieren, da er langfristig die Verfügungsgewalt über das geleaste Gut besitzt.

2.4.3.4 Rechnungsabgrenzungsposten

Rechnungsabgrenzungsposten sind jene Einnahmen bzw. Ausgaben während eines Geschäftsjahres, die erst zu einem späteren, bestimmten Zeitpunkt außerhalb der Abrechnungsperiode zu Ertrag oder Aufwand führen. Durch sie soll eine periodengerechte Erfolgsermittlung ermöglicht werden, indem Auszahlungen den Aufwendungen und Einzahlungen den Erträgen zugeordnet werden. Es sind zwei Arten zu unterscheiden:

> **Aktive Rechnungsabgrenzungsposten**

Bei aktiven Rechnungsabgrenzungsposten handelt es sich um geleistete Ausgaben für noch zu erhaltene Leistungen, die erst später zu Aufwendungen werden.

Beispiel

Ein Beispiel ist eine im Voraus gezahlte Jahresmiete von 12.000,00 € für die Geschäftsräume zum 31. 6. jeden Jahres. Der Mieter zahlt nur für sechs Monate des Jahres direkt, für sechs Monate des nächsten Jahres zahlt er im Voraus. Er muss die Hälfte (6 : 12 = 1/2) der Miete aktivisch abgrenzen. Dies wären 6.000,00 € (= 12.000,00 € · 1/2).

> **Passive Rechnungsabgrenzungsposten**

Passive Rechnungsabgrenzungsposten sind Einnahmen für noch zu erbringende Leistungen, die erst später zu einem Ertrag werden, z. B. erhaltene Mietvorauszahlung für Januar bis Mai.

Es ist darauf zu achten, dass es sich jeweils um erhaltene Einnahmen bzw. geleistete Auszahlungen handelt, die zu einem bestimmten (genau festgelegten Zeitpunkt) zu Ertrag bzw. Aufwand werden. Wenn der Zeitpunkt nicht genau abgegrenzt ist, liegen Verbindlichkeiten und Forderungen vor. Ansprüche, die rechtlich noch nicht entstanden sind, wie Steuererstattungen oder Verpflichtungen zur Zahlung von Steuern, sind **antizipative Rechnungsabgrenzungsposten,** die als sonstige Forderungen oder sonstige Verbindlichkeiten auszuweisen sind.

2.4.3.5 Eigenkapital

Das **Eigenkapital** kann man als Unternehmensschuld gegenüber den Eigentümern ansehen, da es im Fall einer Auflösung des Unternehmens an diese zurückgezahlt werden müsste. Es lässt sich wie folgt unterteilen:

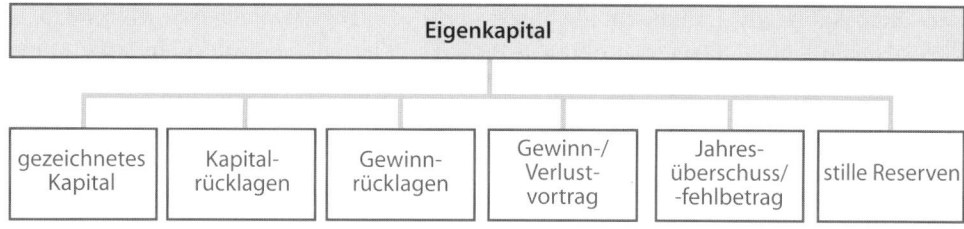

▶ Gezeichnetes Kapital

Das **gezeichnete Kapital** ist nach § 272 Abs. 1 HGB das Kapital, auf das die Haftung der Gesellschafter für Verbindlichkeiten der Kapitalgesellschaft gegenüber Gläubigern beschränkt ist. Die Gesellschafter haben sich bei der Gründung der Gesellschaft zur Aufbringung dieses Kapitals durch Bar- oder Sacheinlagen verpflichtet. Bei der AG heißt das gezeichnete Kapital **Grundkapital,** bei der GmbH wird es **Stammkapital** genannt.

▶ Kapitalrücklage

Die **Kapitalrücklage** enthält diejenigen Positionen als Eigenkapitalanteile, die von den Eigentümern neben dem gezeichneten Kapital zugeführt werden. Diese Teile des Eigenkapitals kommen also **von außen.** Beispiele für die Kapitalrücklage sind (§ 272 Abs. 2 HGB):

■ der Betrag, der bei der Ausgabe von Anteilen einschließlich Bezugsanteilen über den Nennbetrag hinaus erzielt wird (Agio bei Aktienausgabe);

■ der Betrag, der bei Ausgabe von Schuldverschreibungen für Wandlungsrechte und Optionsrechte zum Erwerb von Anteilen erzielt wird;

■ der Betrag von Zuzahlungen, die Gesellschafter gegen Gewährung eines Vorzugs für ihre Anteile leisten;

■ der Betrag von anderen Zuzahlungen, die Gesellschafter in das Eigenkapital leisten.

▶ Gewinnrücklage

Bei der **Gewinnrücklage** handelt es sich um **Mittel von innen,** d.h., sie wird durch einbehaltene Unternehmensgewinne gebildet. Als eine Ausprägung der Gewinnrücklage ist die **gesetzliche Rücklage** zu nennen. In diese muss die AG so lange 5 % des Jahresüberschusses einstellen, bis die gesetzliche Rücklage und die Kapitalrücklage zusammen 10 % des gezeichneten Kapitals ausmachen.

▶ Gewinn-/Verlustvortrag

Gewinn- bzw. Verlustvortrag sind Teile des Ergebnisses von früheren Perioden, die damals nicht verwendet wurden.

Beispiel

Eine AG hat einen Jahresüberschuss von 1 Mio. €. Wenn hiervon 450.000,00 € als Dividende ausgeschüttet und 400.000,00 € als Rücklage verwendet werden, wird der Restbetrag von 150.000,00 € als Gewinnvortrag ausgewiesen.

➤ Jahresüberschuss/-fehlbetrag

Der innerhalb eines Abrechnungsjahres erwirtschaftete positive Jahreserfolg wird **Jahresüberschuss** genannt. Ist der Jahreserfolg negativ, wird er als **Jahresfehlbetrag** bezeichnet.

> **Jahresüberschuss: Erträge > Aufwendungen**
>
> **Jahresfehlbetrag: Erträge < Aufwendungen**

Der Jahresüberschuss bzw. -fehlbetrag ist Ergebnis der Gewinn- und Verlustrechnung, die die Aufgabe hat, alle in einem Geschäftsjahr angefallenen Aufwendungen und Erträge zu erfassen und deren Differenzbetrag, den Jahresüberschuss bzw. -fehlbetrag, zu ermitteln. Der Teil des Jahresüberschusses, der zur Ausschüttung freigegeben wird, ist als Bilanzgewinn zu bezeichnen. Der **Bilanzgewinn** ergibt sich wie folgt:

> **Jahresüberschuss/Jahresfehlbetrag**
> **+ Gewinnvortrag aus dem Vorjahr**
> **– Verlustvortrag aus dem Vorjahr**
> **+ Entnahmen aus der Kapitalrücklage**
> **+ Entnahmen aus der Gewinnrücklage**
> **– Einstellungen in Gewinnrücklagen**
>
> **= Bilanzgewinn**

Jahresüberschuss und Bilanzgewinn geben nur bedingt einen genauen Einblick in die Situation des Unternehmens, da sie durch das Auflösen von oder das Einstellen in stille Rücklagen leicht zu modifizieren sind.

➤ Stille Reserven (stille Rücklagen)

Bei stillen Rücklagen handelt es sich um Eigenkapitalteile, die aus der Bilanz nicht ersichtlich sind. Sie entstehen durch die Unterbewertung von Aktiva oder die Überbewertung von Passiva und sind als positive Differenz von Buchwerten und höheren Marktwerten zu kennzeichnen.

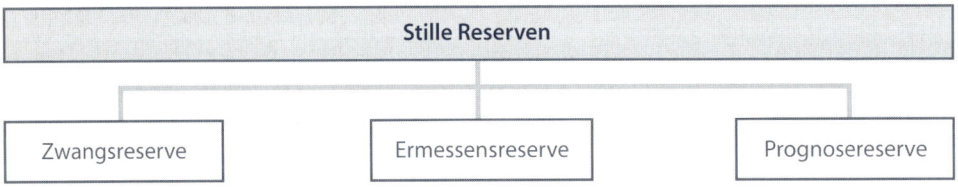

Eine **Zwangsreserve** wird durch gesetzliche Bestimmungen begründet, an die das Unternehmen zwingend gebunden ist.

Beispiel
> Ein Grundstück wurde im Jahr 1999 zum Preis von 100.000,00 € gekauft. Im Jahr 2004 ist es jedoch 150.000,00 € wert. Der Wertzuwachs von 50.000,00 € darf nicht bilanziert werden (siehe auch Kap. 2.5.5), da höchstens zu Anschaffungskosten zu bilanzieren ist. Die Folge ist, dass eine stille Rücklage entsteht.

Die **Ermessensreserve** entsteht durch die Inanspruchnahme bestimmter Wahlrechte, die der Gesetzgeber vorsieht. So besteht z.B. für den derivativen Firmenwert ein Bilanzierungswahlrecht. Der Kaufmann kann ihn auf der Aktivseite bilanzieren. Verzichtet er darauf, entsteht eine stille Rücklage (siehe auch Kap. 2.7.3).

Prognosereserven entstehen durch die mangelnde Schätzfähigkeit des Menschen. So ist z.B. die Nutzungsdauer einer Maschine vor Inbetriebnahme oft nicht einwandfrei zu schätzen oder Rückstellungen können aus den gleichen Prognoseproblemen zu hoch angesetzt werden. In beiden Fällen wird eine stille Rücklage gebildet.

Beispiel
> Die x-AG rechnet damit, dass sie Steuern nachbezahlen muss, und bildet deshalb eine entsprechende Rückstellung von 8.000,00 €. Eine ausreichende Höhe wären jedoch bereits 6.000,00 € gewesen. Somit liegt ein Schätzfehler vor, der eine Prognosereserve von 2.000,00 € zur Folge hat.

Stille Rücklagen auf der Aktivseite der Bilanz werden durch den Verkauf des unterbewerteten Vermögensgegenstandes aufgelöst. Handelt es sich um Passiva, erfolgt die Auflösung durch Zeitablauf oder den Ausgleich der unterbewerteten Verbindlichkeit. Bis dahin mindern die Reserven die Steuerbelastung und die Gewinnausschüttung des Unternehmens. Ferner ist die wahre Unternehmenslage aufgrund der Reserven aus der Bilanz nicht ersichtlich. Gleichzeitig bilden sie aber eine erweiterte Haftungsmasse für Gläubiger.

2.4.3.6 Rückstellungen

Rückstellungen sind nach § 249 HGB für ungewisse Verbindlichkeiten und drohende Verluste aus schwebenden Geschäften zu bilden. Ein Beispiel für Rückstellungen für ungewisse Verbindlichkeiten ist eine Rückstellung für Prozessrisiken. Bei einem Rechtsstreit weiß der Kaufmann nicht, ob er den Prozess gewinnen oder verlieren wird oder wie lange er dauert. Es drohen also unter Umständen hohe Belastungen, die der Kaufmann in Form einer Rückstellung berücksichtigen muss. Auch erwartete Steuernachzahlungen und Garantieverpflichtungen werden diesem Posten zugeordnet.

Rückstellungen für drohende Verluste aus schwebenden Geschäften resultieren aus dem Imparitätsprinzip (siehe Kap. 2.5.6).

Ferner sind Rückstellungen zu bilden für:

- im Geschäftsjahr unterlassene Aufwendungen für Instandhaltung, die im folgenden Geschäftsjahr innerhalb von drei Monaten nachgeholt wird;
- unterlassene Abraumbeseitigung, die im folgenden Geschäftsjahr nachgeholt wird;

4 Voss – ISBN 3-8120-0646-4

■ Gewährleistungen ohne rechtliche Verpflichtung (so genannte Kulanzrückstellungen).

Für so genannte Aufwandsrückstellungen und Aufwendungen für unterlassene Instandhaltung nach dem dritten Monat des folgenden Geschäftsjahres besteht ein Passivierungswahlrecht.

Bei der Rückstellung ist der Grund der Bildung bekannt, der Eintrittszeitpunkt und die Höhe ist aber ungewiss. Sie sind mit dem Betrag anzusetzen, der nach vorsichtiger kaufmännischer Schätzung notwendig ist. Sie dürfen nach § 249 Abs. 3 HGB erst aufgelöst werden, wenn der Grund, der zu ihrer Bildung führte, entfallen ist.

Rückstellungen sind nicht zu verwechseln mit Rücklagen. Es bestehen wesentliche Abgrenzungspunkte. Rücklagen sind dem Eigenkapital zuzuordnen, Rückstellungen dem Fremdkapital. Ferner treten die Rückstellungen in der Bilanz offen zu Tage, gewisse Rücklagen (stille Reserven) können in der Bilanz verdeckt sein. Eine Gemeinsamkeit besteht lediglich darin, dass beide Posten auf der Passivseite ausgewiesen werden.

2.4.3.7 Verbindlichkeiten

Bei **Verbindlichkeiten** handelt es sich um Zahlungsverpflichtungen des Unternehmens, deren Ursache in der Vergangenheit liegt, deren Auszahlung aber erst zu einem späteren Zeitpunkt erfolgt. Der Wertansatz wird in Höhe des Rückzahlungsbetrages vorgenommen. Es können z.B. Verbindlichkeiten gegenüber Kreditinstituten, Verbindlichkeiten aus Lieferungen und Leistungen oder Verbindlichkeiten aus Bürgschaften unterschieden werden.

Im Gegensatz zur Rückstellung sind Grund, Höhe und Fälligkeit der Schuld bekannt. Zudem sind Verbindlichkeiten stets passivierungspflichtig, bei einigen Rückstellungen besteht ein Passivierungswahlrecht (z.B. bei Aufwandsrückstellungen). Beide Posten sind dem Fremdkapital zuzuordnen.

2.5 Grundsätze ordnungsmäßiger Buchführung (GoB)

Nach § 238 Abs. 1 des HGB ist jeder Kaufmann dazu verpflichtet, „Bücher zu führen und in diesen seine Handelsgeschäfte und die Lage seines Vermögens nach den Grundsätzen ordnungsmäßiger Buchführung ersichtlich zu machen". Diese Vorschrift ist für alle Unternehmensrechtsformen verbindlich.

Unter den **GoB** versteht man allgemein anerkannte Regeln, die von jedem Kaufmann bei Buchführung, Inventur und Jahresabschluss zu berücksichtigen sind. Sie können, müssen jedoch nicht, zwingend gesetzlich kodifiziert sein. Dadurch vermeidet der Gesetzgeber zahlreiche detaillierte gesetzliche Einzelregelungen, die das Handelsgesetzbuch unnötig aufblähen würden.

Es lassen sich zwei zentrale Methoden bei der Ermittlung der GoB unterscheiden, die induktive und die deduktive Methode. Im Rahmen der **induktiven Methode** werden die GoB aus den Verhaltensweisen und Gepflogenheiten ordentlicher Kaufleute abgeleitet. Es wird also von speziellen Prämissen auf allgemeine Folgerungen geschlossen. Dies ist problematisch, da sich nicht einwandfrei bestimmen lässt, wer ein ordentlicher Kaufmann ist und wie dieser von nicht ordentlichen Kaufleuten abzugrenzen ist. Ferner besteht keine eindeutige Klärung, wer darüber entscheidet, ob ein Kaufmann ehrenwert und ordentlich ist.

Bei der **deduktiven Methode** wird aus allgemeinen Aufgaben des Rechnungswesens und den Interessen der Beteiligten auf einzelne Grundsätze geschlossen. Hierbei wird von allgemeinen Prämissen auf spezielle Folgerungen geschlossen. Problematisch sind die zahlreichen unterschiedlichen Interessenlagen und der Konflikt der einzelnen Interessen.

 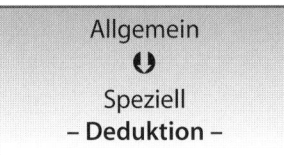

2.5.1   Grundsatz der Klarheit

Die Aufzeichnungen in der Bilanz müssen lesbar und in einer lebendigen Sprache verfasst sein. Eine Bilanz in lateinischer Sprache ist demnach nicht möglich. Ferner sind die einzelnen Positionen verständlich, leicht erfassbar und geordnet darzustellen. Durch diesen Grundsatz wird die Verständlichkeit der Bilanz für alle Externen gewährleistet.

2.5.2   Grundsatz der Vollständigkeit

Es müssen alle Geschäftsvorfälle in der Bilanz erfasst werden (§ 239 Abs. 2 HGB), also alle Aktiva und Passiva sowie alle Aufwendungen und Erträge. Es dürfen keine Geschäftsvorfälle in der Bilanz unterschlagen werden.

2.5.3   Grundsatz der Bilanzwahrheit

Dieser Grundsatz ist sehr problematisch, da keine absolute Bilanzwahrheit möglich ist, denn jede Bewertung ist subjektiv. Bewertungswahlrechte, wie der Ansatz der Herstellungskosten, lassen den Bilanzierenden einen gewissen Freiraum beim Bilanzansatz. Deshalb ist die Bilanzierung im Sinne der Bilanzwahrheit in die Grundsätze der relativen Wahrheit, der Willkürfreiheit und der Richtigkeit zu unterteilen.

> ➤ **Grundsatz der relativen Wahrheit**

Nach diesem Grundsatz ist die Wahrheit in Bezug auf die Grundsätze ordnungsmäßiger Buchführung und weitere gesetzliche Vorschriften zu sehen. Demnach ist ein Bilanzansatz dann als wahr anzusehen, wenn er den GoB oder anderen gesetzlichen Vorschriften entspricht.

> **Grundsatz der Willkürfreiheit**

Der Grundsatz der Willkürfreiheit besagt, dass der Kaufmann die von ihm für zutreffend gehaltenen Annahmen beim Bilanzansatz offen legen muss. Bilanzielle Manipulationen sind unzulässig.

> **Grundsatz der Richtigkeit**

Die Eintragungen in Büchern und die sonst erforderlichen Aufzeichnungen müssen richtig vorgenommen werden. Hiermit ist die rechnerische und formelle Richtigkeit gemeint, d.h., dass der Inhalt eines Postens auch seiner Bezeichnung entsprechen muss. Dies gewährleistet eine Überprüfung der dargestellten Sachverhalte, z.B. von sachverständigen Dritten.

2.5.4 Vorsichtsprinzip (§ 252 Abs. 1 Nr. 4 HGB)

Beim Bilanzansatz, Bewertungsansatz und Erfolgsausweis ist im Sinne der **Vorsicht** vorzugehen, d.h., ein geringerer Eigenkapitalausweis ist einem höheren vorzuziehen. Dieser Grundsatz soll verhindern, dass der Kaufmann die Lage seines Unternehmens besser darstellt, als sie ist. Er erfüllt also vornehmlich eine Schutzfunktion gegenüber aktuellen bzw. potenziellen Anlegern und Gläubigern und besitzt daher eine traditionell große Bedeutung. Bei Unsicherheit bezüglich der Höhe des bilanziellen Wertansatzes ist nicht der wahrscheinlichste Wert, sondern ein etwas pessimistischer Schätzwert auszuweisen. Vier Prinzipien dienen der vorsichtigen Bewertung: das Realisationsprinzip, das Imparitätsprinzip sowie das Niederstwert- und das Höchstwertprinzip.

2.5.5 Realisationsprinzip (§ 252 Abs. 1 Nr. 4 HGB)

Dieser Grundsatz besagt, dass Gewinne nur bilanziert werden dürfen, wenn sie am Abschlussstichtag realisiert sind, d.h., der Gewinn ist erst dann in der Bilanz zu berücksichtigen, wenn er im Umsatzprozess in Erscheinung getreten ist. Allein die Hoffnung auf zukünftige Gewinne rechtfertigt deren Bilanzierung also nicht.

Dies bedeutet:

- Güter, die noch nicht abgesetzt sind und sich im Betriebseigentum befinden, werden höchstens mit Anschaffungs- bzw. Herstellungskosten bilanziert **(Anschaffungswertprinzip)**.

  Beispiel Das Unternehmen hat ein Grundstück zum Preis von 150.000,00 € gekauft, nach einem Jahr steigt der Wert auf 200.000,00 €. Bilanziert wird allerdings lediglich der Anschaffungspreis von 150.000,00 € (Zwangsrücklage).

- Es dürfen keine inflationsbedingten höheren Wiederbeschaffungswerte als **Vermögensgegenansatz** bilanziert werden (Nominalwertprinzip).

Problematisch ist die Frage, wann der Gewinn anfällt. Es bieten sich folgende Möglichkeiten an:

> **Zeitpunkt des Vertragsabschlusses**

Dieser Ansatz ist mit Risiko behaftet, da die Partner zwar nach Vertrag zur Leistung verpflichtet sind, die Leistung kann jedoch aufgrund von Unmöglichkeit ausbleiben. Von **Unmöglichkeit** spricht man, wenn der Vertragspartner eine Leistung aus tatsächlichen oder rechtlichen Gründen nicht erbringen kann. Ein Beispiel hierfür ist das Abbrennen einer Lagerhalle, bevor die Lieferung abgesandt wurde. Daher wird dieser Ansatz vom Gesetzgeber abgelehnt.

> **Zeitpunkt des Gefahrenübergangs**

Der Verkäufer und der Käufer treffen alle in ihrer Macht stehenden Maßnahmen, um das Sacheigentum und den Kaufpreis auszutauschen. Dieser Ansatz ist mit dem Prinzip der Vorsicht zu vereinbaren.

> **Zeitpunkt des Zahlungseingangs und der Leistung**

Hierbei ist der Zeitpunkt der Realisation derjenige, zu dem sowohl die Leistung (z. B. ein Gut) als auch die Zahlung (Geld) eingegangen sind. Dieser Ansatz ist recht unproblematisch. In der Praxis wird der Zeitpunkt des Gefahrenübergangs als Realisationszeitpunkt bevorzugt.

Beispiel

Ein Grundstück wurde 1970 vom Unternehmen für 60.000,00 € gekauft. 2004 beträgt der Wert des Grundstückes 100.000,00 €. Der Wertzuwachs von 40.000,00 € darf in diesem Jahr allerdings nicht in der Bilanz ausgewiesen werden, da er noch nicht im Umsatzprozess realisiert wurde. Dies ist erst der Fall, wenn das Grundstück zu diesem Preis verkauft wird.

2.5.6 Imparitätsprinzip

Nach dem **Imparitätsprinzip** sind neben realisierten Gewinnen und Verlusten bereits verursachte Verluste zu bilanzieren. Sie müssen im Umsatzprozess noch nicht in Erscheinung getreten sein. Diese Ungleichbehandlung von Gewinnen und Verlusten resultiert aus Gründen des Gläubigerschutzes und der Vorsicht.

Es müssen auch solche Verluste und Wertminderungen erfolgsmindernd berücksichtigt werden, die sich mit genügend großer Sicherheit andeuten. Durch die Minderung des Erfolges wird in der Regel die Dividende der abzuschließenden Periode vermindert. Dies dient der Kapitalerhaltung.

Das Imparitätsprinzip tritt bei Vermögen als Niederstwertprinzip, bei Schulden als Höchstwertprinzip auf.

2.5.7 Niederstwertprinzip für Vermögensgegenstände

Hierbei handelt es sich um eine technische Vorschrift zur Durchführung des Realisationsprinzips. Es sind zwei Ausprägungen zu unterscheiden:

> **Strenges Niederstwertprinzip für Umlaufvermögen**

Das Umlaufvermögen ist zum niedrigsten von mehreren in Betracht kommenden Werten am Bilanzstichtag in der Schlussbilanz anzusetzen. Die Wertobergrenze bilden die Anschaffungskosten (Herstellungskosten).

Beispiel

Rohstoffe, die am Anfang des Jahres für 1.000,00 € beschafft wurden, sind am Ende der Abrechnungsperiode laut Marktpreis (Tageswert) nur noch 900,00 € wert. Das Unternehmen darf in der Bilanz lediglich 900,00 € ausweisen. Die verbleibenden 100,00 € stellen eine außerordentliche Abschreibung dar.

Marktpreis (Tagespreis) < Anschaffungskosten → Bilanzierung zum Tageswert

Marktpreis (Tagespreis) > Anschaffungskosten → Bilanzierung zu Anschaffungskosten

> **Gemildertes Niederstwertprinzip für Anlagevermögen**

Das gemilderte Niederstwertprinzip entspricht bei dauernden Wertminderungen dem strengen Niederstwertprinzip, bei voraussichtlich vorübergehenden Wertminderungen besteht ein **Abschreibungswahlrecht** (§ 253 Abs. 2 HGB). Für Kapitalgesellschaften ist das gemilderte Niederstwertprinzip eingeschränkt, dort gilt es nur für Finanzanlagen.

Beispiel

1999 hat die x-AG ein Grundstück für 50.000,00 € gekauft. Im Laufe der Jahre unterliegt der Grund und Boden ständigen Wertschwankungen. 2004 beträgt der Tageswert am Abschlussstichtag 45.000,00 €. Es sind jedoch Wertsteigerungen zu erwarten. Das Unternehmen besitzt nun ein Abschreibungswahlrecht, d.h., es kann den Anschaffungswert (50.000,00 €) bilanzieren oder 5.000,00 € außerordentlich abschreiben und 45.000,00 € ausweisen.

2.5.8 Höchstwertprinzip

Nach diesem Prinzip sind Schulden zum höchsten von mehreren möglichen Werten zu bilanzieren. Es handelt sich um eine analoge Übertragung des Niederstwertprinzips von der Bewertung der Vermögensgegenstände auf die **Bewertung der Schulden** und stellt somit eine technische Vorschrift zur Durchsetzung des Imparitätsprinzips dar.

Beispiel

Veranschaulichen lässt sich dies an der Aufnahme von Verbindlichkeiten in fremder Währung: Steigt der Kurs der Fremdwährung, sind die Verbindlichkeiten automatisch höher anzusetzen. Wenn z. B. ein Darlehen von 20.000,00 € in fremder Währung zu einem Kurs von 1,2 aufgenommen wurde, der Kurs aber auf 1,5 zum Abschlussstichtag steigt, ist das Darlehen mit 30.000,00 € (1,5 · 20.000) und nicht mit 24.000,00 € (1,2 · 20.000) zu bilanzieren.

2.5.9 Grundsatz der Unternehmensfortführung (going-concern-Prinzip)

Bei der Bewertung der Unternehmensteile ist davon auszugehen, dass das Unternehmen weitergeführt wird, sofern nicht tatsächliche oder rechtliche Umstände dem entgegenstehen. Bei der Bilanzierung ist also grundsätzlich nicht vom Zerschlagungs-wert auszugehen, es sei denn, das Unternehmen soll nach dem Willen der Inhaber ganz oder teilweise aufgelöst werden.

2.5.10 Grundsatz der Bilanzidentität

Nach dem Grundsatz der Bilanzidentität muss die Anfangsbilanz der Schlussbilanz des Vorjahres (bezüglich Menge und Wert) entsprechen. Bewertungsverfahren und Form der Bilanz sind beizubehalten. Ferner muss die Bilanzsumme unverändert blei-ben. Ausnahmen von diesem Grundsatz sind nur in seltenen Fällen vorgesehen, wie z. B. der Übergang von der Reichsmarkschlussbilanz zur DM-Eröffnungsbilanz durch die Währungsreform 1948.

2.5.11 Grundsatz der Einzelbilanzierung (§ 252 Abs. 1 Nr. 3 HGB)

Der Grundsatz der Einzelbilanzierung besagt, dass alle Vermögensgegenstände und Schulden zum Abschlussstichtag einzeln zu bewerten sind. Hierdurch werden Kom-pensationswirkungen von Wertminderungen und Wertsteigerungen bei unterschied-lichen Wertgegenständen vermieden.

Beispiel
Eine AG hat zwei nicht zusammenhängende Grundstücke gekauft, ein Grund-stück ist im Preis gestiegen, das andere gefallen. Wertsteigerung und Wert-minderung dürfen nicht saldiert werden. Vielmehr müssen beide getrennt und einzeln bewertet und am Abschlussstichtag bilanziert werden: das im Preis ge-stiegene Grundstück höchstens zu Anschaffungskosten (Anschaffungswert-prinzip), das im Preis gefallene im Rahmen des Niederstwertprinzips mit dem niedrigsten Wertansatz (sofern die Wertminderung dauernd ist).

2.6 Anschaffungs- und Herstellungskosten als Wertansätze in der Bilanz

Die Begriffe Anschaffungs- und Herstellungskosten sind für die Bilanz- und Erfolgs-rechnung nicht ganz zutreffend, da hier Aufwendungen eingehen, die nicht immer mit den Kosten identisch sind (siehe Kap. 2.3). Richtig wären die Bezeichnungen **Anschaffungsaufwendungen** und **Herstellungsaufwendungen.** Sie spielen in der Bilanz eine große Rolle, da sie die Wertobergrenze für den Wertansatz des Vermö-gens bilden.

2.6.1 Anschaffungskosten

Anschaffungskosten sind geleistete Aufwendungen, um einen Vermögensgegenstand zu erwerben und ihn in betriebsbereiten Zustand zu versetzen, soweit sie dem Vermögensgegenstand einzeln zugeordnet werden können (§ 255 Abs. 1 HGB). Sie sind (im Gegensatz zu den Herstellungskosten) für fremdbezogene Vermögens-gegenstände anzusetzen.

> Anschaffungspreis
> + **Anschaffungsnebenkosten**
> + **nachträgliche Anschaffungskosten**
> – **Anschaffungspreisminderungen**
>
> = **Anschaffungskosten**

Anschaffungsnebenkosten sind Aufwendungen, die zusätzlich zum Kaufpreis anfallen. Hierzu gehören u. a.

■ Transportversicherung und Zölle,

■ Provisionen, Notar- und Maklergebühren,

■ Montage und Anschlüsse sowie

■ Speditions- und Frachtkosten.

Nachträgliche Anschaffungskosten fallen nach dem Erwerb des Gegenstandes an und sind nötig, damit die Betriebsbereitschaft gewährleistet wird. Aufwendungen für einen Umbau oder Ausbau, der schon vorher abzusehen war, sind ein Beispiel hierfür.

Anschaffungspreisminderungen (wie Rabatte, Boni und Skonti) sind vom Anschaffungspreis abzuziehen.

Das Unternehmen kauft für Vertriebszwecke einen Pkw. Auf den Kaufpreis von 20.000,00 € werden vom Autohandel Müller 10 % Preisnachlass gewährt, zusätzlich fallen Überführungskosten von 500,00 € an.

Anschaffungspreis	20.000,00 €
+ Überführungskosten	500,00 €
– Rabatt von 10 %	2.000,00 €
= Anschaffungskosten	18.500,00 €

Das Unternehmen hat 18.500,00 € in der Beschaffungsperiode in der Bilanz zu aktivieren.

2.6.2 Herstellungskosten

Herstellungskosten sind weit schwieriger zu ermitteln und nachzuweisen als Anschaffungskosten. Bei der Bewertung von Halb- und Fertigfabrikaten ist der Ansatz von Herstellungskosten unumgänglich. Sie sind zu kennzeichnen als Aufwendungen, die durch den Verbrauch von Gütern und die Inanspruchnahme von Diensten für die Herstellung eines Vermögensgegenstandes, seiner Erweiterung oder für eine über seinen ursprünglichen Zustand hinausgehende wesentliche Verbesserung entstehen (§ 255 Abs. 2 HGB).

> Materialeinzelkosten
> + **Fertigungseinzelkosten**
> + **Sondereinzelkosten der Fertigung**
> = **Herstellungskosten (Wertuntergrenze)**

Die Posten der Wertuntergrenze sind zwingend in die Herstellungskosten einzubeziehen. Bei weiteren Posten besteht ein Wahlrecht (Material-, Verwaltungs- und Fertigungsgemeinkosten und Zinsen für Fremdkapital). Lediglich für Vertriebskosten besteht ein Aktivierungsverbot.

Beispiel

Ein Betrieb stellt eine Maschine in eigener Verantwortung her. Der Maschine sind Materialeinzelkosten von 30.000,00 € und 15.000,00 € Fertigungseinzelkosten direkt zuzurechnen. Ferner entstehen 4.000,00 € Kosten für Entwürfe für die Maschine (Sondereinzelkosten der Fertigung).

Materialeinzelkosten	30.000,00 €
+ Fertigungseinzelkosten	15.000,00 €
+ Kosten für Entwürfe	4.000,00 €
= Herstellungskosten	49.000,00 €

Das Unternehmen hat in der Periode der Herstellung 49.000,00 € in der Bilanz zu aktivieren.

2.6.3 Fortgeführte Anschaffungskosten (Herstellungskosten)

Wertverzehr wird bei abnutzbaren Gütern durch Abschreibungen erfasst (siehe Kap. 7.5.1.3). Die Abschreibungen sind beim bilanziellen Ansatz der Anschaffungs- und Herstellungskosten zu berücksichtigen.

> Anschaffungskosten (Herstellungskosten)
> – **planmäßige und außerplanmäßige Abschreibungen**
> = **fortgeführte Anschaffungskosten (Herstellungskosten)**

2.7 Spezielle Fragen der Bilanzierung

In diesem Kapitel werden Posten in der Bilanz erläutert, die im Rahmen der Bilanzierung eine besondere Relevanz besitzen.

2.7.1 Gering- und kleinwertige Vermögensgegenstände

Als **kleinwertige Vermögensgegenstände** werden Güter bezeichnet, deren Anschaffungskosten niedriger als 60,00 € (ohne Umsatzsteuer) sind. Sie müssen nicht in die Bilanz aufgenommen werden und dürfen sofort ohne Erinnerungswert abgeschrieben werden. Eine Aktivierung ist dennoch möglich, es besteht ein Wahlrecht.

Geringwertige Vermögensgegenstände des Anlagevermögens können im ersten Jahr ihrer Beschaffung bis auf einen Erinnerungswert von 1,00 € abgeschrieben werden. Es besteht also ebenfalls ein Aktivierungswahlrecht. Ihre Anschaffungskosten liegen zwischen 60,00 € und 410,00 € ohne Umsatzsteuer. In der Bilanz muss ein gesondertes Verzeichnis für diese Güter aufgestellt werden.

2.7.2 Disagio

Das Disagio (Damnum) kennzeichnet die Differenz zwischen Ausgabebetrag und höherem Rückzahlungsbetrag eines Kredites. Er wird auch als **Abgeld** bezeichnet. Es handelt sich um einen Korrekturposten auf der Aktivseite der Bilanz, für den ein Aktivierungswahlrecht besteht.

Beispiel

Ein Unternehmen nimmt einen Kredit in Höhe von 100.000,00 € mit einer Laufzeit von zehn Jahren auf. Es bestehen zwei Möglichkeiten:

a) Zum einen können die 100.000,00 € zu 100 % an das Unternehmen ausgezahlt werden. Sie verzinsen sich mit einem Zinssatz von 10 %.

b) Als zweite Möglichkeit (Disagio) kann das Unternehmen einen Betrag von 94.500,00 € zu 9,1 % Zinsen erhalten. Das Disagio beträgt in diesem Fall 5.500,00 € (100.000 – 94.500).

Darlehensschuld	100.000,00 €
– tatsächlich zur Verfügung gestellter Darlehensbetrag	94.500,00 €
= Disagio	5.500,00 €

2.7.3 Derivativer Firmenwert

Der derivative Firmenwert ist derjenige Betrag, um den der für die Übernahme des Unternehmens bezahlte Kaufpreis die Werte der einzelnen Vermögensgegenstände abzüglich der Schulden zum Zeitpunkt der Übernahme übersteigt (§ 255 Abs. 4 HGB). Es besteht ein Aktivierungswahlrecht. Im Falle der Aktivierung ist der Betrag entweder über vier Jahre abzuschreiben oder auf die Jahre der Nutzung gleichwertig zu verteilen.

Beispiel

Die Super Gut AG kauft eine weitere Firma zum Kaufpreis von 14 Mio. €. Der Wert der Vermögensgegenstände beträgt 13 Mio. € und die Schulden betragen 1 Mio. €. Wie hoch ist der derivative Firmenwert?

Bezahlter Kaufpreis für das Unternehmen	14 Mio. €
– Wert der Vermögensgegenstände	13 Mio. €
+ Schulden bei Gläubigern	1 Mio. €
= derivativer Firmenwert	2 Mio. €

Der derivative Firmenwert beträgt 2 Mio. €.

2.8 Internationale Rechnungslegung

Die Rechnungslegung im angloamerikanischen Raum hat eine andere Entwicklung vollzogen als in Deutschland. Dies resultiert aus Gründen wie Geschichte und Kultur, ordnungspolitischen Rahmenbedingungen, dem Steuersystem und der Tradition der Unternehmensfinanzierung. Letzteres bedeutet, dass der Kapitalmarkt in den angelsächsischen Staaten eine vorherrschende Stellung besitzt. Betriebe finanzieren sich eher dort und weniger durch andere Finanzierungsinstitutionen wie Banken. Die Miteigentümer, d.h. die Aktionäre, müssen daher besonders geschützt werden.

In der Rechnungslegung dominiert aufgrund der großen Bedeutung des Anlegerschutzes die entscheidungsrelevante **Informationsfunktion** für Investoren und Aktionäre. Die deutsche Rechnungslegung hingegen ist geprägt durch das **Gläubigerschutzprinzip** und dem damit verbundenen Bilanzierungsgrundsatz der Vorsicht.

Aufgrund der Internationalisierungsbestrebungen deutscher Unternehmen und den daraus resultierenden grenzüberschreitenden Kapitalmarkttransaktionen ist es notwendig, ausländischen Investoren einen genaueren Einblick in die Finanz- und Ertragslage des Unternehmens zu ermöglichen. Um einen besseren Zugang zu ausländischen Kapitalmärkten zu erlangen, ist ein Jahresabschluss sowohl nach deutschem als auch nach internationalem Recht für Großunternehmen daher keine Seltenheit. Deutsche Unternehmen, die eine globale Geschäftspolitik betreiben, werden aus Imagegründen nahezu gezwungen, eine internationale Rechnungslegung zugrunde zu legen. Sie dokumentieren so die internationale Ausrichtung auch ihrer Rechnungslegung und den Ruf als **Global Player.**

Wichtige internationale Bilanzierungsprinzipien und Harmonisierungsversuche der Rechnungslegung werden im Folgenden dargestellt.

2.8.1 US-Generally Accepted Accounting Principles (US-GAAP)

Die in den USA seit 1939 entwickelten Rechnungslegungsprinzipien, die so genannten US-GAAP, verfolgen die Zielsetzung der Informationsvermittlung und Entscheidungshilfe für Investoren und Aktionäre. Garantieren sollen dies genau ausformulierte Bewertungsregeln für Aktiva und Passiva sowie ein sehr eingeschränktes Kontingent an Bilanzierungswahlrechten. Ein Jahresabschluss nach US-GAAP soll den Investoren und Aktionären Beurteilungshilfen bezüglich des Potenzials ihres Anlageengagements geben, um möglichst fundiert über einen eventuellen Ein- oder Ausstieg in die bzw. aus der Anlage zu entscheiden.

Anders als einige Grundsätze ordnungsmäßiger Buchführung sind die GAAP nicht in Gesetzen kodifiziert. Sie sind zudem nur für Unternehmen verpflichtend, deren Wertpapiere an einer Börse gehandelt werden und die somit der Aufsicht der SEC (Securities Exchange Commission) unterliegen. Nicht börsennotierte Unternehmen können jedoch freiwillig einen GAAP-konformen Jahresabschluss erstellen. Wenn börsennotierte Unternehmen diese Grundsätze nicht befolgen, dürfen die Wirtschaftsprüfer ihr Testat verweigern.

Einige **Grundsätze der US-GAAP** besitzen eine den GoB ähnliche Ausgestaltung. Aus den unterschiedlichen Zielsetzungen des Jahresabschlusses in Deutschland und den USA ergeben sich allerdings unterschiedliche Bedeutsamkeiten und Ausprägungen einzelner Grundsätze. So betont das Prinzip der **„fair presentation"** (wahrheitsgemäße Darstellung) den Informationsaspekt und steht somit als eine Art Generalnorm über den weiteren Bilanzierungsgrundsätzen. Im Rahmen dieser Informationsübermittlung ist gemäß dem Grundsatz **„substance over form"** beim Jahresabschluss nicht die Form entscheidend, sondern die inhaltliche Darstellung. Der Abschluss ist zwar klar und verständlich zu gestalten, auf detaillierte Gliederungsvorschriften wird hingegen weitgehend verzichtet. Der wirtschaftliche Kern eines Geschäftsfalls steht also im Vordergrund. Seine rechtliche Einkleidung ist für die Rechnungslegung nachrangig.

Das aus der deutschen Rechnungslegung bekannte Vorsichtsprinzip („conservatism") existiert in den USA zwar, besitzt jedoch dort einen anderen, geminderten Stellenwert. Eine bewusste Unterbewertung von Gegenständen des Anlage- und Umlaufvermögens und die damit verbundene Gewinnreduzierung ist allerdings auch nach den US-GAAP grundsätzlich verboten.

2.8.2 International Accounting Standards (IAS)

Das **International Accounting Standards Committee (IASC)** in London ist ein freiwilliger privater Zusammenschluss von Berufsorganisationen der Wirtschaftsprüfer und anderer Fachleute, der 1973 mit dem Ziel der Harmonisierung der Rechnungslegung gegründet wurde. Um dieses Ziel zu erreichen, versucht die Organisation allseits akzeptierte Regeln, so genannte International Accounting Standards (IAS oder nach aktueller Bezeichnung auch International Financial Reporting Standards [IFRS]), zu entwickeln, die keinen eigenen Rechts-, sondern lediglich Empfehlungscharakter haben. Jedes Mitglied des IASC hat die Aufgabe, sich für eine Veröffentlichung und erhöhte Akzeptanz der dort beschlossenen Standards einzusetzen.

Die IAS bzw. IFRS orientieren sich stark am US-GAAP, sind jedoch internationaler ausgerichtet als das auf nationale Regularien fixierte amerikanische System. Hauptziel beider Standards sind realitätsnahe Informationen des Jahresabschlusses über die Ertrags-, Vermögens- und Finanzlage des Unternehmens. Adressaten des theoretisch ausgerichteten Regelwerkes sind dabei vornehmlich Investoren, aber auch Kunden, Lieferanten und Gläubiger. Aufgrund der Zielsetzung der IAS wird das Vorsichtsprinzip („prudence") wie in den US-GAAP geringer gewichtet als in den GoB. Im Gegensatz zu den US-GAAP sind die IAS für internationale Zwecke konzipiert und kommen mit einer eng beschränkten Anzahl von Verlautbarungen aus, was Übersichtlichkeit und Verständlichkeit garantiert.

Die Europäische Union (EU) unterstützt seit einiger Zeit die Harmonisierungsbestrebungen des IASC. Rechnungslegungsreformbestrebungen der EU manifestieren sich in den EG-Richtlinien, die für die Mitglieder verpflichtend sind. Die 4. und 7. EG-Richtlinie sind beispielsweise durch das Bilanzrichtliniengesetz von 1985 umgesetzt worden. Infolge zahlreicher Wahlrechte für die einzelnen Nationen wird das Ziel der Harmonisierung allerdings nur sehr eingeschränkt erreicht.

US-GAAP und IAS im Vergleich	
US-GAAP Tendenziell …	**IAS** Tendenziell …
■ … nationale amerikanische Regelungen	■ … international ausgerichtet
■ … genaue Bewertungsregeln	■ … theoretisch ausgerichtet
■ … sehr eingeschränkte Bilanzwahlrechte	■ … fundamentale Wahlrechte
■ … umfangreiche Interpretationshilfen	■ … wenige Interpretationshilfen

2.9   Check-up

2.9.1   Zusammenfassung

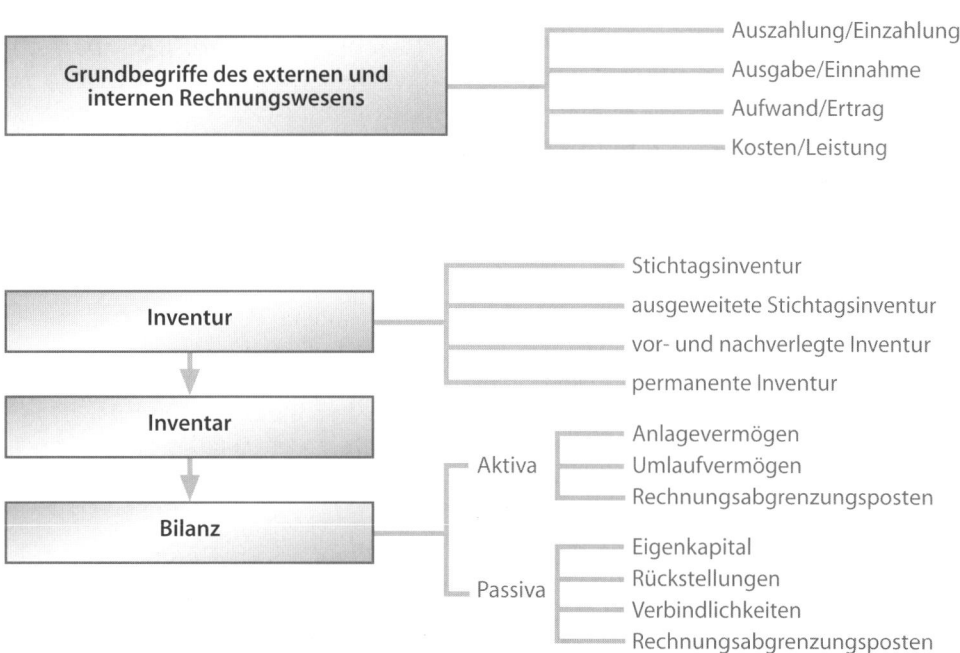

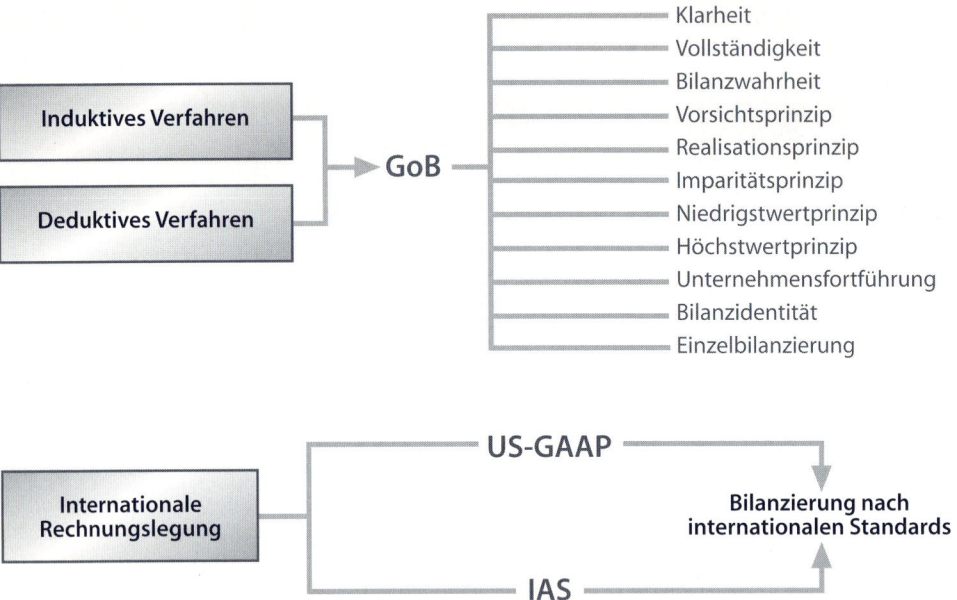

2.9.2 Kontrollfragenblock

1. Erläutern Sie, was unter den GoB zu verstehen ist!
2. Unterscheiden Sie Rücklagen und Rückstellungen!
3. Woraus setzen sich die Anschaffungskosten zusammen?
4. Ist die folgende Aussage richtig oder falsch? „Gewinne dürfen bereits vor Leistung und Lieferung ausgewiesen werden, wenn die Rechnung ausgestellt ist."
5. Beurteilen Sie die folgende Aussage auf ihre Richtigkeit: „Der Jahresüberschuss ist die Differenz aus Erträgen und Aufwendungen."
6. Was versteht man unter dem Begriff Umlaufvermögen?
7. Wann sind Kosten und Aufwand deckungsgleich?
8. Welcher Zeithorizont gilt für die vor- und nachverlegte Inventur?
9. Erläutern Sie den Begriff Inventar!
10. Was ist ein Disagio? Nennen Sie auch eine andere Bezeichnung hierfür!

2.9.3 Weiterführende Literatur

Buchholz, R.: Internationale Rechnungslegung, 3. Auflage, Berlin 2003.

Coenberg, A. G.: Jahresabschluß und Jahresabschlußanalyse. Betriebswirtschaftliche, handels- und steuerrechtliche Grundlagen, 19. Auflage, München 2003.

Schildbach, T.: Der handelsrechtliche Jahresabschluß, 6. Auflage, Herne und Berlin 2000.

3.1 PREVIEW

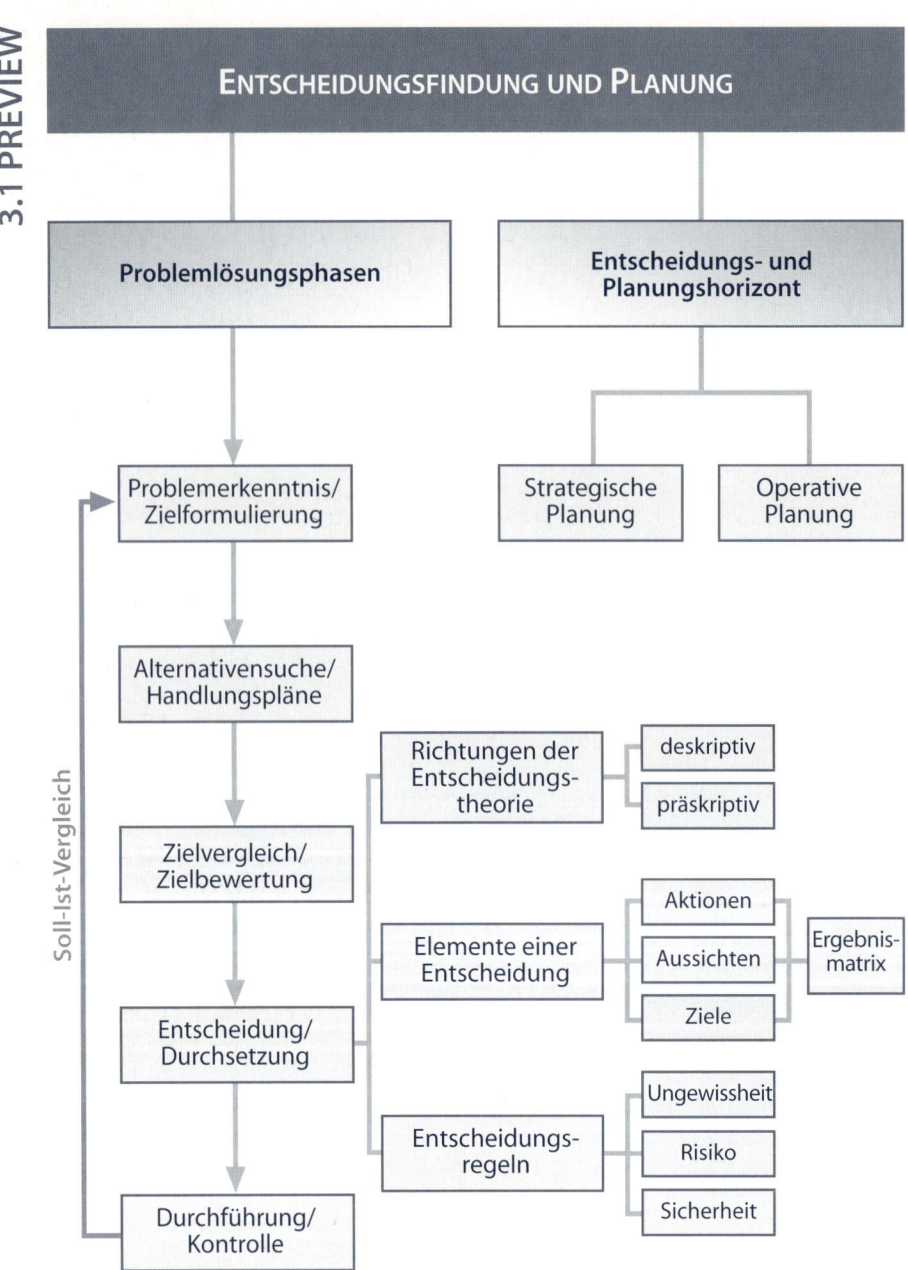

3.2 Problemstellung

Eine umfangreiche Planung ist in jedem Unternehmen unerlässlich, um die Folgen von unternehmenspolitischen Entscheidungen abzusehen und zukünftige Erfolgspotenziale zu erschließen. Auf diese Weise soll eine störungsfreie Entwicklung des Unternehmens garantiert werden. Die Planung gewinnt vor allem aufgrund der dynamischen Umwelt zunehmend an Bedeutung. Die Ergebnisse von Investitionsprojekten sind meist nur in geringem Maße vorhersehbar. Daher ist oft eine detaillierte Planung nötig, um diese Ungewissheit zu reduzieren und zumindest näherungsweise Marktprognosen abzugeben.

Unter **Planung** versteht man die Vorwegnahme zukünftigen betrieblichen Handelns aufgrund eines bewussten Informationsverarbeitungsprozesses. Sie ist kein „Allheilmittel" für die Lösung aller betrieblichen Problemlagen, hilft aber dennoch, Entscheidungen für die Zukunft zu treffen. Es ist allerdings zu beachten, dass die Begriffe Planung und Entscheidung nicht ohne weiteres gleichzusetzen sind.

Unter einer **Entscheidung** versteht man die Auswahl einer von mehreren Handlungsmöglichkeiten. Diese Auswahl kann mehr oder weniger bewusst erfolgen, d.h., auch der eher unbewusste Gewohnheitskauf einer Seife kann bereits als eine Entscheidung angesehen werden. Entscheidungen können also auch unbewusst getroffen werden. Planungen hingegen basieren auf systematischem Vorgehen.

3.3 Problemlösungsphasen

Planung und Entscheidung liegt ein mehrstufiger Problemlösungsprozess zugrunde, dessen einzelne Phasen anhand eines Beispiels im Folgenden erläutert werden. Die ersten vier Phasen werden oft auch als Planungsprozess bezeichnet. Sie können nicht streng hintereinander abgearbeitet werden. Vielmehr bestehen zwischen jeder dieser Stufen Querverbindungen, so genannte Interdependenzen.

Phasen des Problemlösungsprozesses

Interdependenzen

1. Phase	2. Phase	3. Phase	4. Phase	5. Phase
Problemerkenntnis + Zielformulierung	Alternativensuche + Handlungspläne	Zielvergleich + Zielbewertung	Entscheidung + Durchsetzung	Durchführung + Kontrolle

Interdependenzen

Beispiel Das Unternehmen Zukunft GmbH produziert exklusive Kugelschreiber, die einen reißenden Absatz finden. Die Kapazität der einen Produktionsmaschine ist schnell ausgelastet, d.h., man ist an die Kapazitätsgrenze gestoßen. Aufgrund der steigenden Nachfrage entschließt sich der Geschäftsführer, eine weitere Maschine anzuschaffen, die die Übernachfrage deckt.

5 Voss – ISBN 3-8120-0646-4

Zu Phase 1: Problemerkenntnis und Zielformulierung

Die Zukunft GmbH hat das Problem erkannt, dass ein größerer Absatz an exklusiven Kugelschreibern nur möglich ist, wenn man über die bisherige Kapazitätsgrenze hinausgeht. Um die Produktionsleistung zu steigern, muss also eine weitere Maschine angeschafft werden. Diese sollte so beschaffen sein, dass sie sich in das übrige Produktionsprogramm nahtlos einreiht. So kann der Gewinn gesteigert und das Wachstum des Unternehmens gesichert werden. Je nach Kostenpunkt des Investitionsobjektes sind in dieser Phase noch weitere Informationen über den Beschaffungsmarkt einzuholen.

Zu Phase 2: Alternativensuche und Handlungspläne

Aufgrund der Zielsetzung (Beschaffung einer weiteren Maschine) beauftragt der Geschäftsführer den Abteilungsleiter des Einkaufs, eine Maschine auszusuchen, die allerdings nicht teurer sein sollte als 100.000,00 €. Daraufhin holt der Abteilungsleiter Angebote ein, um einen genauen und umfangreichen Überblick über das Marktangebot zu gewinnen. Hierbei ist ihm bereits eine Vorgabe gegeben (Maschine). Wenn dies nicht der Fall wäre, könnten qualifizierte Arbeiter in die Betrachtung einbezogen werden. Denn auch dies könnte eine Möglichkeit sein, um das Ziel zu erreichen, den Output zu erhöhen.

Als weiteres werden die Alternativen ausgesondert, die nicht in Frage kommen, also z. B. Maschinen, die nicht in das bisherige Produktionsprogramm passen oder zu teuer (z. B. 200.000,00 € Kosten) sind. Die übrig gebliebenen Handlungsmöglichkeiten sind nun so zu strukturieren, dass man deren Vor- und Nachteile vergleichen kann.

Zu Phase 3: Zielvergleich und Zielbewertung

In dieser Phase erfolgt die Bewertung der einzelnen Alternativen im Hinblick auf die Zielerfüllung. Der Abteilungsleiter muss die verbleibenden Entscheidungsmöglichkeiten genau vergleichen und feststellen, welche Maschine am besten mit dem bisherigen Produktionsprogramm kompatibel ist und eine hohe Steigerung des Outputs verspricht. In die Bewertung muss auch die Qualität des zu beschaffenden Objektes einbezogen werden. In diesem Fall kann z. B. der Abteilungsleiter der Produktion ein Urteil abgeben, das in die Bewertung einbezogen werden kann. Die einzelnen Alternativen werden also genau auf ihre Zielwirksamkeit beurteilt.

Zu Phase 4: Entscheidung und Durchsetzung

Sobald die optimale Lösung gefunden ist, entscheidet der Abteilungsleiter des Einkaufs über die Anschaffung der Maschine, z. B. vom Typ „Megagut". Unter Umständen muss er seine Entscheidung nochmals dem Geschäftsführer vortragen und dessen Genehmigung einholen.

Zu Phase 5: Durchführung und Kontrolle

Die Entscheidungsdurchführung beginnt mit dem Kauf der Maschine „Megagut". Die Kontrolle und Bewertung erfolgt nach dem Einsatz der Maschine. Dabei kann es zu Planungsabweichungen kommen. Die Ergebniskontrolle kann eine neue Analyse des Problems und eine neue Zielformulierung erfordern.

Beispiel

Nach der Analyse des Produktionsprozesses legte die Controllingabteilung eine geplante Produktionsmenge von 1.000 Kugelschreibern für den Monat Mai fest. Der Output im Mai betrug allerdings nur 900 Kugelschreiber. Es besteht eine negative Planungsabweichung von 100 Kugelschreibern (= Istoutput [900] – Sollvorgabe [1.000]), d.h., die Vorgabe wurde unterschritten.

Die **Kontrolle** ist damit ein unverzichtbares Gegenstück zur Planung, da sie die Durchführung des Betriebsgeschehens überwacht. Dabei ist zwischen einer persönlichen und einer maschinellen Kontrolle zu unterscheiden.

Bei der **persönlichen Kontrolle** überprüft eine übergeordnete Instanz die ordnungsgemäße Durchführung der betrieblichen Aufgaben. Dies ist besonders häufig bei qualitativen Arbeiten der Fall, wie z. B. im Verlagswesen die Durchsicht der Mitarbeiterartikel durch den Chefredakteur.

Im Rahmen der **maschinellen Kontrolle** hingegen wird die Durchführung anhand von maschinellen Messungen überwacht. Sie eignet sich vor allem bei quantitativen Arbeitsaufgaben, bei denen der mengenmäßige Output im Mittelpunkt der Betrachtung steht, wie z. B. in der Fließfertigung. Das Ablesen und die Interpretation der Daten obliegt z. B. dem Abteilungsleiter der Produktionsabteilung.

Liegt die Prüfung der Zielerreichung des Mitarbeiters in der Hand einer übergeordneten Instanz, so spricht man von einer **Fremdkontrolle.** Nimmt der Mitarbeiter die Erfolgskontrolle selber vor, nennt man dies **Selbstkontrolle.**

Das Ergebnis der Kontrolle beeinflusst die weiteren Zielformulierungen und den Planungsprozess. So könnte die nächste Sollvorgabe geringer sein, da man nun Kenntnisse über die Kapazitätsgrenze der Maschine erlangt hat.

3.4 Planungs- und Entscheidungshorizont

Nicht alle Entscheidungen erfordern eine ähnlich umfangreiche Analyse der Situation. Deshalb werden in der Betriebswirtschaft strategische und operative Planung unterschieden.

3.4.1 Strategische Planung

Die strategische Planung soll das langfristige Überleben und den Fortschritt des Unternehmens sichern. Sie wird daher von der obersten Managementebene formuliert. Dabei können die Planungsvorgaben einen Zeitraum von fünf bis zehn Jahren umfassen. Die Vorgaben können aufgrund des langfristigen Charakters nur den **glo-**

balen Rahmen abstecken. Trotzdem sind Umwelteinflüsse in die Überlegungen einzubeziehen und abzuschätzen. Das Ziel ist der Aufbau von langfristigen Erfolgspotenzialen.

Der Inhalt der strategischen Planung ist in jedem Wirtschaftszweig unterschiedlich. In einem Industrieunternehmen wird z. B. das Produktionsprogramm langfristig festgelegt. Bei einem Handelsunternehmen hingegen sind Sortimentsveränderungen infolge einer veränderten Nachfrage leicht vorzunehmen, da die notwendigen Investitionen meist weitaus geringer sind als in der Industrie.

Strategische Überlegungen lassen sich z. B. anhand der Portfolio-Matrix verdeutlichen (siehe Kap. 8.3.2).

3.4.2 Operative Planung

Der Planungshorizont der operativen Planung hat kurz- bis mittelfristigen Charakter (Planungsabschnitt ist höchstens ein Jahr) und dient damit dem Ausschöpfen von bestehenden Erfolgspotenzialen. Die operative Planung ist somit eine **Bereichsplanung,** die Maßnahmenkataloge für bestimmte Funktionsbereiche des Unternehmens umfasst. Als Beispiele für solche Teilpläne ist der Finanz-, der Produktions- und der Personalplan zu nennen. Diese Pläne sind weit detaillierter formuliert als die strategischen Vorgaben, da die Umweltunsicherheit aufgrund des kürzeren Planungshorizontes geringer ist. Das „Alltagsgeschäft" kann direkt in die Planung einbezogen werden. Die operative Zielformulierung obliegt der unteren oder mittleren Führungsebene.

Vergleich von strategischer und operativer Planung		
Kriterien	**strategische Planung**	**operative Planung**
Planungshorizont	5–10 Jahre	höchstens ein Jahr
Planungstiefe	grobe Rahmenpläne	detaillierte Feinpläne
Planungsbereich	globaler Unternehmens-bereich	Funktionsbereichs-planung
Grad der Ungewissheit	sehr hoch	eher gering
Planungsbefugnis	oberste Führungsebene	mittlere und untere Führungsebene

3.5 Richtungen der Entscheidungstheorie

In der Entscheidungstheorie werden zwei Richtungen unterschieden.

▶ **Die empirisch-realistischen (deskriptiven) Entscheidungstheorien**

Diese Richtung will beschreiben und erklären, wie in der Praxis einzelne Entscheidungen getroffen werden. Das Ziel ist dabei die Entwicklung von Hypothesen (= Annahmen) über das Verhalten von einzelnen Personen oder Personengruppen im Entscheidungsprozess. Mit Hilfe dieser Hypothesen sollen bei bestimmten Entscheidungssituationen Entscheidungen prognostiziert werden. Ein Beispiel für den Beschaffungsbereich ist die Fragestellung, nach welchen Kriterien Lieferanten ihre Kunden beurteilen.

➤ Die normativen (präskriptiven) Entscheidungstheorien

Diese Richtung will keine Entscheidungsprozesse beschreiben und erklären, die in der Realität stattgefunden haben, sondern sie will zeigen, wie Entscheidungen rational (= verstandesmäßig, bewusst überlegt) getroffen werden. Dem Manager oder Unternehmer werden hierdurch Arbeits- und Entscheidungshilfen gegeben, die er bei der Lösung von betrieblichen Entscheidungsproblemen berücksichtigen kann.

Bei der präskriptiven Entscheidungstheorie werden bewusst Handlungsanweisungen gegeben, während bei der deskriptiven Entscheidungstheorie lediglich bestimmte Sachverhalte zur Kenntnis genommen und erklärt werden. Es kann durchaus sein, dass auch irrationale Entscheidungen im Rahmen der deskriptiven Entscheidungstheorie untersucht werden, um daraus Rückschlüsse für zukünftige Entscheidungen zu schließen. So ergab eine Umfrage eines Softwareherstellers unter 200 Führungskräften deutscher Unternehmen, dass viele wichtige Entscheidungen „aus dem Bauch heraus" gefällt werden. Mehr als die Hälfte der befragten Führungskräfte trafen Fehlentscheidungen, weil notwendige Informationen aus dem eigenen Unternehmen fehlten und veraltet seien. Diese Handlungsfehler können nun weiter analysiert werden. Bei der normativen Entscheidungstheorie werden dagegen gerade diese irrationalen Entscheidungen ausgeschlossen. Es wird vielmehr die bestmögliche Entscheidung für eine von mehreren möglichen rationalen Handlungsalternativen gesucht.

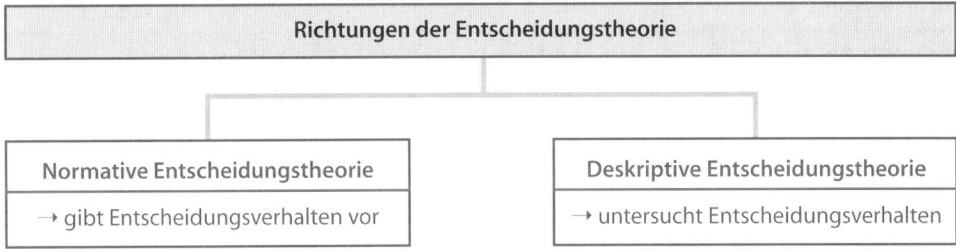

3.6   Grundlegende Elemente einer Entscheidung

In diesem Kapitel werden die wichtigsten grundlegenden Elemente dargestellt, die jede Entscheidung kennzeichnen.

3.6.1   Die Aktion (Handlungsalternative)

Es ist charakteristisch für eine Entscheidung, dass zwischen mehreren Handlungsalternativen zu wählen ist. Liegt nur eine Alternative vor, ist keine Entscheidung nötig. Die Menge aller Handlungsalternativen, die dem Entscheidungsträger (= derjenige, der entscheidet) offen stehen, nennt man **Aktionsraum.** Die Entscheidungstheorie geht nun davon aus, dass der Entscheidungsträger alle ihm möglichen Aktionen kennt **(Vollständigkeitsprinzip),** und dass sich diese gegenseitig ausschließen **(Exklusionsprinzip).**

3.6.2 Die Aussichten

Auch wenn man sich für eine Handlungsalternative entscheidet, ist meist noch nicht sicher, unter welchen Umständen sie eintritt, da die Zukunft ungewiss ist. Eine Reihe von Einflüssen **(Umweltzustände)** sind nicht durch den Betrieb zu beeinflussen, z. B. der US-Dollarkurs, gesetzliche Bestimmungen oder die Reaktionen des Konkurrenten. Aus diesem Grund investieren die Unternehmen viel Geld, um diese Daten zu prognostizieren. Mit Hilfe der Prognose kann einem Umweltzustand meist eine **Wahrscheinlichkeit** zugeordnet werden. Diese Aufgabe wird sehr oft von der Marktforschung wahrgenommen.

Es gibt drei mögliche Situationen, die Umweltzustände betreffend:

- Sicherheit bezüglich des Eintreffens der Situation;
- Risiko bezüglich des Eintreffens der Situation;
- Ungewissheit bezüglich des Eintreffens der Situation.

Bei **Ungewissheit** ist lediglich bekannt, dass ein Umweltzustand eintritt. Es ist allerdings keine Wahrscheinlichkeit gegeben. Man kann nur die Aussage treffen, dass einer von mehreren möglichen Zuständen eintreten wird. Bei einer **Risikosituation** kann man den Zuständen Wahrscheinlichkeiten zuordnen, z. B. mit einer 30 %-Wahrscheinlichkeit wird der US-Dollarkurs im nächsten Monat steigen, mit einer 50 %-Wahrscheinlichkeit wird er fallen, und mit einer 20 %-Wahrscheinlichkeit wird sich der Kurs nicht ändern. Zu beachten ist, dass sich die Wahrscheinlichkeiten zu eins aufaddieren (im Beispiel: 30 % + 50 % + 20 % = 100 %). Nur im Extremfall ist mit 100 % Sicherheit bekannt, dass ein Umweltzustand eintritt. In diesem Fall spricht man von einer Situation unter **Sicherheit.** Ein Beispiel ist die Aussage: „Der Stein fällt zu Boden."

Einer möglichen Aktion lässt sich immer genau ein möglicher Umweltzustand zuordnen.

3.6.3 Die Ziele

Als Ziel kann man das Anstreben eines zukünftigen Zustandes bezeichnen, der sich meist vom gegenwärtigen Zustand unterscheidet.

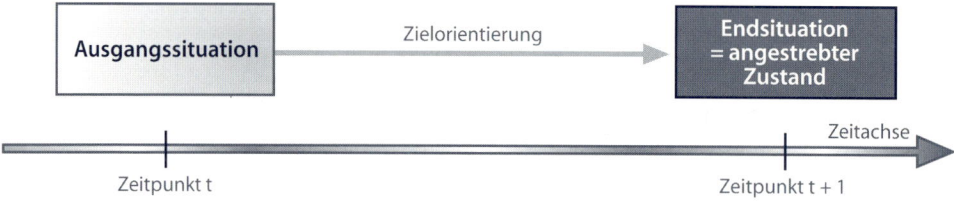

Betriebswirtschaftliche Beispiele wären das Ziel der Gewinnmaximierung oder der Umsatzmaximierung. In diese Zielvorstellung fließen subjektive Vorstellungen des Entscheidungsträgers, auch **Präferenzen** genannt, ein. Sie ermöglichen die Vergleichbarkeit von unterschiedlichen Ergebnissen. Unpräzise Formulierungen dieser Präferenzen erschweren jedoch eine Kontrolle der Ziele, denn letztlich muss überprüfbar sein, was zuvor festgelegt wurde.

Daneben müssen betriebliche Ziele geeignet sein, die Mitarbeiter zu motivieren. Nur erreichbare, mit einem bestimmten Anspruchsniveau fixierte Ziele können solche Ambitionen gewährleisten. Die Ansprüche an eine geeignete Zielbeschreibung lassen sich kurz in ein Wort fassen: Sie müssen **SMART** sein.

Spezifisch	Ziele sind präzise und unmissverständlich festzulegen, d.h., es muss eine genaue Zieldefinition bestehen (z. B. Gewinn = Einzahlungen – Auszahlungen).
Messbar	Ziele müssen qualitativ und quantitativ messbar sein. Elementar sind dabei ein Zielausmaß (z. B. Gewinnsteigerung um mindestens 6 %) und ein Vergleichsmaßstab (z. B. im Vergleich zum Vorjahr).
Anspruchsvoll	Nicht leicht zu erfüllende Ziele, sondern Herausforderungen spornen Mitarbeiter an. Ziele sollten also nicht zu niedrig angesetzt werden. Lösen die Mitarbeiter diese anspruchsvollen Zielvorgaben ein, wirkt sich dies motivationsfördernd und positiv auf die Arbeitszufriedenheit aus.
Realistisch	Werden Ziele zu hoch angesetzt, dann können sie die gleiche demotivierende Wirkung haben wie zu niedrige Zielansprüche. Ziele müssen also innerhalb der betrieblichen Geschäftsplanung umsetzbar sein.
Terminiert	Zielformulierungen sind nach Anfangs- und Enddaten zu strukturieren. Dabei lohnt es sich auch, Meilensteine zu setzen. Eine zeitliche Festlegung wäre z. B. „Anfang des folgenden Jahres".

Ein Entscheidungsträger kann gleichzeitig mehrere Ziele verfolgen, wobei die Ziele in bestimmten Verhältnissen zueinander stehen können. Es sind drei Möglichkeiten zu unterscheiden:

- Zielkomplementarität (komplementär = ergänzend);
- Zielkonkurrenz (Konkurrent = Rivale, Gegner);
- Zielindifferenz (indifferent = gleichgültig).

Vom Fall der **Zielkomplementarität** spricht man, wenn sich die Ziele gegenseitig in ihrer Erreichbarkeit fördern, d.h., die Erfüllung des einen Ziels trägt zur Erfüllung des anderen bei. So gelten z. B. die Steigerung des Gewinns pro Periode und die Marktanteilssteigerung als kombinierbare Ziele, da eine Steigerung des Marktanteils auch die Gewinnsituation verbessert. Diese Rechnung lässt sich dennoch nicht endlos fortführen, da ab einem bestimmten Punkt jede weitere Steigerung des Marktanteils nur durch Preiszugeständnisse an die Abnehmer zu erreichen ist. Auf diese Weise wird die Gewinnspanne vermindert, es tritt eine Zielkonkurrenz ein.

Bei einer **Zielkonkurrenz** beeinflussen sich die Ziele gegenseitig negativ. Die Verfolgung des einen Ziels steht der Förderung eines anderen Ziels also entgegen, wie z. B. die Erhöhung der sozialen Leistungen an Mitarbeiter und die Kostensenkung.

Im Fall der **Zielindifferenz** beeinflussen sich die Ziele gegenseitig nicht. Zwei betriebliche Zielbereiche, die keinerlei Einfluss aufeinander haben, sind die Kostensenkung beim Einkauf von Büromaterial in der Verwaltungsabteilung und die Qualitätssteigerung des Essens in der Betriebskantine.

Speziell in Großbetrieben erfolgt eine **Orientierung an Unternehmensleitbildern.** Diese Leitbilder kann man auch **Elementarziele** des Betriebes nennen. Sie bilden eine grundsätzliche, langfristige Vorgabe für die einzelnen Funktionsbereiche (z. B. Beschaffung, Finanzierung und Vertrieb) des Unternehmens und werden von der Unternehmensleitung formuliert. Es lassen sich drei Gebiete unterscheiden:

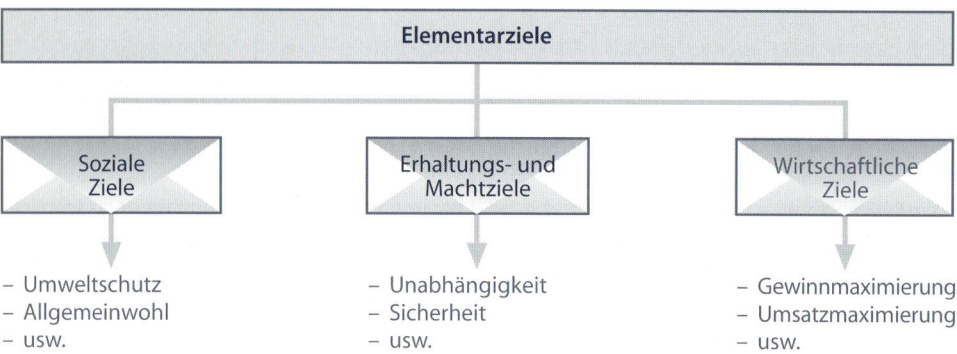

Rein (erwerbs-)wirtschaftliche Ziele stehen bei den Betrieben meist im Vordergrund. Sie stehen oft im Kontrast zu sozialen Zielen. So werden wenig biologisch abbaubare Güter produziert, obwohl dies problemlos möglich wäre. In mittelständischen Betrieben ist eine solche Strukturierung und Formulierung von Elementarzielen nur in wenigen Ausnahmefällen vorhanden. Eine Zielformulierung als Steuerungs- und Koordinationsinstrument für das betriebliche Handeln wird dort kaum erkannt. Auch ist zu beachten, dass öffentliche Unternehmen weniger erwerbswirtschaftliche Elementarziele im Auge haben, sondern eher gemeinwirtschaftliche Ziele verfolgen. Eine Gewinnmaximierung ist nicht ausgeschlossen, sie steht aber nicht im Vordergrund.

Die mittlere Führungsebene des Unternehmens (z. B. Abteilungsleiter) orientiert sich an den Elementarzielen und versucht diese in ihrem Verantwortungsbereich zu verwirklichen. So kann der Leiter des Beschaffungsbereichs z. B. eine Beibehaltung oder

Senkung der Einkaufspreise von Rohstoffen anstreben. Mit der konkreten Durchführung der Funktionsbereichszielvorgaben wird meist die untere Managementebene betraut. Der **Zusammenhang der einzelnen Zielebenen** wird im Folgenden anhand eines Beispiels veranschaulicht.

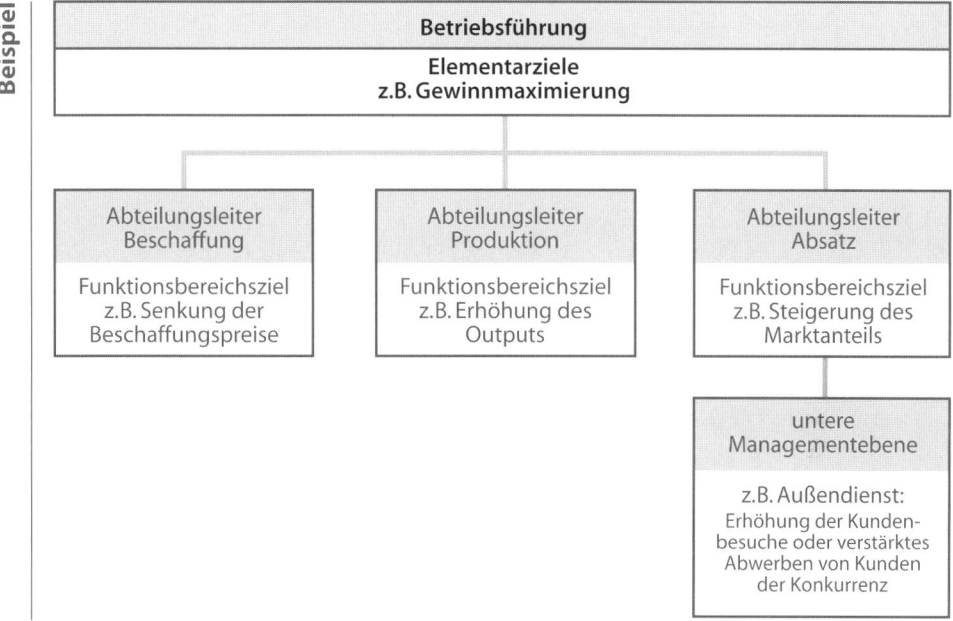

Bei der Formulierung der einzelnen Funktionsbereichsziele ist darauf zu achten, dass die einzelnen Bereichsziele vereinbar sind. Um die Beschaffungskosten zu vermindern, könnte z.B. Material von minderer Qualität eingekauft werden. Dies würde aber den Ausschuss in der Produktion erhöhen und damit den Output senken. Die beiden Funktionsbereichsziele sind in diesem Fall also nicht kompatibel.

3.6.4 Ergebnismatrix

In der Ergebnismatrix werden die Ergebnisse zusammengefasst, die bei der Wahl einer bestimmten Aktion und beim Eintreffen eines bestimmten Umweltzustandes eintreten. Sie hat formal folgende Gestalt:

	Umweltzustand 1	Umweltzustand 2
Aktion 1	Eintreffendes Ergebnis bei Aktion 1 und Umweltzustand 1	Eintreffendes Ergebnis bei Aktion 1 und Umweltzustand 2
Aktion 2	Eintreffendes Ergebnis bei Aktion 2 und Umweltzustand 1	Eintreffendes Ergebnis bei Aktion 2 und Umweltzustand 2

Die Ergebnismatrix beschreibt die Entscheidungssituation durch eine Kombination von Umweltzuständen und Aktionen.

Dies wirkt sehr abstrakt und wird daher an einem Beispiel verdeutlicht:

Beispiel

Der Markthändler Horst Hansen will sich am Sonntag ein Zubrot verdienen. Für ihn bieten sich zwei Alternativen. Er kann entweder einen Würstchenstand eröffnen oder Eis verkaufen. Mit dem Würstchenstand erwartet er bei jeder Wetterlage einen Umsatz von 2.000,00 €. Als Eisverkäufer hofft er bei gutem Wetter auf das Dreifache des Würstchenverkaufs, bei schlechtem Wetter und Regen erwartet er hingegen lediglich 500,00 € Umsatz, da die meisten Leute bei diesem Wetter lieber kein Eis essen. Bei Bewölkung hat er nach bisherigen Erfahrungen 1.000,00 € Umsatz erzielt. Er kann auch zu Hause bei Frau und Kindern bleiben, dann macht er allerdings keinen Umsatz. Die Wettervorhersage lässt keine Prognose von Wahrscheinlichkeiten zu.

Zuerst ist aus diesen Angaben die mögliche Anzahl der Handlungsalternativen abzuleiten. Diese sind aus dem Text leicht ersichtlich. Es bieten sich für Hansen folgende Aktionen:

- Aktion 1: Würstchenstand aufmachen;
- Aktion 2: Eisstand aufmachen;
- Aktion 3: zu Hause bleiben und nichts machen.

Aktion 3 können wir eigentlich vernachlässigen, da sie Hansen keinen Umsatz bringt. Der Anschaulichkeit halber wird sie dennoch in die Matrix aufgenommen. Außer den Aktionen sind drei Umweltzustände denkbar:

- Zustand 1: gutes Wetter;
- Zustand 2: Bewölkung;
- Zustand 3: schlechtes Wetter und Regen.

Den einzelnen Aktionen werden nun in der Ergebnismatrix die betreffenden Umweltzustände zugeordnet. Dieser Kombination wird das betreffende Ergebnis aus dem Text zugewiesen. Hieraus ergibt sich folgende Matrix:

	Zustand 1	Zustand 2	Zustand 3
Aktion 1	2.000,00 €	2.000,00 €	2.000,00 €
Aktion 2	6.000,00 €	1.000,00 €	500,00 €
Aktion 3	0,00 €	0,00 €	0,00 €

Die Tabelle ist so zu interpretieren:

Bei gutem Wetter (Zustand 1) hat Hansen einen Umsatz von 6.000,00 €, wenn er Speiseeis verkauft (Aktion 2). Wenn er bei diesem Wetter hingegen Würstchen verkauft (Aktion 1), liegt sein Umsatz nur bei 2.000,00 €. Bleibt er zu Hause (Aktion 3), dann verdient er in gar keinem Fall etwas, also weder bei gutem Wetter (Zustand 1) noch bei Bewölkung (Zustand 2) oder Regen (Zustand 3). Hansen braucht allerdings eine Hilfe, die ihn bei der Auswahl einer möglichen Aktion unterstützt. Hierbei können die im Anschluss dargestellten Entscheidungsregeln angewandt werden.

3.7 Darstellung von Entscheidungsregeln

Entscheidungsregeln helfen dem Entscheidungsträger bei der Auswahl einer Handlungsalternative.

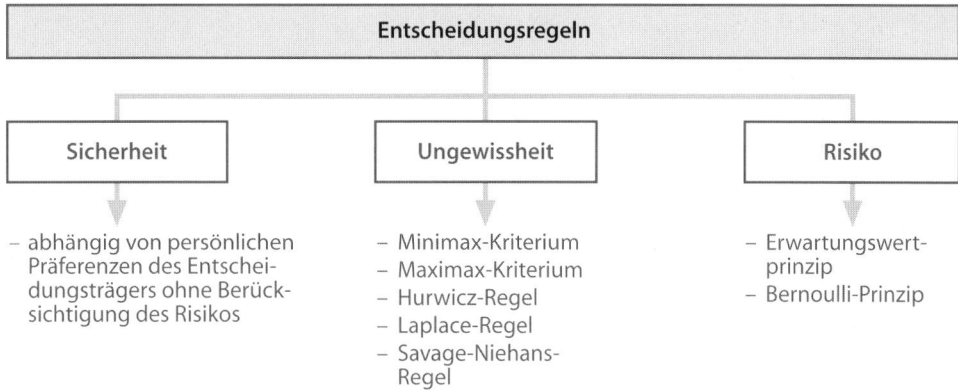

3.7.1 Entscheidungen bei Ungewissheit

Bei dieser Situation sind die Wahrscheinlichkeiten für das Eintreten von Umweltzuständen unbekannt. Bestimmte Entscheidungsregeln leisten Entscheidungshilfe bei der Auswahl der optimalen Aktion.

3.7.1.1 Minimax-Kriterium

Die optimale Aktion wird ermittelt als Maximum der Zeilenminima. Das ist der Wert, der für den Entscheider bei Eintreffen der schlechtesten Umweltbedingungen noch am günstigsten ist.

	Zustand 1	Zustand 2	Zustand 3	Zeilenminimum
Aktion 1	4.000,00 €	4.000,00 €	4.000,00 €	**4.000,00 €**
Aktion 2	5.000,00 €	2.000,00 €	2.500,00 €	2.000,00 €
Aktion 3	8.000,00 €	1.500,00 €	6.000,00 €	1.500,00 €

Der Entscheidungsträger müsste nach der Minimax-Regel die Aktion 1 wählen, da sie das größte Zeilenminimum aufweist. Der Gewinn von 4.000,00 € wird bei der Handlungsalternative 1 in keinem Fall unterschritten.

Das Minimax-Kriterium ist eine sehr umstrittene Entscheidungsregel, da sie einen stark pessimistischen Entscheidungsträger voraussetzt. Gerade bei betriebswirtschaftlichen Entscheidungen besteht für den Manager immer ein gewisses Risikopotenzial, z. B. bei bestimmten Investitionsentscheidungen wie dem Bau einer weiteren Produktionshalle. Es ist nicht sicher, ob der entstandene Aufwand durch zukünftige Erträge gedeckt wird. Wenn sich der Manager am Minimax-Kriterium orientiert, wird er immer Anlagen zum sicheren Marktzins und nicht risikoreiche Investitionsentscheidungen bevorzugen. Für diesen Pessimisten ist nur das minimale Ergebnis von großer Bedeutung, alle anderen lässt er außer Acht. Besonders auffällig ist dies im folgenden Fall:

Beispiel

	Zustand 1	Zustand 2	Zustand 3	Zeilenminimum
Aktion 1	0,00 €	0,00 €	50,00 €	**0,00 €**
Aktion 2	400.000,00 €	400.000,00 €	0,00 €	**0,00 €**

Beide Aktionen sind, geht man von der Minimax-Regel aus, gleich gut oder schlecht, keine von beiden ist zu bevorzugen. Der gesunde Menschenverstand würde jedoch dazu raten, Aktion 2 zu wählen, die zweimal die Auszahlung von 400.000,00 € garantiert. Aktion 1 garantiert lediglich einmal die Auszahlung von 50,00 €.

Eine gewisse Relevanz gewinnt dieses Kriterium in der **Spieltheorie,** und zwar unter der Annahme einer feindlichen Umwelt und eines rational handelnden Gegenspielers. Denkbar sind solche Entscheidungen auch bei Existenzfragen, wenn es für den Betrieb um „alles oder nichts" geht.

3.7.1.2 Maximax-Kriterium

Beim Maximax-Kriterium wählt der Entscheider diejenige Handlungsalternative als optimale Aktion, bei der das Maximum der Zeilenmaxima am höchsten ist. Es wird die Alternative gesucht, bei der das beste Ergebnis der ganzen Matrix möglich ist.

Beispiel

	Zustand 1	Zustand 2	Zustand 3	Zeilenmaximum
Aktion 1	4.000,00 €	4.000,00 €	4.000,00 €	4.000,00 €
Aktion 2	5.000,00 €	2.000,00 €	2.500,00 €	5.000,00 €
Aktion 3	8.000,00 €	1.500,00 €	6.000,00 €	**8.000,00 €**

Anhand dieser Regel wäre die Aktion 3 als optimale Aktion zu wählen.

Die Maximax-Regel steht im krassen Gegensatz zur Minimax-Regel. Bei der Auswahl liegen sehr optimistische Erwartungen zugrunde, die bei realen unternehmerischen Entscheidungen in dieser Weise keine Rolle spielen. Dieses Verhalten entspricht eher dem eines Glücksspielers, der auch dann noch seinen Einsatz erhöht, wenn er bereits sehr viel verspielt hat. Ein weiterer Kritikpunkt wird anhand des anschließenden Beispiels deutlich:

	Zustand 1	Zustand 2	Zustand 3	Zustand 4	Zeilenmaxima
Aktion 1	570.000,00 €	400.000,00 €	600.000,00 €	590.000,00 €	**600.000,00 €**
Aktion 2	0,00 €	0,00 €	3,00 €	600.000,00 €	**600.000,00 €**

Wenn das Maximax-Kriterium als Entscheidungsgrundlage angeführt wird, sind beide Aktionen gleich effizient, doch auch hier würde der gesunde Menschenverstand dies verneinen. Die Entscheidung kommt zustande, weil nicht alle Handlungskonsequenzen bei der Entscheidungsfindung berücksichtigt werden.

3.7.1.3 Hurwicz-Regel (Pessimismus-Optimismus-Regel)

Die Pessimismus-Optimismus-Regel kombiniert Maximax- und Minimax-Regel. Dies erfolgt durch die Einführung des Optimismusparameters λ, der die optimistische Einstellung des Entscheidungsträgers zum Ausdruck bringt. Die Zeilenmaxima werden mit λ, die Zeilenminima mit $1-\lambda$ multipliziert und aufsummiert, wobei die höchste Summe die optimale Aktion darstellt. Den Parameter λ legt der Entscheidungsträger fest. λ kann dabei nur Werte zwischen 0 und 1 annehmen. Je größer λ, desto optimistischer ist die Einstellung des Entscheidungsträgers. Es gilt:

- bei $\lambda = 0 \rightarrow$ Minimax-Regel;
- bei $\lambda = 1 \rightarrow$ Maximax-Regel.

Diese Regel lässt sich anhand eines Beispiels darstellen:

	Zustand 1	Zustand 2	Zustand 3	Zeilenmaxima	Zeilenminima
Aktion 1	4.000,00 €	4.000,00 €	4.000,00 €	4.000,00 €	4.000,00 €
Aktion 2	5.000,00 €	2.000,00 €	2.500,00 €	5.000,00 €	2.000,00 €
Aktion 3	8.000,00 €	1.500,00 €	6.000,00 €	8.000,00 €	1.500,00 €

Ein Entscheidungsträger besitzt einen Optimismusparameter von $\lambda = 0,5$. Nun wird jedes Zeilenmaximum mit λ und jedes Zeilenminimum mit $\lambda-1$ multipliziert.

	Maximum · λ	Minimum · $(1-\lambda)$	Summe
Aktion 1	4.000,00 € · 0,5	4.000,00 € · 0,5	4.000,00 €
Aktion 2	5.000,00 € · 0,5	2.000,00 € · 0,5	3.500,00 €
Aktion 3	8.000,00 € · 0,5	1.500,00 € · 0,5	**4.750,00 €**

Bei einem Optimismusparameter von $\lambda = 0,5$ würde der Entscheidungsträger die Aktion 3 als optimale Aktion wählen.

Es entstehen allerdings Probleme bei der Ermittlung des Optimismusparameters λ, denn: Welcher Entscheidungsträger kann einwandfrei sagen, wie optimistisch er ist, und diesem Optimismus oder Pessimismus einen eindeutigen Zahlenwert zuordnen? So kann die Ermittlung dieses Parameters unter Umständen durch komplexe Befragungsverfahren sehr kostspielig sein.

3.7.1.4 Laplace-Regel (Kriterium des unzureichenden Grundes)

Diese Regel basiert auf der Annahme, dass kein Grund besteht, dass ein Umweltzustand mit einer höheren Wahrscheinlichkeit als ein anderer eintritt. Alle Ergebnisse werden mit derselben Wahrscheinlichkeit gewichtet und aufaddiert, wobei die größte Summe die optimale Aktion darstellt. Die Unsicherheitssituation wird dadurch in eine Risikosituation transformiert, bei der Wahrscheinlichkeiten angegeben sind.

Beispiel

	Zustand 1	Zustand 2	Zustand 3
Aktion 1	4.000,00 €	4.000,00 €	4.000,00 €
Aktion 2	5.000,00 €	2.000,00 €	2.500,00 €
Aktion 3	8.000,00 €	1.500,00 €	6.000,00 €

Nun wird die Regel auf die Matrix angewandt, wobei jedes Ergebnis durch die Anzahl der Umweltzustände geteilt wird. Im Anschluss werden die Ergebnisse summiert. Für Aktion 1 sieht dies wie folgt aus:

- Aktion 1: (4.000,00 € : 3) + (4.000,00 € : 3) + (4.000,00 € : 3) = 4.000,00 €

Bei den beiden anderen Handlungsalternativen wird analog verfahren:

- Aktion 2: (5.000,00 € : 3) + (2.000,00 € : 3) + (2.500,00 € : 3) = 3.166,67 €
- Aktion 3: (8.000,00 € : 3) + (1.500,00 € : 3) + (6.000,00 € : 3) = 5.166,67 €

Die größte Summe ergibt sich für Alternative 3, sie stellt demnach die optimale Aktion dar.

Beim Laplace-Kriterium handelt es sich um eine neutrale Regelung, bei der alle Ergebnisse berücksichtigt werden. Es ist allerdings anzumerken, dass kein konkreter Grund für die Transformation einer Unsicherheitssituation in eine Risikosituation besteht. Aus diesem Grund wird diese Regel auch das Kriterium des unzureichenden Grundes genannt. Ferner erfolgt die Gewichtung der einzelnen Ergebnisse nach einem sehr starren Schema.

3.7.1.5 Savage-Niehans-Regel (Regel des kleinsten Bedauerns)

Bei der Savage-Niehans-Regel wird die Auswahl nicht von einer bestimmten Höhe des Ergebnisses abhängig gemacht, sondern von einer Fehleinschätzung der Umweltzustände durch den Entscheider. Die optimale Aktion ergibt sich aus dem minimalen Nachteil, der durch die maximale Fehlbeurteilung entsteht, wobei der Nachteil durch die Differenz zwischen der zu erwartenden Ergebnishöhe einer Umweltsituation und der höchstmöglichen Ergebnishöhe bei dieser Situation ermittelt wird. Dieser Nachteil wird auch „Bedauern" genannt, weshalb man die Savage-Niehans-

Regel auch als Regel des kleinsten Bedauerns bezeichnet. Die Regel wird anhand einer Darstellung leicht verständlich. Zunächst wird für jeden Umweltzustand das Spaltenmaximum ermittelt. Hierdurch wird das höchstmögliche Ergebnis eines Umweltzustandes ermittelt.

	Zustand 1	Zustand 2
Aktion 1	5.000,00 €	6.000,00 €
Aktion 2	4.000,00 €	9.000,00 €
Spaltenmaximum	5.000,00 €	9.000,00 €

Durch Bildung der Differenz zwischen den ermittelten Spaltenmaxima und den einzelnen Ergebnissen lässt sich eine **Opportunitätskostenmatrix** ableiten:

	Zustand 1	Zustand 2	Maximales Bedauern
Aktion 1	(5.000,00 € – 5.000,00 €) = 0,00 €	(9.000,00 € – 6.000,00 €) = 3.000,00 €	3.000,00 €
Aktion 2	(5.000,00 € – 4.000,00 €) = 1.000,00 €	(9.000,00 € – 9.000,00 €) = 0,00 €	1.000,00 €

Die weitere Vorgehensweise wird anhand der Kombination von Aktion 1 und Umweltzustand 1 erläutert. Bei Umweltzustand 1 hätte der Unternehmer 4.000,00 € Gewinn erreichen können, wenn er Aktion 2 gewählt hätte. Da aber Aktion 1 ausgesucht wurde, die 5.000,00 € verspricht, muss man einen Verlust von 1.000,00 € bedauern, weil man für den Umweltzustand eine ungünstige Aktion gewählt hat. Bei den übrigen Feldern der Matrix wird in gleicher Weise vorgegangen. Von den maximal möglichen „Bedauern" wählt man das minimale. Im Beispiel wählt der Entscheidungsträger also Aktion 2.

Bei dieser Regel wird von einem sehr pessimistischen Entscheidungsträger ausgegangen. Insofern besteht eine Verbindung zur Minimax-Regel.

3.7.2 Entscheidungen bei Risiko

Bei Entscheidungen unter Risiko wird jedem Umweltzustand eine Eintrittswahrscheinlichkeit zugeordnet. Es werden im Folgenden zwei ausgewählte Regeln erläutert, das Erwartungswert-Prinzip und das Bernoulli-Prinzip.

3.7.2.1 Erwartungswert-Prinzip (µ-Prinzip)

Im Rahmen des Erwartungswert-Prinzips wird der statistische Erwartungswert für die Entscheidungsfindung genutzt. Dieser setzt sich aus der Summe der mit den Eintrittswahrscheinlichkeiten (p) multiplizierten Ergebnisse zusammen. Die optimale Aktion ist diejenige, bei der der Erwartungswert maximiert wird.

	Zustand 1 p = 0,4	Zustand 2 p = 0,2	Zustand 3 p = 0,4
Aktion 1	2.000,00 €	5.000,00 €	400,00 €
Aktion 2	500,00 €	200,00 €	8.000,00 €
Aktion 3	3.000,00 €	3.000,00 €	3.000,00 €

Berechnung der Erwartungswerte für die Aktionen:

- Erwartungswert von Aktion 1:
  2.000,00 € · 0,4 + 5.000,00 € · 0,2 + 400,00 € · 0,4 = 1.960,00 €
- Erwartungswert von Aktion 2:
  500,00 € · 0,4 + 200,00 € · 0,2 + 8.000,00 € · 0,4 = **3.440,00 €**
- Erwartungswert von Aktion 3:
  3.000,00 € · 0,4 + 3.000,00 € · 0,2 + 3.000,00 € · 0,4 = 3.000,00 €

Als optimale Handlungsalternative ist Aktion 2 zu wählen, da sie mit 3.440,00 € den höchsten Erwartungswert besitzt.

Das Erwartungswert-Prinzip ist allerdings kritisch zu beurteilen, da eine risikoindifferente Einstellung in der Realität sehr selten vorkommt. Außerdem sind die Wahrscheinlichkeiten für das Eintreten möglicher Umweltzustände schwer und meist nur ungenau festzustellen. Dennoch besticht das Prinzip durch seine Einfachheit und ist daher problemlos bei Risikosituationen anzuwenden.

Die Regel ist bezüglich ihrer Neutralität mit der Laplace-Regel unter Unsicherheit zu vergleichen.

3.7.2.2 Bernoulli-Prinzip

Bernoulli fand bei der Beobachtung von Roulettespielern heraus, dass ein Entscheidungsträger nur in den seltensten Fällen risikoneutral handelt. Die Maximierung des Gewinnerwartungswertes ist also als Entscheidungskriterium abzulehnen. Dies lässt sich anhand eines Beispieles gut veranschaulichen.

Ein Millionär wird einem Spielgewinn von 10.000,00 € in einem Spielkasino sicher einen kleinen Nutzen zubilligen, da sein Vermögen nur geringfügig vermehrt wird. Einer Person mit wenig Vermögen würde ein solcher Spielgewinn jedoch weit mehr nutzen, da sie weniger gut mit finanziellen Mitteln ausgestattet ist. Die beiden Entscheidungsträger orientieren sich demnach nicht an der Maximierung des Gewinns, sondern an dem Erwartungswert des Nutzens.

Der Nutzen des Gewinns ist für jeden Menschen unterschiedlich. Aus diesem Grunde besitzt jeder Entscheidungsträger eine subjektive Nutzenfunktion, die für seine Entscheidungsfindung relevant ist. Hiervon profitieren z. B. Versicherungen, die an Prämien verdienen wollen. Deshalb liegen die Prämien höher als der Erwartungswert des Schadens. Aus rein logischen Gründen erscheint eine Versicherung nicht sinnvoll, da die Prämien, die die Versicherten zahlen müssen, höher sind als der Schadens-Erwartungswert. Da einige Entscheidungsträger aber risikoscheu sind und somit „mit dem Schlimmsten rechnen", schließen sie eine Versicherung ab.

Die Ermittlung der Risikonutzenfunktion ist in der Praxis sehr schwierig, da der Entscheidungsträger einem komplizierten Befragungsverfahren unterzogen wird. Außerdem ist die Beurteilung des Nutzens extrem zeit- und situationsabhängig. Bei guter Laune wird z. B. ein erfolgreicher Spieler einem Lottogewinn mit drei Richtigen einen höheren Nutzen zuordnen als bei schlechter Laune.

3.8　Check-up

3.8.1　Zusammenfassung

✔ Sie haben gelernt, dass verschiedene Problemlösungsphasen zu differenzieren sind.

✔ Sie lasen über zwei Richtungen der Entscheidungstheorie (deskriptiv und normativ).

✔ Sie lernten grundlegende Elemente (Aktionen, Aussichten und Ziele) einer Entscheidung kennen.

✔ Sie haben erfahren, dass je nach dem Grad der Unsicherheit verschiedene Entscheidungsregeln abzuleiten sind.

✔ Sie erfuhren, dass der Planungs- und Entscheidungshorizont durch operative und strategische Planung abzugrenzen ist.

3.8.2　Kontrollfragenblock

1. Beurteilen Sie die folgende Aussage: „Das Minimax-Kriterium ist auf betriebswirtschaftliche Tatbestände nicht anzuwenden!"

2. Mutter Helga macht dem kleinen Hans drei verlockende Angebote für den nächsten Tag. Er soll bei schönem Wetter 30,00 € für das Rasenmähen bekommen, da dies bei Hitze sehr anstrengend ist. Bei mildem Wetter soll Hans dagegen nur 10,00 € erhalten. Wenn er im Haus die Spülarbeit verrichtet, bekommt er bei beiden Wetterlagen 15,00 €. Hans kann nur ein Angebot seiner Mutter wahrnehmen. Es liegt allerdings keine genaue Wettervorhersage für den nächsten Tag vor.

   2.1 Stellen Sie eine Ergebnismatrix auf!

   2.2 Wie entscheidet Hans, wenn er die Minimax-Regel oder die Maximax-Regel zu Hilfe nimmt?

3. Beurteilen Sie folgende Aussage: „Die Planung bedarf keiner Kontrolle."

4. Grenzen Sie strategische und operative Planung hinsichtlich des vorhandenen Grades der Ungewissheit ab!

5. Welche Nachteile entstehen bei der Anwendung der Laplace-Regel?

6 Voss – ISBN 3-8120-0646-4

3.8.3 Weiterführende Literatur

Bamberg, G.; Coenenberg, A. G.: Betriebswirtschaftliche Entscheidungslehre, 11. Auflage, München 2002.

Berens, W.; Delfmann, W.: Quantitative Planung, 3. Auflage, Stuttgart 2001.

Laux, H.: Entscheidungstheorie, 5. Auflage, Berlin 2002.

4 | Existenzgründung

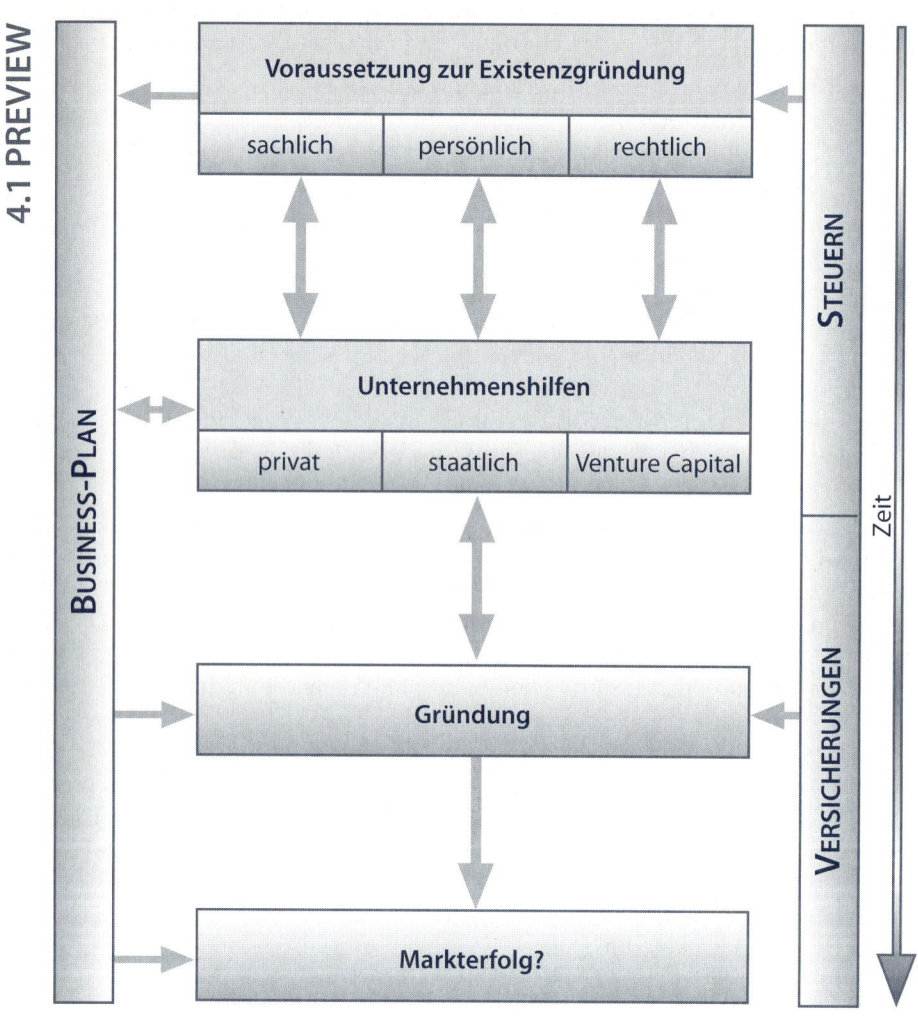

4.2   Problemstellung

Im Allgemeinen werden diejenigen natürlichen Personen als **Existenzgründer** bezeichnet, die einen Betrieb eröffnen. Eine Unternehmensübernahme durch vorweggenommene Erbfolge zählt im strengen Sinn nicht als Existenzgründung.

Es existieren verschiedene **Gründungsalternativen:**

- echte Neugründungen
  = Sämtliche Betriebsaktivitäten werden vollständig neu eingerichtet.
- Übernahme eines bereits existenten Unternehmens
  = Der Gründer erwirbt käuflich ein fremdes Unternehmen und leitet es in eigener Verantwortung.
- management buy-out
  = Ein bestehendes Unternehmen bzw. einzelne Teilbereiche werden durch das bisherige Management übernommen.
- spin-off
  = Die Existenzgründung erfolgt durch Angestellte eines bereits existierenden Unternehmens, wobei die Gründung meist mit einem Technologie-Transfer einhergeht.

Existenz- bzw. Unternehmensgründungen sind für die Gesellschaft besonders bedeutend, da sie Arbeitsplätze schaffen, dem Staat zusätzliches Steuereinkommen bescheren und die Bedürfnisse von Verbrauchern durch innovative Produkte und Dienstleistungen befriedigen. Insbesondere unter dem Aspekt der expandierenden Informationstechnologie gelten tatkräftige und mobile Klein- und Kleinstbetriebe und damit Unternehmensgründer zunehmend als Wirtschaftssubjekte der Zukunft.

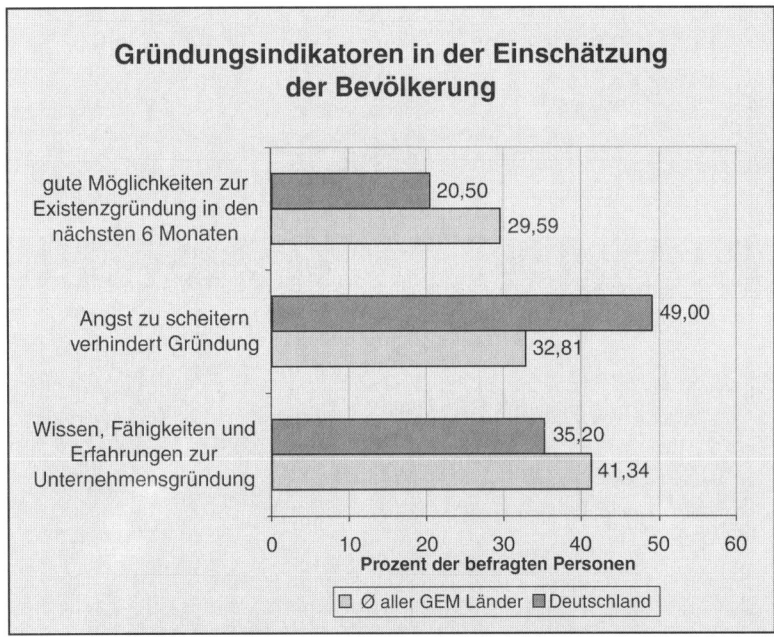

Quelle: Global Entrepreneurship Monitor, Länderbericht Deutschland 2002

Eine „Bildungs- und Wissenschaftskultur der Selbstständigkeit" muss in Deutschland allerdings erst aufgebaut werden; im Schul- bzw. Hochschulalltag werden Fragen der Unternehmensgründung nicht oder nur am Rande problematisiert. Jungunternehmer scheitern daher oft an diesem mangelnden wirtschaftlichen Background. So belegt eine empirische Studie, dass 15 % der neuen Betriebe in der Bundesrepublik nach einem Jahr wieder aus dem Markt ausscheiden. Nach fünf Jahren hat bereits die Hälfte nicht am Markt überlebt. Die Zahl der Betriebsschließungen dürfte sogar noch weit höher liegen als statistisch ermittelt, da vor allem Kleingewerbe nicht abgemeldet werden, obwohl der Betrieb längst eingestellt wurde.

Im angloamerikanischen Ausland besitzt die Gründungsforschung einen weit höheren Stellenwert. In den USA etwa ist sie seit mehr als 30 Jahren an Hochschulen etabliert. An einer der renommiertesten Universitäten der USA, der Harvard School of Business, nimmt beispielsweise fast die Hälfte der Abgänger eine Unternehmensgründung ins Visier.

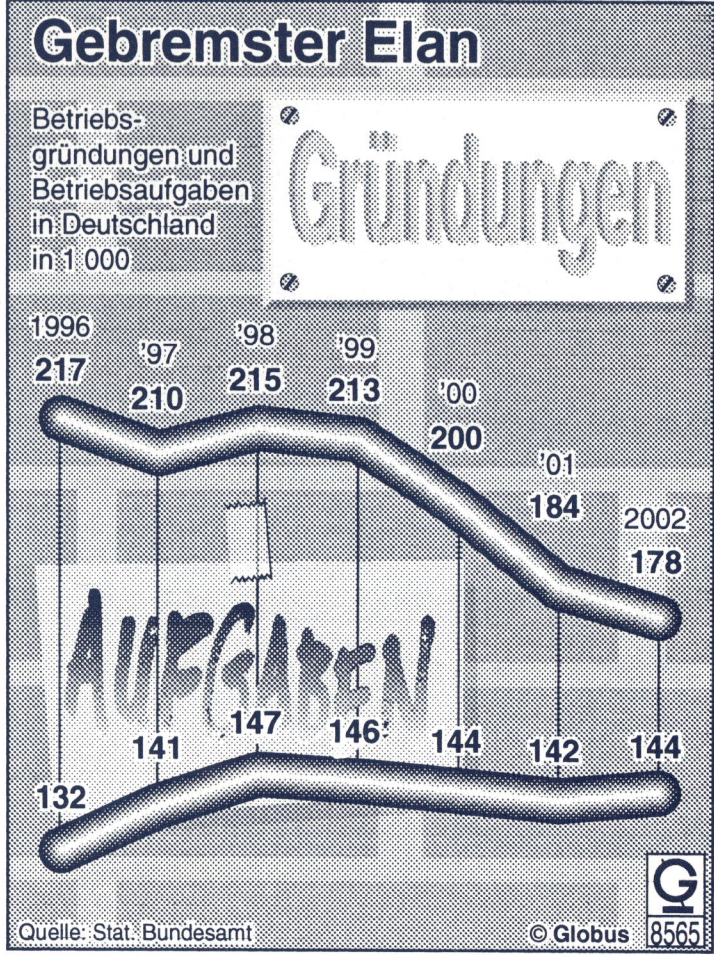

Gebremster Elan

Betriebsgründungen und Betriebsaufgaben in Deutschland in 1 000

Gründungen

1996 **217** · '97 **210** · '98 **215** · '99 **213** · '00 **200** · '01 **184** · 2002 **178**

AUFGABEN

132 · **141** · **147** · **146** · **144** · **142** · **144**

Quelle: Stat. Bundesamt   © Globus 8565

Existenzgründung ist keine Altersfrage. Insbesondere in Branchen, die im Zusammenhang mit Internet, Multimedia, Software oder Biotechnologie stehen, kann man meist
von „wirklichen Jungunternehmern" sprechen, denn nirgendwo sind die Unternehmensgründer jünger. Nicht selten „basteln" z.B. 18- bis 25-Jährige an Programmen
für digitale Kaufhäuser. Im Jahre 2001 entfielen nach einer Zählung des Statistischen
Bundesamtes über 80 % der Gewerbeanmeldungen auf das Dienstleistungsgewerbe.

Nach Bundesländern gesehen sind die Hamburger und die Hessen mit über 80 Anmeldungen je 10.000 Einwohner am eifrigsten in Sachen Existenzgründung. Am unteren Ende der Gründerstatistik bewegen sich Bremen, Niedersachsen und Sachsen-
Anhalt mit weniger als 65 Anmeldungen je 10.000 Einwohner.

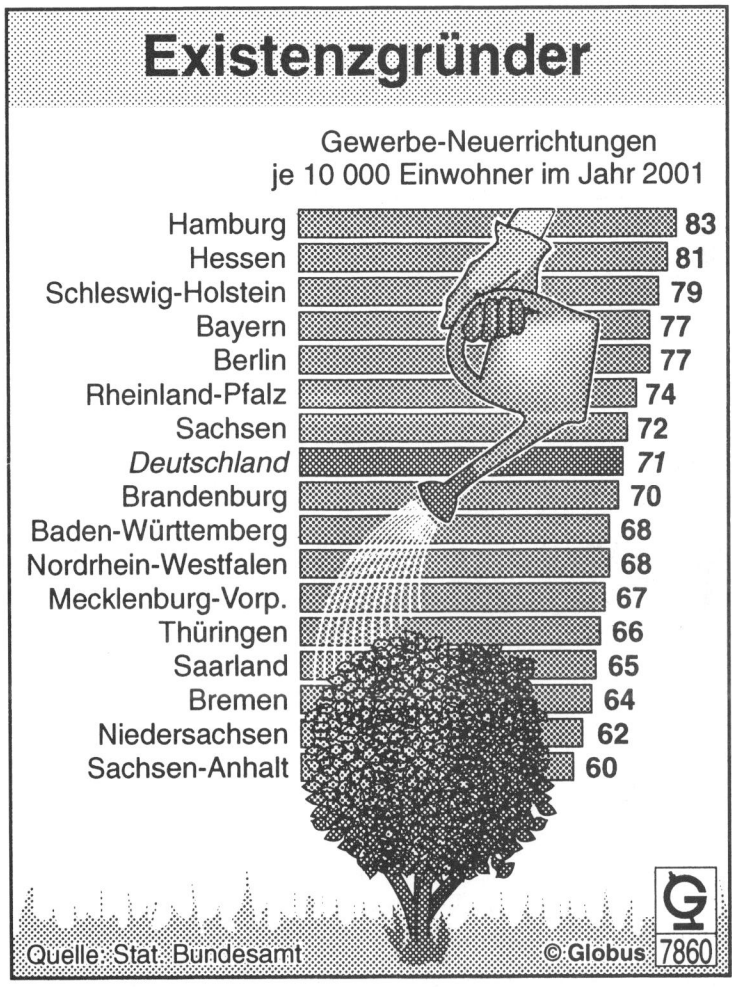

Existenzgründer

Gewerbe-Neuerrichtungen
je 10 000 Einwohner im Jahr 2001

Hamburg	83
Hessen	81
Schleswig-Holstein	79
Bayern	77
Berlin	77
Rheinland-Pfalz	74
Sachsen	72
Deutschland	71
Brandenburg	70
Baden-Württemberg	68
Nordrhein-Westfalen	68
Mecklenburg-Vorp.	67
Thüringen	66
Saarland	65
Bremen	64
Niedersachsen	62
Sachsen-Anhalt	60

Quelle: Stat. Bundesamt © Globus 7860

Im Vergleich zu den vergangenen Jahren ist der Gründerelan abgeflaut. So ging die
Zahl der Gewerbeanmeldungen von 630.000 im Jahr 1996 auf rund 580.000 im Jahr
2001 zurück.

4.3 Voraussetzungen zur Existenzgründung

Die Gründungsvoraussetzungen müssen sorgsam geprüft werden, um den Markterfolg zu garantieren, denn der Schritt in die Selbstständigkeit birgt neben zahlreichen Chancen auch viele Risiken, die in das Entscheidungskalkül einzubeziehen sind. Sachliche, persönliche und rechtliche Grundvoraussetzungen der Existenzgründung werden im Folgenden erläutert.

4.3.1 Sachliche Voraussetzungen

Der Erfolg der neu gegründeten Existenz wird sich erst dann einstellen, wenn das sachliche Unternehmensumfeld ein solides Fundament darstellt. Hier sind das Marktumfeld sowie Standort- und Finanzierungsfragen zu prüfen.

4.3.1.1 Situationsanalyse

Der erste Schritt bei der Entscheidungsfindung ist idealerweise die so genannte Situationsanalyse. Dabei versucht der Gründer, Informationen über die Marktlage, d. h. über die mögliche Kunden- und Konkurrenzstruktur sowie über das bestehende Lieferantenangebot, zu gewinnen.

Bei der **Kundenstrukturanalyse** sollte das Unternehmen sein Augenmerk auf potenzielle Kunden richten, die durch ein (neues) Produkt oder eine Dienstleistung angesprochen werden könnten. Es stellt sich dabei die Frage, wer die potenziellen Kunden sein können und welche besonderen Merkmale und Bedürfnisse diese haben. Hieraus lässt sich eine Segmentierung von Kundengruppen ableiten, die Grundlage für ein effektives Marketing sein kann. Kriterien für die Segmentierung können der Kundennutzen, das Kaufverhalten, die Verwendung des Produktes oder aber auch Regionen sein. Die **Untersuchung der Konkurrenzunternehmen** zielt darauf ab, deren Kunden abzuwerben und an das eigene Unternehmen zu binden. Im Rahmen der Konkurrenzanalyse sind Daten über folgende Merkmale zu gewinnen: Absatz, Finanzkraft, Marktanteil, Produkte, Reputation, Standort, Umsatz, Vertriebskanäle und Zielgruppen.

Hat das Unternehmen die eigene Position so weit analysiert und damit den „Ist-Zustand" festgestellt, schließt sich eine **Marktanalyse** und eine **Marktprognose** an. Es sind Daten über Marktgröße (Absatz in Stück, Umsatz in Euro), Wachstumsraten der vergangenen Jahre und Zukunftsschätzungen, branchentypische Renditen und Kostenstrukturen, Preise und mögliche Markteintrittsbarrieren zu recherchieren. Zudem ist zu klären, welche Gesetze, Verordnungen und Bestimmungen den Markt jetzt und in Zukunft und in der Folge auch das Gründerunternehmen beeinflussen können. Derartige zukunftsorientierte Betrachtungen sind notwendig, da es keinen Sinn macht, in Märkte zu investieren, die insgesamt rückläufig sind. Dies kann z. B. durch technische Neuerungen der Fall sein. So ist etwa eine Investition in Produktionsstätten für Langspielplatten wenig sinnvoll. Oft unterstützen Kammern, Verbände und Kreditinstitute den Existenzgründer bei der Marktanalyse durch die Bereitstellung von geeigneten Marktuntersuchungen und -prognosen.

Die beschriebenen Analysen versuchen also Lücken im bisherigen Produkt- und Dienstleistungsangebot aufzudecken, um das eigene Unternehmen zu positionieren und die grundlegenden Marktchancen abzuwägen.

Neben dem Absatzmarkt muss der **Beschaffungsmarkt** vom Gründer intensiv beobachtet werden. Hierbei ist die Frage zu beantworten, ob leistungsfähige Lieferanten gefunden werden können, die den prognostizierten Bedarf qualitäts- und mengenmäßig abdecken können. Es besteht auch die Möglichkeit, sich stark oder weniger stark an einen Partner zu binden, um Risiken zu verringern.

4.3.1.2 Standort

Das Investitionsvolumen, der Kundenkreis und damit der Umsatz sind Aspekte, die mit der Errichtung eines **Standortes** (= Ort, an dem sich der Betrieb niederlässt) verbunden sind. Es handelt sich demnach um eine Grundsatzentscheidung, die den späteren wirtschaftlichen Erfolg maßgeblich beeinflusst und somit eine langfristige Wirkung hat.

Die konkrete Entscheidung für einen bestimmten Standort kann im Idealfall frei und unter **Berücksichtigung folgender Ebenen** getroffen werden: Zunächst fällt die Wahl auf einen bestimmten Wirtschaftsraum oder ein Land, anschließend wird innerhalb dieses Landes eine Region eingegrenzt. Innerhalb dieses Gebietes muss die Auswahl zwischen den in Frage kommenden Gemeinden oder Städten getroffen werden, wo unterschiedliche Grundstücke zu betrachten sind. Jede dieser Entscheidungen muss in Übereinstimmung mit den strategischen Unternehmenszielen und bisherigen Marktanalysen gefällt werden. Zusätzlich sind Unsicherheiten, etwa über die Entwicklung der Infrastruktur, der Wirtschaftskraft oder der Steuerentwicklung des Landes, zu berücksichtigen. Es handelt sich also um ein klassisches **Entscheidungsproblem.**

Es stellt sich demnach die Frage, nach welchen Kriterien ein Unternehmen seinen Standort wählt. Diese Kriterien, die die Entscheidung der Unternehmen bestimmen, werden als **Standortfaktoren** bezeichnet.

Zunächst muss berücksichtigt werden, dass jeder potenzielle Standort seine spezifischen Vor- und Nachteile besitzt. Die Frage der Standortwahl wird zusätzlich dadurch erschwert, dass jedes Unternehmen andere Anforderungen an einen Standort stellt und damit die Standortfaktoren anders gewichtet. Handels- und Dienstleistungsunternehmen siedeln sich meist gern in unmittelbarer Kundennähe an. Für Industrieunternehmen hingegen steht aufgrund ihres breit gestreuten Absatzgebietes die Verkehrsorientierung im Mittelpunkt, d.h. eine ausreichende Infrastruktur, die einen schnellen Transport der Waren ermöglicht.

4.3.1.3 Kapitalbedarf und Finanzierung

Wer als Unternehmer selbstständig im Wirtschaftsleben handeln will, benötigt ausreichend Startkapital, damit er den Betrieb mit der notwendigen Geschäftsausstattung einrichten, Personal einstellen oder Ware kaufen kann. Die Höhe des Startkapitals ist abhängig von der Unternehmensgröße, den geplanten Marketing-Konzepten und der Branche. Ein Industrieunternehmen der Papierindustrie muss z. B. mehr Geld investieren (beispielsweise in Maschinen) als ein Internet-Dienstleister.

Die **Kalkulation des Kapitalbedarfs** ist der erste Analyseschritt, bevor Finanzierungsmittel beschafft werden können. Es muss geschätzt werden, welches Anlagevermögen dringend gebraucht wird (Grundstücke, Fahrzeuge, Maschinen, Werkzeuge usw.). Dazu kommt der Betriebsmittelbedarf für die laufenden Geschäftskosten wie Büromaterialien. Zu diesen Posten ist eine Reserve hinzuzurechnen, die dem Gründer bei eventuellen Problemen einen gewissen unternehmerischen Spielraum lässt.

Nachdem der Kapitalbedarf errechnet ist, müssen **Finanzierungsmittel** beschafft werden. Die eigenen Mittel des Unternehmers reichen dabei meist nicht aus. Daher besteht ein differenzierter Mix an Finanzierungsmöglichkeiten, die der Existenzgründer für sich nutzen kann:

Finanzierungsmöglichkeiten des Existenzgründers	
Eigenkapital	**Fremdkapital**
■ Eigene Mittel (z. B. Bareinlagen, Wertpapiere) einschließlich Sacheinlagen ■ Beteiligungskapital ■ Eigenkapitalhilfe des Bundes ■ Mittel von Partnern	■ Bankkredite ■ Privatdarlehen von Freunden, Verwandten ■ Staatliche Finanzierungshilfen ■ Lieferantenkredite

Unternehmen können nicht nur durch einen, sondern durch eine Vielzahl von Unternehmern gegründet werden, die sich am Eigenkapital beteiligen. Die Möglichkeiten, die dabei den Gründern offen stehen, werden im Kapitel „Rechtsform des Betriebes" erläutert.

Existenzgründer haben auch die Chance, sich an Risikokapitalgesellschaften oder Venture-Capital-Gesellschaften zu wenden, die finanzielle Mittel, aber auch wirtschaftliches und technisches Know-how liefern.

„Venture Capital" ([VC] engl. Unternehmenskapital) ist allerdings keine karitative Hilfe, sondern als Unternehmertum zu verstehen. Die Kapitalgeber wollen natürlich mit und an den finanzierten Unternehmen verdienen. So verspricht ein Börsengang des Venture-Capital-Nehmers oft das Fünf- bis Zehnfache des eingesetzten Kapitals durch Veräußerung der Eigenkapitalanteile. Aber auch der Verkauf an dritte Unternehmen kann hochprofitabel sein.

Einklinken können sich die Kapitalgeber in verschiedene Gründungsphasen. Steht der Gründer z. B. kurz vor der Vermarktung seines Produktes bzw. seiner Dienstleistung, dann befindet sich die Gründungsidee in der so genannten **Start-up-Phase.** Ist die Idee hingegen weniger ausgereift, muss der Venture-Capital-Geber die Weiterentwicklung und die Umsetzung der Idee begleiten. In diesem Fall spricht man von der **Seed-Phase.** Während dieser Phase herrscht in der Regel noch eine höhere Prognoseunsicherheit hinsichtlich des Markterfolgs der Idee.

Spätere Pleiten sind für einen VC-Geber keine Seltenheit. Daher müssen oft einige wenige, sehr erfolgreiche Neugründungen die Entwicklung vieler wenig oder gar nicht erfolgreicher Projekte kompensieren. Eine Option für die Risikominimierung liegt in dem so genannten **Co-Venturing.** Hierbei schließen sich zwei oder mehrere VC-Gesellschaften zusammen, um ein Projekt gemeinsam zu fördern. Für den Existenzgründer selbst ergeben sich nur geringe Unterschiede, da meist ein Investor („**Lead Investor**") die anderen vertritt.

Um die mannigfachen Erscheinungsformen von Existenzgründungen und ihre verschiedenen Kapitalbedürfnisse zu veranschaulichen, können **vier Kategorien mit unterschiedlichem Kapitalbedarf** differenziert werden:

➤ Solopreneurs

Unter diesen Begriff fasst man Unternehmensgründer, die im Allgemeinen alleine arbeiten und ihr Know-how als Dienstleistung unterschiedlichen Kunden anbieten, wie z. B. Berater, Ingenieure und Makler. Solopreneurs zeichnen sich zumeist durch einen geringen Kapitalbedarf aus, denn sie starten von zu Hause und benötigen in der Regel wenig mehr als einen PC.

➤ Family Enterprises

Hier handelt es sich um die klassischen Existenzgründer wie z. B. Handwerksbetriebe. Bei dieser Form der Existenzgründung kann ein beachtlicher Kapitalbedarf bestehen, die Profitchancen dieser Gründungen sind in der Regel jedoch langfristig vergleichsweise gering.

➤ Lifestyle Enterprises

Diese Unternehmen benötigen zumeist kurzfristiges Kapital, um aktuelle und schnelllebige Marktchancen zu nutzen. In dieser Gruppe existieren Gründer, die über Nacht zum Millionär werden, aber deren Markt sich flüchtig wieder auflösen kann. Beispiele wären Dienstleister, die sich mit der Erfüllung temporärer Kundenwünsche beschäftigen. So galt es etwa, zahlreiche System- und Software-Modifikationen für das neue Jahrtausend zu leisten – Dienstleistungen, für die eigens Unternehmen gegründet wurden.

➤ High-Potential/Real Value Opportunities

Als Beispiele für High-Potentials können in den Siebzigerjahren die Computer- und Software-Industrie (z. B. Apple, Intel) und in den Achtzigerjahren die Biotechnologieunternehmen (z. B. Amgen oder Biogen) genannt werden. Hier wurden grundlegende Innovationen erstmalig wirtschaftlich genutzt bzw. nutzbar gemacht. In diesem Fall liegt ein extremer Kapitalbedarf vor, wobei langfristig ein exorbitanter Gewinn entstehen kann.

4.3.2 Persönliche Voraussetzungen

Der angehende Unternehmensgründer muss besondere Fähigkeiten ins Unternehmen einbringen, damit es am Markt erfolgreich ist. Die wichtigsten dieser Eigenschaften werden im Folgenden vorgestellt.

4.3.2.1 Rechts- und Geschäftsfähigkeit

Wer ein Unternehmen gründen oder übernehmen will, muss voll **geschäftsfähig** sein, damit er Rechtsgeschäfte selbstständig abschließen kann. Nur natürliche Personen (= alle Menschen), die das 18. Lebensjahr vollendet haben, sind uneingeschränkt geschäftsfähig (Ausnahme: entmündigte Personen). Neben dieser Stufe der Geschäftsfähigkeit werden zwei weitere unterschieden: die Geschäftsunfähigkeit sowie die beschränkte Geschäftsfähigkeit.

Kinder, die das siebte Lebensjahr noch nicht vollendet haben, sind **geschäftsunfähig.** Die Verträge mit ihnen sind in jedem Fall ungültig. Sie brauchen daher einen Vertreter (gesetzlicher Vertreter), der für sie die Handlung vollzieht. Dies sind in der Regel die Eltern. Bei Entmündigung infolge von Geisteskrankheit wird ein Betreuer bestellt, der die Rolle des gesetzlichen Vertreters übernimmt.

Beispiel | Ein Kind von fünf Jahren ist mit der Mutter in einem Lebensmittelgeschäft. Es hat siebzig Cent und möchte sich davon einen Lutscher kaufen. Dies ist laut Gesetz nicht möglich; die Mutter muss das Geschäft abwickeln.

Jugendliche zwischen Vollendung des siebten und 18. Lebensjahres sind in ihrer Geschäftsfähigkeit beschränkt. Ein **beschränkt Geschäftsfähiger** kann normalerweise nur solche Geschäfte ohne Einwilligung des gesetzlichen Vertreters abwickeln, die ihm ausschließlich Vorteile bringen.

Beispiel | Der 15-jährige Thomas W. bekommt von seinem Opa eine Stereoanlage geschenkt. Es handelt sich um eine Schenkung; durch die Übergabe der Anlage wird Thomas Eigentümer, weil hierdurch keine Nachteile für ihn entstehen.

Hat der gesetzliche Vertreter dem Minderjährigen Geld zur freien Verfügung überlassen, so sind Verträge, die vollständig mit diesen Mitteln abgegolten werden können, wirksam (§ 110 BGB, so genannter **Taschengeldparagraf).** Dieser Sachverhalt wird durch den § 112 BGB (**„Selbstständiger Betrieb eines Erwerbsgeschäftes"**) noch erweitert. Hiernach kann der gesetzliche Vertreter (Vater, Mutter, Vormund) einen Minderjährigen mit Genehmigung des Vormundschaftsgerichtes zum selbstständigen Betrieb eines Erwerbsgeschäfts ermächtigen. Wenn dies der Fall ist, ist der Minderjährige für solche Rechtsgeschäfte uneingeschränkt geschäftsfähig.

Beispiel | Der 16-jährige Alex ist ein begeisterter „Computerfreak" und entwickelt bereits Softwareprogramme. Sein Vater hat ihn mit der Genehmigung des Vormundschaftsgerichtes zum selbstständigen Betrieb des Unternehmens, das Software kreiert, ermächtigt. Alex kann nun selbstständig Personal einstellen oder entlassen sowie notwendige Betriebsmittel kaufen und verkaufen.

Geschäftsfähigkeit wird leicht mit dem **Begriff der Rechtsfähigkeit** verwechselt. Rechtsfähigkeit ist die Fähigkeit, Träger von Rechten und Pflichten zu sein, z. B. erben zu können. Natürliche Personen sind mit Vollendung der Geburt bis zum Tode rechtsfähig.

Ein 3-jähriges Kind kann durch Erbschaft Eigentümer eines Mietshauses mit allen Rechten und Pflichten werden.

Juristische Personen, d. h. Zusammenschlüsse von natürlichen Personen oder Vermögensmassen (z. B. Stiftungen), die selbstständig am Rechtsverkehr teilnehmen, sind mit Gründung bzw. Eintragung in ein öffentliches Register bis zur Auflösung rechtsfähig. Beispiele für juristische Personen sind Kapitalgesellschaften (AG und GmbH) und rechtsfähige Vereine wie Sportvereine. Die juristischen Personen handeln im Rechtsverkehr durch Organe (Vorstand, Geschäftsführung), die zur gesetzlichen Vertretung bestimmt sind.

4.3.2.2 Fachkenntnisse und kaufmännische Qualifikationen

Um einen Betrieb erfolgreich führen zu können, muss der Existenzgründer **Erfahrungen** in der entsprechenden Branche besitzen. Ein Einzelhandelskaufmann sollte beispielsweise **Vorkenntnisse** in der Warenpräsentation und Kundenberatung haben.

Neben den fachlichen sind vor allem **kaufmännische Qualifikationen** wichtig. Daran scheitern häufig Förderungsanträge zur Beschaffung von finanziellen Mitteln. So lehnt die „Bayern Beteiligungsgesellschaft" circa jeden zweiten Antrag ab, weil Vertriebs- und Kaufleute bei der Gründung fehlen. Im Vertrags-, Wettbewerbs- sowie Arbeits- und Sozialrecht sind elementare Grundkenntnisse notwendig, weil jeder Unternehmer mit diesen Bereichen im Laufe seines Unternehmertums zwangsläufig konfrontiert wird.

Bestimmte Gewerbe dürfen zum Schutz der Allgemeinheit nur von Unternehmern mit entsprechender Sachkunde ausgeübt werden. Ein solcher **Sachkundenachweis** wird beispielsweise verlangt, wenn mit bestimmten Arzneimitteln, unedlen Metallen (z. B. Eisen) oder Waffen gehandelt wird.

Weitere genehmigungspflichtige Tätigkeiten existieren im Gaststättengewerbe und bei einigen Handwerksbetrieben. Gaststättenbetreiber müssen an einem Unterrichtsverfahren bei der zuständigen Industrie- und Handelskammer teilnehmen. Die Gründung eines Handwerksbetriebes ist an die Eintragung in die Handwerksrolle gebunden.

4.3.2.3 Motivation und Führungsfähigkeit

60 bis 80 Wochenstunden Arbeitszeit pro Woche sind für den Jungunternehmer keine Seltenheit, da aufgrund von knappen finanziellen Mitteln häufig auf Personal verzichtet werden muss. Hierfür muss er die entsprechende Motivation und den Einsatzwillen aufbringen. Aber auch Freunde, Ehefrauen bzw. Ehemänner müssen sich an die außergewöhnlichen Arbeitszeiten, sofern sie nicht selbst aktiv mitarbeiten, gewöhnen. Eine goldene Regel für die Selbstständigkeit lautet deshalb: Der Partner muss mitziehen.

Die Einsatzbereitschaft muss um eine entsprechende Führungsfähigkeit ergänzt werden, die u. a. bei der Delegation des Personals unabdingbar ist. Gesunde Menschenkenntnis unterstützt die Führungsfähigkeit.

All diese Kompetenzen nützen freilich nichts, wenn das gesunde Selbstvertrauen fehlt, d. h., der Gründer muss von sich und seinem Vorhaben überzeugt sein. Die genannten Qualifikationen summieren sich zu einem „guten Gesamteindruck", der insbesondere bei Gesprächen mit potenziellen Kreditgebern sehr wichtig ist.

4.3.3 Rechtliche Voraussetzungen

Nach dem Grundgesetz und der Gewerbeordnung kann grundsätzlich jedermann ein Gewerbe betreiben, wenn nicht bestimmte Ausnahmen oder Beschränkungen vorgeschrieben sind (siehe hierzu die Darstellung unter 4.3.2.1). Ausländische Staatsangehörige aus Nicht-EU-Mitgliedsstaaten dürfen ein Gewerbe nur dann selbstständig ausüben, wenn dies aufgrund ihrer Aufenthaltserlaubnis zulässig ist.

Die Unternehmensgründung ist mit folgenden weiteren Tätigkeiten verbunden:

- **Gewerbeanmeldung**

Existenzgründer müssen sich in der Regel beim örtlich zuständigen Gewerbeamt anmelden. Hierfür ist ein Personalausweis mitzubringen. Bei im Handels-, Vereins- oder Genossenschaftsregister eingetragenen Gesellschaften ist auch ein Registerauszug, bei einer GmbH-Gründung eine Kopie des notariellen Gründungsvertrages und eine Vollmacht der Gründer vorzulegen.

- **Handelsregistereintrag für Kaufleute**

Der Eintrag ins Handelsregister erfolgt beim Amtsgericht. Zur Abwicklung ist ein Notar zu beauftragen, der die nötigen Beglaubigungen direkt an das Amtsgericht sendet.

- **Anmeldung bei der Handwerkskammer**

Wenn ein Handwerksunternehmen gegründet wird, ist eine schriftliche Anmeldung bei der Handwerkskammer nötig. Handelt es sich um ein Vollhandwerk, dann sind hierzu eine Kopie des Meisterbriefs und ein Eintragungsantrag notwendig. Übt der Gründer nur eine handwerksähnliche Tätigkeit aus, dann benötigt er lediglich einen Eintragungsantrag.

- **Anmeldung bei der Industrie- und Handelskammer**

Die IHK erhält automatisch eine Kopie der Gewerbeanmeldung. Der Existenzgründer muss sich also nicht selbst mit der IHK in Verbindung setzen.

- **Information des Finanzamtes**

Das Finanzamt ist schriftlich über die Geschäftsaufnahme zu informieren, worauf der Jungunternehmer eine Steuernummer und einen Fragebogen zugesandt bekommt, den es dann zu beantworten gilt. Eine Anmeldung kann auch über einen Steuerberater abgewickelt werden.

■ **Aufnahme in eine Berufsgenossenschaft**

Abhängig vom jeweiligen Berufsstand ist der Existenzgründer bei einer Berufsgenossenschaft pflichtversichert. Die Meldung muss maximal eine Woche nach der Geschäftsaufnahme erfolgen, wofür eine Abschrift der Gewerbeanmeldung vorzulegen sowie ein Fragebogen auszufüllen ist.

■ **Vorgaben des Gesundheitsamtes**

Gründer, die ein Hotel- und Gaststättengewerbe praktizieren wollen, müssen für sich und für ihre Mitarbeiter ein Gesundheitszeugnis ausstellen lassen. Weitere Auflagen gilt es auch zu beachten, wenn z. B. Lebensmittel in einem Geschäft verkauft werden.

■ **Verständigung des Arbeitsamtes**

Das Arbeitsamt ist zu verständigen, sobald Arbeitnehmer vom Gründungsunternehmen beschäftigt werden. Der Existenzgründer erhält eine Betriebsnummer, die in die Versicherungsnachweise der Arbeitnehmer eingetragen ist. Zudem erhält der Unternehmer ein so genanntes „Schlüsselverzeichnis", in dem die verschiedenen Arten versicherungspflichtiger Tätigkeiten aufgeführt sind und welches Grundlage für eine Anmeldung der Arbeitnehmer bei der jeweiligen Berufsgenossenschaft ist.

■ **Information der Krankenkasse und Sozialversicherung**

Zunächst einmal muss der Unternehmer seine Krankenkasse darüber informieren, dass er sich selbstständig macht. Wenn Arbeitnehmer im Unternehmen beschäftigt sind, sind diese bei der zuständigen Krankenkasse, Ersatzkasse und Rentenversicherung anzumelden. Auch von der Krankenkasse wird eine Betriebsnummer vergeben.

■ **Absprachen mit Ent- und Versorgungsunternehmen**

Eventuell ist es für das Unternehmen möglich oder notwendig, spezielle Lieferverträge für Wasser, Strom und Gas mit den zuständigen Versorgungs-Unternehmen abzuschließen. Bei Entsorgungsunternehmen sollte nach den Vorschriften und Gebühren für Abwasser und Müllbeseitigung gefragt werden.

Weitere rechtliche Aspekte, die bei der Unternehmensgründung beachtet werden müssen, finden Sie in den separaten Kapiteln „Rechtliche Grundlagen" und „Rechtsformen der Betriebe".

4.4   Ausgewählte Gründungsaspekte

Der Unternehmer muss sich vor und nach der Gründungsphase des Unternehmens mit zahlreichen betriebswirtschaftlichen Detailfragen auseinander setzen. Hierzu gehören z. B. steuerrechtliche und versicherungstechnische Aspekte.

4.4.1 Steuern

Der Unternehmensgründer kann zwar seinen Betrieb weitgehend ohne staatliche Regulierungen leiten, der Steuergesetzgebung ist er jedoch genau wie jeder andere Bundesbürger unterworfen. Im weiteren wird der Begriff **Steuern** als Geldleistung verstanden, die vom öffentlich-rechtlichen Gemeinwesen (Bund, Länder usw.) auferlegt wird. Den Geldleistungen steht dabei keine direkte Gegenleistung des Staates gegenüber. So können Steuern u.a. gesundheitspolitische Ziele haben, wie z.B. die Tabaksteuer.

Die Steuereinnahmen stellen die Hauptfinanzierungsquelle des Staates dar. Sie sind mit rund 50 verschiedenen Steuerarten so vielfältig, dass die Übersicht nur durch entsprechende Einteilungskriterien gewährleistet wird.

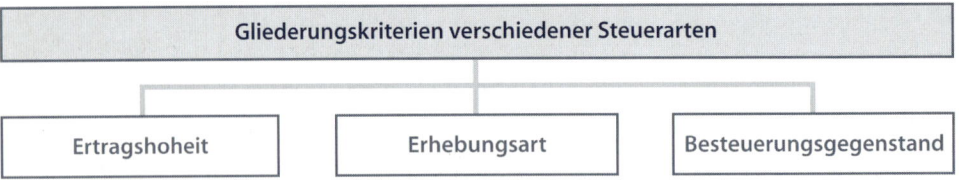

Das Gliederungskriterium der **Ertragshoheit** gibt an, wer der Empfänger der Steuern ist. Dies können Bund, Länder und Gemeinden oder die Kirche sein.

Nach der **Erhebungsart** sind zwei Einteilungsaspekte zu unterscheiden: direkte und indirekte Steuern. Um eine **direkte Steuer** handelt es sich, wenn der Steuerträger (= der mit der Steuer wirklich Belastete) seine Steuerbelastung direkt leistet, d.h., der Steuerpflichtige entrichtet diese Steuern unmittelbar und direkt an die Finanzbehörde. Die Steuern sind also von demjenigen zu zahlen, der sie auch tragen soll. **Indirekte Steuern** werden dagegen nicht direkt vom Steuerträger abgeführt, sondern über einen gesetzlich bestimmten Dritten, dem so genannten Steuerschuldner (= der gesetzlich zur Entrichtung Bestimmte). Der Steuerschuldner kann die Steuer also auf eine andere Person (den Steuerträger) abwälzen.

Beispiel	Der Gesellschafter einer GbR, Mark Franzen, wird zur Einkommensteuer herangezogen und muss sie auch selbst leisten (= direkte Steuer). Anders sieht es hingegen bei der Steuer auf das Benzin aus, das er für seinen Geschäftswagen benötigt: Die Mineralölgesellschaft schlägt die Steuer auf den Benzinpreis auf und führt sie als Steuerschuldner an den Staat ab. Steuerträger ist jedoch Herr Franzen, wenn er die Benzinrechnung bezahlt (= indirekte Steuern).

Unterteilung der Steuern nach ihrer Erhebungsart	
direkte Steuern	**indirekte Steuern**
Beispiel • Einkommensteuer • Erbschaftsteuer • Gewerbesteuer • Vermögensteuer usw.	Beispiel • Biersteuer • Mineralölsteuer • Tabaksteuer • Umsatzsteuer usw.

Nach dem **Besteuerungsgegenstand** lassen sich Besitz-, Verkehr- und Verbrauch-steuern unterscheiden. Die Begriffe werden wie folgt umschrieben:

- **Besitzsteuern:** Steuergegenstand sind Besitzwerte (Einkommen, Vermögen).
- **Verkehrsteuern:** Steuergegenstand sind Vorgänge des Wirtschaftsverkehrs, wie der Kauf und Verkauf von Gütern und Dienstleistungen.
- **Verbrauchsteuern:** Steuergegenstand ist der Verbrauch von bestimmten Gütern.

Drei für den Existenzgründer besonders relevante Steuerarten werden im Folgenden vertieft dargestellt: die Einkommen- bzw. Körperschaftsteuer, die Gewerbe- sowie die Umsatzsteuer.

4.4.1.1 Einkommen- und Körperschaftsteuer

Einkommensteuerpflichtig sind generell alle natürlichen Personen, die ihren Wohn-sitz oder gewöhnlichen Aufenthalt im Inland haben. Gründet der Jungunternehmer eine Personengesellschaft oder ist er Einzelunternehmer, dann sind die aus dem Ge-werbebetrieb erzielten Betriebsgewinne einkommensteuerpflichtig. Hiervon sind die (abzugsfähigen) Entlastungen (z. B. Altersentlastungsbetrag oder Freibeträge) abzu-ziehen, um die entsprechende Einkommensteuerhöhe zu ermitteln. Steuerschuldner ist nicht das Unternehmen, sondern der Inhaber bzw. die Gesellschafter der Personen-gesellschaft.

Die **Körperschaftsteuern** sind die Einkommensteuern der juristischen Personen (AG, GmbH oder Erwerbs- und Wirtschaftsgenossenschaften). Die Bemessungsgrundlage für die Steuer ist der Unternehmensgewinn. Seit dem Veranlagungszeitraum 2001 beträgt der Körperschaftsteuersatz für einbehaltene und ausgeschüttete Gewinne ein-heitlich 25 %.

Verluste (die bei Unternehmensgründungen in den ersten Jahren eher die Regel sind) können prinzipiell steuerlich geltend gemacht werden. Bei den einzelnen Rechts-formen bestehen allerdings Unterschiede.

Bei der GmbH und der GmbH und Co. KG können Verluste nicht sofort mit anderen Einkünften verrechnet, sondern erst bei späteren Gewinnen berücksichtigt werden. Demgegenüber können Kapitalgesellschaften das Geschäftsführergehalt als betrieb-liche Ausgabe veranschlagen und somit den Gewinn mindern. Von dem Gehalt müs-sen allerdings auch Sozialabgaben und Steuern (z. B. Lohnsteuer) geleistet werden, was in den Anfangsjahren eine erhebliche Belastung für das Unternehmen bzw. den Gründer sein kann.

4.4.1.2 Gewerbesteuer

Bei der Gewerbesteuer handelt es sich um eine direkte Steuer, die jeder Gewerbebe-trieb zu entrichten hat. Sie wird von den Gemeinden erhoben und stellt deren wich-tigste eigenständige Steuer dar. Steuergegenstand ist der Ertrag und das Kapital des Gewerbebetriebes.

Die Gewerbesteuerschuld wird vom zuständigen Finanzamt durch die Anwendung bundeseinheitlicher Steuersätze und den **Hebesätzen** (= einheitlich festgesetzter Pro-

7 Voss – ISBN 3-8120-0646-4

zentsatz, mit dem der Steuermessbetrag vervielfältigt wird, z. B. 250 %) der Gemeinden ermittelt. Hebesätze werden vom Stadtrat bzw. vom Gemeinderat der einzelnen Städte und Gemeinden festgelegt. Sie stellen somit ein Instrument dar, mit denen Städte und Gemeinden die Höhe der Gewerbesteuer unmittelbar beeinflussen können. Dies ermöglicht ihnen eine aktive Standortpolitik. Der Existenzgründer sollte sich daher genau über die jeweiligen Hebesätze der Gemeinden informieren und sie in seine Standortplanung einbeziehen.

Einzelunternehmen und Personengesellschaften steht ein **Gewerbesteuerfreibetrag** in Höhe von 24.500,00 € zu. Darüber hinausgehende Gewerbeerträge werden nach einem Staffelsatz versteuert.

Zudem bleibt die Möglichkeit, eine **Ansparabschreibung** anzusammeln, d. h. Gelder für zukünftige Investitionen zu sparen, die nicht dem zu versteuernden Ertrag zugerechnet werden. Diese Art der Abschreibung gilt nur für die Anschaffung oder Herstellung eines neuen, beweglichen Wirtschaftsgutes des Anlagevermögens. Der Unternehmensgründer kann die steuerfreie Rücklage beispielsweise für neue Maschinen oder Computer bilden. Nicht begünstigt ist dagegen eine Anschaffung von gebrauchten Maschinen oder Einrichtungsgegenständen sowie von Grundstücken und Gebäuden. Die Rücklage darf 40 % der Anschaffungs- und Herstellungskosten des Wirtschaftsgutes nicht überschreiten bzw. höchstens 307.000,00 € betragen. Spätestens fünf Wirtschaftsjahre nach ihrer Bildung muss die Rücklage aufgelöst werden. Diese attraktiven Sonderkonditionen gelten allerdings nur für Existenzgründer. Am Markt etablierten Unternehmen bleibt z. B. nur eine Rücklagen-Obergrenze von 154.000,00 € – nur etwa halb so hoch wie für den Gründer.

4.4.1.3   Umsatzsteuer (Mehrwertsteuer)

Die Umsatzsteuer bzw. Mehrwertsteuer ist eine Verbrauchsteuer und besteuert den gesamten privaten und öffentlichen steuerpflichtigen Konsum. Sie muss z. B. gezahlt werden, wenn ein Güter- oder Dienstleistungskauf getätigt wird.

Die Umsatzsteuer wird wie die Mineralölsteuer letztlich vom Endverbraucher getragen, da sie von den Unternehmen über den Verkaufspreis an die Kunden weitergegeben werden kann. Wirtschaftlich wird also nicht das Unternehmen, sondern der Endverbraucher belastet. Deshalb hat die Steuer keinerlei Auswirkung auf den Erfolg des Unternehmens. Man spricht in diesem Zusammenhang auch von einem **„durchlaufenden Posten".**

Technisch ist es für die Finanzbehörden nicht möglich, die Umsatzsteuer beim Konsumenten selbst zu erheben. Aus diesem Grund ist der Steuerschuldner das Unternehmen, das den Umsatz realisiert. Es ist verpflichtet, die Umsatzsteuer an das Finanzamt abzuführen. Die Finanzbehörde bedient sich also des Unternehmers, um die Umsatzsteuer zu erhalten.

Um eine Mehrfachbesteuerung auf verschiedenen Produktionsstufen auszuschließen, wird jeweils nur der erzielte Mehrwert einer bestimmten Leistung besteuert, d. h., das Unternehmen muss die Umsatzsteuer, die es seinen Kunden in Rechnung stellt, nicht vollständig an das Finanzamt abführen. Es kann die vom Vorlieferer in Rechnung gestellte Umsatzsteuer **(Vorsteuer)** von der an den Kunden in Rechnung gestellten Umsatzsteuer abziehen. Lediglich dieser Differenzbetrag **(Zahllast)** ist an die Finanzbehörde zu überweisen. Nur in Ausnahmefällen ist die Vorsteuer größer als die erhaltene Umsatzsteuer. In diesem Fall spricht man von einem **Vorsteuerüberhang,** den der Unternehmer vom Finanzamt zurückerhält.

Beispiel

Der Großhändler Markus Schmitz kauft eine Maschine laut Rechnung für 11.600,00 €, d.h., in dem Rechnungsbetrag ist ein Warenwert von 10.000,00 € und eine Vorsteuer von 1.600,00 € enthalten. Er verkauft diese Maschine für den doppelten Wert, d.h. 23.200,00 € inklusive 3.200,00 € Umsatzsteuer. Die Zahllast lässt sich wie folgt berechnen:

In Rechnung gestellte (erhaltene) Umsatzsteuer	3.200,00 €
– bezahlte Vorsteuer	1.600,00 €
= Zahllast (an Finanzamt abzuführen)	1.600,00 €

Der **allgemeine Umsatzsteuersatz** beträgt zurzeit 16 % des Warenwertes. Bestimmte Umsätze unterliegen jedoch einem **ermäßigten Steuersatz** von 7 %. Hierzu gehören etwa Lebensmittel, Wasser, Milch, Kaffee, Tee und Fahrkarten im Personennahverkehr. Durch den ermäßigten Steuersatz sollen Haushalte mit geringerem Einkommen finanziell entlastet werden.

Für den Existenzgründer, der im ersten Jahr nicht mehr als 17.500,00 € Umsatz erzielt, besteht die Möglichkeit, sich von der Umsatzsteuer befreien zu lassen. Einen eventuellen Vorsteuerüberhang kann der Unternehmer in diesem Fall natürlich nicht nutzen. Wenig Sinn macht die Befreiung, wenn der Unternehmer vorwiegend Kunden besitzt, die ihrerseits zum Vorsteuerabzug berechtigt sind und somit die gezahlte Umsatzsteuer an ihre Kunden weitergeben können.

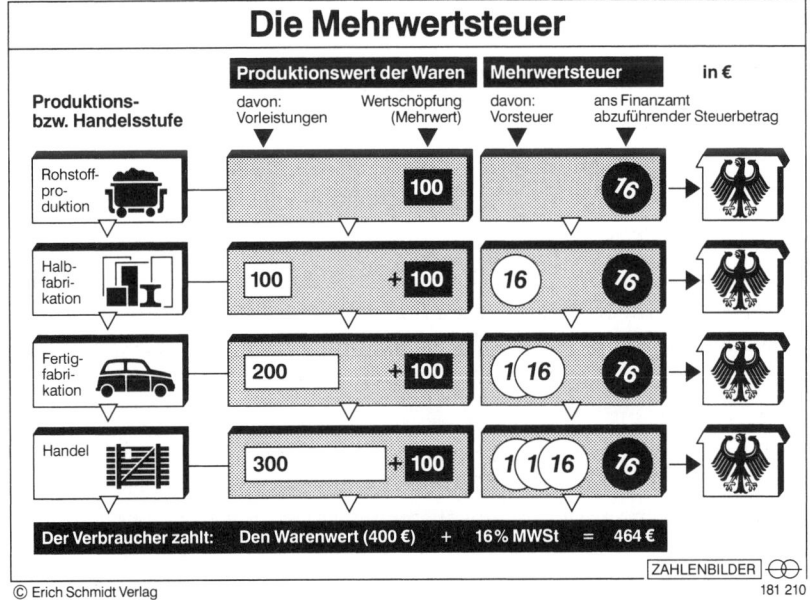

© Erich Schmidt Verlag

181 210

4.4.2 Versicherungen

Das unternehmerische Handeln ist mit zahlreichen Risiken behaftet, d. h., es können Ereignisse eintreten, die zu wirtschaftlichen Einbußen führen, wie Produktions- und Lieferungsausfälle durch Brand- und Wasserschäden. Gegen einige dieser wirtschaftlichen Unsicherheiten können sich Unternehmer bei Versicherungen absichern, die bei Schadenseintritt während eines festgelegten Zeitraums in der Regel Geldzahlungen leisten. Eine **Versicherung** ist also eine **Gefahrengemeinschaft,** die dem Risikoausgleich dient.

Beim Versicherungsschutz sind zwei grundlegende Arten, die Sozial- und die Individualversicherung, zu unterscheiden.

Die **Sozialversicherung** beruht auf staatlichem Zwang („kraft Gesetzes") und umfasst nur eine Grundversorgung. Ein Beispiel ist die gesetzliche Krankenversicherung, die zur Erhaltung und Wiederherstellung der Gesundheit abgeschlossen wird. Diese Grundform wird im weiteren nicht vertieft, da sie nicht im unternehmerischen Spielraum liegt.

Individualversicherungen beruhen auf einem Vertrag zwischen einem privaten Versicherungsunternehmen und einem Versicherungsnehmer (z. B. dem Existenzgründer). Private Versicherungen bieten Schutz auf Gebieten, die die Sozialversicherung nicht abdeckt, bzw. stocken die von der Sozialversicherung angebotenen Leistungen auf und erweitern sie. Der Versicherungsumfang und die Höhe stehen dem Kaufmann frei. Nur in einigen Zweigen existiert eine gesetzliche Versicherungspflicht, beispielsweise die Haftpflichtversicherung für Kraftfahrzeuge. Diese privaten Versicherungen lassen sich nach der Art des versicherten Gegenstandes wie folgt einteilen:

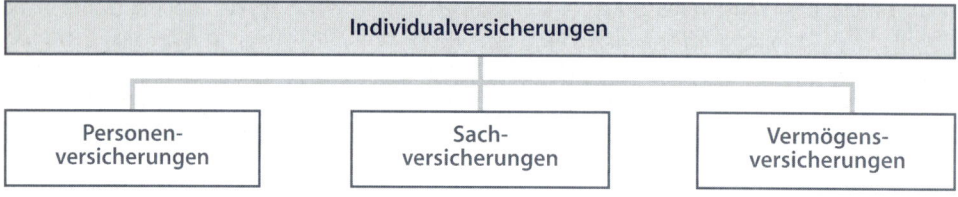

4.4.2.1 Personenversicherungen

Durch eine Personenversicherung wird eine konkrete Person gegen Risiken abgesichert. Es lassen sich z. B. die private Kranken-, Lebens- und Unfallversicherung unterscheiden.

Einen Schutz gegen die finanziellen Risiken einer Erkrankung bietet die **Krankenversicherung.** War der Unternehmensgründer vor der Aufnahme des Gewerbes in einem Arbeitsverhältnis beschäftigt, bestehen für ihn zwei Möglichkeiten des Versicherungsschutzes: Er kann in der gesetzlichen Krankenversicherung als freiwilliges Mitglied verbleiben oder eine private Krankenversicherung abschließen. Ein erneuter Wechsel in die gesetzliche Krankenversicherung bleibt in diesem Fall jedoch verwehrt.

Lebensversicherungen dienen der Alters- und Hinterbliebenenversorgung. Die Versicherungssumme wird im Todesfall oder Erlebensfall (= Erleben eines bestimmten Zeitraums, z. B. mit 60 Jahren) fällig. Unternehmer haben auch die Möglichkeit, in der gesetzlichen Rentenversicherung freiwillige Beiträge zu leisten. Hierzu ist ein formloser Antrag beim zuständigen Versicherungsamt nötig.

Die private **Unfallversicherung** schützt vor den Folgen von Arbeits- und außerberuflichen Unfällen; Berufsunfähigkeit infolge von Krankheit ist also ausgeschlossen. Existenzgründer müssen sich informieren, ob sie versicherungspflichtig sind. Alle Arbeitnehmer sind hingegen bei Unfällen am Arbeitsplatz oder auf dem Weg von oder zu der Arbeitsstätte gesetzlich pflichtversichert.

4.4.2.2 Sachversicherungen

Schäden an Grundstücken und Gebäuden, Maschinen usw. werden durch eine Sachversicherung abgedeckt. Die Beschädigung an einer Sache kann durch Feuer, Einbruch, Wasser usw. entstehen. Bei diesem Versicherungstyp existieren viele Ausprägungen. Drei werden im Folgenden exemplarisch dargestellt: die Geschäfts-, die Einbruchdiebstahl- und die Feuerversicherung.

Die **Geschäfts- bzw. Vielschutzversicherung** erlaubt eine Zusammenfassung mehrerer Versicherungszweige in einem Versicherungsschein. Zu den möglichen Zweigen gehören z. B. Einbruch, Feuer, Glas oder auch Elementarschäden wie Erdbeben oder Überschwemmung. Die genannten Gebiete können natürlich bei Bedarf einzeln abgeschlossen werden.

Eine solche Einzelversicherung stellt die **Einbruchdiebstahlversicherung** dar, die für entstandene Schäden und Verluste an Bargeld, Vorräten und sonstigen Dingen aufkommt. Der Einbruchstatbestand setzt dabei voraus, dass der Dieb Hindernisse überwinden musste. Es muss also ein Einbrechen, ein Einsteigen oder ein Eindringen mittels falscher Schlüssel vorliegen. Schäden, die durch Beschäftigte während der Arbeitszeit verursacht werden, sind demnach nicht versichert. Je nach Branche (z. B. Juwelier und Lebensmittel) und Objektlage (z. B. mehr oder minder hohe Kriminalitätsrate) sind verschieden hohe Versicherungsprämien zu leisten.

Die **Feuerversicherung** ersetzt Sachschäden, die durch
- Brand, Blitzschlag, Explosion,
- Anprall oder Absturz eines bemannten Flugkörpers, seiner Teile oder seiner Landung und durch
- die Brandbekämpfung (Ausräumen, Löschen, Niederreißen)
verursacht wurden.

Weitere Sachversicherungen sind die Elektronik-, Glas-, Transport-, Maschinen-, Datenträger-, Kfz-Kaskoversicherung usw.

4.4.2.3 Vermögensversicherungen

Vermögensversicherungen schützen nicht einzelne Vermögensteile wie Gebäude oder Maschinen, sondern das Vermögen als Ganzes. Abgedeckt ist bei dieser Alternative die Vermögensminderung, z. B. durch einen Forderungsausfall eines Kunden. Mögliche Vermögensversicherungen sind die Betriebs-, Umwelt-, Kfz-Haftpflicht- und die Betriebsunterbrechungsversicherung.

Haftpflicht ist nach dem Bürgerlichen Gesetzbuch die Verpflichtung, verursachte Schäden aufgrund gesetzlicher Bestimmungen oder vertraglicher Vereinbarungen zu ersetzen. Die **Betriebshaftpflichtversicherung** tritt also ein, wenn gegen Inhaber, seine gesetzlichen Vertreter oder weitere Beschäftigte des Betriebes Schadensersatzansprüche geltend gemacht werden, die sich aus der betrieblichen Arbeit ergeben.

Beispiel

> Paul Schmitz hat ein Einzelhandelsunternehmen gegründet. Bei Auffüllarbeiten fiel einer Kundin eine Konservendose auf den Fuß. Hierdurch verletzte sich die Kundin. Es entstehen Kosten für Arztbehandlung, evtl. Krankenhausaufenthalt, Verdienstausfall und Schmerzensgeld. Diese Kosten ersetzt die Betriebshaftpflichtversicherung.

Die **Umwelthaftpflichtversicherung** deckt dementsprechend Schäden, die durch Umwelteinwirkungen (z. B. Freisetzen von Dämpfen und Gasen) verursacht worden sind. Eine Pflichtversicherung stellt dagegen die Kfz-Haftpflichtversicherung dar, die mit bestimmten (erweiterbaren) Mindestversicherungssummen für Personen-, Sach- und sonstige Vermögensschäden aufkommt.

Brand- und Explosionsschäden werden durch die Feuerversicherung abgedeckt. Die Folgeschäden, die durch die Unterbrechung des Geschäftsbetriebes entstehen, allerdings nicht. Für diese Fälle muss eine **Betriebsunterbrechungsversicherung** abgeschlossen werden, die Vermögensschäden (z. B. entgangene Betriebseinnahmen) oder Kosten, wie Löhne oder Gehälter, ersetzt.

4.4.3   Unternehmenshilfen

Im Allgemeinen wird angenommen, dass junge Unternehmen aufgrund des Kapitalmangels zum Scheitern verurteilt sind. Dieses Phänomen ist jedoch meist nur Symptom und nicht die Ursache einer Unternehmenskrise. Fehlende Ansprechpartner, schlechte Beratung und fehlende Weiterbildung sind in erster Linie diejenigen Mängel, die den Misserfolg begünstigen. Durch Hilfs- und Unterstützungsmaßnahmen können diese Risiken jedoch gemindert werden. Externe Hilfe wird in praxi leider häufig erst dann in Anspruch genommen, wenn der eigene Handlungsspielraum des Unternehmers erschöpft ist, sprich: „wenn fast schon alles zu spät ist". Nur etwa jeder zweite Gründer nimmt regelmäßig die Hilfe von Fachleuten in Anspruch.

> ► **Weiterbildungsangebote und staatliche Hilfen**

Hilfsprogramme bieten z. B. der Staat oder die zuständigen Kammern (z. B. Existenzgründungsseminare der IHK) an. Hier sind vor allem **Weiterbildungsangebote** zu erwähnen, die dem Jungunternehmer bei der Unternehmensführung helfen sollen. Das Gesamtangebot an Fortbildungsseminaren führt aufgrund seines Umfangs allerdings leicht zu großer Unübersichtlichkeit.

Seit dem 01.01.2003 haben Arbeitslose die Möglichkeit, eine staatliche Unterstützung im Rahmen des Konstruktes einer so genannten **„Ich-AG"** in Anspruch zu nehmen. Die Bezeichnung Ich-AG hat jedoch keine gesellschaftsrechtliche Relevanz, d.h., die Existenzgründer bilden keine Aktiengesellschaft im eigentlichen Sinne. Den Erfindern dieses Konstruktes nach, d.h. dem von der Bundesregierung beauftragten Peter Harz und seiner Kommission, soll der Begriff vielmehr ausdrücken, dass Arbeitslose ihre individuellen Fähigkeiten und Fertigkeiten nicht als Arbeitnehmer einbringen, sondern mit staatlicher Unterstützung als Selbstständige umsetzen können. Der Unternehmer kann für maximal drei Jahre gefördert werden. Die Förderungssumme beläuft sich im ersten Jahr auf 600,00 €, im zweiten Jahr auf 360,00 € und im dritten Jahr auf 240,00 € pro Monat. Die finanzielle Hilfe für die angehenden Unternehmer ist der Harz-Kommission nach ein Mittel, um Arbeitslose aus der Schwarzarbeit zu holen. Die Gründung einer Ich-AG ist allerdings an bestimmte Kriterien geknüpft. Existenzgründer

- müssen einen Antrag bei der Arbeitsagentur vor Aufnahme der selbstständigen Tätigkeit stellen;
- müssen ein Gewerbe anmelden bzw. die Voraussetzungen zur Ausübung dieses Gewerbes (z. B. Eintrag in die Handwerksrolle o. Ä.) erfüllen;
- dürfen als Selbstständige nicht mehr als 25.000,00 € verdienen;
- können lediglich mithelfende Familienangehörige beschäftigen und keine weiteren Arbeitnehmer.

Sind die Voraussetzungen erfüllt, gilt es zu bedenken, dass sich die Unternehmer als Selbstständige freiwillig in der Kranken- und Pflegeversicherung versichern. Ebenso sind sie verpflichtet, dem Finanzamt gegenüber eine Steuererklärung abzugeben, was eine Buchführung nötig macht, die den rechtlichen Mindestanforderungen genügt. Als Alternative zur Ich-AG kann der Existenzgründer auch ein so genanntes **Überbrückungsgeld** für sechs Monate in Anspruch nehmen, bei dem das bisher bezogene Arbeitslosengeld und die darauf entfallenden pauschalisierten Sozialversicherungsbeiträge für die Anfangsphase der selbstständigen Tätigkeit weiter gezahlt werden.

▶ Private Hilfen

Private Hilfen stellen z. B. **Unternehmerclubs** dar. Die „Young Entrepreneurs Organization" (YEO) weist beispielsweise weltweit bereits mehr als 2.500 Mitglieder auf, die sich über Managementaufgaben austauschen. Die YEO organisiert die hierfür erforderlichen Treffen. Im YEO-Standort Los Angeles kommen z. B. monatlich Mitglieder aus der Umgebung zusammen, um Erfahrungen aus dem geschäftlichen und persönlichen Leben auszutauschen.

Neben den Unternehmerclubs gibt es die **„Business Angels"**. Hierbei handelt es sich um Privatpersonen, die als ehemalige Existenzgründer oft selbst mit fremdem Kapital versorgt wurden und nun ihrerseits junge Unternehmensgründer finanzieren sowie das Management aktiv beraten. Die Business Angels übernehmen durch ihre Hilfe gewissermaßen eine Patenschaft für den Gründer. Durch ihre einschlägige

Berufs-, Branchen- und Managementerfahrung können die Erfolgsaussichten eines Gründungsvorhabens entschieden verbessert werden.

Wenn der Unternehmer nicht auf die eigenen Fähigkeiten vertraut, kann eine externe Beratung auch in Verbindung mit einer **Unternehmensbeteiligung** geschehen. Neben der aktiven unternehmensbezogenen Beratung wird zugleich die Eigenkapitalausstattung des Gründers erweitert.

US-amerikanische Unternehmen wie Apple und Microsoft oder in Deutschland Mobilcom und Fielmann profitieren von dem Vertrauen der Risikokapitalgesellschaften. Die Kapitalgeber wollen jedoch ihrerseits das Risiko möglichst minimieren. Aus diesem Grund investieren sie häufig in Unternehmen mit guten und innovativen Produkten und gleichzeitig großem Wachstumspotenzial sowie gutem Management. So werden von 100 Anfragen nach umfangreicher Prüfung nur etwa ein bis drei Unternehmen einer Beteiligung zugeführt.

In Deutschland gibt es mittlerweile mehr als 100 dieser Beteiligungsgesellschaften, von denen TVM oder TFG in der Öffentlichkeit bekannte Unternehmen sind. Die TFG beispielsweise übernimmt je nach Entwicklungsstufe und Voraussetzung eines Unternehmens 10 bis 25 % des Eigenkapitals (siehe auch Kap. 4.3.1.3).

4.4.4 Praxisbeispiel „KPCB"

Der Venture-Capital-Geber KPCB

Kleiner Perkins Caufield Byers (KPCB) oder kurz Kleiner, wie die Gesellschaft im Branchenjargon genannt wird, ist eine der erfolgreichsten Venture-Capital-Gesellschaften der Welt. Seit mehr als 30 Jahren stellt die Gesellschaft Kapital für Existenzgründer bereit – seither für über 300 Technologieunternehmen. Ein Erfolgsgeheimnis des Risikokapitalgebers liegt in der geringen Unternehmensgröße begründet: Um die 30 Beschäftigte arbeiten in verglasten Räumen im Kleiner-Hauptquartier an der Sand Hill Road im kalifornischen Menlo Park. Davon sind 18 Mitarbeiter für die Betreuung der Beteiligungen des Unternehmens verantwortlich. Die Mitarbeiter tätigen jeweils nur 3–4 neue Investments in Gründungsunternehmen pro Jahr und sind insgesamt für 10–15 Beteiligungen verantwortlich. Es handelt sich bei den Mitarbeitern in der Regel um Ingenieure, die bereits vor Beginn ihrer Beschäftigung bei KPCB erfolgreich in der Praxis tätig waren. Während dieser Tätigkeit haben sie in einer oder mehreren Hightech-Branchen ein Spezialwissen aufgebaut. Dies ermöglicht, technologische Wechsel und Chancen in Wachstumsmärkten zu antizipieren. Beispielsweise hatte der Kleiner-Partner Vinod Khosla bereits vor mehr als einem Jahrzehnt die Idee, moderne Glasfaser mit alten Telefonnetzen zu verbinden. Mit seinem Managementteam investierte er acht Millionen US-Dollar in einen 30-prozentigen Anteil an dem Start-up „Cerent". Nach drei Jahren wurde der Anteil für 2 Milliarden Dollar an „Cisco Systems" verkauft. Ein weiterer Erfolg von KPCB war die Beteiligung an „Genentech", das erste Unternehmen, das Erkenntnisse der Genforschung in marktreife Produkte umsetzte und damit praktisch die heutige Biotechnologie-industrie begründete. Ebenso wurden Amazon, AOL, Compaq, Handspring, Intel, Lotus, Netscape und Sun Microsystems erfolgreich mit Venture Capital ausge-stattet und an die Börse begleitet. Sergey Brin und Larry Page, die beiden Google-Gründer, wurden ebenso von Kleiner unterstützt und sind damit eines der jüngsten Erfolgsbeispiele. Nach dem Verkauf der Unternehmensanteile am Grün-dungsunternehmen endet der Kontakt von KPCB zum Venture-Capital-Nehmer allerdings nicht. Vielmehr werden Gespräche mit den dortigen Managern ge-pflegt, was den Aufbau eines effektiven Netzwerkes für Kleiner zur Folge hat, das auch für neue Beteiligungsvorhaben nützlich sein kann.

4.5 Business-Plan als Grundlage für das Wachstum

4.5.1 Grundlagen eines Business-Planes

Ein Business-Plan – auch genannt Geschäftsplan oder Unternehmenskonzept – ist eine umfangreiche schriftliche Unternehmensdarstellung, angereichert mit den Plan-zahlen für die nächsten drei bis fünf Jahre nach Existenzgründung. Er enthält die Gesamtstrategie des Unternehmens inklusive langfristiger Zielformulierungen, die geplanten Schritte zur Realisierung und die Aufstellung der erforderlichen finanzi-ellen und personellen Ressourcen. Somit werden alle bedeutsamen Teilaspekte einer Gründungsplanung erläutert, weshalb der Business-Plan als eine Art **„Road Map"** (= Straßenkarte) und damit als eine nicht unwesentliche Voraussetzung für den wei-teren Erfolg eines Start-ups gilt. Neben dieser internen Fixierung geht es darum, das Unternehmen externen Interessengruppen optimal zu präsentieren. Dabei können sowohl Geldgeber für das neue Unternehmen gewonnen als auch potenzielle Ge-schäftspartner von der Leistungsfähigkeit überzeugt werden. In diesem Zusammen-hang ist zu bedenken, dass es sich bei den Investment-Managern in der Regel nicht um Branchenkenner handeln wird, weshalb der Business-Plan einem Dritten Rück-schlüsse auf den denkbaren Erfolg des Unternehmens ermöglichen sollte.

Bei der Erstellung des Planes wird der Existenzgründer gezwungen, seine Geschäfts-idee systematisch zu durchdenken, Wissenslücken aufzudecken sowie Entscheidun-gen zu finden, was ein strukturiertes und fokussiertes Vorgehen fördert. Probleme werden so frühzeitig erkannt und können umgangen werden. Dafür ist allerdings eine Reihe von aufwendigen Analysen notwendig: Für die Datensammlung, die Rei-fung der Idee, die Präzisierung und die Erstellung des eigentlichen Business-Planes sollte – insbesondere für High-Potentials – ein ausreichender Zeitraum veranschlagt werden. Der Plan kann mehrere hundert Stunden umfassen und den Gründer bis zu einem Jahr Arbeit kosten, wenn davon ausgegangen wird, dass er sich dem Plan nur abends und am Wochenende widmet. Ein Start-up mit geringerem Kapitalbedarf und mit technisch weniger komplizierten Produkten und Verfahren kann aber auch in einer verkürzten Version ausreichend dargestellt werden.

4.5.2 Aufbau eines Business-Planes

Für das Verfassen eines Business-Planes (Umfang ca. 20 bis 40 Seiten) gibt es zwar keine feststehenden Regeln. Trotz aller Unterschiede weisen Business-Pläne jedoch einige Affinitäten auf. Bestandteile eines Business-Plans sind in der Regel:

➤ Executive Summary

Die **„Executive Summary"** (auch „Statement of Purpose" oder „Mission Statement") ist eine zwei- bis maximal dreiseitige Zusammenfassung des Geschäftsvorhabens, die dem Investor einen kurzen und konzentrierten Überblick darüber geben soll, was mit der Geschäftsidee verfolgt wird. In diesem Zusammenhang ist zu klären, wo besondere Vorteile bzw. Kernkompetenzen der Idee liegen, was das eigene von den Produkten der Konkurrenz unterscheidet, wer das Gründerteam ist und welcher Umsatz und Gewinn sich mit dem/der angebotenen Produkt/Dienstleistung voraussichtlich erzielen lässt. Demnach stellt die Executive Summary keine bloße Einleitung, sondern eine komprimierte Darstellung der anschließenden Detailausführungen des Business-Planes dar. Ziel ist es, Aufmerksamkeit beim Leser zu wecken, sich mit den Details der folgenden Kapitel weiter auseinander setzen zu wollen.

➤ Produkt-/Servicebeschreibung

Im Rahmen der „Produkt-/Servicebeschreibung" wird geklärt, welchen praktischen Nutzen das neue Produkt bzw. der Service des Unternehmens bietet. Dabei sollten technische Inhalte nicht mit Details überfrachtet werden. Sind sie dennoch zum Verständnis notwendig, so können sie im Anhang geklärt werden. Produktnutzen für die Kunden, Zeitplanung und die Wettbewerbsvorteile gegenüber Konkurrenzprodukten sind dagegen elementare Bestandteile dieses Abschnitts. Hier werden erste konkrete Angaben zu Daten wie Umsatzanteil oder Deckungsbeitrag gemacht und

Beispiel

Kurzüberblick für die Zeitplanung														
Aufgaben	01/04	02/04	03/04	04/04	05/04	06/04	07/04	08/04	09/04	10/04	11/04	12/04	01/05	02/05
(1) Produktentwicklung		▓	▓	▓	▓	▓	▓	▓	▓	▓				
(2) Partnersuche			▓	▓	▓									
(3) Gründung								▓	▓	▓				
(4) Marketing/ Kommunikation										▓	▓	▓	▓	▓
(5) Markteinführung											▓	▓	▓	

im Kapitel zur Finanzierung weitergeführt. Des Weiteren sollten etwaige mit dem Produkt bzw. der Leistung in Zusammenhang stehende Rechte (Patente, Urheberrechte), aber auch drohende rechtliche Beschränkungen (z. B. Umweltrecht) sowie produktionstechnische Grundlagen genau erläutert werden. Bezüglich der Fertigung interessieren vor allem die Produktionsabläufe und ob die gesamte Produktion im Unternehmen selbst erfolgt oder (zum Teil) an Dritte ausgelagert ist. Eine weitere wichtige Information ist in diesem Themenbereich, ob Komplementär- bzw. Substitutionsprodukte der Wettbewerber geplant oder bereits in Entwicklung sind.

➤ Management

Kapitalgeber sehen ihre Unternehmensbeteiligung aufgrund der besonderen Bedeutung des Managements für den Erfolg der Geschäftsidee als Investition in die Mitarbeiter des Gründungsunternehmens. Unter dem Punkt „Management" stellen sich Gründer und Manager mit ihrem persönlichen Werdegang und ihren fachlichen/beruflichen Qualifikationen vor. Neben einem Organigramm, das klar die Verantwortungsbereiche des Managements aufzeigt, sollten an dieser Stelle vor allem möglichst aussagefähige Lebensläufe bereitgestellt werden. Damit sollte das Ziel erreicht werden, einen Überblick darüber zu geben, welche Vorkenntnisse und beruflichen Qualifikationen der Gründer bzw. das Gründerteam vorweisen können. Besonders erfolgsversprechend erscheint ein Unternehmen mit einem kompletten und qualifizierten Managementteam, das Fachwissen in allen Funktionsbereichen (z. B. Vertrieb, Marketing, Finanzierung) besitzt. Sind die Fähigkeiten nicht gegeben, muss die Möglichkeit und Bereitschaft vorhanden sein, im Bedarfsfall externe Berater hinzuzuziehen.

Beispiel

Kurzüberblick über die Team-Qualifikationen								
	Technologie	Finanzen	Projekt-management	Vertrieb	Marketing	Produktion	Personal-wesen	Soziale Kompetenzen
Mark Fischer	✗		✗				✗	✗
Arno Brau	✗					✗		✗
Gisa Meier		✗		✗				✗
Tanja Kohl			✗		✗			✗

➤ Marketing

Große Defizite weisen Business-Pläne oft im Abschnitt „Marketing" auf. Der Grund: Vielen Gründern fehlt es an einer fundierten **Marktanalyse.** Entweder wird der aktuelle und prognostizierte Kundenkreis überschätzt oder Kosten (z. B. für Werbung) unterschätzt. Damit wird bereits deutlich: Eine gute Marktanalyse erfordert Aufwand inklusive umfangreicher Recherchen. Erst dann lässt sich ein zeitliches Marketingkonzept ableiten. So ist etwa im Rahmen der Distributionspolitik auf die Vertriebskanäle einzugehen, deren sich das Unternehmen ab einem bestimmten Zeitpunkt für die einzelnen Produkte/Dienstleistungen bedienen will.

➤ Finanzen

Da Kapitalgeber mit Vorliebe in solche Geschäftsideen investieren, die einen möglichst hohen Gewinn versprechen, spielt der Abschnitt „Finanzen" eine außerordentliche Rolle. Deshalb müssen die finanziellen Seiten hier konkret und korrekt geplant und aufgezeichnet werden. Aufgrund unterschiedlicher möglicher Zukunftsszenarien müssen verschiedene Verlaufsalternativen mit den jeweiligen Umsatz- und Kostenvarianten abgeleitet werden, weshalb in diesem Zusammenhang auch von einer **Vorschaurechnung** gesprochen wird. Um unterschiedliche Szenarien darstellen zu können, ist die Kenntnis des Verhältnisses der fixen zu den variablen Kosten wichtig, vor allem auch im Bereich der sonstigen Betriebsaufwendungen. Sinnvoll ist es, zwischen Personal- und Investitionsplanung zu unterscheiden. In die **Investitionsplanung** gehen alle Produkte ein, die das Unternehmen beschafft, um sie langfristig zu nutzen. Dazu zählen unter anderem Computer, Fahrzeuge, Gebäude, Maschinen, Software, aber auch die Erstausstattung des Warenlagers. Bei der **Personalplanung** ist darzustellen, welche Mitarbeiter mit welchem Gehalt zu welchem Zeitpunkt eingestellt werden sollen. Hier müssen die gesamten Personalkosten berücksichtigt werden inklusive der Lohnnebenkosten (von der Sozialversicherung bis zu den vermögenswirksamen Leistungen). Des Weiteren sind die anvisierten Umsätze zu bestimmen. Der **Gewinn** ergibt sich dann im nächsten Schritt, indem alle Kosten eines Geschäftsjahres den Umsätzen gegenübergestellt werden. Die Erläuterungen sollten an dieser Stelle nicht zu ausführlich und langatmig sein, sondern einen Überblick geben, ob das Unternehmen finanzierbar und rentabel ist.

Kurzüberblick über geplante Investitionen		
Investitionen	**Januar 05**	**Februar 05**
– Büroeinrichtung	4.000,00 €	8.000,00 €
– Fax, Drucker, Scanner, Kopierer	600,00 €	200,00 €
– Computer und Software	3.000,00 €	500,00 €
– Digitalkamera	800,00 €	–
Summe	**8.400,00 €**	**8.700,00 €**

➤ Chancen und Risiken

Die Darstellungen können mit einem Resümee enden, in dem Chancen und Risiken des Vorhabens prägnant verglichen werden. Auf jeden Fall sollten Marktrisiken noch einmal klar überdacht und aufgezeigt sowie Maßnahmen zur Risikominimierung antizipiert werden. Ebenso sollten Chancen aufgeführt und es sollte dargelegt werden, ob das Kapital ausreichen kann, die Chancen auch tatsächlich zu nutzen.

> **Anhang**

In den Anhang gehören:

- ggf. Handelsregisterauszug;
- ggf. Gesellschafterliste;
- Planzahlen (Absatz, Kunden, Auftragsvolumen);
- ausführliche Finanzplanung;
- Mitarbeiter und Kompetenzen, evtl. Lebensläufe;
- Betriebserlaubnis, Gewerbeerlaubnis, Lizenzen usw.;
- ggf. Organigramm;
- Patentnachweise;
- Prospekte, Broschüren oder anderes Werbematerial;
- evtl. Produktfotos.

4.6   Check-up

4.6.1   Zusammenfassung

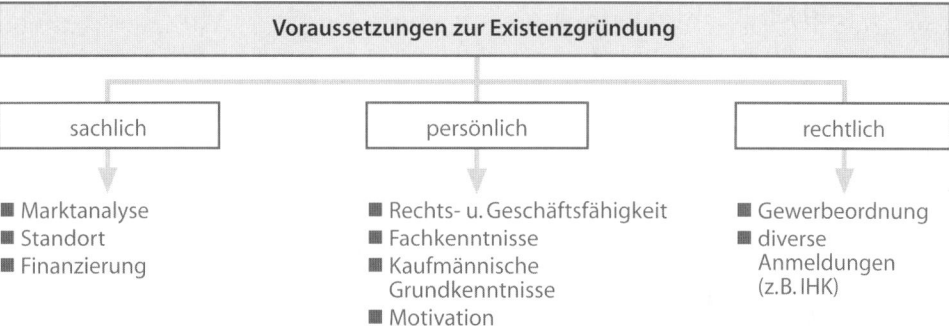

Einteilung wichtiger Steuern			
nach Besteuerungsgegenstand / nach Ertragshoheit	**Bund**	**Länder**	**Gemeinden**
Besitzsteuer	Einkommensteuer ⟶ Einkommensteueranteil Gewerbesteueranlage ⟵ Gewerbesteuer		
Verkehrsteuer	Versicherungsteuer	Kraftfahrzeugsteuer Grunderwerbsteuer	Schankerlaubnissteuer
Verbrauchsteuer	Mineralölsteuer Tabaksteuer Kaffeesteuer	Biersteuer	örtliche Verbrauch- und Aufwandsteuern: ■ Hundesteuer ■ Zweitwohnsitzsteuer

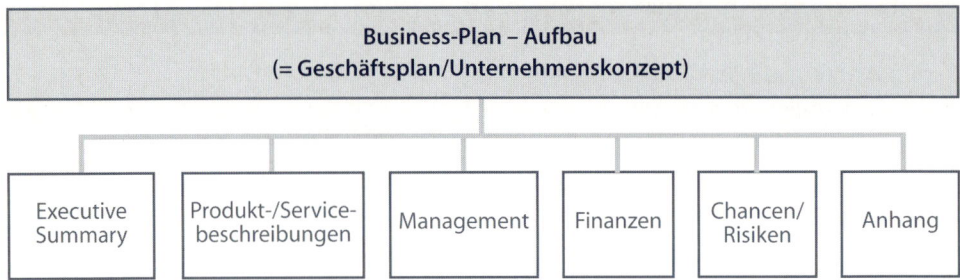

4.6.2 Kontrollfragenblock

1. Was versteht man unter Venture Capital?
2. Welche Arten der Individualversicherung lassen sich unterscheiden?
3. Definieren Sie den Begriff Zahllast!
4. Beurteilen Sie die folgende Aussage: „Die Umsatzsteuer ist eine Besitzsteuer."
5. Erläutern Sie, was unter einer „Executive Summary" zu verstehen ist!

4.6.3 Weiterführende Literatur

Füser, K.: Ratgeber Existenzgründung, München 2004.

Maikranz, F.: Das Existenzgründungs-Kompendium, Berlin und Heidelberg 2002.

Opoczynski, M.; Thomsen, F.: WISO Start Up, Frankfurt a. M. 2003.

www.frankfurt-main.ihk.de/starthilfe_foerderung/existenzgruendung

www.bvk-ev.de

www.bmwi.de

5 | Finanzierung

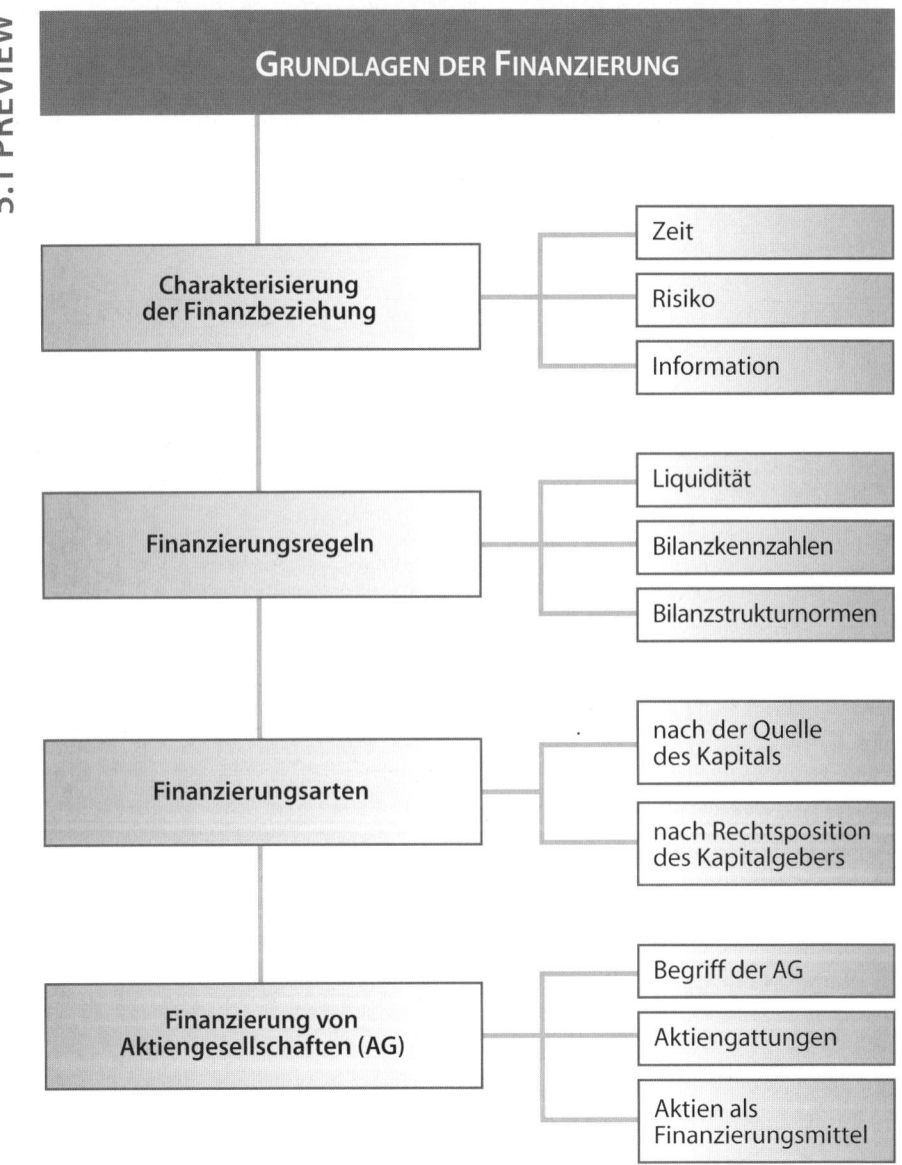

GRUNDLAGEN DER FINANZIERUNG

Charakterisierung der Finanzbeziehung
- Zeit
- Risiko
- Information

Finanzierungsregeln
- Liquidität
- Bilanzkennzahlen
- Bilanzstrukturnormen

Finanzierungsarten
- nach der Quelle des Kapitals
- nach Rechtsposition des Kapitalgebers

Finanzierung von Aktiengesellschaften (AG)
- Begriff der AG
- Aktiengattungen
- Aktien als Finanzierungsmittel

5.2 Problemstellung

Gute Ideen brauchen zu ihrer Realisation nicht nur Energie und Durchsetzungsvermögen, sondern in der Regel auch Geld oder allgemeiner **Kapital.** Dies gilt im privaten Bereich, besonders jedoch im Unternehmensbereich. Will etwa ein Automobilhersteller eine weitere Produktionsstätte eröffnen, ein Computerhersteller einen neuen Speicherchip entwickeln oder ein Installationsunternehmen einen neuen Kundendienstwagen anschaffen – sie haben dasselbe Problem: Das notwendige Kapital wird sofort benötigt, wohingegen die erwarteten Gewinne aus den realisierten Ideen **(Investitionen)** erst in der Zukunft gemacht werden. Falls das Unternehmen nicht über ausreichend eigene finanzielle Mittel für Investitionszwecke verfügt, muss es zusätzlich noch fremde Kapitalgeber von der Qualität der Investition überzeugen.

Darüber hinaus muss jedes Unternehmen dafür sorgen, dass gute Ideen am Leben erhalten werden: Es reicht nicht aus, nur die Anfangsauszahlung der Investition zu finanzieren. Das Unternehmen muss in der Lage sein, seine Zahlungsverpflichtungen zu begleichen, um einen Konkurs zu vermeiden. Es ist also eine Abstimmung der laufenden Auszahlungen (für Lieferanten, Arbeitnehmer etc.) und der laufenden Einzahlungen (Verkaufserlöse, Subventionen etc.) erforderlich, damit das Unternehmen jederzeit liquide ist.

5.3 Begriff der Finanzierung

Unter den Begriff Finanzierung lassen sich alle **Maßnahmen der Mittelbeschaffung und -rückzahlung** zusammenfassen. Dabei stehen sich Kapitalnehmer (die Unternehmen) mit Investitionsmöglichkeiten und Kapitalgeber (Investoren) gegenüber. Investoren sind beispielsweise Banken, die Kredite gewähren, Teilhaber an einer Personengesellschaft oder Aktionäre einer Aktiengesellschaft. Können sich beide Parteien über die Bedingungen der Mittelbeschaffung und Mittelrückzahlung einigen, kommt eine **Finanzierungsbeziehung** zustande: Der Investor überlässt dem Unternehmen eigene überschüssige Mittel in der Hoffnung, in Zukunft einen größeren Betrag zurückzuerhalten. Das Unternehmen kann nun seine Ideen verwirklichen, d.h. die erlangten Mittel investieren. Es geht damit dem Investor gegenüber bestimmte Verpflichtungen ein, die z.B. Zeitpunkt und Höhe der Kapitalrückzahlung, Zinszahlungen oder Gewinnbeteiligungen betreffen.

8 Voss – ISBN 3-8120-0646-4

5.4 Charakterisierung der Finanzierungsbeziehung

Jede Finanzierungsbeziehung lässt sich durch drei Stichworte kennzeichnen: **Zeit, Risiko** und **Information.** Deshalb erleichtert ein Verständnis dieser Begriffe eine Betrachtung unterschiedlicher Finanzierungsarten, wie sie in Abschnitt 5.6 vorgenommen wird, und lässt Unterschiede klarer hervortreten. Was mit diesen recht abstrakten Begriffen gemeint ist, wird nun dargestellt.

5.4.1 Bestimmungsgröße Zeit

Der Investor wird nur dann seine überschüssigen Mittel zur Verfügung stellen, wenn er erwarten kann, größere finanzielle Mittel zurückzuerhalten. Ansonsten könnte er sein Kapital behalten und für Konsumzwecke verwenden. Für die Zeit der Kapitalüberlassung bleibt ihm diese Art der Nutzung jedoch verwehrt. Dieser momentane Konsumverzicht muss vom Kapitalnehmer vergütet werden. Weiterhin verursacht die Abgabe von überschüssigen Mitteln an das Unternehmen einen Liquiditätsverlust beim Investor. Er kann also weniger flexibel auf eine Veränderung seiner Lebensumstände (Krankheit, Umzug, Arbeitsplatzverlust etc.) reagieren. Auch dieser Umstand spielt bei den Verhandlungen über eine Finanzierungsbeziehung eine Rolle. Der Preis der Kapitalüberlassung (Kapitalkosten) kommt im Zins zum Ausdruck, der sich in der Regel auf die Dauer eines Jahres bezieht. Ein Zinssatz von z.B. 8 % verpflichtet den Kapitalnehmer bei einer Kapitalüberlassung von 100,00 € nach Ablauf eines Jahres 8 % · 100,00 € = 8,00 € an Zinsen zu zahlen. Hieraus ergibt sich ein Gesamtzahlungsbetrag von 108,00 €.

Bezeichnet man den Zins mit **r** und das überlassene Kapital mit **K,** so lässt sich dieser Zusammenhang auch mathematisch darstellen. Es soll der Zeitraum von einem Jahr (1. 1. 04 – 1. 1. 05) betrachtet werden. Die Frage ist, wie viel K, das der Investor dem Unternehmen am 1. 1. 04 überlässt, ein Jahr später wert ist. Dieser Wert soll mit K_1 bezeichnet werden. Die Antwort lautet:

$$K_1 = \text{Wert von K am 1. 1. 05} = K \cdot (1 + r)$$

Den Faktor $(1 + r)$ bezeichnet man auch als **Verzinsungsfaktor.**

Umgekehrt kann man fragen, wie viel eine Zahlung von K_1 am 1. 1. 04 bei einem Zinssatz von r am 1. 1. 04 wert ist. Dieser so genannte Barwert ergibt sich aus Umstellen der obigen Gleichung zu:

$$K = \frac{K_1}{1 + r}$$

Den Faktor $\frac{1}{1 + r}$ nennt man **Diskontierungsfaktor.**

Beispiel

Die Forschungs- und Entwicklungsabteilung eines Unternehmens A hat ein Patent entwickelt und einem Unternehmen B für die Dauer eines Jahres für 100.000,00 € zur Verfügung gestellt. Es handelt sich somit um einen Lizenzvertrag. Die Finanzabteilung von A möchte wissen, wie viel diese 100.000,00 € heute wert sind. Der Kreditzins beläuft sich auf 14 %. Die Bank würde somit A einen Kredit in Höhe von

$$\frac{100.000,00\ \text{€}}{1 + 14\ \%} = 87.719,30\ \text{€}$$

gewähren, der aus der in einem Jahr erwarteten Einzahlung getilgt und verzinst werden würde.

Abschließend wird noch dargestellt, wie Aufzinsungs- und Diskontierungsfaktoren bei mehr als einjährigen Finanzierungsbeziehungen aussehen.

Beispiel

Ein Investor gewährt einem Unternehmen für fünf Jahre einen Kredit von K = 100.000,00 € zu einem Zinssatz von r = 7 %. Zinsen sollen nicht ausgezahlt werden. Mit welcher Summe kann der Investor nach Ablauf der fünf Jahre als Auszahlungsbetrag rechnen? Die Lösung ergibt sich als fünfmalige Durchführung einer einjährigen Kreditvergabe:

$$100.000,00\ \text{€} \cdot (1+7\%) \cdot (1+7\%) \cdot (1+7\%) \cdot (1+7\%) \cdot (1+7\%) = 100.000,00\ \text{€} \cdot (1+7\%)^5$$
$$= 140.255,17\ \text{€}$$

Allgemein ergibt sich bei **n** Jahren folgende Formel:

$$K_n = K \cdot (1 + r)^n$$

Die Fragestellung lässt sich wieder umkehren. Der Kapitalgeber möchte wissen, wie groß der Wert zukünftiger Zahlungen heute ist.

Beispiel

Ein Gesellschafter einer Personengesellschaft erwartet für das Jahr 2005 eine Gewinnauszahlung von 50.000,00 € und für das Jahr 2006 eine Gewinnauszahlung von 35.000,00 €. Der Zinssatz soll 9 % betragen.

Der Diskontierungsfaktor ergibt sich wieder durch Umstellen obiger Gleichung zu:

$$K = \frac{K_n}{(1 + r)^n}$$

Die Barwerte lassen sich wie folgt berechnen:

- für die Zahlung von 50.000,00 € in 2005 beträgt der Barwert:

$$K = \frac{50.000,00\ \text{€}}{1 + 9\ \%} = 45.871,56\ \text{€}$$

- für die Zahlung von 35.000,00 € in 2006 beträgt der Barwert:

$$K = \frac{35.000,00\ \text{€}}{(1 + 9\ \%)^2} = 29.458,80\ \text{€}$$

Die Summe der Barwerte ergibt sich somit zu 75.330,36 €.

Schematisch lässt sich dieser Zusammenhang folgendermaßen darstellen:

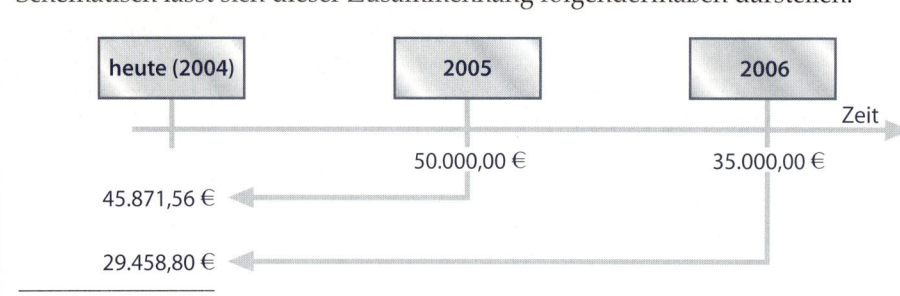

Summe 75.330,36 €

5.4.2 Bestimmungsgröße Risiko

Bisher wurde von sicheren Erwartungen ausgegangen. So wurde in den vorangehenden Beispielen unterstellt, dass die prognostizierten Zahlungen wirklich eingehen. Es ist aber beispielsweise nicht völlig auszuschließen, dass der Lizenznehmer des Unternehmens A zahlungsunfähig wird und A somit auf die Lizenzgebühr verzichten muss. Der Grund hierfür liegt in der Unsicherheit der Zukunft begründet. Niemand kann mit absoluter Sicherheit vorhersagen, wie sich wirtschaftliche Rahmendaten, Rohstoffpreise oder Wechselkurse entwickeln werden. Deshalb gibt es risikoreiche und risikoärmere Investitionen: Exportunternehmen, deren Geschäftspartner in Krisenregionen ihren Sitz haben, haben neben den mit dem Auslandsgeschäft typischen Eigenheiten wie dem Wechselkursrisiko noch mit dem politischen Risiko von Unruhen und Umstürzen zu kämpfen. Sie werden es schwerer haben, die notwendigen Mittel für Investitionen zu beschaffen. Der potenzielle Anleger wird, sofern er über genügend Informationen verfügt, seine überschüssigen Mittel lieber in ein Unternehmen mit geringerem Risiko investieren.

Unternehmen mit höherem Risiko müssen den Anlegern zusätzliche Anreize bieten. Dies geschieht über eine höhere Verzinsung. Die Rückzahlung ist zwar unsicherer, dafür besteht aber eine höhere Gewinnmöglichkeit als bei anderen Investitionsobjekten. Die Zinsdifferenz zwischen einer risikolosen (z. B. einer Staatsanleihe) und einer risikobehafteten Investition wird als **Risikoprämie** bezeichnet.

Beispiel

Für den Zeitraum von 1926 bis 1988 wurden die durchschnittlichen Renditen von kurzfristigen und langfristigen Schuldverschreibungen der US-Regierung sowie von Schuldverschreibungen und Aktien von Unternehmen ermittelt. Man ermittelte dabei die in der Tabelle auf der folgenden Seite dargestellten durchschnittlichen jährlichen Renditen. Die Risikoprämie ergibt sich in diesem Zusammenhang als Differenz zur Rendite kurzfristiger Schuldverschreibungen der US-Regierung als absolut sichere Anlageform.

Wertpapier	durchschnittliche jährliche Verzinsung in %	durchschnittliche Risikoprämie in %
kurzfristige Schuldverschreibung der US-Regierung	3,6	0,0
langfristige Schuldverschreibung der US-Regierung	4,7	1,1
Schuldverschreibungen von Unternehmen	5,3	1,7
Aktien	12,1	8,5

(Quelle: Ibbotson Associates, Inc., Stocks, Bonds, Bills and Inflation 1989 Yearbook, Ibbotson Associates, Chicago 1989)

5.4.3 Bestimmungsgröße Information

Im vorigen Abschnitt wurde angedeutet, dass der potenzielle Anleger Informationen über geplante Investitionen besitzen muss, um das Risiko in seiner geforderten Verzinsung berücksichtigen zu können. Frei zugängliche Informationsquellen sind aber lediglich Bilanzen mit Lagebericht und Geschäftsberichte des Unternehmens. Aus diesen Quellen lassen sich einige Informationen gewinnen, besonders dann, wenn Bilanzen mehrerer, aufeinander folgender Jahre analysiert werden. Es bleibt ein gewisses Maß an Unsicherheit bestehen, da sich der Entwicklungstrend, der sich in der Vergangenheit abgezeichnet hat, nicht unbedingt in der Zukunft fortsetzen muss.

In der Regel besitzt die Unternehmensleitung die besten Informationen über beabsichtigte Investitionen mit ihren möglichen Chancen und Risiken. Will der Investor diesen Informationsrückstand aufholen, müsste er sich aktiv an der Geschäftsführung beteiligen. Diese Möglichkeit scheidet meist aus organisatorischen Gründen aus. Versprechungen der Unternehmensleitung über lukrative Gewinnmöglichkeiten kann der Investor nicht immer Glauben schenken, weil er die Objektivität der Versprechungen nicht beurteilen kann.

Hat er sich dennoch dazu entschlossen, sein Geld in ein bestimmtes Unternehmen zu investieren, kann er weiterhin nicht damit rechnen, dass seine Mittel auf die für ihn beste Weise investiert werden. Vielleicht revidiert die Unternehmensleitung ihre Investitionsentscheidung, nachdem es die überschüssigen Mittel des Investors erhalten hat: Die Mittel können für eine luxuriöse Büroausstattung oder einen größeren Firmenwagen ausgegeben werden. Weiterhin können Gelder in Erweiterungsinvestitionen fließen, die zwar Umsatz und Beschäftigtenzahl und allgemein die Größe des Unternehmens wachsen lassen, aber nicht unbedingt Gewinne erwirtschaften. Für den Manager können andere Kriterien wie Macht, Einfluss und Prestige bei Investitionsentscheidungen eine Rolle spielen als für den Investor, der in erster Linie an einer möglichst hohen Verzinsung seines Kapitals interessiert ist.

Investoren sind in der Regel diese Anreizwirkungen bekannt, die sich besonders angestellten Managern von Kapitalgesellschaften bieten. Dies gilt umso mehr für professionelle Investoren wie Versicherungsgesellschaften und Banken. Da beide Parteien an einem Zustandekommen einer Finanzierungsbeziehung interessiert sind, werden sie versuchen, die Interessengegensätze zu mildern oder das Informationsungleichgewicht zu nivellieren. Dies kann geschehen durch eine gewinnabhängige Entlohnung, durch die Gewährung von Sicherheiten für Kredite oder durch Kontrollrechte, wie sie z. B. der Aufsichtsrat einer Aktiengesellschaft wahrnimmt (siehe Kap. 14.7.3).

5.5 Finanzbedarf, Liquidität und Bilanzstrukturnormen

Damit ein Unternehmen bestehen kann, muss eine Abstimmung von Kapitalbedarf und Finanzierungsmaßnahmen erfolgen, sodass jederzeit Liquidität vorhanden ist. Unter **Liquidität** versteht man die Eigenschaft eines Unternehmens, zu jedem Zeitpunkt seinen Zahlungsverpflichtungen in voller Höhe nachkommen zu können.

Liquidität ist aus zwei Gründen für ein Unternehmen von entscheidender Bedeutung:

- Für ein Unternehmen bestehen rechtsverbindliche Zahlungsverpflichtungen. Ihre Nichteinhaltung kann für das Unternehmen unangenehme Folgen wie Verzugszinsen, Konventionalstrafen und Klagen haben und bis zur Insolvenz und Liquidation des Unternehmens führen.

- Liquidität ist zudem für das planmäßige Fortführen eines Unternehmens unerlässlich. Es erleichtert die flexible Reaktion auf Krisensituationen („eiserne Reserve") und bietet zudem die Möglichkeit, schnell auf vorteilhafte Gelegenheiten auf Beschaffungsmärkten zu reagieren. Wenn ein Unternehmen erst einmal in dem Ruf steht, liquide zu sein, dann fällt es ihm leichter, Kontakte zu Lieferanten aufzubauen. Hierdurch können unter Umständen günstigere Konditionen ausgehandelt werden, da sich der Lieferant auf die fristgerechte Begleichung seiner Rechnungen verlassen kann.

Zur Beurteilung eines Unternehmens anhand der Bilanz sind **Bilanzkennzahlen** entwickelt worden. Hierbei handelt es sich um Quotienten aus mindestens zwei absoluten Bilanzzahlen.

Beispiel

- $\text{Verschuldungsgrad} = \dfrac{\text{Fremdkapital}}{\text{Eigenkapital}}$

- $\text{Liquidität (1. Grades)} = \dfrac{\text{Zahlungsmittel}}{\text{kurzfristige Verbindlichkeiten}}$

Setzt man für diese Kennzahlen betriebswirtschaftlich sinnvolle Grenzwerte oder Schranken fest, dann spricht man von **Bilanzstrukturnormen,** die auch zur Liquiditätssicherung eingesetzt werden können.

Hierbei wird das **Prinzip der fristenkongruenten Finanzierung** zugrunde gelegt: Die Rückzahlung des aufgenommenen Kapitals soll jeweils aus Kapitalfreisetzungen (Vermögensumschichtung im Rahmen der Innenfinanzierung, siehe Kap. 5.6.1.1) erfolgen, sodass die aus der Finanzierung resultierenden Zahlungsverpflichtungen, z. B. in Form von Zinszahlungen und Tilgungsraten an Kreditgeber, stets erfüllt werden können.

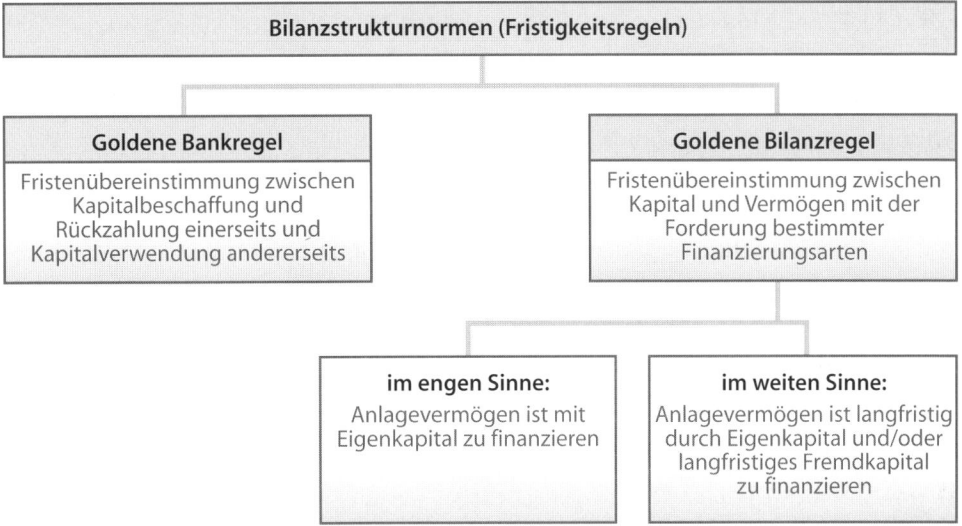

Die **Goldene Bilanzregel** kann anhand eines einfachen Bilanzschemas dargestellt werden:

AKTIVA	PASSIVA
■ Anlagevermögen	■ Eigenkapital
■ „eiserne Bestände" des Umlaufvermögens	■ langfristiges Fremdkapital
■ Umlaufvermögen	■ kurzfristiges Fremdkapital

5.6 Finanzierungsarten im Überblick

Bisher wurden schon verschiedene Finanzierungsarten erwähnt. Sie werden nun systematisiert. Dies kann auf zweierlei Weise geschehen: Zum einen kann die Systematisierung nach der Quelle des eingesetzten Kapitals erfolgen (Innen- versus Außenfinanzierung), zum anderen nach der Rechtsposition des Kapitalgebers. Diese beiden Kriterien schließen sich nicht gegenseitig aus, sondern zielen vielmehr auf verschiedene Sichtweisen der Finanzierung ab.

5.6.1 Systematisierung nach der Quelle des Kapitals

Die Mittelbeschaffung eines Unternehmens kann sich sowohl über den Umsatzprozess und eigene Finanzinvestitionen (Beispiel: Siemens AG, die mehrere Milliarden in Wertpapieren angelegt hat, was dem Unternehmen den Spitznamen „Elektrobank" eingebracht hat) als auch über die Zuführung von Mitteln über den Kapitalmarkt vollziehen. Im ersten Fall spricht man von Innenfinanzierung, im zweiten Fall von Außenfinanzierung.

5.6.1.1 Innenfinanzierung

Innenfinanzierungsmittel stellen Rückflüsse investierten Kapitals dar, die im Umsatzprozess zu liquiden Mitteln führen und somit für Investitionszwecke zur Verfügung stehen.

Diese Rückflüsse können in zwei Komponenten zerlegt werden: Zum einen stellt ein Teil der liquiden Mittel Gegenwerte der aus dem Anlage- und Umlaufvermögen abgegangenen Vermögenswerte dar (Roh-, Hilfs- und Betriebsstoffe, Vor- und Zwischenprodukte, Wertverzehr des Anlagevermögens). Hier erfolgt lediglich ein Aktivtausch, der zu einer Vermögensumschichtung führt. Zum anderen führen erwirtschaftete Gewinne zu einem Vermögenszuwachs.

> ➤ **Vermögensumschichtung**

Das prägnanteste Beispiel für Rückflüsse investierten Kapitals stellen **Abschreibungen** dar. Sie finden auf die eine oder andere Weise Eingang in die Kalkulation von Produkten. Können Abschreibungen über den Markt wieder verdient werden, so stehen (bei konstanten Wiederbeschaffungspreisen) genügend finanzielle Mittel für eine Ersatzbeschaffung zur Verfügung. Aus Rentabilitätsgründen ist es aber nicht sinnvoll, diese Mittel bis zum Zeitpunkt der Ersatzinvestition anzusammeln. Sinnvoller ist es, die verdienten Abschreibungsgegenwerte sofort wieder in neue Anlagen zu investieren. Dies führt zu Mehrinvestitionen und somit zu einer Vergrößerung der Leistungskapazität. In der Literatur ist diese Vorgehensweise unter dem Namen **„Ruchti-Effekt"** bekannt. Dieser Effekt wird anhand eines Beispiels verdeutlicht.

Beispiel

Ein Unternehmen verfügt zu Beginn über fünf Maschinen, deren Anschaffungspreis bei jeweils 25.000,00 € lag. Es werden konstante Wiederbeschaffungspreise vorausgesetzt. Die Maschinen sollen linear über fünf Jahre abgeschrieben werden. Jede Maschine soll eine Periodenkapazität von 3.000 Stunden besitzen.

Jahr	Anzahl Maschinen	Abschreibungs-erlös (in T€)	zu ersetzende Werte (in T€)	Jahres-abschreibungen (in T€)	Perioden-kapazität (in 1.000 Std.)
1	5	25	0	25	15
2	6	25	0	30	18
3	7	90	0	35	21
4	8	130	0	40	24
5	10	180	0	50	30
6	7	80	125	35	21
7	7	90	25	35	21
8	8	105	25	40	24

Im ersten Jahr werden Jahresabschreibungen in Höhe von 25 T€ vorgenommen. Diese setzen sich zusammen aus der Anzahl der Maschinen (5) multipliziert mit einem linearen Abschreibungsbetrag von 5 T€ pro Maschine. Diese Summe wurde über den Markt verdient und reicht aus, um eine zusätzliche, neue Maschine zu kaufen und im Produktionsprozess einzusetzen. Damit stehen im zweiten Jahr insgesamt sechs Maschinen zur Verfügung, was zu einer Erweiterung der Periodenkapazität um 3.000 Stunden auf nun insgesamt 18.000 Stunden führt. Aus den verdienten Abschreibungen von 30 T€ kann eine weitere Maschine für 25 T€ gekauft werden. Die restlichen 5 T€ verbleiben im Unternehmen usw.

Als wichtiges Ergebnis kann man festhalten, dass der Ruchti-Effekt tendenziell zum Ansteigen der Periodenkapazität führt. Kritisch bleibt anzumerken, dass der Effekt nur eintritt, wenn die Absatzmärkte die Mehrproduktion auch aufnehmen. Weiterhin ist eine Erweiterung des Maschinenparks mit einer Ausweitung des Umlaufvermögens (höhere Bestände an Roh-, Hilfs- und Betriebsstoffen und Vor- bzw. Zwischenprodukten) verbunden, das ebenfalls finanziert werden muss. Ferner ist die Annahme gleich bleibender Wiederbeschaffungspreise unrealistisch.

Finanzierungswirkungen ergeben sich ebenfalls durch eine **Beschleunigung des Kapitalumschlags.** Dies erfolgt in der Weise, dass Bestände an Roh-, Hilfs- und Betriebsstoffen und Vor- bzw. Zwischenprodukten nicht mehr für die gesamte Periode, sondern in wesentlich kürzeren Intervallen bestellt und bezahlt werden. Dies führt zu kleineren Lagern und somit zu geringerer Kapitalbindung. Im Extremfall führt diese Strategie zur **Just-in-time-Produktion.** Die Lagerhaltung wird dabei vollständig auf die Zulieferer verlagert. Lieferungen erfolgen nur noch auf Abruf, was eine Anpassung der Beschaffung an die aktuelle Fertigungs- und Auftragssituation erforderlich macht. Just-in-time-Produktion wird vor allem in der Automobilindustrie betrieben.

> **Vermögenszuwachs**

Werden im Umsatzprozess Gewinne erzielt, so können sie ebenfalls zur Finanzierung herangezogen werden. Man spricht dann von **Selbstfinanzierung,** wobei zwischen offener und stiller Selbstfinanzierung zu unterscheiden ist.

Voraussetzung für eine **offene Selbstfinanzierung** ist, dass zumindest ein Teil der Gewinne im Unternehmen verbleibt und somit für Investitionen zur Verfügung steht. Diesen Vorgang fasst man unter dem Begriff **Thesaurierung** zusammen. Bevor es zu einer Thesaurierung kommt, muss zuerst der Periodenerfolg (Jahresüberschuss) festgestellt werden. Im Anschluss erfolgt eine Entscheidung über die Verwendung des Periodenerfolgs: Er kann thesauriert oder zur Ausschüttung an die Kapitalgeber mit erfolgsabhängigen Ansprüchen freigegeben werden. Entscheidend ist, dass die Unternehmensleitung Entscheidungsmacht über die Gewinnverwendung besitzt. Dies ist bei Personengesellschaften in der Regel weniger problematisch als bei Aktiengesellschaften, da bei ersteren Eigner und Unternehmensleitung identisch sind.

Die offene Selbstfinanzierung erfolgt dadurch, dass erzielte Gewinne als Gewinnvortrag verbucht oder den offenen Rücklagen zugeführt werden. Im Gegensatz hierzu werden bei der **stillen Selbstfinanzierung** stille Rücklagen gebildet. Der Finanzierungseffekt ist darin zu sehen, dass eine Ausschüttung dadurch vermieden wird, dass Gewinne nicht ausgewiesen werden.

Die Vorteile der Selbstfinanzierung bestehen darin, dass keine Kapitalbeschaffungskosten anfallen. Dies verbessert die Liquiditätslage, was sich vor allem bei schlechter Ertragslage günstig auswirken kann. Darüber hinaus wird die Kreditwürdigkeit erhöht. Die Nachteile einer Selbstfinanzierung ergeben sich aus der **Umgehung des Kapitalmarktes.** Damit ist gemeint, dass durch die Bindung der Gewinne an die Unternehmung eine Ausschüttung an die Eigner vermieden wird. Bei einer Ausschüttung hätte sich das Unternehmen dem Urteil der Anleger stellen müssen: Haben die Anleger Vertrauen in das Unternehmen, d.h., rechnen sie auch weiterhin mit hohen Renditen und/oder Kurssteigerungen, dann werden sie mit den ausgeschütteten Gewinnen weitere Anteile an der Unternehmung kaufen. Andernfalls werden sie es vorziehen, ihr Geld in ein aus ihrer Sicht besseres Unternehmen zu investieren. Es kann folglich zu **Fehlleitungen von Kapital** kommen, indem überschüssige Mittel nicht den Unternehmen mit den lukrativsten Investitionsprojekten zur Verfügung gestellt werden.

Eine weitere Möglichkeit zur Vermeidung einer Ausschüttung ist in der **Bildung von Rückstellungen** zu sehen. Ein Finanzierungseffekt aufgrund von Rückstellungen ergibt sich dadurch, dass Aufwand und Auszahlung zeitlich auseinander fallen: Die Bildung der Rückstellung wird in der Gegenwart als Aufwand erfasst, die Auszahlung erfolgt aber erst in der Zukunft. Je länger diese Zeitspanne ist, desto größer ist der Finanzierungseffekt.

Von besonderer Bedeutung sind deshalb **Pensionsrückstellungen.** Der Aufwand fällt in der Gegenwart an, wohingegen die Auszahlungen an die ehemaligen Arbeitnehmer erst im Versorgungsfall erfolgen. Während bei den bisher diskutierten Möglichkeiten der Innenfinanzierung die Finanzierungsbeziehung zwischen Kunde und Unternehmen bzw. Lieferant und Unternehmen zustande kam, kommt nun eine Finanzierungsbeziehung zwischen Unternehmen und Arbeitnehmer zustande. Nach herrschender Rechtsprechung werden die Pensionsleistungen im Versorgungsfall während der aktiven Zeit des Arbeitnehmers verdient. Somit besteht eine Passivierungspflicht und das Unternehmen kann sofort mehr Aufwand verrechnen. Dies führt auch zu einer Verringerung der Bemessungsgrundlagen diverser Steuern. Steuerzahlungen werden somit gestundet. Dem Unternehmen wird also ein zinsloser Kredit zur Verfügung gestellt.

Beispiel

Ein Unternehmen soll einen Gewinn von 150 T€ erwirtschaftet haben. Der Steuersatz soll bei 60 % auf Gewinne liegen. Ohne Bildung von Rückstellungen ergibt sich folgende Rechnung:

	Gewinn (vor Steuern)	150 T€
−	Steuern (60 %)	− 60 % · 150 T€ = 90 T€
=	Gewinn nach Steuern = 60 T€	

Nun bildet das Unternehmen Rückstellungen in Höhe von 50 T€, die als Aufwand der Periode sofort den Gewinn verringern. Diese 50 T€ sind somit dem Zugriff von Anteilseignern entzogen und verbleiben bis zur Versorgungsleistung im Unternehmen.

	Gewinn (vor Steuern)	150 T€
	Gewinn nach Rückstellungsbildung	150 T€ − 50 T€ = 100 T€
−	Steuern (60 %)	− 60 % · 100 T€ = 60 T€
=	Gewinn nach Steuern	= 40 T€

Man sieht: Die Bildung von Rückstellungen führt zu einer Steuerersparnis von 90 T€ − 60 T€ = 30 T€.

Folgende Übersicht fasst die Möglichkeiten der Innenfinanzierung zusammen:

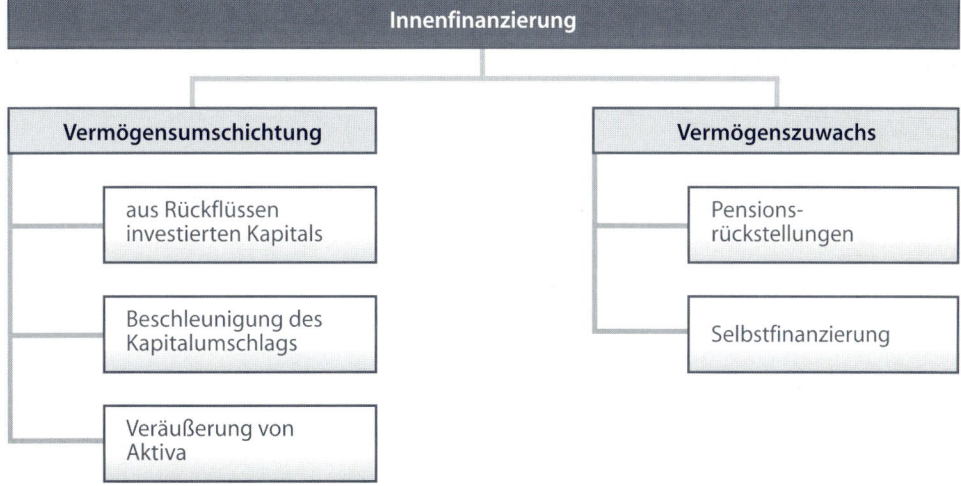

5.6.1.2 Außenfinanzierung

Bei der Außenfinanzierung werden dem Unternehmen Mittel außerhalb von Produktions- und Absatztätigkeiten zugeführt. Hierbei kann zwischen Kreditfinanzierung einerseits und Einlagen- bzw. Beteiligungsfinanzierung andererseits unterschieden werden.

> ➤ **Kreditfinanzierung**

Kreditfinanzierung kommt durch eine Finanzierungsbeziehung zwischen Gläubiger als Kapitalgeber und Schuldner als Kapitalnehmer zustande. Diese Form der Finanzierungsbeziehung bringt folgende Vor- und Nachteile für den Kapitalgeber mit sich:

Position des Kapitalgebers	
Vorteile	**Nachteile**
■ Gläubiger ist nicht am unternehmerischen Risiko beteiligt und erhält vereinbarte Zinszahlungen	■ In der Regel hat der Kapitalgeber keinen Anteil an der Geschäftsführung
■ Er ist nur dem Bonitätsrisiko ausgesetzt, wenn das Unternehmen insolvent wird	■ Keine Beteiligung an überdurchschnittlichen Erträgen und stillen Reserven
■ Das Kapital wird befristet zur Verfügung gestellt	■ Kein Sacheigentum (= Wertverlust durch Inflation)

Für die Position des Kapitalnehmers gilt entsprechend:

Position des Kapitalnehmers	
Vorteile	**Nachteile**
■ Kreditfinanzierung wird steuerlich begünstigt	■ Feste Zahlungsverpflichtungen, auch wenn das Unternehmen mit Verlust arbeitet
■ Machtverhältnisse innerhalb des Unternehmens werden nur bedingt verändert	■ Zinszahlungen können im Gegensatz zu Dividendenzahlungen nicht zeitlich verschoben werden
■ Bei wirtschaftlichem Aufschwung steigen Kreditzinsen langsamer als Dividendenzahlungen	■ Kreditmittel sind nach Maßgabe des Gläubigers nicht universell einsetzbar

Die **Voraussetzungen für eine Kreditvergabe** sind vielfältiger Natur. Allgemeine Kriterien sind die Rechtsform und hier besonders die Haftungsregelung (siehe Kapitel „Rechtsform des Betriebes"), die Qualität und Integrität der Unternehmensleitung sowie die Ausstattung mit Eigenkapital und Sicherheiten.

Formen der Kreditfinanzierung lassen sich unterscheiden nach der **Fristigkeit** des zur Verfügung gestellten Kapitals in lang- und kurzfristige Kreditfinanzierung.

Langfristige Kreditfinanzierung kann durch Darlehen und Ausgabe (Emission) von Anleihen erfolgen. Das **Darlehen** ist im Bürgerlichen Gesetzbuch (§§ 488–507) geregelt. Es kann von Banken in der Form eines langfristigen Bankkredits oder von Gesellschaftern als Gesellschafterdarlehen gewährt werden und ist vor allem für solche Unternehmen von Bedeutung, die keine eigenen Wertpapiere über Börsen verkaufen können.

Im Unterschied zu Darlehen sind **Anleihen** wegen ihres Wertpapiercharakters handelbar. Der Käufer muss sich nicht, wie bei einem Darlehen, langfristig von seinen überschüssigen Mitteln trennen, sondern kann die Anleihe über Börsen weiterverkaufen. Anleihen kommen dann als Finanzierungsinstrument in Frage, wenn sich ein großer, langfristiger Kapitalbedarf nicht in einer Summe, sondern nur über eine Stückelung aufbringen lässt. Beim Anleger sind Anleihen beliebt, weil sie oft mit einer höheren Verzinsung und weniger Risiko als Aktien verbunden sind.

Bei **kurzfristiger Kreditfinanzierung** lässt sich weiterhin unterscheiden, ob der Kredit von einer Bank oder Nicht-Bank zur Verfügung gestellt wird.

Als Nicht-Banken sind hier vor allem Lieferanten und Kunden zu nennen. In der Regel wird den Käufern bei **Lieferantenkrediten** ein Zahlungsziel eingeräumt, sodass zwischen Erwerb und Zahlungstermin eine gewisse Zeitspanne liegt, in dem der Schuldner das erworbene Gut im Produktionsprozess einsetzen und aus den Verkaufserlösen die Rechnung begleichen kann. Der Lieferant sichert seine Forderung häufig durch einen **Eigentumsvorbehalt** (§ 449 BGB). Dabei erfolgt die Übereignung unter „der aufschiebenden Bedingung vollständiger Zahlung des Kaufpreises". Die Vorteile für den Schuldner sind in der großen Flexibilität zu sehen, da Lieferantenkredite schnell und unbürokratisch zur Verfügung gestellt werden. Als nachteilig erweist sich allerdings der sehr hohe Zinssatz.

Beispiel

Ein Rechnungsbetrag von 1.000,00 € hat ein Zahlungsziel von 30 Tagen. Bei Zahlung innerhalb von 10 Tagen wird ein Skonto von 2 %, also von 2 % · 1.000,00 € = 20,00 €, gewährt. Der auf das Jahr gerechnete Zinssatz (nur so lässt sich eine Vergleichbarkeit zu anderen Kreditformen herstellen!) ergibt sich aus folgender Rechnung:

Rechnungsbetrag − Skonto = Nettobetrag

1.000,00 € − 20,00 € = 980,00 €

Somit ergibt sich ein Zinssatz von $\dfrac{\text{Skonto}}{\text{Nettobetrag}} = \dfrac{20{,}00 \text{ €}}{980{,}00 \text{ €}} = 2{,}04 \text{ \%}$

für die Dauer von 30 Tagen. Auf ein Jahr gerechnet beläuft sich der Zinssatz auf 12 · 2,04 % = 24,48 %!

Bei **Kundenkrediten** leistet der Käufer eine Vorauszahlung auf den vereinbarten Kaufpreis. Kundenanzahlungen sind dann üblich, wenn die Leistungserstellung längere Zeit in Anspruch nimmt, so wie dies etwa beim Schiffsbau oder bei Bauprojekten der

Fall ist. Der Kundenkredit hat für den Schuldner zwei Vorteile: Zum einen muss er in der Regel keine Zinszahlungen leisten, zum anderen bindet er den Gläubiger zusätzlich an den Auftrag.

Kurzfristige Kredite können von Unternehmen unmittelbar oder mittelbar zur Verfügung gestellt werden. Die wichtigsten Beispiele für eine unmittelbare Kreditgewährung stellen der Kontokorrent- und der Wechseldiskontkredit dar.

Bei einem **Kontokorrentkredit** wird dem Unternehmer ein Kreditspielraum in vereinbarter Höhe eingeräumt, den er sofort und je nach Bedarf in Anspruch nehmen kann. Aus Sicht des Unternehmens ist der Kontokorrentkredit ein flexibles Instrument, um Liquiditätsengpässe abzufedern (Liquiditätsreserve). Die Bank erhält andererseits Informationen über die Finanzlage des Unternehmens, die in Häufigkeit, Ausmaß und Dauer von Liquiditätsengpässen zum Ausdruck kommt. Bei solider Finanzplanung des Unternehmens kann dies zu einem Vorteil werden und die Vergabeentscheidung über einen langfristigen Kredit unter Umständen günstig beeinflussen.

Die technische Abwicklung eines **Wechseldiskontkredites** ist komplizierter und wird deshalb anhand eines Beispiels veranschaulicht.

Beispiel

Unternehmen A bezieht Rohstoffe von Unternehmen B und zahlt nicht mit Geld, sondern mit einem Handelswechsel, der etwa folgenden Inhalt hat: A verpflichtet sich bei Einreichung des Wechsels zur Zahlung von 1.000,00 €, Fälligkeit in 90 Tagen (A kann durch einen Wechsel auch ein drittes Unternehmen C zur Zahlung verpflichten. Zur Vereinfachung wird aber angenommen, dass ersterer Fall vorliegt). Nun wird angenommen, dass B dringend Geld benötigt und die 90 Tage bis zur Fälligkeit nicht warten kann. B kann zu einer Bank gehen und den Wechsel zur Diskontierung einreichen. Dies wird die Bank natürlich nur machen, wenn die Bonität des zur Zahlung verpflichteten Unternehmens außer Frage steht. Bei einem Diskontzinssatz von 5 % ergibt sich ein 90-Tage-Zinssatz von 1,25 % (= 5 % / 360 Tage · 90 Tage). B erhält also von seiner Bank den Barwert in Höhe von 987,50 € (abzüglich Steuer, Provisionen und Gebühren). Die Bank ihrerseits macht nun die Wechselforderung nicht bei A geltend, sondern reicht sie bei der Bundesbank zur Diskontierung ein, die schließlich bei Fälligkeit von A 1.000,00 € verlangt.

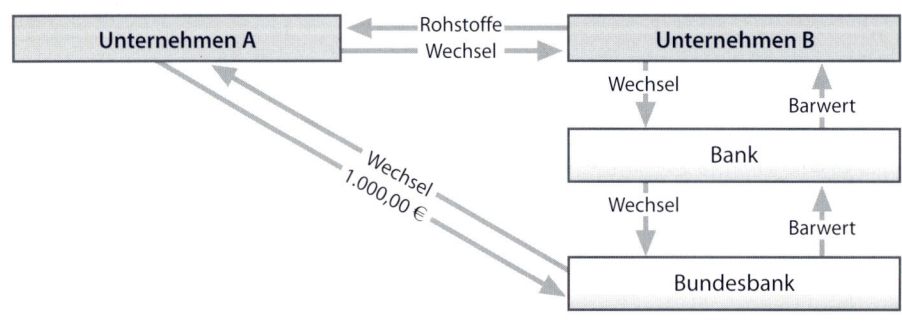

Bei **mittelbarer Kreditgewährung** durch Banken stellt der Kreditgeber kein Geld, sondern seinen „guten Namen" zur Verfügung. Dies kann durch eine **Bürgschaft (Avalkredit)** oder dadurch vollzogen werden, dass die Bank akzeptiert, dass ein Wechsel auf sie gezogen wird **(Akzeptkredit).** Hierdurch kann das Unternehmen neuen Geschäftspartnern Informationen über seine Bonität vermitteln. Die Namen von Großbanken sind geläufig und ihre Bonität steht außer Frage. Diese Kredite sind im Außenhandel von Bedeutung, wenn eine Beziehung zwischen einem Exporteur und Importeur aufgebaut werden soll, die noch nicht in Geschäftsbeziehung zueinander gestanden haben.

Als grundsätzliche Alternative zur Finanzierung von Anlagegütern durch Kreditfinanzierung kann man auch deren Mietung in Betracht ziehen. Man spricht dann von **Leasing.** Unter bestimmten Voraussetzungen kann sich Leasing als die günstigere Finanzierungsmöglichkeit erweisen. Ausschlaggebend sind hierbei steuerrechtliche Überlegungen. Leasingunternehmen arbeiten darüber hinaus schneller als Banken, entlasten das Unternehmen von Verwaltungstätigkeiten und bieten ihm zusätzliche Dienstleistungen an, wie z. B. Beratung bei Anlageinvestitionen.

Abschließend werden die Möglichkeiten der Kreditfinanzierung im Überblick zusammengefasst.

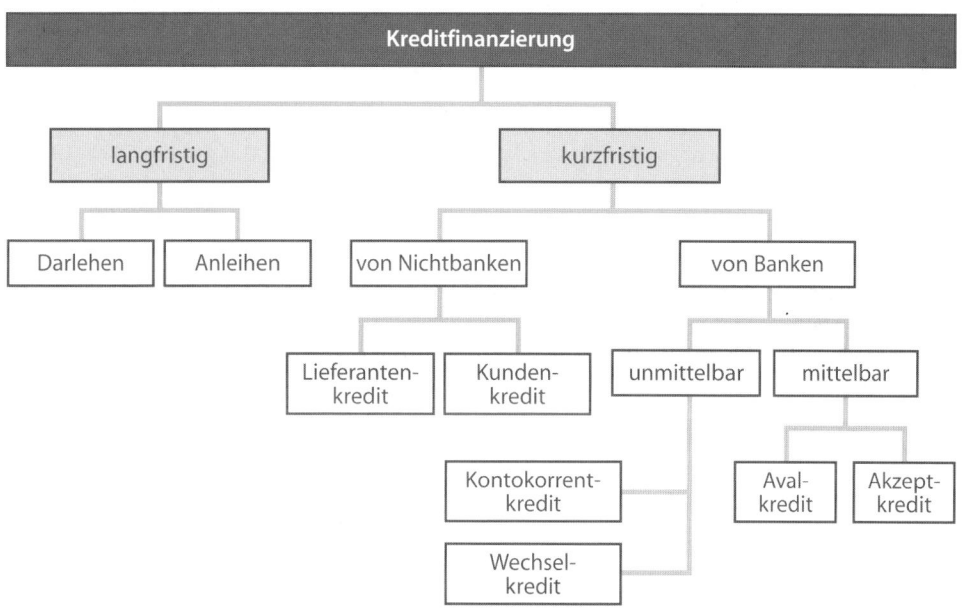

> ▶ **Beteiligungsfinanzierung**

Beteiligungsfinanzierung (Venture Capital) kommt durch eine Finanzierungsbeziehung zwischen Anleger als Kapitalgeber und Unternehmen als Kapitalnehmer zustande. Hierbei partizipiert der Anleger am Unternehmenserfolg. Es werden wiederum Vor- und Nachteile kurz dargestellt:

Position des Kapitalgebers	
Vorteile	**Nachteile**
■ Beteiligung am Gewinn ■ Anteil an stillen Reserven und Firmenwert ■ Beteiligung an Sachwerten ■ In Abhängigkeit von der Rechtsform Beteiligung an der Geschäftsleitung	■ Beteiligung am Verlust ■ Bei Personengesellschaften langfristige Bindung ■ Höheres Risiko als bei Krediten

Position des Kapitalnehmers	
Vorteile	**Nachteile**
■ Keine festen Rückzahlungspflichten ■ Beteiligungskapital ist universell einsetzbar ■ Erhöhung der Kreditwürdigkeit	■ Mitspracherechte der neuen Gesellschafter bzw. Anteilseigner ■ Beteiligungskapital ist steuerlich benachteiligt

Die Ausgestaltung der Beteiligung am Erfolg des Unternehmens und die damit verbundenen Zahlungen hängen von der Rechtsform ab. Wegen der großen Bedeutung von Aktiengesellschaften wird dieser Punkt in Kap. 5.7 behandelt werden.

5.6.2 Systematisierung nach der Rechtsposition des Kapitalgebers

Maßnahmen zur Mittelbeschaffung lassen sich unter dem Gesichtspunkt der Rechtsposition des Kapitalgebers gliedern. Wird bei der Finanzierung Eigenkapital zugeführt (z.B. durch Ausgabe von Aktien, Aufnahme eines neuen Gesellschafters mit seiner Einlage in eine OHG oder durch Erwirtschaftung von Gewinnen), dann spricht man von **Eigenfinanzierung. Fremdfinanzierung** liegt vor, wenn ein schuldrechtliches Verhältnis zwischen Kapitalgeber und -nehmer vorliegt.

Bei dieser Systematisierung lassen sich Innenfinanzierungsvorgänge, die auf eine Vermögensumschichtung hinauslaufen, nicht einordnen, da sich Aktivpositionen (Vermögensgegenstände) nicht Passivpositionen (Fremd- oder Eigenkapital) zuordnen lassen. So wie Vermögensumschichtung auf einem Aktivtausch basiert, lassen sich analog auch Finanzierungsvorgänge benennen, die einen Passivtausch darstellen. Man nennt dies **Umfinanzierung,** wobei sich vier Unterfälle unterscheiden lassen:

■ Umschichtung von Fremd- in Eigenkapital, z.B. durch die Umwandlung einer Wandelschuldverschreibung in Aktien (siehe Kap. 5.7.3);

- Umschichtung von Eigen- in Fremdkapital, etwa wenn eine Bank ihre Anteile an einem Unternehmen verkauft und dem Unternehmen ein Darlehen zur Verfügung stellt;
- Umschichtung von einer Eigenkapitalform in eine andere, etwa bei einer Kapitalerhöhung aus Gesellschaftsmitteln (siehe Kap. 5.7.3);
- Umschichtung von einer Fremdkapitalform in eine andere, z.B. im Rahmen einer Umschuldung.

Das folgende Schema fasst die möglichen Finanzierungsarten noch einmal systematisch zusammen:

↓ Systematisierung nach der Quelle des Kapitals ↓					
	Innenfinanzierung				
		Außenfinanzierung			
Vermögens-umschichtung	Selbst-finanzierung	Beteiligungs-finanzierung	Kredit-finanzierung	Rück-stellungen	Um-finanzierung
keine eindeutige Zuordnung möglich	Eigenfinanzierung		Fremdfinanzierung		Eigen-/Fremd-finanzierung
↑ Systematisierung nach der Rechtsposition der Kapitalgeber ↑					

5.7 Finanzierung von börsennotierten Aktiengesellschaften

Die größten deutschen Unternehmen wie DaimlerChrysler, Siemens oder die Deutsche Bank sind Aktiengesellschaften (AGs). Ihnen kommt im Wirtschaftsprozess aufgrund ihres Umsatzes, ihrer Ertragskraft und ihres Kapitalbedarfs eine große Bedeutung zu. Aus diesem Grund werden Aktiengesellschaften unter Finanzierungsgesichtspunkten eingehender untersucht (siehe auch Kap. 14.7.3).

5.7.1 Grundgedanke einer Aktiengesellschaft

Der Gründung einer Aktiengesellschaft liegt die Idee zugrunde, dass ein sehr großer Kapitalbedarf durch eine Vielzahl von Eignern (**Aktionären**) aufgebracht wird, die nur mit ihrem eingesetzten Kapital haften. Das zur Gründung aufzubringende Grundkapital wird in **Aktien** gestückelt. Diese Aktien sind von den Aktionären nicht kündbar, d.h., dass die Aktiengesellschaft nicht zur Rückerstattung des eingesetzten Kapitals verpflichtet ist. Auf diese Weise wird der Fortbestand des Unternehmens gesichert. Will sich ein Anleger von Aktien trennen, dann kann er sie auf speziellen Märkten, den Wertpapierbörsen, verkaufen.

Ein weiteres Merkmal ist in der **Trennung von Eigentum und Unternehmensleitung** zu sehen. Von den Eignern angestellte Manager führen mit dem Vorstand als Leitungsgremium und unter der Kontrolle des Aufsichtsrates die Geschäfte.

129

9 Voss – ISBN 3-8120-0646-4

5.7.2 Die Aktie als Grundlage einer Finanzierungsbeziehung

Bei der Gründung einer AG muss das so genannte Grundkapital in Höhe von mindestens 50.000,00 € aufgebracht werden. Der Nennwert einer Aktie darf 1,00 € nicht unterschreiten. Dieses Grundkapital wird in Aktien zerlegt. Dabei verbriefen Aktien das (wirtschaftliche) Eigentum an der AG, und zwar in Abhängigkeit von der Zahl der eigenen Aktien zu der Gesamtzahl der Aktien. Auf diesen Punkt wird bei der Erörterung von Bezugsrechten (siehe Kap. 5.7.3) erneut eingegangen.

Beispiel Eine AG soll mit einem Grundkapital von 250.000,00 € ausgestattet werden. Hierfür werden 2.500 Aktien zu einem Nennwert von 100,00 € (2.500 Aktien · 100,00 € = 250.000,00 €) ausgegeben. Besitzt ein Anleger 100 Aktien, so gehören ihm 100/2.500 = 0,04 = 4 % des Aktienkapitals.

Eine Aktiengesellschaft kann Aktien verschiedener Gattung (§ 11 AktG) ausgeben. Hierdurch kommen jeweils unterschiedliche Finanzierungsbeziehungen zustande, da die AG gattungsspezifische Verpflichtungen gegenüber den Aktionären eingeht. Die wichtigsten Aktiengattungen werden kurz vorgestellt.

5.7.2.1 Unterscheidung nach der Zerlegung des Grundkapitals

In Deutschland sind Aktien üblich, die auf einen bestimmten Nennwert lauten **(Nennwertaktien).** Der Nennwert einer Aktie ist streng zu trennen von seinem Kurswert, von dem Preis also, zu dem Aktien ge- und verkauft werden können. Die Bestimmung des Nennwerts liegt allein im Ermessen der AG und soll lediglich zur Aufbringung des Grundkapitals als des fixen Teils des Eigenkapitals dienen. Der Kurswert ergibt sich aufgrund von Angebot und Nachfrage, in denen sich Erwartungen und Beurteilungen bezüglich der zukünftigen Ertragslage des Unternehmens, seiner Konkurrenzposition, der politischen Rahmenbedingungen und der Höhe von Wechselkursen widerspiegeln, um nur einige Einflussgrößen zu nennen. Alle deutschen Nennwertaktien müssen auf glatte Nennbeträge lauten: 1,00 € oder ein Vielfaches davon.

Neben den Nennwertaktien kann die AG ihre Anteilrechte in Form von **nennwertlosen Aktien** ausgeben. Dabei sind zwei Arten zu unterscheiden: die Stückaktien (echte nennwertlose) und die Quotenaktien (unechte nennwertlose).

Stückaktien lauten auf einen Anteil an der Aktiengesellschaft ohne genaue Bestimmung seiner nominellen oder verhältnismäßigen Größe, d. h., auf der Aktienurkunde ist kein Nennwertbetrag aufgedruckt, sondern lediglich die Bezeichnung „eine Aktie der ABC-AG". Sie verkörpern damit einen Anteil am gesamten Gesellschaftsvermögen. Um die genaue Beteiligungsquote zu erfahren, muss der Aktieninhaber die Gesellschaftssatzung einsehen. Dort ist die Summe der insgesamt ausgegebenen Aktien verankert. Der prozentuale Anteil am Grundkapital kann sich jedoch bei einer Kapitalherabsetzung oder -erhöhung ändern.

Alternativ kann eine Aktie auch mit einem Vermerk über den Anteil am Aktienkapital ausgegeben werden. In unserem Beispiel würde also auf der Aktie nicht der Nennwert von 100,00 € stehen, sondern eine Quote von 1/2.500 = 0,04%. Aktien dieser

Gattung nennt man **Quotenaktien.** Die Quotenaktie wird aufgrund des fehlenden Nennwertes auf der Aktie zwar zu den nennwertlosen Aktien gezählt. Andererseits wird das Papier in ein Verhältnis zum gesamten Aktienkapital gesetzt und ist damit der Nennwertaktie ähnlich. So gesehen ist sie also ein Zwitter aus beiden Aktiengattungen. Bei Kapitalerhöungen und -herabsetzungen muss die Quotenangabe auf den Anteilsscheinen geändert werden.

Bei den nennwertlosen Aktien darf das Grundkapital nicht beliebig gestückelt werden. Eine Aktie muss einen Gesellschaftsanteil von mindestens 1,00 € darstellen.

5.7.2.2 Unterscheidung nach der Übertragbarkeit

Hierbei sind Inhaber- und Namensaktien zu unterscheiden. **Namensaktien** lauten auf den Namen bestimmter Aktionäre. Die Eigentumsverhältnisse werden in einem Aktienbuch festgehalten. Die Bindung des Aktionärs an die AG kann verstärkt werden, indem die Veräußerung von Namensaktien (verbunden mit einer Änderung des Eintrags im Aktienbuch) von der Zustimmung der anderen Eigner abhängig gemacht wird. Aktien dieser Gattung heißen **vinkulierte Namensaktien.** Da mit dem Aktienbesitz in der Regel auch Stimmrechte auf der Hauptversammlung verbunden sind, können sich AGs durch die Ausgabe solcher Aktien gegen eine Verschiebung des Machtgefüges schützen.

Bei **Inhaberaktien** hat die AG hingegen keinerlei Information, wer im Besitz der Aktien ist, da sie frei veräußerbar sind und nicht an einen bestimmten Aktionär gebunden sind.

5.7.2.3 Unterscheidung nach der rechtlichen Ausgestaltung

Die geläufigste Aktiengattung ist die der **Stammaktie.** Ihr Besitz gewährt gleiches Stimmrecht, gleichen Anspruch auf die Gewinnausschüttung (Dividende), gleichen Anteil am Liquidationserlös bei Auflösung der AG und Anspruch auf Bezugsrechte (siehe Kap. 5.7.3). Werden zu diesen allgemeinen Rechten weitere Rechte gewährt, z. B. in Form eines höheren Dividendenanspruchs, dann spricht man von **absoluten Vorzugsaktien.** Sind diese Vorzüge verbunden mit Einschränkungen anderer Rechte, wie z. B. des Stimmrechts, dann handelt es sich um **relative Vorzugsaktien.**

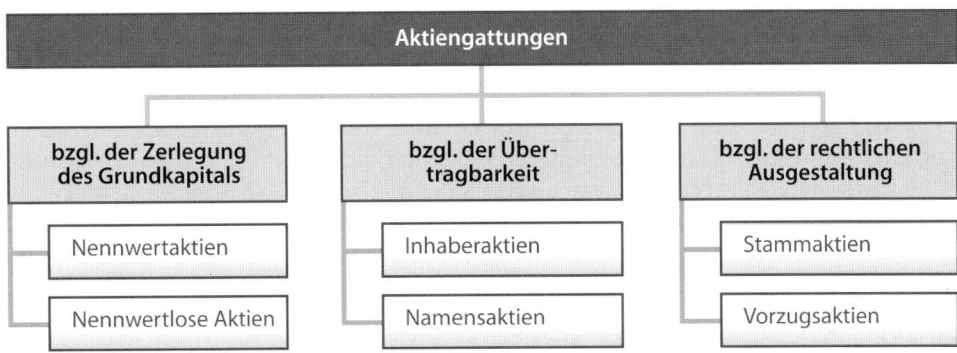

5.7.3 Kapitalerhöhungen

Aktien werden nicht nur bei der Ingangsetzung einer AG als Finanzierungsinstrument genutzt. Stellt sich im weiteren Verlauf der Geschäftstätigkeit heraus, dass weiteres Kapital z. B. für eine Erweiterungsinvestition benötigt wird, so besteht eine Finanzierungsmöglichkeit in der Ausgabe neuer Aktien. Hierbei muss aber die sich ändernde Position der alten Aktionäre beachtet werden.

Beispiel

Angenommen, ein Aktionär hat 500 Aktien der AG aus obigem Beispiel (siehe S. 130) erworben. Damit besitzt er 20 % der Stimmrechte bei der Hauptversammlung und kann somit maßgeblichen Einfluss auf die Unternehmenspolitik ausüben. Der Vorstand überrascht den Aktionär nun mit der Absicht, eine Investition durch eine Ausgabe 1.000 neuer Aktien zu finanzieren. Der Börsenkurs steht momentan bei 150,00 €, der Ausgabekurs wurde auf 125,00 € festgesetzt. Die Entscheidung des Vorstands betrifft den Aktionär in zweierlei Hinsicht:

- Er muss befürchten, seinen Stimmenanteil von 20 % auf der Hauptversammlung zu verlieren; dann wird er nur noch über 500/3.500 = 14 % der Stimmen verfügen. Sein Einfluss auf Unternehmensentscheidungen schwindet merklich!

- Vor der Kapitalerhöhung ist eine Aktie 150,00 € (= Börsenkurs) wert. Nach der Kapitalerhöhung ergibt sich aber nur noch ein (rechnerischer) Wert von:

$$\frac{2.500 \text{ Aktien} \cdot 150,00 \text{ €} + 1.000 \text{ Aktien} \cdot 125,00 \text{ €}}{2.500 \text{ Aktien} + 1.000 \text{ Aktien}} = 143,00 \text{ €}$$

Der Aktionär erleidet also einen Vermögensverlust. Diesen Vorgang nennt man **Kapitalverwässerung.** Um diesem Effekt zu begegnen, wird allen Aktionären vom Gesetzgeber ein **gesetzliches Bezugsrecht** bei der Ausgabe neuer Aktien eingeräumt (§§ 186, 187 AktG). Es steht dem Aktionär frei, dieses Bezugsrecht, das den Kauf einer neuen Aktie zum Preis von 125,00 € verbrieft, auszuüben oder an der Börse zu verkaufen.

Die im Beispiel beschriebene Vorgehensweise des Vorstands entspricht einer so genannten **ordentlichen Kapitalerhöhung** (§§ 182–191 AktG): Die Unternehmensleitung muss hierbei die Entscheidung treffen, zu welchem Kurs (im Beispiel 125,00 €) sie die neuen Aktien anbieten will. Als (rechtliche) Untergrenze gilt der Mindestnennwert von 1,00 €, als (ökonomische) Obergrenze der Kurs der alten Aktien vor Kapitalerhöhung. Kein Anleger würde neue Aktien zu einem höheren Preis kaufen, wenn er alte Aktien mit den gleichen damit verbundenen Ansprüchen zu einem geringeren Preis erwerben kann. In der Regel ist die Unternehmensleitung an einem hohen Ausgabekurs interessiert, um so den Zufluss liquider Mittel so groß wie möglich zu gestalten. Bei einem hohen Ausgabekurs müssen zudem weniger Aktien ausgegeben werden. Dieser Aspekt ist von Bedeutung, wenn beabsichtigt wird, auch nach Kapitalerhöhung die gleiche Dividende pro Aktie zu zahlen: Je weniger neue Aktien ausgegeben werden, desto geringer ist der zukünftige Liquiditätsabfluss.

Eine **bedingte Kapitalerhöhung** (§§ 192–200 AktG) führt im Ergebnis ebenfalls zu einer Erhöhung des Grundkapitals, ist aber an das Eintreten bestimmter Bedingungen geknüpft (§ 192 Abs. 2 AktG):

- Sie soll die Ansprüche auf Aktien sichern, die sich aus Umtausch- und Bezugsrechten der Inhaber von **Wandelschuldverschreibungen** ergeben. Unter Wandelschuldverschreibungen fallen Wandelanleihen und Optionsanleihen. Eine **Wandelanleihe** stellt eine Schuldverschreibung des Unternehmens dar, die zusätzlich ein Umtauschrecht in Aktien der Unternehmung einräumt. Eine **Optionsanleihe** ist ebenfalls eine Schuldverschreibung. Sie bietet aber das Recht, zu einem bestimmten Zeitpunkt in der Zukunft Aktien der Unternehmung zu einem vorher festgesetzten Ausübungspreis zu kaufen. Bei einer Wandelanleihe kann sich der Gläubiger zum Aktionär „wandeln", wohingegen der Anleger bei einer Optionsanleihe in jedem Fall Gläubiger bleibt und zusätzlich noch Aktionär werden kann.
- Sie dient zur Vorbereitung einer Fusion.
- Sie soll die Ansprüche auf Aktien sichern, die sich aus einer Gewährung von Bezugsrechten im Rahmen einer Gewinnbeteiligung der Arbeitnehmer ergeben.

Eine letzte Möglichkeit zur Zuführung neuer finanzieller Mittel stellt das **genehmigte Kapital** dar (§§ 202–206 AktG). Dabei handelt es sich um eine Form der Kapitalerhöhung, die nicht an einen bestimmten Finanzierungsvorgang gebunden ist. Die Hauptversammlung ermöglicht dem Vorstand vielmehr, günstige Situationen am Kapitalmarkt schnell und flexibel ausnutzen zu können, indem das Grundkapital erhöht wird, ohne dass neue Aktien ausgegeben werden. Das recht komplexe und langwierige Verfahren bei einer ordentlichen Kapitalerhöhung kann somit umgangen werden.

Der Vollständigkeit halber wird noch die **Kapitalerhöhung aus Gesellschaftsmitteln** (§§ 207–220 AktG) erwähnt. Bei einer solchen nominellen Kapitalerhöhung werden dem Unternehmen keine neuen Mittel zugeführt, sondern es werden variable Teile des Eigenkapitals (Rücklagen) in fixe umgewandelt (Grundkapital), womit es sich lediglich um einen Passivtausch handelt.

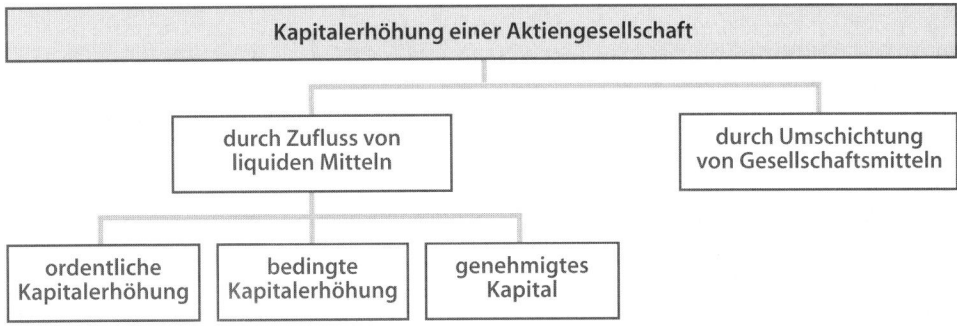

5.8 Check-up

5.8.1 Zusammenfassung

✔ Sie lasen über den Begriff Finanzierung sowie über die Charakterisierung der Finanzbeziehung.

✔ Sie haben erfahren, dass ein Unternehmen am Markt nur bestehen kann, wenn eine Abstimmung zwischen Kapitalbedarf und Finanzierungsmaßnahmen erfolgt, sodass jederzeit Liquidität vorhanden ist.

✔ Sie lernten die Innenfinanzierung (Vermögensumschichtung, Vermögenszuwachs) und die Außenfinanzierung (Kreditfinanzierung, Beteiligungsfinanzierung) als Systematisierungsmöglichkeiten nach der Quelle des Kapitals kennen.

✔ Im Rahmen der Systematisierung nach der Rechtsposition des Kapitalgebers können Sie die Eigen- und Fremdfinanzierung unterscheiden.

✔ Sie haben sich mit der Finanzierung von börsennotierten Aktiengesellschaften intensiv auseinander gesetzt, wobei Sie insbesondere die Aktie als Grundlage einer Finanzbeziehung kennen gelernt haben.

5.8.2 Kontrollfragenblock

1. Erläutern Sie, was unter dem Begriff Finanzierung zu verstehen ist!

2. Definieren Sie den Begriff Risikoprämie!

3. Was sind Aktien? Nennen Sie die verschiedenen Aktiengattungen!

4. Sie erwarten in einem Jahr eine sichere Zahlung von 10.000,00 €. Ihre Bank gewährt Kredite zu 12 %. Wie viel ist die Zahlung von 10.000,00 € heute wert?

5. Die Umsätze eines Unternehmens liegen bei 20 Mio. €, die Betriebskosten bei 2,5 Mio. €, das Eigenkapital bei 30 Mio. € und das Fremdkapital bei 15 Mio. €. Bestimmen Sie den Verschuldungsgrad!

6. Welche Nachteile entstehen für den Kapitalgeber bei einer Kreditfinanzierung?

7. Wie lässt sich eine langfristige Kreditfinanzierung realisieren?

8. Welche Nachteile entstehen für den Kapitalnehmer bei einer Beteiligungsfinanzierung?

9. Was sind Stückaktien?

5.8.3 Weiterführende Literatur

Däumler, K.-D.: Betriebliche Finanzwirtschaft, 8. Auflage, Herne/Berlin 2002.

Garhammer, C.: Grundlagen der Finanzierungspraxis, 3. Auflage, Wiesbaden 1998.

Wöhe, G.; Bilstein, J.: Grundzüge der Unternehmensfinanzierung, 9. Auflage, München 2002.

6 | Industrielle Produktion

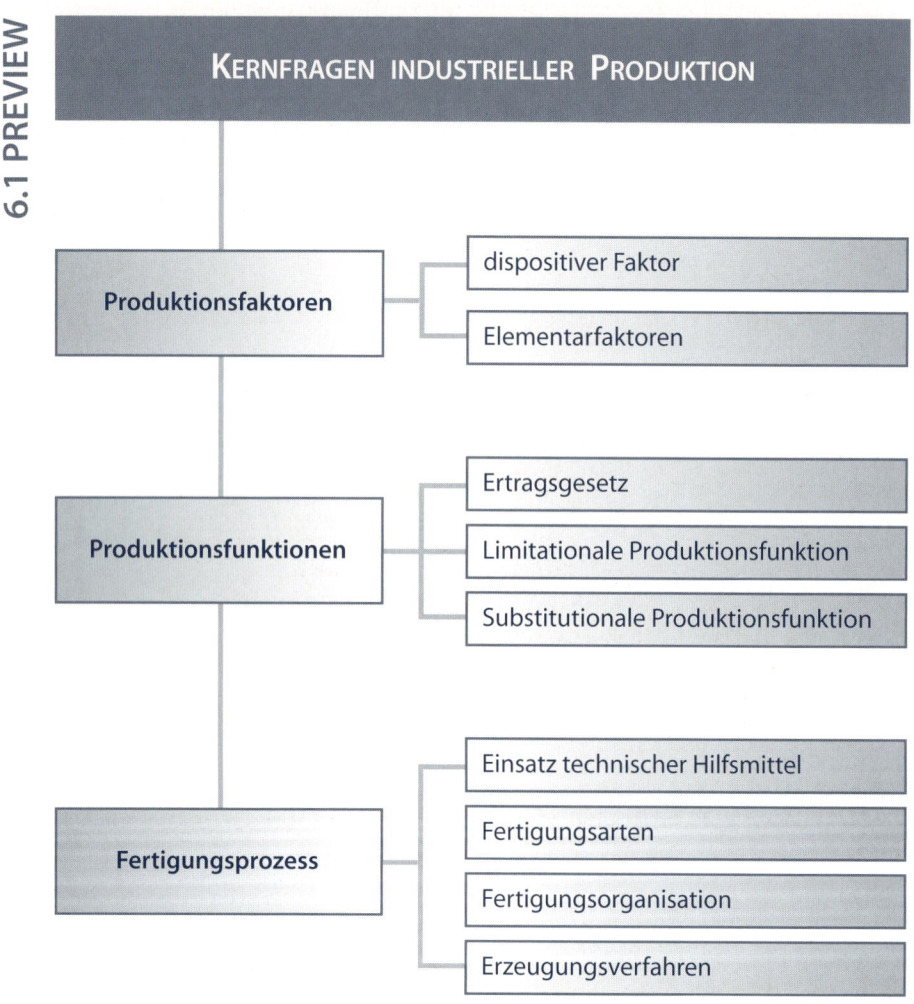

6.2 Problemstellung

In der industriellen Produktion werden Güter hergestellt, die am Markt abgesetzt werden sollen. Hiermit sind alle Arten von Gütern gemeint, d.h. der Ketchup im Supermarkt ebenso wie Maschinen zur Erstellung anderer Güter oder Rohprodukte. Alle diese Güter werden in der Betriebswirtschaftslehre als **Outputgüter** bezeichnet. Sie entstehen durch Kombination verschiedener Faktoren, z.B. Arbeit, Energie und Rohmaterial. Diese Faktoren nennt man **Inputgüter** oder **Produktionsfaktoren.**

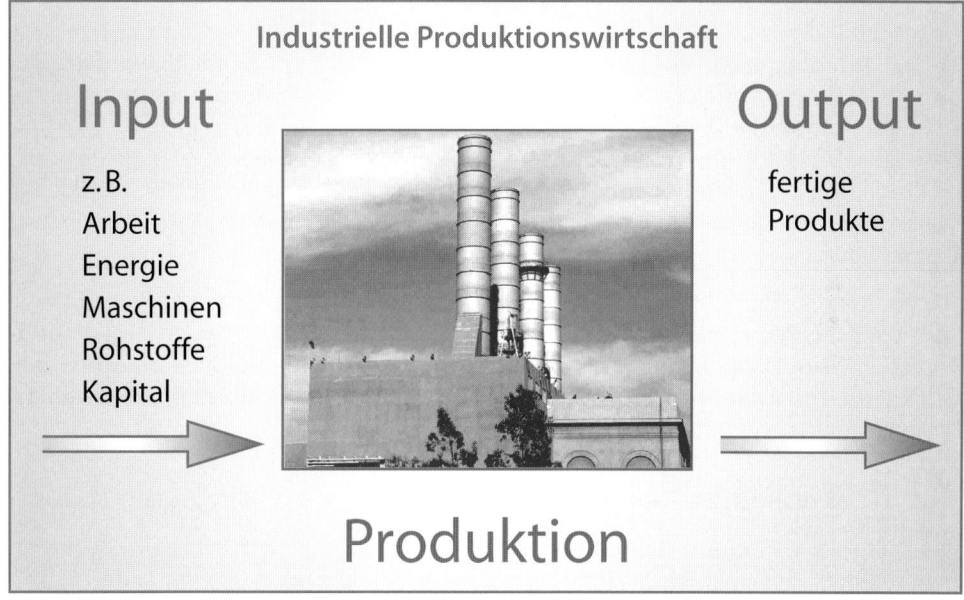

Der industrielle Produktionsprozess lässt sich durch die folgenden vier Kernfragen kennzeichnen:

Die Fragen, **was** (Produkte) und **wo** (Standort) produziert werden soll, werden in getrennten Abschnitten (siehe Kap. 4.3.1.2 und 8.4.1) beantwortet. Die eigentlichen Problemkreise der Produktionstheorie werden durch die Fragen, **womit** produziert werden soll, also welche Produktionsfaktoren zum Einsatz kommen (Kap. 6.3), und **wie** diese Produktionsfaktoren kombiniert werden (Kap. 6.4), angesprochen. In Kap. 6.5 werden aufbauend darauf Arten des Fertigungsprozesses unterschieden.

6.3 Die Produktionsfaktoren

Gegenstand der folgenden Überlegungen sind die in der Problemstellung angesprochenen Inputfaktoren, die in eine systematische Ordnung gebracht werden. Der Begriff der **Produktionsfaktoren** ist nicht unproblematisch. In der Betriebswirtschaftslehre sind damit die eingesetzten Güter gemeint, die notwendig sind, um Produktion, Absatz und Unterhalt des Unternehmens sicherzustellen. Unter diese weite Beschreibung fallen zahlreiche Güter, angefangen von Rohstoffen über Gebäude bis hin zu menschlicher Arbeitskraft. In der Volkswirtschaftslehre dagegen werden nur Arbeit, Boden und Kapital als Produktionsfaktoren betrachtet.

Die heute in der Betriebswirtschaftslehre gängige Systematisierung der Produktionsfaktoren geht auf Erich Gutenberg zurück. Er trennt zunächst zwischen dem dispositiven Faktor und dem Elementarfaktor. Unter dem **dispositiven (lat. = anordnender, verfügender) Faktor** wird die leitende Tätigkeit verstanden. Unter den **Elementarfaktor** fallen dagegen laut Gutenberg alle übrigen Produktionsfaktoren.

6.3.1 Der dispositive Faktor

Der dispositive Faktor beschreibt einen Teil der menschlichen Arbeitskraft, die im Unternehmen geleistet wird. Wichtig ist, dass es sich lediglich um planende, organisatorische und kontrollierende Arbeiten im Verbund mit Führungsentscheidungen handelt. Demnach gehören zum dispositiven Faktor alle Tätigkeiten, die Bestandteil der **Betriebsleitung** sind.

Fraglich ist, warum dem dispositiven Faktor eine so große Bedeutung zugemessen wird. Die Antwort ergibt sich aus den Funktionen, die dieser Faktor wahrnimmt. Ein Elementarziel eines jeden Betriebes ist es, Gewinne zu erwirtschaften. Diese Gewinne können nur in der Kette Input → Produktion → Output entstehen. Die Inputgüter müssen in der Produktion so verändert werden, dass nicht nur die gewünschten Outputgüter entstehen, sondern dass diese auch einen höheren Wert als die Summe der Inputgüter besitzen. Diese so genannte Wertschöpfung soll so hoch wie möglich ausfallen, da sie entscheidend für den Gewinn des Unternehmens ist. Dafür ist es notwendig, dass die Kombination der eingehenden Inputfaktoren sorgfältig geplant, organisiert und überwacht wird. Diese Funktion übernimmt der dispositive Faktor.

6.3.2 Die Elementarfaktoren

Anders als der dispositive Faktor versteht man unter den Elementarfaktoren alle diejenigen Inputgüter, die an der eigentlichen Produktion beteiligt sind. Diese Beschreibung ist sehr allgemein und umfasst ein weites Feld. Um mit konkreteren Begriffen arbeiten zu können, ist eine weitere **Unterteilung der Elementarfaktoren** notwendig: Es wird zwischen Betriebsmitteln, Werkstoffen und ausführender Arbeit unterschieden.

Die **ausführende Arbeit** ist die unmittelbar zur Leistungserstellung ausgeübte Tätigkeit. Gerade gegen die Einordnung der menschlichen Arbeit in diese Begriffskategorie hat sich häufig Widerstand geregt. Die rein mechanische Auffassung, die menschliche Arbeitskraft als bloßen Produktionsfaktor und damit als eine Art bessere (oder schlechtere) Maschine begreift, geht auf F. W. Taylor zurück, einen Ingenieur aus der Zeit der industriellen Revolution. Der von ihm begründete Taylorismus versuchte erfolgreich, Ingenieurmaßstäbe auf die menschliche Arbeitskraft anzuwenden und damit Produktionssteigerungen zu erzielen. Dies gelang etwa durch die Zerlegung der Arbeit in immer kleinere, sich ständig wiederholende Vorgänge.

Zu den **Betriebsmitteln** zählen alle im Unternehmen verwendeten materiellen Güter, die zur Produktion erforderlich sind und nicht Bestandteil des Outputs werden, z. B. Werkzeuge oder Maschinen. Sie stehen damit dem Unternehmen meist nach Ablauf eines Produktionszyklus weiter zur Verfügung und können so über einen längeren Zeitraum genutzt werden. Aufgrund dieser Eigenschaft werden sie auch als Gebrauchsfaktoren oder Potenzialfaktoren bezeichnet.

Werkstoffe sind Güter, die über den Produktionsprozess ganz oder teilweise in das Endprodukt eingehen. Da sie während des Produktionsprozesses verbraucht werden, ist eine geläufige Bezeichnung hierfür auch Verbrauchsstoffe. Sie lassen sich in Roh-, Hilfs- und Betriebsstoffe weiter unterteilen.

Unter dem Begriff **Rohstoffe** werden alle Güter zusammengefasst, die Hauptbestandteile des Outputs werden. Es kann sich hierbei beispielsweise um Aluminium (z. B. für Fahrräder), Eisen, Holz oder Stahl handeln.

Hilfsstoffe sind Ergänzungsmaterialien, die meist der Verbindung (Leim, Nägel, Schrauben), der Veredelung (Aroma), oft auch der Sicherung (Lacke, Gummimanschetten) dienen. Sie gehen also ebenso wie die Rohstoffe in ein neues Produkt ein, werden dabei jedoch kein wesentlicher Bestandteil.

Stoffe, die zur Durchführung des Produktionsprozesses benötigt werden, ohne in das Erzeugnis direkt einzugehen, werden als **Betriebsstoffe** bezeichnet, z. B. Putz- und Schmiermittel, Reparatur- und Büromaterial oder Energiestoffe wie Gas und Öl. Diese Stoffe bleiben beim neuen Produkt außen vor, sind aber zur Aufrechterhaltung der Fertigung unabdingbar. Betriebsstoff ist aber nicht gleich Betriebsstoff, denn sogar in derselben Güterkategorie bestehen Unterschiede, wie z. B. bei der Brennkraft von unterschiedlichen Kohlearten.

Elementarfaktoren	
Faktorart	**Beispiele**
Betriebsmittel	■ Grundstücke und Gebäude ■ Heizungen, Beleuchtungskörper ■ Geschäftsausstattung (z. B. Möbel) ■ Maschinen, Werkzeuge und Fahrzeuge
Werkstoffe	■ Rohstoffe (z. B. Blech für Autos, Holz für Möbel) ■ Hilfsstoffe (z. B. Leim, Gewinde, Farben, Lacke) ■ Betriebsstoffe (z. B. Treibstoff bzw. Strom für Maschinen)
ausführende Arbeit	■ Mitarbeiter auf Sacharbeiterebene (z. B. Bürokräfte) ■ Lagerarbeiter ■ Betonmischer

6.4 Produktionsfunktionen

In diesem Kapitel wird die Frage geklärt, **wie** die Produktionsfaktoren kombiniert werden müssen, um die gewünschten Güter zu produzieren. Es wird nach Gesetzmäßigkeiten gesucht, die die Produktion bestimmen. Derartige Zusammenhänge lassen sich als **(Produktions-)Funktionen** ausdrücken. Konkret kann die Frage gestellt werden, wie viel Arbeitskraft, Energie und Rohstoffe für die Herstellung eines bestimmten Gutes benötigt werden, um damit den grundsätzlichen Zusammenhang eines Faktors und der Produktionsmenge eines Gutes zu analysieren. Im Folgenden wird dieses Gut als Ertrag bezeichnet.

Für die Betriebswirtschaftslehre sind diese Betrachtungen ein wichtiger Bereich, da die Menge der eingesetzten Produktionsfaktoren gleichzeitig entscheidend ist für die entstehenden Kosten und damit letztendlich für den erwirtschafteten Gewinn. Aufgrund dessen werden in der Fachliteratur die Produktionsfunktionen häufig zusammen mit den daraus resultierenden **Kostenfunktionen** behandelt, die im Themenkomplex der Kostenrechnung separat erläutert werden (siehe Kap. 7).

Wer auf eine Erklärung hofft, nach welchen Gesetzmäßigkeiten komplexe Güter wie ein Automobil entstehen, wird in den folgenden Kapiteln diese vergeblich suchen. Die Ursache wird schnell ersichtlich, denn es existieren zahlreiche Inputfaktoren, die für jedes Produkt in einer anderen Weise kombiniert werden. Tatsächlich besteht beispielsweise ein Automobil aus mehreren tausend Komponenten, die als Inputfaktoren zu betrachten wären. Dazu kommen Größen wie Arbeitskraft und Energie. Der Versuch, derartige Kombinationsprozesse als eine Funktion mit Tausenden von Variablen darzustellen, ist zwar theoretisch möglich, würde aber jeden Rahmen sprengen. Aus diesem Grund erfolgt eine Beschränkung auf einfache Beispiele, die in dieser Form in der Praxis nicht oder nur begrenzt vorkommen. Trotzdem sind die nachfolgenden Überlegungen nützlich, da sie erweiterbare Grundprinzipien aufzeigen, nach denen Güter hergestellt werden.

6.4.1   Das klassische Ertragsgesetz

In diesem Abschnitt wird die Frage behandelt, welche Auswirkungen tendenziell zu erwarten sind, wenn bei unveränderten Rahmenbedingungen Inputgüter in steigender Anzahl eingesetzt werden. Es handelt sich um grundsätzliche Überlegungen, die nicht immer Gültigkeit besitzen.

Aus Gründen der Vereinfachung erfolgt eine Beschränkung auf einen Inputfaktor (die Arbeit) und eine Untersuchung, wie sich der Gesamtertrag verändert, wenn immer mehr Arbeiter eingesetzt werden. Diese Frage wurde bereits 1767 von A. R. J. Turgot für die Landwirtschaft gestellt.

Beispiel

Ausgangspunkt der Überlegungen ist ein Feld von 1 Hektar Größe, das noch völlig unbearbeitet ist. Die ersten 5 Arbeiter, die auf das Feld geschickt werden, bewirken einen starken Anstieg des Gesamtertrags bzw. machen einen Ertrag erst möglich: Das Feld wird urbar, es kann im Herbst abgeerntet werden. Trotzdem sind die 5 Arbeiter mit dem ganzen Feld überfordert. Deshalb werden ihnen weitere 5 Arbeiter zugeteilt, die nicht nur die nötigsten Arbeiten (roden, sähen, ernten) ausführen, sondern zusätzlich düngen und Unkraut jäten. Aufgrund dessen steigt der Gesamtertrag weiter an, wenn auch nicht so schnell wie bei den ersten 5 Arbeitern.

In der Hoffnung, den Ertrag trotzdem noch weiter steigern zu können, werden weitere 5 Arbeiter eingesetzt. Diese Kräfte sind aber nicht mehr ausgelastet und teilen sich die Aufgaben mit denen, die schon auf dem Feld arbeiten. Zwar ist der Acker in einem mustergültigen Zustand ohne Steine und Unkraut, die Erträge steigen dennoch nicht an. Mit dem Ziel, eine Ertragssteigerung zu erreichen, werden nochmals 20 Arbeiter auf das Feld geschickt. Tatsächlich sinken die Erträge in diesem Fall, denn die Vielzahl der Arbeiter zerstört die ausgesäten Pflanzen, ohne die Qualität des Bodens weiter zu verbessern.

Die beschriebene Entwicklung wird als das **Gesetz vom abnehmenden Ertragszuwachs** bezeichnet. Dieses Gesetz hat Gültigkeit bei einer Vielzahl von Lebensbereichen.

Es besteht ein fester Zusammenhang zwischen dem eingesetzten Faktor und dem Ertrag. Eine solche Beziehung lässt sich als mathematische Funktion darstellen, wenn angenommen wird, dass zu jeder eingesetzten Menge des Inputfaktors ein bestimmter Ertrag gehört. Der Ertrag E ist also eine Funktion des eingesetzten Inputfaktors I ($E = f[I]$). Da nur die Auswirkung eines Inputfaktors auf den Ertrag betrachtet wird, kann die Funktion grafisch veranschaulicht werden.

Das Gesetz vom abnehmenden Ertragszuwachs

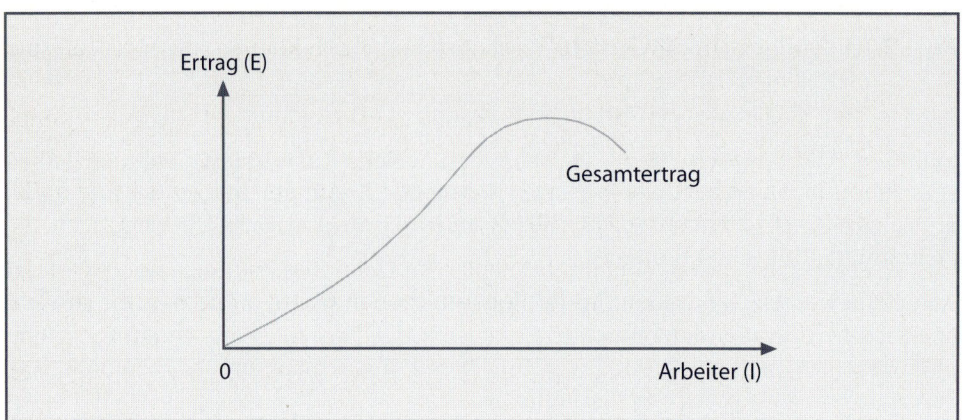

6.4.2 Limitationale Produktionsfunktionen

Bisher wurde nur die Frage betrachtet, welche Auswirkung die Variation eines Produktionsfaktors auf den Ertrag hat. Im Folgenden wird dieses Modell erweitert, indem mehrere Produktionsfaktoren betrachtet werden. Es stellen sich zwei Fragen:

- Welche Auswirkung hat ein vermehrter Einsatz beider Produktionsfaktoren auf den Ertrag und
- in welchem Verhältnis müssen diese Produktionsfaktoren eingesetzt werden, um eine Ertragssteigerung zu ermöglichen?

Es erfolgt eine Beschränkung auf zwei Produktionsfaktoren, die zur Erstellung eines Produkts nötig sind. Man kann sich darunter etwa Kohle und Erz zur Stahlerzeugung, Mehl und Hefe zur Kuchenherstellung oder Wasser und Kaffeepulver zur „Produktion" von Kaffee vorstellen. Diese Beschränkung auf zwei Faktoren hat den Vorteil, dass die auftretenden Zusammenhänge grafisch dargestellt werden können.

In diesem Zusammenhang wird eine weitere Annahme getroffen, die für bestimmte Arten von Produktionen (und die dazugehörigen Produktionsfunktionen) charakteristisch ist:

- Die Faktoren sind untereinander nicht austauschbar und
- die Mengen der Faktoren, die für die Produktion einer bestimmten Menge des Ertrages notwendig sind, sind technisch unabänderlich festgelegt.

Die Faktormengen weisen somit zueinander und zum Ertrag jeweils ein festes, technisch bedingtes Verhältnis auf. Es ist unmöglich, einen bestimmten Ertrag anders als mit der festliegenden Faktormenge zu produzieren. Eine Produktionsfunktion, die diese Bedingungen erfüllt, wird als limitationale Produktionsfunktion bezeichnet. Was dies bedeutet, wird an einem einfachen Beispiel schnell verständlich.

Angenommen, ein Auto bestünde nur aus Blech und Rädern als Inputfaktoren. Technisch zwingend ist nun, dass

■ die Räder nicht durch mehr Blech ersetzt werden können (die Faktoren sind nicht austauschbar) und

■ für 1 Auto 4 Räder (plus einem Reserverad) sowie eine bestimmte Menge Blech (800 kg) benötigt werden.

Wenn 20 Autos hergestellt werden sollen, benötigt man zwingend 100 (= 5 · 20) Reifen und 16.000 kg (= 800 · 20) Blech.

Im Folgenden wird die Idee der limitationalen Produktionsfunktionen weiterverfolgt und problematisiert, da diese Produktionsfunktionen in der Betriebswirtschaftslehre als grundlegend gelten.

Um die Erklärungen zu erleichtern, werden zunächst einige Begriffe definiert. So bezeichnet man die Produktionsfaktoren mit dem Buchstaben **v.** Da mindestens zwei dieser Faktoren eingesetzt werden, erfolgt eine einfache Durchnummerierung mit tief gestellten Zahlen, einer so genannten Indizierung. Im einführenden Beispiel wären die Räder der Produktionsfaktor v_1 und das Blech der Produktionsfaktor v_2. Der Ertrag wird **x** genannt. Da die Menge der Produktionsfaktoren v_1 und v_2 den Ertrag technisch bestimmen, ist x eine Funktion von v_1 und v_2:

$$x = f\ (v_1;\ v_2)$$

Für das Verhältnis zwischen eingesetztem Faktor und Ertrag existiert ebenfalls eine Kenngröße. Sie wird gebildet, indem die jeweils eingesetzte Faktormenge durch den damit entstehenden Ertrag dividiert wird. Diese Kenngröße wird als **Produktionskoeffizient** bezeichnet und gibt an, wie viele Einheiten des jeweiligen Faktors für den dazugehörigen Ertrag nötig sind. Sie ist definiert als

$$v_i^o = v_i : x$$

Der Kehrwert des Produktionskoeffizienten wird als **Faktorproduktivität** bezeichnet. Der Index i im Zähler des Produktionskoeffizienten sagt aus, dass für jeden Produktionsfaktor ein eigener Produktionskoeffizient berechenbar ist. Im Eingangsbeispiel ergibt sich für 100 v_1 (Räder) bei 20 Autos ein Produktionskoeffizient v° von 5 (v°= 100 Räder : 20 Autos = 5).

Es handelt sich also um eine **linear limitationale Produktionsfunktion,** bei der für eine weitere Einheit des Produkts immer die gleiche Menge v_1 und v_2 benötigt wird. Es besteht ein festes Verhältnis zwischen den eingesetzten Faktoren einerseits und zwischen den Faktoren und der Anzahl der Produkte andererseits.

Bei **nicht linear limitationalen Produktionsfunktionen** hingegen liegt zwar der Faktoreinsatz durch technische Bedingungen unveränderbar fest, die Produktmengen entwickeln sich aber nicht proportional zur eingesetzten Faktormenge. Diese Funktionen sind zwar limitational, verhalten sich aber nicht linear.

6.4.3 Substitutionale Produktionsfunktionen

Bisher wurden nur Produktionsfunktionen betrachtet, bei denen die Mengen der eingesetzten Faktoren technisch definitiv festlagen. Das ist nicht bei allen Arten der Produktion der Fall. Häufig sind die eingesetzten Faktoren, die für die Herstellung einer bestimmten Produktmenge benötigt werden, zumindest bis zu einem gewissen Grad gegeneinander austauschbar. Die dazugehörigen Produktionsfunktionen werden als **substitutionale Produktionsfunktionen** bezeichnet (lat.: Substitut = Ersatzmittel). Es existieren in der Betriebswirtschaftslehre unterschiedliche Arten, die total und die partiell substitutionale Produktionsfunktion.

Bei der **total substitutionalen Produktionsfunktion** ist das Verhältnis der Produktionsfaktoren zueinander variabel, sie sind gegeneinander austauschbar und lassen sich durch eine substitutionale Produktionsfunktion darstellen. Merkmal einer total substitutionalen Produktionsfunktion ist, dass einer der beiden Faktoren völlig durch den anderen ersetzt werden kann.

Beispiel

Man kann ein Haus nur aus Holz errichten und dabei völlig auf Steine verzichten. Denkbar ist aber auch ein Haus, das ausschließlich aus Steinen besteht. Zwischen diesen beiden Extremformen ist eine unendliche Anzahl von Kombinationsmöglichkeiten von Holz und Stein zur Errichtung eines Hauses vorstellbar.

Eine total substitutionale Produktionsfunktion stellt sich grafisch folgendermaßen dar:

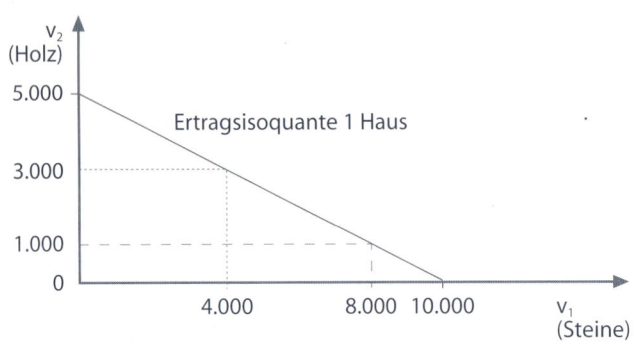

Die Steine werden als Inputfaktor v_1 und das Holz als Inputfaktor v_2 bezeichnet. Angenommen, man könnte aus 10.000 Steinen ein Steinhaus oder aus 5.000 Balken ein Blockhaus errichten, dann können diese beiden Punkte auf den Achsen für v_1 und v_2 als Schnittpunkte eingetragen werden.

Dazwischen ist jede Kombination aus Holz und Stein denkbar. Sind etwa nur 4.000 Steine verfügbar, so müssen noch 3.000 Balken verbaut werden. Können dagegen nur 1.000 Hölzer eingesetzt werden, so sind noch 8.000 Steine nötig, um das Bauwerk zu vollenden. Verbindet man alle diese denkbaren Kombinationspunkte, so ergibt sich eine Gerade für 1 Haus. Diese Gerade wird als **Ertragsisoquante** bezeichnet. Für mehrere Häuser werden die Geraden auf ähnliche Weise ermittelt. Dies ist aus der folgenden Grafik ersichtlich.

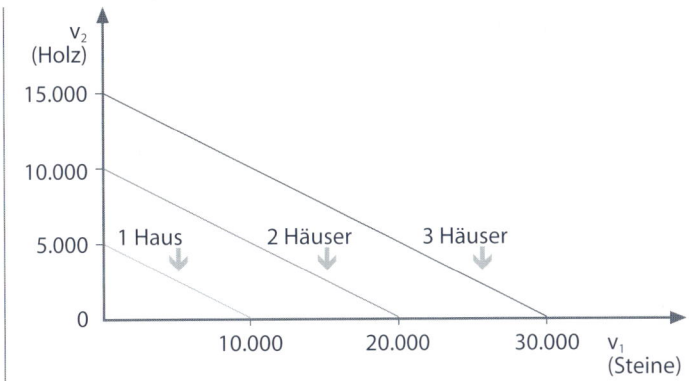

Abschließend werden Produktionsfunktionen betrachtet, in denen die Produktionsfaktoren zwar gegeneinander ausgetauscht werden können, dieser Substitution aber Grenzen gesetzt sind. In der Betriebswirtschaftslehre werden solche Produktionsfunktionen als **partiell substitutionale Produktionsfunktionen** bezeichnet.

Beispiel

Ein forstwirtschaftlicher Betrieb möchte gefällte Bäume zum Sägewerk transportieren. Die betrachteten Inputfaktoren sind menschliche Arbeit (v_1) und Maschinen oder technische Hilfsmittel aller Art (v_2). Die Leistung besteht in diesem Fall aus dem Transport der Bäume zum Sägewerk. Es handelt sich um eine substitutionale Produktionsfunktion. So können etwa zwei Schlepptraktoren die Arbeit verrichten, die im Extremfall von 200 Menschen, die nur mit Seilen als technisches Hilfsmittel ausgestattet sind, ausführbar ist. Im Gegensatz zur total substitutionalen Produktionsfunktion, kommt in diesem Fall keiner der beiden Faktoren ohne den anderen aus. Auch der größte Traktor, der mehrere Stämme auf einmal schleppen kann, benötigt zumindest eine menschliche Arbeitskraft als Fahrer. Andererseits brauchen 200 Schleppkräfte zumindest Seile und Ketten, um ihrer Aufgabe gerecht zu werden.

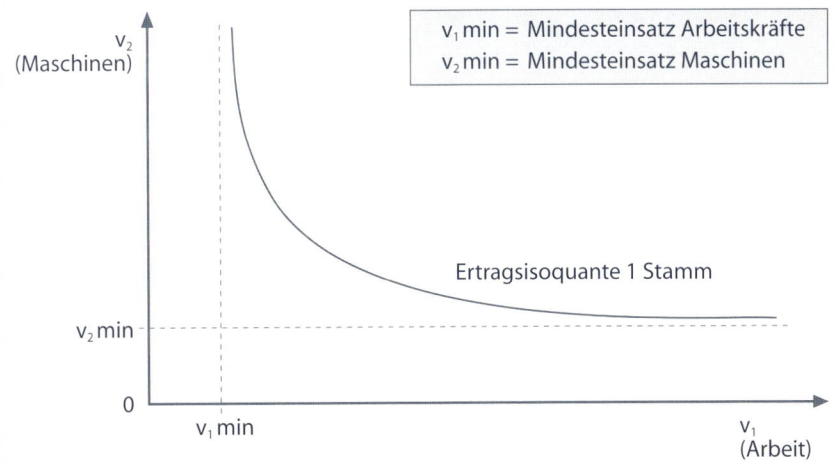

10 Voss – ISBN 3-8120-0646-4

Stellt man derartige Produktionsfunktionen grafisch dar, so existiert demnach kein Schnittpunkt mit der v_1- oder v_2-Achse. Es gibt vielmehr eine Grenze, ab der die Faktoren nicht mehr gegeneinander ausgetauscht werden können. In der vorangegangenen Abbildung ist die Ertragsisoquante einer partiell substitutionalen Produktionsfunktion dargestellt.

In der Regel sind diese Isoquanten (wie in der Abbildung) konkav oder, laxer formuliert, nach unten vorgewölbt. Ökonomisch bedeutet das, dass ein geringer Mehreinsatz des weniger vorhandenen Faktors größere Mengen des reichlichen Faktors einspart. Umgesetzt in das Beispiel: Stellte man den 200 Waldarbeitern zumindest etwas mehr technische Hilfe als Taue und Ketten zur Verfügung (z. B. einfache Radgestelle, auf die die Stämme verladen werden), dann könnten bereits 100 Waldarbeiter diese Stämme transportieren.

Zum Abschluss eine zusammenfassende Übersicht über die betrachteten unterschiedlichen Arten von Produktionsfunktionen:

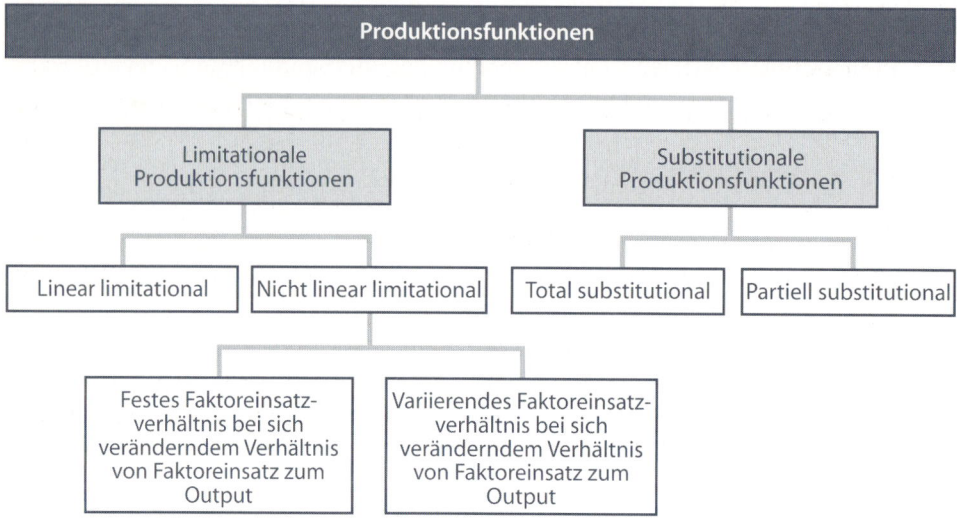

6.5 Fertigungsprozess

Bisher wurde die Frage behandelt, nach welchen Gesetzmäßigkeiten die Produktionsprozesse ablaufen. Die meisten Produkte, die am Markt angeboten werden, kann ein Unternehmen jedoch nicht in einem einzigen Fertigungsschritt herstellen. Vielmehr sind mehrere aufeinander folgende Schritte notwendig, bis ein Produkt auslieferungsbereit ist. Im Folgenden werden Konzeptionen untersucht, wie die einzelnen Fertigungsschritte in der betrieblichen Praxis zu Fertigungsverfahren kombiniert werden und wie der Fertigungsprozess gegliedert wird.

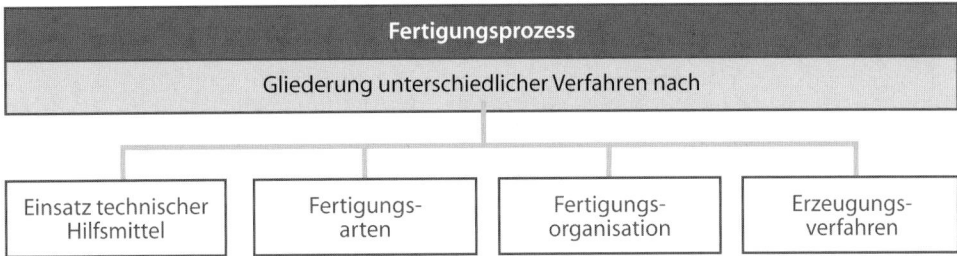

6.5.1 Einsatz technischer Hilfsmittel

Die Beteiligung der menschlichen Arbeit am Herstellungsprozess unterliegt einem stetigen Wandel, da zunehmend technische Hilfsmittel zum Einsatz kommen, die die Arbeitsleistung des Menschen ersetzen. Im Wesentlichen lässt sich der Anteil der menschlichen Arbeit in drei Grundformen gliedern:

- Handarbeit,
- maschinelle Produktion und
- Automation.

Die älteste Form der Produktion ist die **Handarbeit (manuelle Arbeit).** Hierbei werden die Produkte ganz oder vorwiegend mit der Hand erstellt. Diese Arbeitsform kommt in der heutigen Zeit meist bei Tätigkeiten vor, die viel Geschick und Kreativität voraussetzen. Goldschmiede, Töpfer oder Maler sind Berufsbeispiele, bei denen die Handarbeit dominiert. In der industriellen Fertigung ist sie hingegen selten oder nur in bestimmten Teilen des Produktionsprozesses vertreten, vornehmlich z. B. bei Montage.

Noch Mitte des 18. Jahrhunderts wurden Arbeiten, die heutzutage völlig selbstverständlich von Maschinen erledigt werden, von Arbeitskräften bewältigt, die nur mit einfachen Werkzeugen ausgestattet schwere körperliche Tätigkeiten verrichten mussten. Durch die zunehmende Industrialisierung wurden diese Arbeiten verdrängt und durch motorisierte, manuell gesteuerte Maschinen substituiert. Als Beispiel sei eine Bohrmaschine genannt, die den körperlichen Einsatz der Arbeitskräfte verringert. Bei dieser **mechanisierten Fertigung** wirken also Mensch und Maschine zusammen, wobei sich der Mensch auf Steuerung, Transport der Werkstücke und Überwachung konzentriert.

Die **Automation** stellt heute die letzte Stufe moderner Technik dar, bei der die einzelnen Arbeitsvorgänge von der Materialzuführung bis zum Abtransport von Maschinen durchgeführt und bei Abweichungen korrigiert werden. Die automatische Herstellung erzeugt, steuert und kontrolliert sich selbst. Der Mensch beschäftigt sich nur mit Planungs- und Reparatur- sowie Endkontrollarbeiten. Eine „reine Automation" ist nicht für alle Branchen zu realisieren. Sie ist eher in der Automobilindustrie und weniger in der Baubranche anzutreffen, da dort bisher noch kein „vollautomatischer Bauroboter" existiert.

6.5.2 Fertigungstypen

Fertigungstypen werden nach der Häufigkeit der Leistungswiederholung systematisiert, d.h., es wird unterschieden, wie viel Güter der gleichen Art in einem Unternehmen parallel oder unmittelbar hintereinander produziert werden.

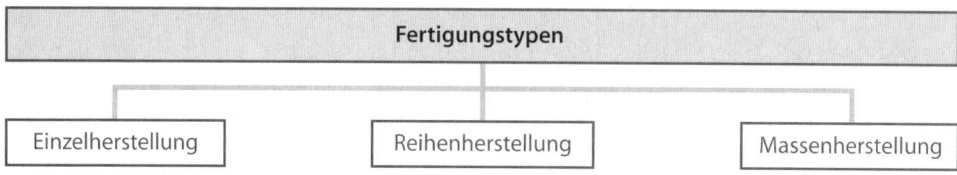

6.5.2.1 Einzelherstellung

Bei diesem Fertigungstyp wird jedes Produkt im Prinzip nur einmal gefertigt, d.h., es entsteht ein individuelles Erzeugnis. Diese Vorgehensweise kommt in der industriellen Produktion selten vor; Beispiele sind in der Bauindustrie (Haus-, Staudamm- und Brückenbau) sowie im Schiffs- oder Großmaschinenbau anzutreffen. Aber auch in diesen Branchen sind die Produzenten bemüht, Aufträge zu gewinnen, die es ermöglichen, einen ähnlichen oder den gleichen Produkttyp möglichst mehrfach herzustellen, um Planungs- und Konstruktionskosten zu minimieren.

Im Handwerk ist die Einzelherstellung sehr häufig anzutreffen, wie z.B. bei der Anfertigung eines Maßanzuges oder eines speziellen Eichentisches für einen Kunden. An diesen Beispielen wird bereits erkennbar, dass die Einzelproduktion meist mit der Hand- oder mechanisierten Arbeit kombiniert wird.

Einzelfertigung erfolgt oft auf Bestellung, wodurch sehr individuell auf einzelne Kundenwünsche eingegangen werden kann. Hierdurch entsteht allerdings eine sehr große Abhängigkeit von der jeweiligen Auftragslage. Dieser Nachteil kann dadurch abgemildert werden, dass nicht jeder eingegangene Auftrag direkt ausgeführt, sondern ein Bestand an unerledigten Aufträgen aufgebaut wird, der so genannte Auftragsbestand. Es handelt sich also um ein Polster, damit die Produktionskapazitäten gleichmäßig ausgelastet werden.

6.5.2.2 Reihenherstellung

In der Reihenfertigung wird die Ausbringungsmenge der Erzeugnisse im Vergleich zur Einzelfertigung erhöht. Es werden so genannte Produktionsreihen erstellt. Dabei lassen sich zwei Verfahren unterscheiden: die Serien- und die Sortenfertigung.

Wird eine begrenzte Anzahl standardisierter Produkte gefertigt, handelt es sich um eine **Serienfertigung.** Sie ist u.a. bei der Computer- oder der Automobilherstellung anzutreffen. Gegebenenfalls kann der Kunde auf die Erzeugnisse Einfluss nehmen, wie bei der Farben- oder Ausstattungswahl bei Automobilen. Computerprogramme erleichtern dem Kunden oftmals die Auswahl. Mit Hilfe von Programmen des US-Softwareunternehmens „Trilogy" können beispielsweise Fluggesellschaften einen Boeing-Jumbo in über 6.000 Ausführungen bestellen. Fast jeder Wunsch kann beim

Bau berücksichtigt werden, wie spezielle Buchsen oder ganz einfach andere Sitze. Die Software verkürzt den Prozess der Modellanpassung beträchtlich: Was früher in mühsamer Planungs- und Rechenarbeit mehr als 50 Arbeitsstunden dauerte, kann computerunsterstützt in wenigen Minuten durchgeführt werden. Von den eingesparten Personalkosten profitieren Hersteller und Kunde.

Eine **Sortenproduktion** liegt vor, wenn mehrere Waren aus denselben oder ähnlichen Grundstoffen bei gleichem Fertigungsverfahren hergestellt werden. Die Erzeugnisse werden dabei in unterschiedlichen Varianten gefertigt, z. B. in der Möbelindustrie Stühle aus dem gleichen Holz, aber mit anderem Design. Weitere Beispiele lassen sich in der Schraubenfabrikation, in Walzwerken und Ziegeleien finden. Aufgrund der engen Verwandtschaft der einzelnen Sorten können dieselben Produktionsanlagen zur Herstellung der Erzeugnisse genutzt werden.

Reihen- und Einzelfertigung müssen sich innerhalb eines Betriebes nicht ausschließen. So können in einzelnen Abteilungen Produktionsreihen, in anderen hingegen einzelne Teile produziert werden, wie in der Werkzeugmacherei.

6.5.2.3 Massenherstellung

Um Massenherstellung handelt es sich, wenn große Mengen standardisierter Produkte auf gleichen Produktionsanlagen gefertigt und für einen unbegrenzten Zeitraum ohne nennenswerte Variationen auf einem Markt angeboten werden. Ohne Automation ist die Massenproduktion also undenkbar, denn nur durch einen hohen Mechanisierungsgrad können dieselben Güter in exorbitanten Mengen hervorgebracht werden. Dieser Fall der **einfachen Massenproduktion** herrscht z. B. in Wasser- und Elektrizitätswerken vor.

Häufiger wird jedoch die **mehrfache Massenfertigung** verwirklicht, bei der auf den gleichen Fertigungsanlagen ähnliche Produkte in großen Mengen produziert werden. Hierbei kann es sich um Hosen und Hemden in unterschiedlichen Größen oder verschiedene Biersorten handeln. Dieser Fertigungstyp hat eine gewisse Verwandtschaft zur Sorten- oder Großserienherstellung. Der Kunde besitzt jedoch keine Einflussmöglichkeiten bei der Produktion des Erzeugnisses. Man sagt daher, dass die Produkte für einen anonymen (gr. = namenlosen, ungenannten) Markt gefertigt werden.

Nachteilig ist, dass auf individuelle Kundenwünsche keine Rücksicht genommen wird. Die große Produktionsmenge führt ebenfalls unweigerlich zur Lagerhaltung, da ohne vorangehende Bestellung produziert wird. In den notwendigen Lagergebäuden, den Gütern und den Maschinen ist daher sehr viel Kapital gebunden. Ändert sich die Bedürfnisstruktur der Konsumenten, entstehen schnell schwer abbaubare „Produkthalden". Diese Erfahrungen sammelten in den vergangenen Jahren z. B. die Hersteller von Möbeln oder Fahrrädern. Wenn der Betrieb schließlich auf die veränderten Marktbedingungen eingeht und Produktvariationen vornimmt, werden anspruchsvolle und zeitraubende Umstellungsarbeiten der Maschinen nötig. Das Unternehmen muss beispielsweise neue Schablonen, Werkzeuge und Vorrichtungen für die Umrüstung der Anlagen anfertigen. Die dabei anfallenden Kosten werden auch als **Rüstkosten** bezeichnet. Sie werden noch ergänzt um etwaige Entwicklungskosten für den neuen Produktionsbetrieb oder Kosten, die während des Produktionsstillstands anfallen, wie z. B. Miete und Löhne. Rüstkosten sind nicht nur für die Massenfertigung, sondern auch für die Serien- und Sortenherstellung typisch.

Den Nachteilen steht jedoch eine Reihe von Vorteilen gegenüber, die die Attraktivität der Massenproduktion ausmachen. Ein bedeutender Vorteil stellt die Kostenreduktion für das Unternehmen dar, denn der hohe Automationsgrad führt zu niedrigen Personalkosten. Ebenso sinken die Produktionskosten je Stück, denn die fixen Kosten der Betriebsmittel können auf eine größere Menge von Gütern verteilt werden. Des Weiteren ist der Herstellungsprozess sehr übersichtlich und die Qualitätskontrolle in der Regel unproblematisch.

6.5.3 Fertigungsorganisation

Im Rahmen der Fertigungsorganisation wird die räumliche Anordnung der Arbeitsplätze und der Betriebsmittel festgelegt. Durch diese Maßnahmen wird der Produktionsablauf und somit der Materialfluss vorgezeichnet. Hier sind vier Organisationsformen zu unterscheiden:

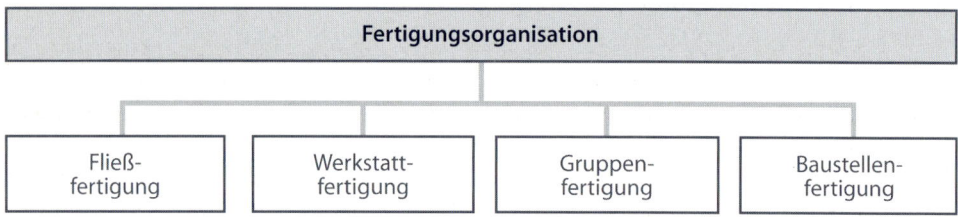

6.5.3.1 Fließfertigung

Die **Fließfertigung** ist durch einen hohen Mechanisierungsgrad bzw. eine durchlaufende Bearbeitung der eingehenden Materialien gekennzeichnet. Bei diesen Eingangsmaterialien kann es sich sowohl um Rohstoffe als auch um vorgefertigte Bauteile handeln, die im Anschluss weiterverarbeitet werden. Die Verbindung zwischen den einzelnen Arbeitsstationen erfolgt durch mechanische Fördermittel (in der Regel Fließband, Rollen, Hängeförderer, Rutschen usw.).

Voraussetzung ist eine genaue zeitliche Abstimmung zwischen den einzelnen Bearbeitungspositionen, denn an jeder Station muss die Werkverrichtung in einer bestimmten Zeit absolviert werden, um die Produktion in Fluss zu halten. Diese Zeiteinheiten werden als **Taktzeit** bezeichnet. Gelingt es nicht, die Taktzeiten einzuhalten, entstehen Störungen im Produktionsablauf. Arbeitet eine Station schneller als die nachfolgenden, entstehen **Zwischenlager,** arbeitet sie hingegen zu langsam, fehlt den folgenden Arbeitspositionen das nötige Material und es entsteht **Leerlauf.**

Der entscheidende Vorteil der Fließproduktion liegt vor allem in der hohen **Produktionsgeschwindigkeit,** die erreicht werden kann. Dies ist u.a. durch die Spezialisierung und die dadurch gewonnene Arbeitsroutine zu begründen, da immer wiederkehrende Aufgaben zu erledigen sind. Auf diese Weise wird auch die Einarbeitungszeit für Mitarbeiter vermindert. Durch die Minimierung der Transportwege ergeben sich zudem erhebliche Kostenvorteile.

Nachteilig wirkt sich dagegen die Inflexibilität des Systems aus. Steigt z. B. die Nachfrage, so kann die Produktion meist nicht oder nur schwerlich gesteigert werden. Auch die Umstellung auf andere Produkte ist nur unter größerem technischen Aufwand möglich, da in diesem Fall die Bearbeitungspositionen mit ihren Taktzeiten neu definiert werden müssen. Zusätzlich beansprucht eine Fließproduktion einen hohen Investitionsaufwand, insbesondere dann, wenn am Band ein starker Autonomisierungsgrad erwünscht ist. Ein weiterer Nachteil ist die hohe psychische Belastung für die Arbeiter (Monotonie, nervlicher Stress usw.), die mit dem Ziel der **Humanisierung der Arbeitswelt** im Konflikt steht. Dieser Mangel kann durch motivationsfördernde Maßnahmen, wie Arbeitsplatzwechsel **(Job-Rotation)** oder Abspielen von Unterhaltungsmusik während der Arbeit gelindert werden. Auch die Anreicherung der übertragenen Aufgaben **(Job-Enrichment)** kann die Monotonie verringern.

6.5.3.2 Werkstattfertigung

Eine Alternative zur Fließproduktion stellt die **Werkstattfertigung** dar. Sie ist dadurch gekennzeichnet, dass gleichartige Arbeitsvorgänge an einem Fabrikationsort in Werkstätten zusammengefasst werden, z. B. Lackiererei, Dreherei, Schlosserei oder Schleiferei. Während der Produktion werden die einzelnen Werkstücke zwischen den Werkstätten hin und her transportiert. Die Werkstätten sind daher meist in der Reihenfolge der Bearbeitung angelegt, um lange Wege zu vermeiden.

Naturgemäß ist dieses Verfahren langsamer als eine durchlaufende Fließproduktion. Hohe Transport- und Zwischenlagerkosten sind oft unvermeidlich. Eine ständige Koordination zwischen den Werkstätten kann jedoch verhindern, dass Leerläufe auftreten. Die Lösung dieses Koordinationsproblems wird dadurch erschwert, dass in der Produktion bestimmte Reihenfolgen eingehalten werden müssen. So kann beispielsweise das Lackieren von Werkstücken nur am Ende der Produktion erfolgen.

Der Vorteil der Werkstattproduktion liegt in einer wesentlich höheren Flexibilität, vor allem in Bezug auf die Produkttypen. Eine Umstellung kann relativ leicht erfolgen, da die einzelnen Werkstätten nicht starr auf eine bestimmte Arbeitsabfolge festgelegt sind und oftmals Universalmaschinen eingesetzt werden. Im Idealfall ist eine Werkstattproduktion sogar in sich flexibel. Liegt beispielsweise eine zeitweise Überlastung der Schlosserei vor, so können vorübergehend Arbeiter aus weniger belasteten Werkstätten dort zusätzlich eingesetzt werden. Solche „Ausweichmanöver" sind jedoch nur möglich, wenn die Arbeiter einen entsprechend hohen Ausbildungsstand haben.

6.5.3.3 Gruppenfertigung

Im Rahmen der **Gruppenfertigung** wird die Herstellung bestimmter Produkteinheiten komplett in kleinen Gruppen durchgeführt. Dieses Verfahren wurde auch als Alternative zur Fließproduktion getestet, beispielsweise durch den schwedischen Autohersteller Volvo. Die Endmontage der Fahrzeuge erfolgte nicht mehr am Band, sondern in kleinen Arbeitsgruppen. Der Vorteil liegt neben einer hohen Flexibilität und Übersichtlichkeit des Produktionsprozesses vor allem in der humaneren Gestaltung der Arbeitswelt. Die Gruppenmitglieder können ihre Arbeitsplätze selbst zuteilen und jederzeit untereinander tauschen.

Bei dieser Arbeitsform ist ferner die Übertragung von Verantwortung an Mitarbeiter unterer Hierachieebenen kennzeichnend, um die Mitarbeiterzufriedenheit zu verbessern. Diese Verlagerung von Entscheidungskompetenzen wird auch als **Empowerment** (engl. = Befähigung, Ermächtigung) bezeichnet. Praktiziert wird dies z. B. bei BMW, Lego und Vorwerk. Die Humanisierungsmaßnahmen führen zu einer geringeren Krankheitsquote und einem verminderten Warenausschuss, da sich die Arbeitnehmer leichter mit dem Produkt und dem Unternehmen identifizieren können.

In jüngster Zeit gewinnt die Gruppenfertigung zunehmend im Rahmen der so genannten **Leanproduction,** zu Deutsch „schlanke" oder „abgespeckte" Produktion, an Bedeutung. Bei diesem zunächst in der japanischen Autoindustrie angewandten Herstellungssystem werden unternehmensintern verschiedene Aufgaben und Kompetenzbereiche dezentralisiert. Die Arbeitsbereiche werden dabei von breit qualifizierten Arbeitsgruppen (z. B. mit Mitarbeitern aus unterschiedlichen Abteilungen wie Designer, Forscher, Techniker und Verkäufer) oder auch einzelnen Mitarbeitern wahrgenommen. In einem japanischen Autowerk sind bereits circa 70 % der Beschäftigten in solchen Arbeitsgruppen organisiert. Auf diese Weise sollen Kostensenkungsziele, bessere Qualität der angebotenen Produkte und eine gute Kundenorientierung erreicht werden. So werden japanische Autos im Vergleich zur europäischen Konkurrenz meist in der Hälfte der Zeit und mit wesentlich weniger Mängeln produziert. Es ist zu beachten, dass die schlanke Produktion auch unternehmensübergreifend durch eine Zusammenarbeit mit einem oder mehreren Kooperationspartnern (z. B. Zulieferbetrieben) verwirklicht werden kann. Dies wird oft in strategischen Allianzen realisiert, die eine optimale Wertschöpfung im Absatzkanal garantieren sollen.

Der Nachteil der Gruppenfertigung liegt bei unzureichender Planung und Kommunikation zwischen den dezentralisierten Teilbereichen in den hohen Kosten begründet. Sie entstehen dadurch, dass die für die Produktion benötigten Ressourcen, etwa Maschinen, nicht mehr zentral bereitgestellt werden, sondern jede einzelne Gruppe über diese Einrichtungen verfügt. In den Fällen, in denen Gruppenfertigung als Alternative zur Fließproduktion eingesetzt wird, hoffen die Unternehmen, diese Mehrkosten durch eine höhere Produktivität der Arbeiter, die durch ein humaneres Arbeitsumfeld begünstigt wird, kompensieren zu können.

Die Gruppenfertigung muss sich nicht als einziges Verfahren durch den ganzen Produktionsprozess ziehen. Oft bestehen unterschiedliche Arten der Fertigungsorganisation auf den verschiedenen Ebenen der Produktion.

Beispiel

Bei der Herstellung von Staubsaugern werden zunächst die angelieferten Rohteile bearbeitet und für die Montage vorbereitet. Dies erfolgt in unterschiedlichen Werkstätten, z. B. in der Lackiererei und der Dreherei. Auf dieser Produktionsebene liegt also Werkstattfertigung vor. Die Montage dagegen erfolgt am Band in der Fließproduktion. Bevor die Staubsauger die Produktion verlassen, müssen sie einer Endkontrolle unterzogen, verpackt und schließlich zum Auslieferungslager transportiert werden. Diese Aufgaben werden von kleinen Teams in Gruppenarbeit ausgeführt.

6.5.3.4 Baustellenfertigung

Die **Baustellenfertigung** wird als besondere Produktionsalternative dargestellt, da sie vornehmlich bei unbeweglichen Erzeugnissen angewendet wird, d. h., Arbeiter, Maschinen, Material usw. müssen zum Outputobjekt transportiert werden. Die Produktionsfaktoren sind also fest an einen Ort gebunden. Durch den Transport bzw. den späteren Abbruch der Baustelle entstehen hohe Kosten. In der Realität liegen solche Umstände selten vor. Beispiele sind vor allem im Baugewerbe (Brücken-, Haus-, Kanal-, Staudamm- oder Straßenbau), dem Schiffsbau sowie der Flugzeugmontage zu finden.

6.5.4 Erzeugungsverfahren

Eine Gliederung des Herstellungsprozesses nach technologischer Erzeugung listet auf, wie eine Fertigungsaufgabe (z. B. die Produktion eines Fahrradgestells) technisch realisiert wird. Ein Erzeugungsverfahren stellt z. B. das „Trennen" des Materials durch Fräsen, Schneiden oder Stanzen dar, bei dem ein Gut der Endform angenähert wird (z. B. Zuschneiden einzelner Teile des Fahrradgestells).

Die genaue Kenntnis solcher Verfahrensweisen ist für Techniker oder Wirtschaftsingenieure sehr wichtig, da sie wissen müssen, ob und wie ein Gut durch Änderung der Form und der Struktur oder die Zusammenfügung von unterschiedlichen Stoffen entsteht. Für Kaufleute ist dieses Wissen von untergeordneter Bedeutung, sie analysieren lediglich die wirtschaftlichen Aspekte des Herstellungsprozesses. Aus diesem Grund werden die Erzeugungsverfahren hier nicht weiter vertieft.

6.5.5 Zusammenhänge der Verfahren

Die dargestellten Produktionsverfahren weisen zahlreiche Überschneidungen auf, die teilweise in den einzelnen Kapiteln bereits angesprochen wurden. Einige Fertigungsverfahren lassen sich zwangsläufig einander zuordnen. Werden Massenprodukte hergestellt, bietet sich z. B. die Fließproduktion an, denn durch große Stückzahlen ist die Flexibilität der Werkstatt- oder Gruppenfertigung nicht erforderlich. Werden dagegen Einzelstücke unter Berücksichtigung spezieller Kundenwünsche gefertigt, so ist eine hohe Flexibilität der Produktion unerlässlich. Dies gewährleistet am ehesten die Handarbeit in der Werkstattfertigung. Handarbeit, Einzelfertigung und Werkstattfertigung gehören also oft zusammen. Ebenso lassen sich Serien- bzw. Sortenfertigung und Fließfertigung zusammenführen. Der gesamte Herstellungsprozess lässt sich am besten durch Kombination der verschiedenen Verfahrensweisen kennzeichnen.

Die Entscheidung eines Betriebes für ein bestimmtes Fertigungsverfahren wird von der Art des Produktes wesentlich beeinflusst. So ist für die Porzellanherstellung ein anderes Verfahren sinnvoll als für die Produktion komplexer Güter wie PCs oder Automobile. Beim Schiffbau ist die Werkstatt- bzw. die Fließbandfertigung von vornherein ausgeschlossen, denn ein Schiff kann schwerlich von Werkstatt zu Werkstatt, geschweige denn auf Fließbändern transportiert werden. Für einige Einzelteile ist dies hingegen ohne weiteres möglich.

6.6 Check-up

6.6.1 Zusammenfassung

✔ Sie lernten, die Produktionsfaktoren dispositive Arbeit sowie die Elementarfaktoren (Betriebsmittel, Werkstoffe, ausführende Arbeit) zu unterscheiden.

✔ Sie haben erfahren, dass die Kombination der Produktionsfaktoren in Form von Produktionsfunktionen dargestellt werden kann.

✔ Sie haben gelernt, dass sich der Fertigungsprozess anhand unterschiedlicher Verfahren darstellen und gliedern lässt. Unterschieden werden diese Verfahren nach Einsatz technischer Hilfsmittel, Fertigungsarten, Fertigungsorganisation und Erzeugungsverfahren.

✔ Sie erfuhren, dass die genannten Produktionsverfahren zahlreiche Überschneidungen aufweisen. Einige Fertigungsverfahren lassen sich fast zwangsläufig einander zuordnen. Bei Massenprodukten bietet sich etwa die Fließfertigung an.

6.6.2 Kontrollfragenblock

1. Beurteilen Sie die folgende Aussage: „Betriebsmittel gehören zu den Elementarfaktoren."

2. Liegt bei der total substitutionalen Produktionsfunktion das Faktoreinsatzverhältnis technisch unabänderlich fest?

3. Welche Verfahren der Fertigungsorganisation lassen sich unterscheiden?

4. Welches ist die älteste Form der Produktion?

5. Was versteht man unter einer Massenherstellung?

6.6.3 Weiterführende Literatur

Corsten, H.: Produktionswirtschaft. Einführung in das industrielle Produktions-management, 8. Auflage, München 1999.

Dyckhoff, H.: Grundzüge der Produktionswirtschaft, 4. Auflage, Berlin u. a. 2002.

Schneeweiss, C.: Einführung in die Produktionswirtschaft, 8. Auflage, Berlin 2002.

7 | Kostenrechnung

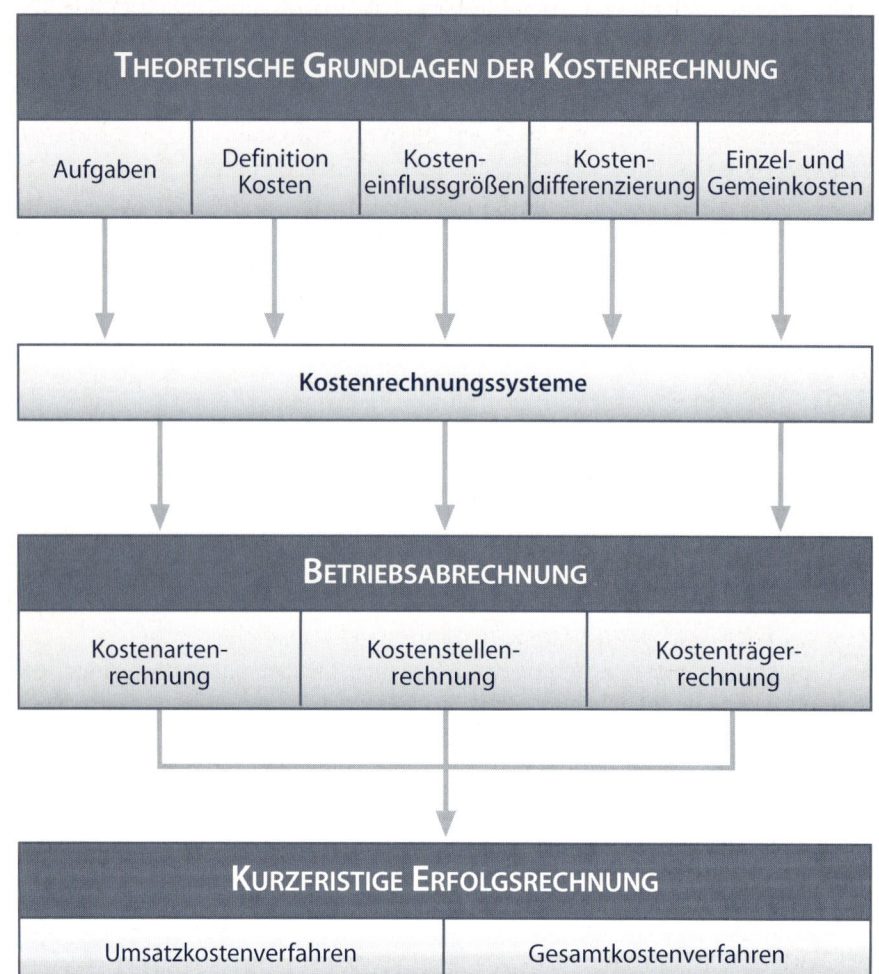

THEORETISCHE GRUNDLAGEN DER KOSTENRECHNUNG

| Aufgaben | Definition Kosten | Kosten-einflussgrößen | Kosten-differenzierung | Einzel- und Gemeinkosten |

Kostenrechnungssysteme

BETRIEBSABRECHNUNG

| Kostenarten-rechnung | Kostenstellen-rechnung | Kostenträger-rechnung |

KURZFRISTIGE ERFOLGSRECHNUNG

| Umsatzkostenverfahren | Gesamtkostenverfahren |

7.2 Problemstellung

Ein Unternehmen, das die in einer Marktwirtschaft erstellten Produkte verkaufen will, muss vor allem zwei Aspekte berücksichtigen: das Verhalten der Konkurrenz und das Verhalten möglicher Kunden. Um am Markt bestehen zu können, muss das Unternehmen seine Produkte zu einem Preis anbieten, der konkurrenzfähig ist und von aktuellen und potenziellen Käufern akzeptiert wird. Will das Unternehmen überleben, muss es über die am Markt erzielbaren Erlöse seine Kosten verdienen, d.h., es muss wissen, wie viel die Produktion eines einzelnen Stücks kostet, um beurteilen zu können, ob man überhaupt mit der Konkurrenz „mithalten kann". Darüber hinaus zwingt der Wettbewerb zu wirtschaftlichem Verhalten, d.h., eine vorgegebene bzw. möglichst große Produktionsmenge ist mit möglichst wenig Kosten bzw. mit einem vorgegebenem Kostenbudget zu realisieren. Die Kostenrechnung dient also nicht nur als Grundlage der **Kalkulation,** sondern auch als Instrument zur **Kontrolle der Wirtschaftlichkeit** bei Produktionsprozessen.

7.3 Theoretische Grundlagen

7.3.1 Charakterisierung der Kostenrechnung

Die Kostenrechnung ist ein Teil des betrieblichen Rechnungswesens (vgl. Kap. 2). Während die Bilanz- und Erfolgsrechnung an gesetzliche Vorgaben gebunden ist, ist die Ausgestaltung der Kostenrechnung weitgehend der Unternehmensleitung überlassen. In der Regel ist die Kostenrechnung gekennzeichnet durch:

- Verwendung möglichst realistischen, wahren Datenmaterials (Mengen- und Wertangaben);
- regelmäßige, mehrmals im Jahr stattfindende Durchführung;
- Erstellung durch Unternehmensbeteiligte für die Unternehmensleitung.

7.3.2 Aufgaben der Kostenrechnung

Die Hauptaufgaben der Kostenrechnung sind Kalkulation und Wirtschaftlichkeitskontrolle. Die Kalkulationsergebnisse können dabei positiv durch eine Verbesserung der Wirtschaftlichkeit (Quotient von Leistung und Kosten) beeinflusst werden. Hierzu sind Kontrollen unerlässlich. Sie können basieren auf:

- **Betriebsvergleichen,** bei denen Daten von Betrieben der gleichen Unternehmung oder von Konkurrenzbetrieben als Vergleichsbasis dienen;
- **Zeitvergleichen,** bei denen Daten von einer oder von mehreren vergangenen Perioden zu Vergleichszwecken herangezogen werden;
- **Soll-Ist-Vergleichen,** bei denen aufgrund von statistisch-mathematischen Methoden das anzustrebende Kostenniveau ermittelt wird.

Um eine effektive Wirtschaftlichkeitskontrolle und eine Kalkulation durchführen zu können, muss die Kostenrechnung drei Aufgaben erfüllen:

- vollständige **Erfassung und Kategorisierung aller Kosten,** d.h., es wird ermittelt, welche Kosten (Kategorisierung in z.B. Personal-, Materialkosten usw.) in welcher Höhe in der betrachteten Periode angefallen sind;
- **Verteilung der Kosten** auf Verantwortungsbereiche, d.h., dass die nach Kostenarten gegliederten Kosten den Mitarbeitern im Unternehmen zugeordnet werden, die für deren Entstehung verantwortlich sind; so ist z.B. der Leiter des Beschaffungsbereichs im Unternehmen für die zu zahlenden Einstandspreise für Rohstoffe oder Vorprodukte verantwortlich;
- **Verrechnung der Kosten** auf die Produkte, d.h., die vollständig erfassten Kosten werden durch die Anwendung eines bestimmten Kalkulationsverfahrens den Endprodukteinheiten zugeordnet.

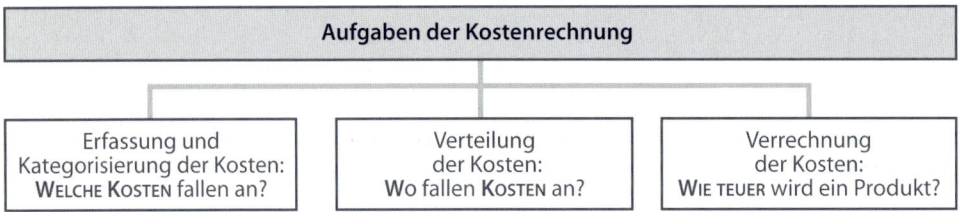

7.3.3 Definition von Kosten

Kosten sollen durch folgende Merkmale charakterisiert werden:

- das **Merkmal des Güterverbrauchs,** z.B. der Verbrauch von Roh-, Hilfs- und Betriebsstoffen, von Arbeitsleistung in Form von Stunden oder Einsatztagen usw.;
- das **Merkmal des bewerteten Güterverbrauchs,** wonach z.B. die verbrauchten Mengen an Roh-, Hilfs- und Betriebsstoffen mit ihren Einstandspreisen und Arbeitsstunden mit Lohnsätzen bewertet werden;
- das **Merkmal der Sachzielbezogenheit,** d.h., dass der Güterverbrauch mit dem eigentlichen Unternehmenszweck in Verbindung stehen muss. Verkauft beispielsweise ein Kaffeeimporteur in seinen Verkaufsstellen T-Shirts, Toaster etc., so entstehen Kosten nur beim Import und Verkauf von Kaffee.

In Abgrenzung zu Kosten wird bei **Leistungen** (Absatz- und Lagerproduktion, selbst erstellte Anlagen) die sachzielbezogene, bewertete Gütererstellung betrachtet (zur Abgrenzung von Kosten, Aufwand, Ausgabe und Auszahlung siehe Kap. 2.3). Die Differenz von Kosten und Leistungen wird als **Betriebsergebnis** bezeichnet.

7.3.4 Kosteneinflussgrößen

Die Höhe der Kosten als sachzielorientierter, bewerteter Güterverzehr kann von einer Vielzahl von Einflussgrößen abhängen. Als erstes sind hier die **Einstandspreise** zu nennen, also etwa die Marktpreise von Rohstoffen wie Kupfer und Nickel.

Zweitens können Kosten auch von der **Qualität** der Rohstoffe, der Arbeitsleistung etc. abhängen. Höherwertige Rohstoffe werden auf Gütermärkten in der Regel zu höheren Preisen gehandelt. Ebenso werden qualifizierte Arbeitskräfte besser vergütet als weniger qualifizierte.

Kosten können weiterhin von der **Betriebsgröße** abhängen. Durch eine Vergrößerung der Betriebsgröße können neue Fertigungstechniken angewandt oder Arbeitsabläufe neu gestaltet werden, sodass die Einsatzgüter effizienter eingesetzt werden können. Als Beispiel hierfür ist die Fließbandfertigung zu nennen.

Ferner hängen Kosten auch vom **Fertigungsprogramm** ab. Will beispielsweise ein Autoproduzent seine Produktion von Limousinen auf Kleinwagen umstellen, so müssen die Fertigungsstraßen angepasst, der Bedarf an Roh-, Hilfs- und Betriebsstoffen neu ermittelt werden usw.

Letztlich hängen die Kosten auch von der **Beschäftigung** ab. Sie kann z. B. durch Fertigungszeiten, Maschinenlaufzeiten oder die Zahl der erstellten Produkte als Ausbringungsmenge (etwa die Anzahl der produzierten Autos) gemessen werden.

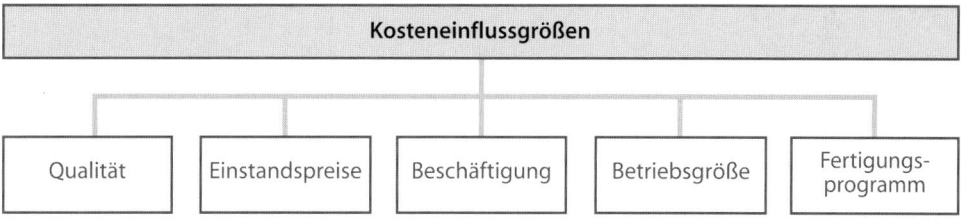

7.3.5 Kostendifferenzierung: fixe Kosten, variable Kosten und sprungfixe Kosten

Die Beschäftigung ist als einzige Kosteneinflussgröße vom Unternehmen kurzfristig zu beeinflussen. Deshalb wird weiterhin der Einfluss der Beschäftigung auf die Kosten im Vordergrund stehen.

Grundsätzlich können sich die **Gesamtkosten (GK)** aus **Fixkosten (FK)** und **variablen Kosten (KV)** zusammensetzen.

Es gilt:

$$GK = FK + KV$$

Beispiel

Telefonkosten setzen sich aus fixen Kosten in Form einer Grundgebühr und aus variablen Kosten zusammen, die von der Anzahl der Gebühreneinheiten abhängen.

Für die **Stückkosten k** gilt mit x als Beschäftigung (Ausbringungsmenge):

$$k = \frac{GK}{x} = \frac{FK + KV}{x} = kf + kv$$

wobei **kf** die verrechneten fixen Stückkosten und **kv** die variablen Stückkosten angibt. Fixkosten (Kosten der Betriebsbereitschaft) sind unabhängig von der Beschäftigung x, die variablen Kosten sind hingegen abhängig von der Beschäftigung x. So fallen bei den oben erwähnten Telefonkosten Grundgebühren unabhängig von der Anzahl der Einheiten an, die ihrerseits lediglich die Höhe der variablen Kosten bestimmen.

Diese Zusammenhänge lassen sich grafisch durch **Kostenverläufe** in Form von Kosten-Beschäftigung-Diagrammen verdeutlichen:

Lineare, variable Kosten:

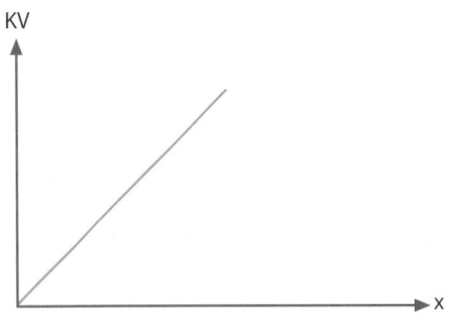

Lineare, variable Stückkosten:

Beispiel Bei der Automobilproduktion fallen mit jedem gefertigten Fahrzeug Kosten für Reifen an, die für jeden Fahrzeugtyp konstant sind. Die gesamten Reifenkosten in einer Periode hängen linear von der Anzahl der produzierten Fahrzeuge ab.

Variable, degressive Kosten:

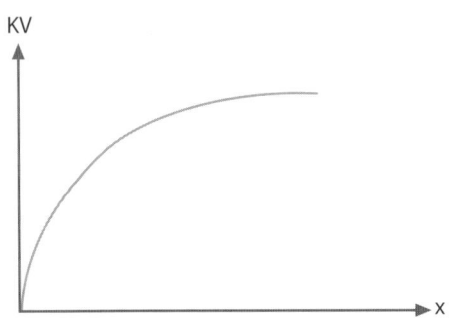

Variable, degressive Stückkosten:

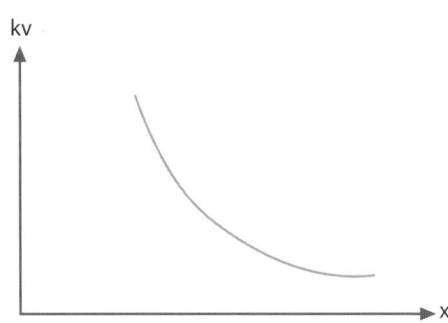

Beispiel Durch Lerneffekte kann eine neue, im Zeitlohn arbeitende Arbeitskraft ihre Produktivität steigern, in dem sie mehr Produkte in der gleichen Zeit fertigt. Die Kosten verlaufen während der Lernphase degressiv.

Sprungfixe Kosten:

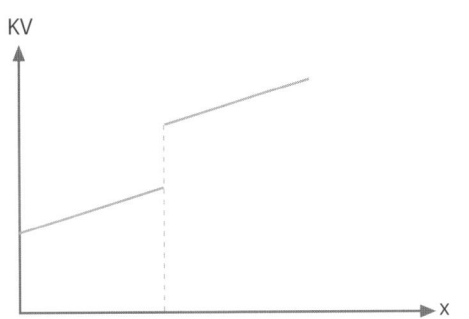

Sprungfixe Stückkosten:

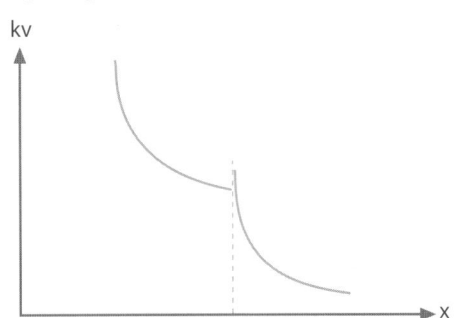

Ein Freibad kommt bei geringen Besucherzahlen mit einem Bademeister aus. Bei steigenden Besucherzahlen müssen weitere Bademeister angestellt werden, um den erhöhten Arbeitsaufwand zu bewältigen. Die zusätzlichen Lohnkosten bewirken den Kostensprung.

7.3.6 Einzelkosten und Gemeinkosten

Kosten entstehen bei der Erstellung von Leistungen. Es lassen sich Einzelkosten und Gemeinkosten unterscheiden. Unter **Einzelkosten** versteht man diejenigen Kosten, die einem Produkt direkt zugerechnet werden können (Kostenträgereinzelkosten). **Gemeinkosten** sind folglich Kosten, die einem Produkt nicht direkt einzeln zugerechnet werden können. Gemeinkosten lassen sich weiter unterscheiden in echte und unechte Gemeinkosten.

Echte Gemeinkosten sind beispielsweise Verwaltungskosten: Die Lohnkosten für Sachbearbeiter lassen sich nicht direkt zurechnen, da es sich um Zeitlöhne handelt, die unabhängig von der Ausbringungsmenge anfallen. **Unechte Gemeinkosten** ließen sich theoretisch als Einzelkosten auffassen. Aus technischen oder wirtschaftlichen Gründen ist dies aber nicht möglich.

Zur Veranschaulichung soll die Herstellung eines Schreibtisches dienen. Wie sollen die Kosten für den verwendeten Leim behandelt werden? Theoretisch ließe sich die Menge des verwendeten Leims pro Schreibtisch messen. Dieser Aufwand steht aber in keinem Verhältnis zu dem Informationsgewinn. Stattdessen werden die Kosten für Leim über einen Zeitraum gemessen und dann als Gemeinkosten den in dieser Periode gefertigten Schreibtischen zugeordnet.

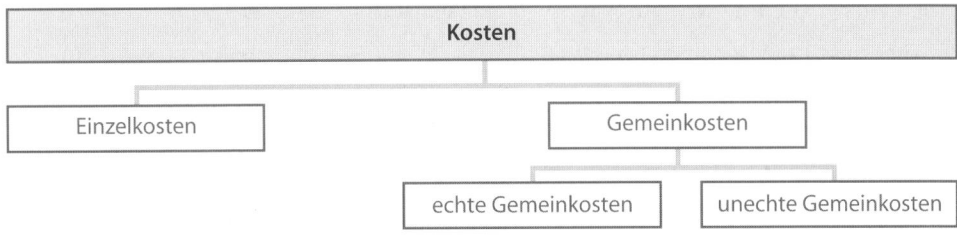

11 Voss – ISBN 3-8120-0646-4

Letztlich ist noch der Zusammenhang zwischen Einzel- und Gemeinkosten und variablen und fixen Kosten darzustellen. Variable Kosten können sowohl Einzel- als auch Gemeinkosten sein. Variable Einzelkosten sind z. B. bestimmte Materialkosten, variable Gemeinkosten sind beispielsweise Ausschuss- oder Abfallkosten, die eindeutig beschäftigungsabhängig sind, aber nicht direkt den Kostenträgern zugerechnet werden können. Fixkosten besitzen in der Regel Gemeinkostencharakter. Eine Ausnahme hierzu ist in einem Werftunternehmen zu sehen, das nur ein einziges Schiff fertigt.

7.4 Kostenrechnungssysteme

Kostenrechnungssysteme lassen sich hinsichtlich zweier Kriterien unterscheiden: nach dem **Zeitbezug** (Kosten welcher Perioden werden berücksichtigt?) und nach der **Entscheidungsrelevanz** (auf Basis welcher Kosten werden Entscheidungen getroffen?) der Kosten.

Jede Kostenrechnung, die der Unternehmensleitung brauchbare Informationen zur Fundierung von Entscheidungen liefern soll, muss sowohl zukunfts- als auch vergangenheitsorientiert sein. Sie muss zukunftsorientiert in dem Sinne sein, dass **Soll- oder Vorgabekosten** ermittelt werden und somit eine **Plankalkulation** möglich wird. Sie soll die Frage nach den voraussichtlichen Stückkosten der abzusetzenden Produkte beantworten. Sie muss vergangenheitsorientiert sein, indem sie die Istkosten der abgelaufenen Periode erfasst.

Durch den **Vergleich der Plan- mit den Istkosten** wird erst eine Wirtschaftlichkeitskontrolle möglich: Liegen die Istkosten beispielsweise über den Plankosten, so existieren u. U. Unwirtschaftlichkeiten im Produktionsablauf, die auf erhöhten Verschnitt, erhöhte Ausschussproduktion oder Schwund zurückgeführt werden können. Darüber hinaus kann durch eine **Nachkalkulation** aufgrund der Istkosten die Frage beantwortet werden, wie hoch in der abgelaufenen Periode die effektiven Stückkosten waren.

Als Vorgabekosten werden häufig auch so genannte **Normalkosten** herangezogen. Dabei handelt es sich um die durchschnittlichen Istkosten mehrerer Perioden.

Beispiel In einem Unternehmen der metallverarbeitenden Industrie beliefen sich die Kosten für Wartung und Instandhaltung 2001 auf 35.000,00 €, 2002 auf 42.000,00 € und 2003 auf 40.000,00 €. Als Normalkosten werden

$$\frac{35.000 + 42.000 + 40.000}{3 \text{ Jahre}} = 39.000,00 \text{ € ermittelt.}$$

Ihre Verwendung als Vorgabegrößen ist aber aus folgenden Gründen abzulehnen:

- Die Normalkosten können sich aus unterschiedlichen realen Einflussgrößen ergeben, wie z. B. Fertigungsprogrammänderungen oder unterschiedliche Betriebsgrößen. Somit würden „Äpfel mit Birnen" verglichen werden.
- Vermeidbare Unwirtschaftlichkeiten der Vergangenheit bleiben ebenfalls unberücksichtigt („Schlendrian wird mit Schlendrian verglichen").

Nach dem Kriterium der Entscheidungsrelevanz lassen sich Vollkosten- und Teil-kostensysteme unterscheiden. **Vollkostensysteme** berücksichtigen alle (fixe und va-riable) Kosten, wogegen **Teilkostensysteme** nur variable Kosten einbeziehen. Lie-gen lineare Kostenverläufe vor, so spricht man von einer **Grenzkostenrechnung.**

Wie eingangs bereits ausgeführt, muss ein Unternehmen langfristig seine Kosten ver-dienen, wenn es überleben will. Würde sich die Preispolitik langfristig nur an vari-ablen Kosten orientieren, dann würden unter Umständen zu geringe Preise verlangt werden, sodass die Fixkosten nicht gedeckt werden könnten. Es muss aber darauf hingewiesen werden, dass sich Marktpreise nicht allein durch die Kalkulation der Unternehmen, also der Angebotsseite bilden, sondern dass sie durch das komplexe Wechselspiel von Angebot und Nachfrage zustande kommen.

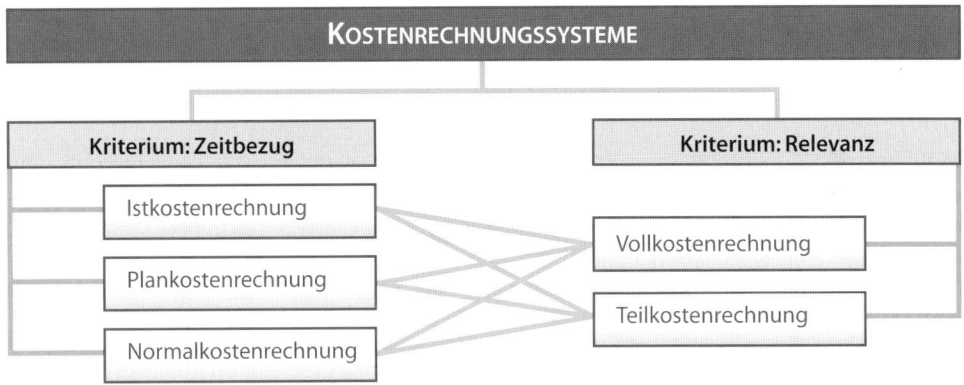

Kurzfristig sind die variablen die einzig relevanten Kosten, da die Fixkosten kurz-fristig nicht beeinflussbar sind. Ein Beispiel verdeutlicht dies.

Beispiel

Ein Teppichhersteller soll gemäß der Kostenfunktion GK = 1.000 + 2x produzie-ren. Somit betragen die Fixkosten 1.000,00 € und die variablen Stückkosten 2,00 € pro m². Dem Teppichhersteller werden zwei Aufträge angeboten:

■ Produktion von 500 m² zu einem Preis von 1,80 € pro m²;
■ Produktion von 600 m² zu einem Preis von 2,20 € pro m².

Welchen Auftrag soll er annehmen aufgrund einer Vollkosten- und einer Teil-kostenrechnung?

Die gesamten Stückkosten belaufen sich bei Annahme des ersten Auftrags auf

$$k = \frac{GK}{x} = \frac{1.000,00\ € + 500\ m^2 \cdot 2,00\ €/m^2}{500\ m^2} = 4,00\ €/m^2$$

Dem stehen Stückerlöse von lediglich 1,80 € gegenüber.

Beim zweiten Auftrag belaufen sich die gesamten Stückkosten auf

$$k = \frac{GK}{x} = \frac{1.000,00\ € + 600\ m^2 \cdot 2,00\ €/m^2}{600\ m^2} = 3,67\ €/m^2$$

bei Stückerlösen von nur 2,20 €. Demnach würde kein Auftrag angenommen.

Auf Teilkostenbasis ist sofort ersichtlich, dass der erste Auftrag abgelehnt wird, da die variablen Stückkosten von 2,00 € über den Stückerlösen von 1,80 € liegen. Mit jedem gefertigten Quadratmeter würde also ein zusätzlicher Verlust von 0,20 € (2,00 € – 1,80 €) gemacht werden. Bei Annahme des zweiten Auftrags allerdings würden pro Quadratmeter 0,20 € (2,20 € – 2,00 €) Gewinn gemacht. Nach der Teilkostenrechnung wäre also die Annahme des zweiten Auftrags sinnvoll.

Welche Entscheidung ist die richtige?

Hierzu wird der Erfolg des Teppichherstellers berechnet:

Bei Verwendung der Vollkostenrechnung stehen Erlösen von 0,00 € Kosten in Höhe von 1.000,00 € + 2,00 € · 0,00 € = 1.000,00 € gegenüber. Dies führt zu einem Verlust von 1.000,00 €.

Bei Verwendung der Teilkostenrechnung stehen dem Erlös von 600 · 2,20 € = 1.320,00 € Kosten in Höhe von 1.000,00 € + 2,00 € · 600 = 2.200,00 € gegenüber. Dies führt zu einem kleineren Verlust von 880,00 €. Damit werden zwar die Fixkosten auch nicht gedeckt, dennoch wird der Verlust um 120,00 € reduziert. Die Teilkostenrechnung führt also zur richtigen Entscheidung. Man sieht, dass lediglich die Differenz zwischen Einzelerlösen und den variablen Stückkosten **(Deckungsbeitrag)** entscheidungsrelevant ist.

7.5   Betriebsabrechnung

Die im letzten Abschnitt vorgestellten Rechnungssysteme können alle identisch aufgebaut werden. Soll der Aspekt der Wirtschaftlichkeitskontrolle im Vordergrund stehen, so müssen Ist- und Plankostenrechnung gleich aufgebaut sein, da sonst die Vergleichbarkeit leidet. Wie der Aufbau eines Kostenrechnungssystems im Detail gestaltet werden kann, wird im Folgenden demonstriert.

7.5.1   Kostenartenrechnung

Aufgabe der **Kostenartenrechnung** ist die belegmäßige Erfassung der Kosten einer Abrechnungsperiode und die Angabe, wie die Kosten weiter zu verrechnen sind. Sie beantwortet die Frage, welche Kosten angefallen sind. Voraussetzung hierfür ist eine zweckdienliche Kostenartenkategorisierung, die so gestaltet sein muss, dass jeder Beleg genau einer Kostenart zugeordnet werden kann. Deshalb müssen die Bezeichnungen der Kostenarten klar und eindeutig formuliert und voneinander abgegrenzt sein. Die Gliederung innerhalb der Kostenkategorien sollte so weit gehen, wie dies unter Wirtschaftlichkeitsgründen bei der Erfassung gerade noch zu vertreten ist.

Sinnvoll ist eine Einteilung der Kosten nach Produktionsfaktoren. Im Folgenden werden die wichtigsten Kostenarten und Erfassungsmethoden kurz dargestellt.

7.5.1.1 Personalkosten

Personalkosten entstehen durch den Einsatz von Menschen (Produktionsfakor Arbeit) im Produktionsprozess. Sie lassen sich z. B. weiter untergliedern in:

■ Grundentgelte
  – Fertigungslöhne
  – Hilfslöhne
  – Gehälter
■ Zusatzentgelte
  – Überstundenzuschläge
  – Zusatzlöhne für Akkordarbeiter
  – Prämien
■ Sozialkosten
  – gesetzlich festgelegte Arbeitgeberanteile an den Sozialversicherungen
  – tariflich festgelegte Sozialkosten wie z. B. Weihnachtsgeld
  – freiwillige Sozialkosten wie Abfindungen im Rahmen von Sozialplänen, Betriebsrenten etc.

Die Erfassung der Personalkosten erfolgt über die Gehalts- und Lohnbuchhaltung, die auf Stechuhren oder, im Rahmen der zunehmenden Flexibilisierung der Arbeitszeit, auf so genannte Zeitkonten zurückgreift: Arbeitet ein Angestellter an einem Tag beispielsweise neun statt der tariflich festgelegten durchschnittlichen Arbeitszeit von sieben Stunden pro Tag, dann bekommt er zwei Stunden gutgeschrieben und hat nun die Möglichkeit, an einem Freitag nur fünf statt sieben Stunden zu arbeiten, um so sein Zeitkonto wieder auszugleichen.

Bestimmte Personalkostenbestandteile wie Weihnachtsgeld, Krankheits- und Urlaubslöhne werden nicht den Monaten zugeordnet, in denen sie gezahlt werden, sondern auf das ganze Jahr umgelegt.

7.5.1.2 Werkstoffkosten

Werkstoffkosten entstehen durch den Einsatz von Roh-, Hilfs- und Betriebsstoffen (z. B. Metalle, Stoffe als Roh-, Farben als Hilfs- und Schmiermittel als Betriebsstoffe) und Vorprodukten (z. B. Autoradios bei der Autoproduktion) im Produktionsprozess. Eine mögliche Untergliederung könnte folgendermaßen aussehen:

Werkstoffkosten
■ Fertigungsmaterial der Art A, der Art B usw.
■ Klein- und Normteile
■ fremdbezogene Einzelteile
■ Hilfsstoffe und Betriebsstoffe
■ Verpackungsmaterial

Zur Erfassung der Werkstoffkosten stehen unterschiedliche Methoden zur Verfügung, die jeweils bestimmte Vor- und Nachteile sowohl bezüglich Exaktheit und Aufwand der Erfassung als auch im Hinblick auf eine Trennung in produktiven und unproduktiven Verbrauch (Ausschuss, Schwund, Diebstahl) aufweisen.

➤ Festwertverfahren

Das **Festwertverfahren** beruht auf der Annahme, dass die Werkstoffkosten den bewerteten Zugängen entsprechen. Die Erfassung kann hierbei über die Rechnungsbeträge erfolgen. Die Anwendung des Festwertverfahrens ist nur dann sinnvoll, wenn ein Betrieb den Materialbestand immer konstant hält, sodass der Bestand regelmäßig aufgefüllt werden muss. Dies ist z. B. bei schnell verderblichen Lebensmitteln in der Gastronomie der Fall.

➤ Befundrechnung

Die **Befundrechnung** ermittelt auf buchhalterischem Weg den Verbrauch in der Abrechnungsperiode. Ausgegangen wird dabei von der Gleichung:

Anfangsbestand + Zugänge – Abgänge = Endbestand

Diese Gleichung kann umgeformt werden zu:

Abgänge = Anfangsbestand + Zugänge – Endbestand

Die Abgänge geben den mengenmäßigen Verbrauch wieder.

Beispiel
In einer Schreinerei werden aus (jeweils gleich großen) Spanplatten einfache Holztische gefertigt. Zu Beginn der Periode lagen 100 Spanplatten auf Lager. Während der Periode wurden von dem Zulieferer 43 weitere Spanplatten bezogen. Während der Inventur wurde ein Endbestand von 37 Spanplatten ermittelt. Der mengenmäßige Verbrauch ergibt sich mithin zu:

100 (= Anfangsbestand) + 43 (= Zugänge) – 37 (= Endbestand) = 106

➤ Fortschreibungsverfahren

Beim **Fortschreibungsverfahren** wird anhand von Lagerentnahmescheinen jeder einzelne Lagerabgang registriert. Auf diesen Belegen werden in der Regel Art und Menge der entnommenen Materialien, Datum und Verwendungszweck festgehalten.

➤ Rückrechnungsmethode

Die **Rückrechnungsmethode** setzt (im Gegensatz zu den anderen Verfahren) an den Endprodukten an und versucht, mit Hilfe so genannter Rezepturen auf den Verbrauch zu schließen. Die Rezeptur gibt Art und Menge der verwendeten Stoffe an.

Beispiel

In einer In-Bar der Kölner Studentenszene sind Cocktails eine Spezialität. Unter anderem wird auch ein Cocktail „Wodka-Lemon" verkauft, der aus 15 cl Bitter Lemon und 5 cl Wodka (fiktive Zahlen) gemixt wird. Innerhalb einer Woche werden insgesamt 252 „Wodka-Lemon" verkauft. Hieraus lässt sich auf einen Verbrauch von 252 · 15 cl = 37,8 l Bitter Lemon und 252 · 5 cl = 12,6 l Wodka schließen.

Nur beim Festwertverfahren wird der Verbrauch gleichzeitig bewertet. Bei den anderen Verfahren muss eine Bewertung erst noch erfolgen. Dies kann anhand von gewichteten Durchschnittspreisen, festen Verrechnungspreisen, aktualisierten Wiederbeschaffungspreisen oder anhand fiktiver Verbrauchsfolgeverfahren erfolgen.

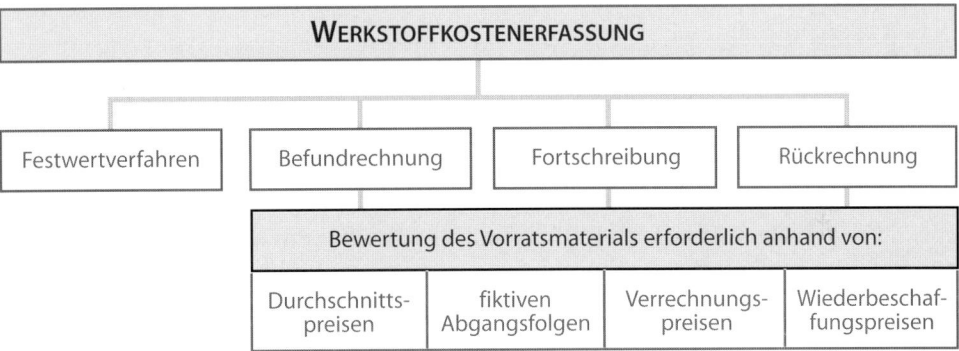

Die Vor- und Nachteile der einzelnen Verfahren werden in folgender Tabelle gegenübergestellt:

	Festwertverfahren	Befundrechnung	Fortschreibung	Rückrechnung
Vorteile	Geringer Erfassungsaufwand und gleichzeitige Bewertung des Verbrauchs	Daten können mit geringem Aufwand der Buchhaltung entnommen werden	Bei Angabe des Verwendungszwecks ist eine Trennung in produktiven und unproduktiven Verbrauch möglich	Sehr geringer Aufwand, da indirekte Ermittlungsweise
Nachteile	Keine Trennung in produktiven und unproduktiven Verbrauch möglich	Jeweils Inventur notwendig; keine Trennung in produktiven und unproduktiven Verbrauch möglich	Sehr hoher Aufwand	Gemessen wird kein Ist-, sondern ein Sollverbrauch gemäß der Rezeptur

7.5.1.3 Kalkulatorische Kosten

Weitere Kostenarten können als kalkulatorische Kostenarten bezeichnet werden. Ihr Ansatz soll die Realitätsnähe der Erfassung des bewerteten Güterverbrauchs steigern. Bei den Personalkosten wurde bereits erwähnt, dass z. B. das Weihnachtsgeld oder Urlaubslöhne wegen ihres stoßweisen Auftretens die Ergebnisse der Kostenrechnung verzerren würden. Insoweit werden diese Kosten sinnvollerweise auf alle Monate des Jahres umgelegt. Genauso verhält es sich mit kalkulatorischen Wagniskosten (durch Feuer, Unfall etc.), die unregelmäßig anfallende Verluste durch Verrechnung gleichmäßig erfassen. Von besonderer Bedeutung sind die kalkulatorischen Kostenarten **Betriebsmittelkosten (Abschreibungen), Kapitalkosten** und **Unternehmerlohn.** Diese werden deshalb gesondert betrachtet.

> **Abschreibungen**

Der Wertverzehr der Betriebsmittel (Gebäude, Maschinen) kann auf unterschiedlichen Ursachen beruhen. In der Regel lässt sich nicht unterscheiden, welche Ursache in welchem Ausmaß für den Wertverzehr verantwortlich ist. Aus diesem Grunde ist die Kostenrechnung auf Prognosen angewiesen. Dies wird durch Abschreibungen gewährleistet. Der Verschleiß durch unvorhersehbare Ereignisse wird im Rahmen von kalkulatorischen Wagniskosten, der Verschleiß durch Fristablauf mittels anderer Kostenarten erfasst, sodass nur die unschattierten Wertverzehre (siehe Abbildung) durch Abschreibungen erfasst werden müssen.

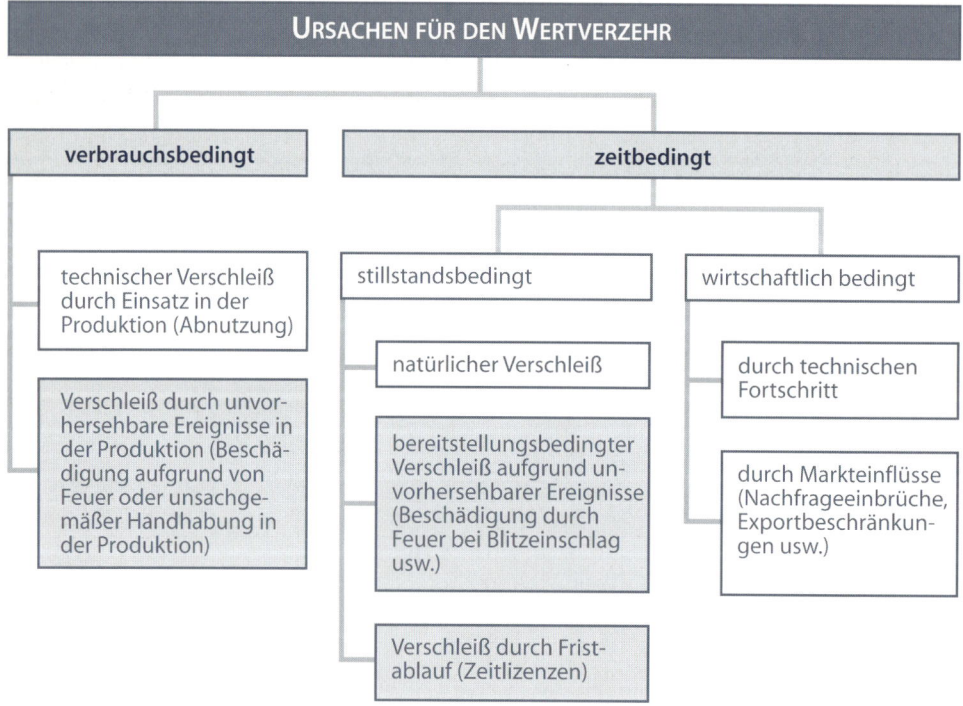

Für die Festlegung der Höhe der Abschreibungen sind drei Fragen zu klären:

Von welchem Wert wird abgeschrieben?

Hierbei gibt es die Möglichkeiten, vom **Anschaffungswert (A)** (vermindert um einen etwaigen **Restwert [R]** am Ende der Nutzung) oder von dem geschätzten Wiederbeschaffungswert zum Ersatzzeitpunkt abzuschreiben. Der theoretisch richtige Wert ist der Wiederbeschaffungswert, wenn man davon ausgeht, dass das Unternehmen plant, die verbrauchten Betriebsmittel zu ersetzen. Das Problem liegt in der genauen Prognose des Wiederbeschaffungswerts.

Wie lange soll abgeschrieben werden?

Die voraussichtliche **Nutzungszeit (T)** der Betriebsmittel muss möglichst realistisch geschätzt werden.

Welches Abschreibungsverfahren soll gewählt werden?

Denkbar sind hier lineare (im Zeitablauf konstante), degressive (im Zeitablauf sinkende) oder progressive (im Zeitablauf steigende) Abschreibungen. Beispielhaft sollen hier zwei für die Kostenrechnung typische Verfahren dargestellt werden: die lineare und die arithmetisch-degressive (konstante Differenz [d] zwischen den Abschreibungsbeträgen) Methode. Während Erstere sowohl handels- als auch steuerrechtlich zulässig ist, ist Letztere lediglich handelsrechtlich zulässig, d.h., dass sie z.B. nicht für die steuerrechtliche Bilanzierung zugrunde gelegt werden darf.

Beispiel

Ein Unternehmen kauft eine Maschine für 100.000,00 €. Die Maschine soll voraussichtlich 5 Jahre genutzt werden. Das Management sieht sich nicht in der Lage, den Wiederbeschaffungspreis zu schätzen. Deshalb wird vom Anschaffungspreis abgeschrieben. Man hofft, nach fünf Jahren einen Schrottpreis R von 10.000,00 € zu erzielen.

Jahr	Buchwert in €	Abschreibungs-betrag (linear) in €	Buchwert in €	Abschreibungs-betrag (arithmetisch-degressiv) in €
0	100.000,00	0,00	100.000,00	0,00
1	82.000,00	18.000,00	70.000,00	30.000,00
2	64.000,00	18.000,00	46.000,00	24.000,00
3	46.000,00	18.000,00	28.000,00	18.000,00
4	28.000,00	18.000,00	16.000,00	12.000,00
5	10.000,00	18.000,00	10.000,00	6.000,00

Die Abschreibungsbeträge (a) wurden dabei wie folgt ermittelt:

- lineare Abschreibung:

$$a = \frac{A - R}{T} = \frac{100.000,00\ € - 10.000,00\ €}{5} = 18.000,00\ €$$

- arithmetisch-degressive Abschreibung:

$$d = \cfrac{A - R}{\displaystyle\sum_{t=1}^{T} t} = \cfrac{100.000,00\ € - 10.000,00\ €}{1 + 2 + 3 + 4 + 5} = 6.000,00\ €$$

Für die fünftletzte Nutzungsperiode ergibt sich ein Abschreibungsbetrag von $5 \cdot 6.000,00\ € = 30.000,00\ €$, für die viertletzte von $4 \cdot 6.000,00\ € = 24.000,00\ €$ usw. Allgemein gilt:

$$a_t = \frac{A - R}{T} + \frac{d}{2} \cdot (T - 2 \cdot t + 1)$$

➤ Kapitalkosten

Kapitalkosten fallen durch die Zurverfügungstellung von Kapital durch Eigner (z. B. Aktionäre), das Unternehmen (Eigenkapital) und Gläubiger (Fremdkapital) an. Gemäß der verwendeten Kostendefinition fallen Kapitalkosten nur für Kapital an, das zur Verfolgung des Sachziels des Unternehmens eingesetzt wird (betriebsnotwendiges Kapital). Zur Ermittlung der Kapitalkosten muss einerseits das **betriebsnotwendige Kapital** ermittelt und andererseits der **kalkulatorische Zinssatz** angesetzt werden.

Gegeben sei folgende Bilanz der R.E.M.-AG:

Aktiva (in €)		Passiva (in €)	
Grundstücke	2.000.000,00	Eigenkapital	3.590.000,00
Gebäude	1.000.000,00	Rückstellungen	275.000,00
Maschinen	500.000,00	Bankverbindlichkeiten	350.000,00
Betriebsausstattung	200.000,00	Lieferantenverbindlichkeiten	200.000,00
Wertpapiere	210.000,00	Kundenanzahlungen	120.000,00
Vorräte an RHB	200.000,00		
fertige Erzeugnisse	100.000,00		
Forderungen	250.000,00		
Giroguthaben	75.000,00		
gesamt: 4.535.000,00		**gesamt: 4.535.000,00**	

Anmerkung: 50 % der Gebäude stellen Wohnungen für Betriebsangehörige dar, die auf 30 % der unternehmenseigenen Grundstücke stehen.

Die Ermittlung des betriebsnotwendigen Kapitals erfolgt in zwei Schritten: Zuerst wird das betriebsnotwendige Vermögen berechnet. Da es sich um Vermögen handelt, wird die Aktivseite betrachtet. Der Betriebszweck der R.E.M.-AG soll in der Produktion von CDs bestehen. Demnach muss das Vermögen um den Anteil der Gebäude und der Grundstücke bereinigt werden, der nicht dem Betriebszweck dient. Gemäß der Annahme sind dies 50 % der Gebäude (also 50 % · 1.000.000,00 € = 500.000,00 €) und 30 % der Grundstücke (also 30 % · 2.000.000,00 € = 600.000,00 €). Weiterhin dürfen die Wertpapiere nicht miteinbezogen werden. Sie müssten einbezogen werden, wenn die R.E.M.-AG eine Privatbank wäre und somit der Handel mit Wertpapieren zum Betriebszweck gehören würde.

Bilanzsumme	4.535.000,00 €
– 30 % der Grundstücke	– 600.000,00 €
– 50 % der Gebäude	– 500.000,00 €
– Wertpapiere	– 210.000,00 €
= betriebsbedingtes Vermögen:	**= 3.225.000,00 €**

Um vom betriebsnotwendigen Vermögen zum betriebsnotwendigen Kapital zu kommen, müssen die Zahlen noch um das Abzugskapital, das zinslos zur Verfügung gestelltes Fremdkapital darstellt, bereinigt werden. Es handelt sich hierbei um Lieferantenverbindlichkeiten und Kundenanzahlungen.

Betriebsnotwendiges Vermögen	3.225.000,00 €
– Lieferantenverbindlichkeiten	– 200.000,00 €
– Kundenanzahlungen	– 120.000,00 €
= betriebsnotwendiges Kapital:	**= 2.905.000,00 €**

Die Festsetzung des Zinssatzes kann sich am Marktzins für längerfristige Verbindlichkeiten orientieren. Die Unternehmensleitung kann den Zinssatz auch nach ihrem Ermessen festsetzen. Bei einem Marktzinssatz von 7,5 % ergeben sich jährliche Kapitalkosten in Höhe von 217.875,00 € (= 2.905.000 · 7,5 %).

➤ Kalkulatorischer Unternehmerlohn

Bei Einzelunternehmen und Personengesellschaften befriedigt sich die Unternehmensleitung aus dem erzielten Gewinn. Da der Lohn der Unternehmer am Markt verdient werden muss, ist es sinnvoll, ihn in die Kalkulation als Kostenart miteinzubeziehen und der Gliederung der Personalkosten hinzuzufügen. Das eigentliche Problem stellt die Höhe des anzusetzenden Unternehmerlohnes dar. Hierzu kann auf das **Opportunitätskostenkonzept** zurückgegriffen werden. Danach ist als Unternehmerlohn derjenige Betrag anzusetzen, den der Unternehmer in vergleichbarer Stellung (etwa als Geschäftsführer einer GmbH) verdienen könnte.

7.5.1.4 Informationsstand nach der Kostenartenrechnung

Nach Durchführung der Kostenartenrechnung können die erhaltenen Informationen in einer zweispaltigen Tabelle zusammengefasst werden, die den Kostenartenbezeichnungen die Kosten gegenüberstellt. Die Kosten können ferner in Einzel- und Gemeinkosten unterschieden werden. Als Einzelkosten kommen (vorerst) nur Materialeinzelkosten (z.B. Kosten der Vorprodukte zur Erstellung eines Endproduktes) und Fertigungseinzelkosten (z. B. Akkordlöhne) in Betracht. Diese Kosten nennt man **primäre Kosten.** Sie erfassen den Verbrauch an Produktionsfaktoren.

Kostenarten	Höhe der Kosten
Einzelkostenarten	…
■ Materialeinzelkosten	…
■ Fertigungseinzelkosten	…
Gemeinkostenarten	…
■ Personalkosten	…
■ Werkstoffkosten etc.	…

7.5.2 Kostenstellenrechnung

7.5.2.1 Aufgaben der Kostenstellenrechnung

Die Aufgabe der Kostenstellenrechnung ist es, die primären Kosten den Orten ihrer Entstehung **(Kostenstellen)** zuzuordnen. Damit wird die Frage beantwortet, wo Kosten angefallen sind. Erst durch diese Verteilung der Kosten kann die Kostenrechnung ihre Kontrollaufgaben erfüllen. Darüber hinaus ist die Kostenstellenrechnung das wichtige Bindeglied zwischen Kostenarten- und Kostenträgerrechnung.

7.5.2.2 Kriterien zur Bildung von Kostenstellen

Kostenstellen können unter funktionalen, räumlichen, kontrollspezifischen und rechnungstechnischen Gesichtspunkten gebildet werden.

Eine **funktionale** Kostenstellenbildung setzt an den betrieblichen Funktionsbereichen wie Beschaffung, Forschung und Entwicklung, Produktion, Absatz etc. an. **Räumlich** voneinander abgegrenzte Kostenstellen können z. B. verschiedene Betriebsgebäude, Fertigungshallen oder Baustellen einer Bauunternehmung sein. Soll eine wirksame Kostenkontrolle durchgeführt werden, dann muss eine **Kostenstelle als Verantwortungsbereich** eines Mitarbeiters eingerichtet werden. Dadurch wird sichergestellt, dass für die Unternehmensleitung immer ein Ansprechpartner bei Problemen existiert. Da ein Kostenstellenleiter für Kostenüberschreitungen verantwortlich gemacht wird, besteht für ihn der Anreiz, die ihm gemachten Vorgaben einzuhalten und Störgrößenwirkungen zu identifizieren und abzustellen.

Rechnungstechnische Gesichtspunkte stellen auf eine möglichst gleichförmige Leistungserstellung (z. B. nur eine Produktart) in einer Kostenstelle ab, sodass eine Verrechnung auf die Produkte möglichst genau erfolgen kann.

Die genannten Kriterien schließen sich gegenseitig nicht aus. In der Praxis wird man vielmehr Kombinationen antreffen, die mehrere Kriterien erfüllen, z. B. räumlich voneinander abgegrenzte Fertigungsbereiche, in denen unter der Verantwortung von Werkmeistern homogene Leistungen erstellt werden.

Grundsätzlich steht die Entscheidung der Kostenstellenbildung unter der Forderung der Wirtschaftlichkeit: Je differenzierter die Kostenstellenbildung ist, desto größer ist der Erfassungs-, Verrechnungs- und Kontrollaufwand, der durch ein Mehr an relevanten Informationen erst gerechtfertigt werden muss.

7.5.2.3 Systematisierung von Kostenstellen

Kostenstellen lassen sich danach unterteilen, ob sie Leistungen an andere Kostenstellen abgeben **(Vor-/Hilfskostenstellen)** oder Leistungen anderer Kostenstellen empfangen **(End-/Hauptkostenstellen).**

Hilfskostenstellen produzieren interne Leistungen und ermöglichen so erst die Funktionsfähigkeit anderer Kostenstellen. Sie lassen sich unterteilen in allgemeine und Fertigungshilfskostenstellen. **Allgemeine Hilfskostenstellen** erbringen Leistungen für alle Unternehmensbereiche. Ein Beispiel hierfür ist die Betriebskantine, die Mahlzeiten für die Mitarbeiter des gesamten Unternehmens zur Verfügung stellt. Generell kann man sagen, dass allgemeine Hilfskostenstellen den reibungslosen Produktionsablauf gewährleisten und unterstützen. Im Unterschied dazu geben **Fertigungshilfskostenstellen** Leistungen an nachgelagerte Fertigungskostenstellen ab. Diese können entweder weitere Hilfs- oder Fertigungshauptkostenstellen sein. Man spricht in diesem Fall von einem mehrstufigen Produktionsprozess. Ein Beispiel ist ein Produktionsprozess, in dem Fertigungsteile grundgefertigt, nachbearbeitet und lackiert und schließlich für den Verkauf montiert werden.

Hauptkostenstellen erbringen extern-orientierte Leistungen und unterstützen direkt den Absatz von Produkten. Weiterhin gibt es nicht genau abgrenzbare Kostenstellen wie z. B. die Verwaltung. Nach herrschender Meinung werden solche Kostenstellen als Hauptkostenstellen aufgefasst.

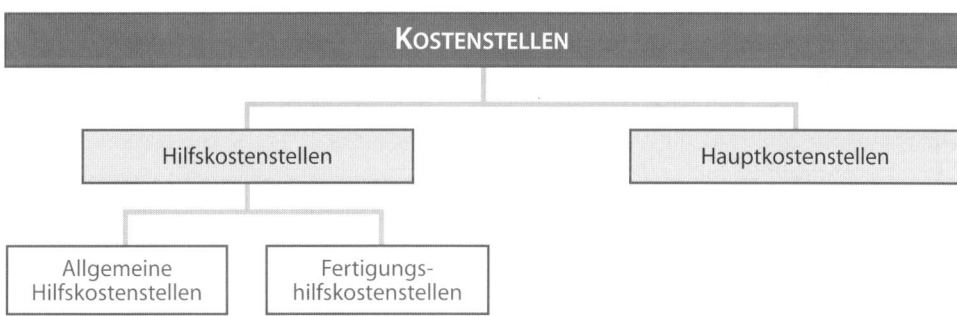

7.5.2.4 Primärkostenrechnung

Nachdem die Kostenstellen festgelegt worden sind, müssen die primären Kosten, also die Kosten, die beim Verzehr von Produktionsfaktoren angefallen sind, auf die Kostenstellen verteilt werden. In Abhängigkeit davon, ob sich Kosten eindeutig (z. B. Kosten für das Küchenpersonal der Kostenstelle Kantine, Ausschusskosten der Fertigungsstellen, Kostenträgereinzelkosten) oder nur indirekt über Bezugsgrößen (Mieten, Steuern) einzelnen Kostenstellen zuordnen lassen, unterscheidet man Kostenstelleneinzel- und Kostenstellengemeinkosten. Folgende Bezugsgrößen können als sinnvoll zur Umlage der primären Gemeinkosten angesehen werden:

Kostenart	Bezugsgrößen
Kapitalkosten	betriebsnotwendiges Kapital
Kapitalsteuer	betriebsnotwendiges Kapital
Heizkosten	Fläche in m^2
Mieten	Fläche in m^2
Kosten für freiwillige soziale Einrichtungen	Löhne/Gehaltssumme

Beispiel

Die gesamten Mietkosten für 1.350 m^2 belaufen sich in der Abrechnungsperiode auf 36.300,00 €. Das Unternehmen besitzt sechs Kostenstellen (KS). Der Mietpreis pro m^2 beträgt durchschnittlich 26,89 € (= 36.300,00 € : 1.350 m^2). In Abhängigkeit von den Ausprägungen der Bezugsgröße ergibt sich folgende Kostenverteilung (gerundet):

	Kostenstellen						
	KS 1	KS 2	KS 3	KS 4	KS 5	KS 6	Summe
m^2	350	150	250	350	100	150	**1.350**
Kosten in €	9.411,00	4.033,00	6.722,00	9.411,00	2.688,00	4.033,00	**36.300,00**

Die Mietkosten der KS 5 belaufen sich somit auf 100 m^2 · 26,89 € / m^2 = 2689,00 €.

Weiterhin können die fixen und variablen Kosten pro Kostenstelle getrennt ausgewiesen werden, um dadurch sowohl eine Teil- als auch eine Vollkostenrechnung durchführen zu können. Um den Blick auf das Wesentliche zu lenken, beschränkt sich die folgende Darstellung nur auf variable Gemeinkosten (var).

7.5.2.5 Sekundärkostenrechnung

Die innerbetriebliche Leistungsverrechnung (Umlage der Kosten der Hilfskosten auf die Hauptkostenstellen) wird anhand eines Beispiels dargestellt. Die weiterverrechneten Kosten bezeichnet man als sekundäre Kosten.

Beispiel

Ein Unternehmen soll aus fünf Kostenstellen (KS) bestehen. KS1 (Reparaturwerkstatt) ist eine allgemeine Hilfskostenstelle. KS2 und KS3 sind Fertigungsstellen, die zwei Absatzprodukte P1 und P2 fertigen. P1 dient gleichzeitig als Vorprodukt zur Fertigung von P2, wobei genau ein P1 zur Fertigung von einem P2 benötigt wird. KS2 ist somit sowohl Hauptkostenstelle in Bezug auf P1 als auch Hilfskostenstelle bezüglich P2. KS4 (Materiallager) und KS5 (Verwaltung und Vertrieb) sind weitere Hauptkostenstellen. Insgesamt wurden 500 P1 und 500 P2 gefertigt.

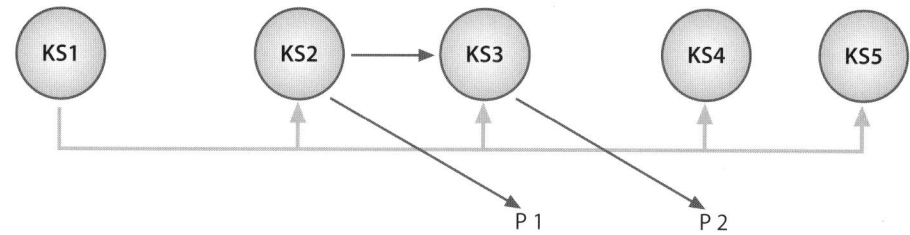

Die Materialeinzelkosten in KS2 (KS3) belaufen sich auf 1.000,00 € (1.500,00 €), die Fertigungseinzelkosten auf 500,00 € (1.000,00 €). Sondereinzelkosten der Fertigung (z. B. für Spezialwerkzeuge, Modelle) und des Vertriebs (Verpackung, Fracht, Zoll) sollen nicht anfallen. Nach Durchführung der Primärkostenrechnung (Angaben in Tsd. €) soll sich folgender Informationsstand ergeben:

	KS 1	KS 2	KS 3	KS 4	KS 5
	var	var	var	var	var
pr. GK	50	80	90	35	10

Die Sekundärkostenrechnung kann mittels verschiedener Verfahren durchgeführt werden. Das Kostenstellenausgleichsverfahren und das Treppenverfahren werden hier exemplarisch durchgeführt.

➤ Das Kostenstellenausgleichsverfahren

Das **Kostenstellenausgleichsverfahren** liefert für alle möglichen Beziehungen zwischen Kostenstellen das korrekte Ergebnis einer Sekundärkostenrechnung und beruht auf der Lösung eines linearen Gleichungssystems.

Beispiel

(Fortsetzung)

Die variablen Gemeinkosten der Reparaturstelle sollen anhand der geleisteten Reparaturstunden, die in der Fertigungsstelle KS2 anhand der produzierten Einheiten P1 vorliegen, umgelegt werden. Danach wurden für KS2 und KS3 jeweils 400 Std., für KS4 und KS5 jeweils 100 Std. an Reparaturleistung geliefert. Der Verteilungsschlüssel lautet also 0 : 400 : 400 : 100 : 100 = 0 : 4 : 4 : 1 : 1.

Für KS2 ergibt sich das Verteilungsverhältnis von 0 : 1 : 1 : 0 : 0 daraus, dass KS3 500 P2 fertigt und hierdurch 500 P1 benötigt. Somit muss KS2 insgesamt 1.000 P1 fertigen: 500 als Absatzprodukt und 500 als Vorprodukt für KS3. Mithin ergibt sich ein Verhältnis von 500 : 500 = 1 : 1. Die Verteilungsschlüssel sehen im Überblick folgendermaßen aus:

- **für KS1:** KS1 : KS2 : KS3 : KS4 : KS5 = 0 : **4** : 4 : 1 : 1 (Summe : **10**)

- **für KS2:** KS1 : KS2 : KS3 : KS4 : KS5 = 0 : 1 : 1 : 0 : 0 (Summe : 2)

Diese Angaben sind wie folgt zu lesen: KS1 gibt $^4/_{10}$ ihrer Leistungen an KS2 ab. Eine Null bedeutet, dass die jeweilige Kostenstelle keine Leistungen der abgebenden Kostenstelle empfängt. Die Null im Verteilungsschlüssel sagt beispielsweise aus, dass die Reparaturstelle keine Reparaturleistung an sich selbst abgibt (Eigenverbrauch), um etwa Reparaturwerkzeug instandzusetzen.

Das Gleichungssystem lautet folglich:

Gesamtkosten	=	primäre Gemeinkosten	+	sekundäre Gemeinkosten
K1	=	50		
K2	=	80	+	$^4/_{10}$ K1
K3	=	90	+	$^4/_{10}$ K1 + $^1/_2$ K2
K4	=	35	+	$^1/_{10}$ K1
K5	=	10	+	$^1/_{10}$ K1
				Umlage K1 Umlage K2

Durch schrittweises Einsetzen lassen sich die Gesamtkosten ermitteln. So ergibt sich K2 aus: $80 + ^4/_{10} \cdot 50 = 100$. K3 lässt sich nun ermitteln aus $90 + ^4/_{10} \cdot 50 + ^1/_2 \cdot 100 = 160$ usw. Die Gesamtkosten K ergeben sich also aus den primären Gemeinkosten und den sekundären Gemeinkosten, die sich ihrerseits aus den einzelnen Umlagen der Hilfskostenstellen zusammensetzen. Die Tabelle kann nach Lösung des Gleichungssystems folgendermaßen erweitert werden:

	KS 1	KS 2	KS 3	KS 4	KS 5
	var	var	var	var	var
pr. GK	50	80	90	35	10
Umlage KS1	0	+ 20	+ 20	+ 5	+ 5
Umlage KS2	0	0	+ 50	0	0
Gesamtkosten	50	100	160 ·	40	15
Entlastung	– 50	– 50	0	0	0
Endkosten	0	50	160	40	15

Da die Hilfskostenstellen ihre gesamten variablen Gemeinkosten weiterverrechnet haben, müssen sie noch entlastet werden, da es sonst zu Doppelzählungen kommt. Es gilt:

Endkosten = Gesamtkosten – Entlastungen

➤ Das Treppenverfahren

Im Zeitalter von PCs und Tabellenkalkulationsprogrammen spielt der relativ große Rechenaufwand, der vor allem bei komplexen Strukturen anfällt, keine Rolle mehr. Aus diesem Grunde sollte grundsätzlich das Kostenstellenausgleichsverfahren angewandt werden. Eine weniger aufwendige Methode der Sekundärkostenrechnung stellt das so genannte Treppenverfahren dar. Dabei wird von der Annahme ausgegangen, dass vorgelagerte immer an nachgelagerte Kostenstellen Leistungen abgeben.

(Fortsetzung)

	KS 1	KS 2	KS 3	KS 4	KS 5
	var	var	var	var	var
pr. GK	50	80	90	35	10
Umlage KS1		+ 20	+ 20	+ 5	+ 5
Umlage KS2			+ 50	0	0
Gesamtkosten	50	100	160	40	15
Entlastung	– 50	– 50	0	0	0
Endkosten	0	50	160	40	15

Man erkennt, woher das Verfahren seinen Namen hat. Das Treppenverfahren führt in dem Beispiel zu den gleichen Endkosten. Vorsicht: Dies ist nicht generell der Fall: Bei komplexen Kostenstellenstrukturen, etwa wenn gegenseitige Leistungsbeziehungen zwischen Kostenstellen existieren, liefert das Treppenverfahren nur eine Näherungslösung.

7.5.2.6 Ermittlung von Zuschlagssätzen

Die ermittelten Endkosten müssen den Kostenträgern zugeordnet werden. Dies geschieht über Zuschlagssätze. Als Bezugsbasen werden für die Fertigungsgemeinkosten der KS3 die Fertigungseinzelkosten, für die Materialgemeinkosten der KS4 die Materialeinzelkosten und für die Verwaltungs- und Vertriebsgemeinkosten der KS5 die Herstellkosten der Fertigung (Fertigungs- und Materialkosten) als geeignet angesehen. Man unterstellt hierbei einen proportionalen Zusammenhang zwischen diesen Größen.

(Fortsetzung)

In unserem Beispiel sind als Materialeinzelkosten in der KS2 $500 \cdot 1.000 = 500.000$ (KS3: $500 \cdot 1.500 + 500 \cdot 1.000 = 1.250.000$) und als Fertigungseinzelkosten der KS2 $500 \cdot 500 = 250.000$ (KS3: $500 \cdot 1.000 + 500 \cdot 500 = 750.000$) angefallen. Material- und Fertigungsgemeinkosten sind die Endkosten der jeweiligen Kostenstelle. Für die Herstellkosten der Fertigung gilt:

Materialeinzelkosten	1.750.000,00 €
+ Materialgemeinkosten (KS4)	40.000,00 €
+ Fertigungseinzelkosten	1.000.000,00 €
+ Fertigungsgemeinkosten (KS2 + KS3)	210.000,00 €
= **Herstellkosten der Fertigung**	**3.000.000,00 €**

Die Tabelle lässt sich nun zu einem so genannten **Betriebsabrechnungsbogen** (kurz: BAB) vervollständigen:

177

12 Voss – ISBN 3-8120-0646-4

	KS 1	KS 2	KS 3	KS 4	KS 5
	var	var	var	var	var
pr. GK	50	80	90	35	10
Umlage KS1	0	+ 20	+ 20	+ 5	+ 5
Umlage KS2	0	0	+ 50	0	0
Gesamtkosten	50	100	160	40	15
Entlastung	– 50	– 50	0	0	0
Endkosten	0	50	160	40	15
Zuschlags-basis		250	750	1.750	3.000
Zuschlags-satz (in %)		20	21,33	2,29	0,50

Die Zuschlagssätze ergeben sich als Quotient aus den Endkosten der jeweiligen Kostenstellen und den Zuschlagsbasen. Der Fertigungsgemeinkostenzuschlagssatz der KS 2 ergibt sich z. B. als Quotient der Endkosten in Höhe von 50 und der Zuschlagsbasis in Höhe von 250: 50 / 250 = 0,20.

$$\text{Zuschlagssatz} = \frac{\text{Endkosten}}{\text{Zuschlagsbasis}}$$

Ein Zuschlagssatz von beispielsweise 20 % in der KS2 bedeutet, dass mit jedem Euro der Bezugsbasis Fertigungseinzelkosten 20 Cent an Fertigungsgemeinkosten anfallen.

7.6 Kostenträgerrechnung

7.6.1 Aufgaben der Kostenträgerrechnung

Die Kostenträgerrechnung beantwortet die Frage, wie teuer die Produktion einer Einheit ist. Aufgrund dieser Information ist es möglich, über die Ermittlung der Herstellkosten eine **Bestandsbewertung** der fertigen und/oder unfertigen Erzeugnisse vorzunehmen. Diese Wertansätze können in die Handels- oder Steuerbilanz übernommen werden und im Rahmen der Kostenträgerzeitrechnung (kurzfristige Erfolgsrechnung) verwendet werden. Durch die **Ermittlung der Selbstkosten** (Herstellkosten zuzüglich anteilige Verwaltungs- und Vertriebsgemeinkosten sowie Sondereinzelkosten der Fertigung) wird eine Kontrolle des Periodenerfolgs möglich.

7.6.2 Kalkulationsverfahren

Es existieren unterschiedliche Kalkulationsverfahren für unterschiedliche Produktionsverfahren (siehe Kap. 6.5). Grundsätzlich lassen sich zwei Grundtypen der Kalkulation unterscheiden: die Zuschlagskalkulation und die Divisionskalkulation, für die jeweils wieder Sonderformen existieren.

7.6.2.1 Elektive Zuschlagskalkulation

Die Zuschlagskalkulation beruht auf einer Trennung der variablen Kosten in Einzel- und Gemeinkosten. Die Gemeinkosten können dann entweder en bloc (summarische Zuschlagskalkulation) oder differenziert (elektive Zuschlagskalkulation) zugeschlagen werden. Im Folgenden wird nur die elektive Zuschlagskalkulation betrachtet.

Die elektive Zuschlagskalkulation passt sich in ihrem Aufbau der Hauptkostenstellengliederung des BAB an. Das Kalkulationsschema sieht wie folgt aus:

Materialeinzelkosten
Materialgemeinkosten
Fertigungseinzelkosten
Fertigungsgemeinkosten
Sondereinzelkosten der Fertigung
= Σ Herstellungskosten
Verwaltungsgemeinkosten
Vertriebsgemeinkosten
Sondereinzelkosten des Vertriebs
= Σ Selbstkosten

Beispiel

In dem vorangegangenen Beispiel (siehe S. 174 ff.) ergeben sich nun folgende Selbstkosten (die Zuschlagssätze wurden im Rahmen der Sekundärkostenrechnung im Betriebsabrechnungsbogen ermittelt):

	P1	P2
Materialeinzelkosten	1.000,00 €	2.500,00 €
Materialgemeinkostenzuschlag (2,29 %)	22,90 €	57,25 €
Fertigungseinzelkosten	500,00 €	1.500,00 €
Fertigungsgemeinkostenzuschlag (20 %/21,33 %)	100,00 €	320,00 €
Sondereinzelkosten der Fertigung	0,00 €	0,00 €
Herstellkosten (je Kostenträger)	**1.622,90 €**	**4.377,25 €**
Verwaltungsgemeinkosten- und		
Vertriebsgemeinkostenzuschlag (0,50 %)	8,28 €	22,32 €
Sondereinzelkosten des Vertriebs	0,00 €	0,00 €
Selbstkosten (je Kostenträger)	**1.631,18 €**	**4.399,57 €**

Die elektive Zuschlagskalkulation kann bei Serien- und Einzelfertigung angewendet werden. Ihr großer Nachteil ist in der fragwürdigen Qualität der verwendeten Zuschlagsgrundlagen zu sehen. Zum einen handelt es sich um Wertgrößen, sodass die

Ausprägung der Zuschlagsgrundlage bewertungsabhängig ist. So kann ein neuer Tarifvertrag für Akkordlöhne schon zu unterschiedlichen Zuschlagssätzen führen, ohne dass sich am Produktionsablauf irgendetwas verändert hat. In diesem Zusammenhang scheinen besonders die Herstellkosten der Fertigung eine schlechte Zuschlagsbasis zu sein. Ihre weitere Verwendung lässt sich nur aus Tradition und Gewohnheit erklären.

7.6.2.2 Divisionskalkulation

Bei der Divisionskalkulation wird eine Aufteilung der Gesamtkosten in Einzel- und Gemeinkosten nicht vorgenommen. Die Gesamtkosten werden vielmehr ohne eine Kostenstellenrechnung auf die Kostenträger verteilt. Als Zuschlagsgrundlage werden die Produkteinheiten verwendet.

> **Einstufige Divisionskalkulation**

Liegt ein Produktionsprozess vor, bei dem nur eine gleichartige Produktart gefertigt wird, dann ist die Kalkulation denkbar einfach: Sämtliche angefallenen Kosten K (wahlweise auf Teil- oder Vollkostenbasis) werden auf die gefertigten Produktionsmengen x verteilt. Die Stückkosten k ergeben sich aus

$$k = \frac{K}{x}$$

Das Verfahren kann bei Massenfertigung eingesetzt werden. Voraussetzung ist aber, dass es keine Lagerbestandsveränderungen an fertigen und unfertigen Erzeugnissen gibt. Deshalb bleibt die einstufige Divisionskalkulation auf wenige Anwendungsgebiete beschränkt, wie z. B. bei der Energieproduktion in Kraftwerken.

Beispiel In einem Kraftwerk wurden in einer Periode 15.000 Kilowattstunden (kWh) Strom produziert, die sofort ins Stromnetz eingespeist wurden. Die Kostenrechnungsabteilung ermittelte Gesamtkosten von 3.000,00 €. Hieraus ergeben sich Stückkosten von:

$$k = \frac{K}{x} = \frac{3.000,00 \text{ €}}{15.000 \text{ kWh}} = 0,20 \text{ €/kWh}$$

> **Mehrstufige Divisionskalkulation**

Um das Problem von Lagerbestandsveränderungen bei ein- und mehrstufigen Produktionsprozessen in den Griff zu bekommen, lassen sich die Stückkosten anhand einer mehrstufigen Divisionskalkulation ermitteln.

Beispiel In einem Unternehmen besteht der Produktionsprozess aus zwei Produktionsstufen (Fertigungsstellen Grundfertigung und Lackierung) und einer Verwaltungs- und Vertriebsstelle. In der Abrechnungsperiode sind in der Grundfertigung 1.000 Stück gefertigt worden, 800 Stück wurden in der Lackiererei bearbeitet, während in der Versand-/Verwaltungs-Stufe 900 lackierte Endprodukte abgesetzt wurden:

Produktionsstufe	Kosten	produzierte Mengen
1. Fertigungsstufe I (Grundfertigung)	42.000,00 €	1.000 Stück
2. Fertigungsstufe II (Lackiererei)	24.000,00 €	800 Stück
3. Versand/Verwaltung	18.000,00 €	900 Stück

Aus den Stückzahlen lässt sich Folgendes ableiten:

Da 1.000 Stück die Grundfertigung durchlaufen haben, aber nur 800 lackiert wurden, folgt daraus, dass 200 unlackierte Stücke auf Lager gingen **(Lagerzugang)**.

Da 800 grundgefertigte Stücke die Lackiererei durchliefen, aber 900 Stück verkauft wurden, liegt ein **Lagerabgang** von 100 Stück vor.

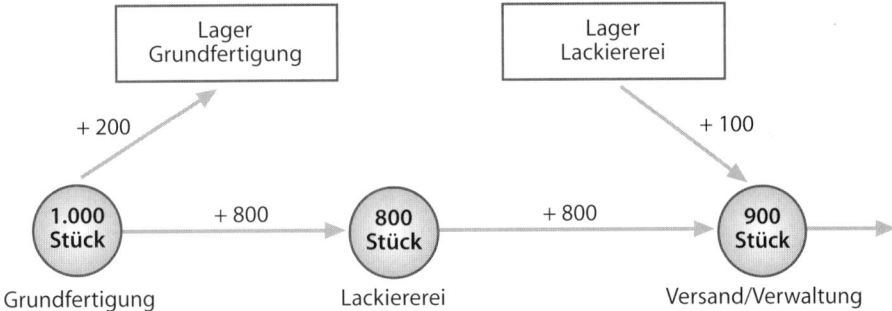

Die mehrstufige Divisionskalkulation berücksichtigt die Lagerbestandsveränderungen folgendermaßen:

$$\text{Stückkosten} = \underset{42,00\ €}{\underbrace{\frac{\overset{\text{Grundfertigung}}{42.000,00\ €}}{1.000\ \text{Stück}}}} + \underset{30,00\ €}{\underbrace{\frac{\overset{\text{Lackiererei}}{24.000,00\ €}}{800\ \text{Stück}}}} + \underset{20,00\ €}{\underbrace{\frac{\overset{\text{Versand/Vertrieb}}{18.000,00\ €}}{900\ \text{Stück}}}} = 92,00\ €/\text{Stück}$$

Diese Vorgehensweise ist aber nur dann richtig, wenn die Lagerbestandsveränderungen zu den gleichen Stückkosten bewertet wurden wie in dieser Periode.

➤ Divisionskalkulation mit Äquivalenzziffern

Die beiden bisher dargestellten Divisionskalkulationsverfahren sind bei Massenfertigung einer Produktart geeignet. Jetzt wird der Fall der Sortenfertigung betrachtet. Es werden mehrere, einander ähnliche Produkte gefertigt, die im Wesentlichen den gleichen Produktionsprozess durchlaufen (z. B. Biersorten oder Zigaretten). Die Kalkulation kann nun mit Hilfe von **Äquivalenzziffern** durchgeführt werden. Die Äquivalenzziffern drücken dabei das Kostenverhältnis der Produktsorten aus.

Beispiel

Ein Unternehmen fertigt zwei Sorten von Tassen: Tassen mit Henkel für den englischen und Tassen ohne Henkel für den japanischen Markt. Der Kostenrechner schätzt, dass sich die Kosten im Verhältnis von 1 : 0,9 verhalten. Das Produkt, das eine Äquivalenzziffer von 1 bekommt, wird als Einheitsprodukt bezeichnet. Insgesamt fielen für die Fertigung von 1.000 Tassen „England" und 800 Tassen „Japan" Kosten von insgesamt 7.200,00 € an.

(1) Produkt	(2) Stückzahl	(3) Äquivalenz- ziffer	(2) · (3) = (4) Standard- einheiten	(3) · 4,19 = (5) Stückkosten
Tasse „England"	1.000	1	1.000	$1 \cdot 4,19 = 4,19$
Tasse „Japan"	800	0,9	720	$0,9 \cdot 4,19 = 3,77$
Summe			1.720	

Die so genannten Standardeinheiten an Tassen ergeben sich aus dem Produkt (Spalte 4) aus den Stückzahlen der einzelnen Sorten (Spalte 2) mit ihrer jeweiligen Äquivalenzziffer (Spalte 3). Die Gesamtkosten von 7.200,00 € werden nun auf die Standardeinheiten umgelegt. Die Stückkosten einer „Einheitstasse" werden ermittelt aus

$$\frac{\text{Kosten}}{\text{Standardeinheiten}} = \frac{7.200,00 \,€}{1.720} = 4,19 \,€.$$

Durch Multiplikation dieser Zahl mit der jeweiligen Äquivalenzziffer ergeben sich die Stückkosten pro Produktsorte (Spalte 5).

➤ Kalkulation bei Kuppelproduktion

Unter **Kuppelproduktion** versteht man die gleichzeitige Erstellung mehrerer Produkte im Produktionspozess aufgrund technischer oder wirtschaftlicher Gegebenheiten. Schematisch lässt sich dieser Zusammenhang folgendermaßen darstellen:

Produktionsfaktoren — PRODUKTIONSPROZESS — Kuppelprodukte

Das unlösbare Problem besteht nun darin, den Kuppelprodukten ihre jeweiligen Kosten zuzuordnen. Die Kostenrechnung versucht dieses Problem mit Hilfe verschiedener Annahmen zu lösen, die zu unterschiedlichen Kalkulationsverfahren führen.

Bei der **Äquivalenzziffernrechnung** mit Hilfe von Marktwerten wird die Annahme getroffen, dass sich die Herstellkosten proportional zu den Marktwerten der Kuppelprodukte verhalten. Der Stückpreis lässt sich dabei als Äquivalenzziffer auffassen.

Anstelle von Marktwerten lassen sich auch technische Maßgrößen, wie z. B. Heizwerte, verwenden. Folgendes Beispiel illustriert eine **Marktwertrechnung.**

Beispiel

In Raffinerien werden aus Rohöl u. a. Schweröl, Leichtöl und Benzine gewonnen. In der Abrechnungsperiode sollen Herstellkosten von 12,4 Mio. € angefallen sein. Es wurden Erlöse von insgesamt 24,8 Mio. € erzielt. Hieraus ergibt sich ein Proportionalitätsfaktor von 0,5, d. h., dass für jeden Euro Erlös 50 Cent an Kosten angefallen sind, was zu folgender Verteilung auf die Produktarten führt:

Produktart	Erlöse (in Mio. €)	Proportionalitätsfaktor	Herstellkosten (in Mio. €)
Schweröl	6,4	0,5	3,2
Leichtöl	8,2	0,5	4,1
Benzine	10,2	0,5	5,1
Summe	**24,8**	–	**12,4**

Wie willkürlich dieses Verfahren ist, wird sofort deutlich, wenn sich z. B. aufgrund von Nachfrageverschiebungen, Exportbeschränkungen der OPEC etc. die relativen Preise ändern. Dies führt zu anderen Herstellkosten, obwohl sich weder an der Produktionsmenge noch am Produktionsverfahren etwas geändert hat.

Die **Restwertrechnung** basiert auf einer Trennung der Kuppelprodukte in Haupt- und Nebenprodukte (evtl. auch Abfallprodukte). Die Herstellkosten ergeben sich dann aus den Gesamtherstellkosten aller Produkte, verringert um die Verkaufserlöse der Nebenprodukte und erhöht um Abfall- oder Entsorgungskosten der Abfallprodukte.

Beispiel

In einem Schlachthaus fallen bei der Schlachtung von 1.000 Rindern Herstellkosten von 125.000,00 € an. Dabei werden die Kuppelprodukte Fleisch (Hauptprodukt), Tierhäute (Nebenprodukt) und Knochen (Abfallprodukt) erstellt. Die Tierhäute können für 20.000,00 € weiterverkauft werden; für die Knochenmasse werden Abfallkosten von 5.000,00 € in Rechnung gestellt. Die Herstellkosten für Fleisch ergeben sich aus folgender Rechnung:

Gesamte Herstellkosten	125.000,00 €
– Verkaufserlöse für Tierhäute	20.000,00 €
+ Abfallkosten	5.000,00 €
= **Herstellkosten für Fleisch**	**110.000,00 €**

7.6.2.3 Prozesskostenrechnung

Bei der klassischen Zuschlagskalkulation erfolgt die Verteilung der Gemeinkosten anhand von Schlüsseln, die oft willkürlich und ohne Bezug zur Kostenverursachung sind. Die Fertigungslohnkosten eignen sich beispielsweise nicht als Basis für die Gemeinkostenrechnung, wenn überwiegend Maschinen im Einsatz sind. Es besteht zwar die Möglichkeit, die Gemeinkosten anhand von Maschinenstundensätzen auf die Kostenträger zu verteilen, einen anderen Ansatz bietet jedoch die Prozesskostenrechnung.

Der Grundgedanke der Prozesskostenrechnung besteht darin, Tätigkeiten oder Prozesse im Unternehmen festzustellen, die durch so genannte Kostentreiber bestimmte Kostensummen hervorrufen. Die Summen werden auf die einzelnen Kalkulationsobjekte anhand der Inanspruchnahme eines Prozesses verteilt. Hierdurch soll eine Planung und Kontrolle der Gemeinkosten sowie eine verursachungsgerechte Kalkulation ermöglicht werden. Die Vorgehensweise bei dieser Methode lässt sich beispielhaft anhand einzelner Schritte leicht verständlich erläutern:

1. Identifikation von Prozessen

Im Unternehmen werden Tätigkeiten analysiert und deren Abfolge zu Prozessen zusammengefasst. Dies ist nicht unbedingt an einzelne Kostenstellen gebunden, sondern kann übergreifend geschehen. Als Prozesse können z. B. die Reklamations- oder Auftragsbearbeitung im Vertrieb oder Kundenbesuche des Außendienstes angesehen werden.

2. Bestimmung von Maßgrößen

Als Nächstes werden Einflussgrößen bzw. Kostentreiber (cost-driver) für den Umfang der Prozesse ermittelt. Als Kostentreiber bieten sich beispielsweise die Anzahl der Reklamationen, Aufträge oder Kundenbesuche an. Cost-driver müssen anschaulich, verständlich und einfach aus dem vorhandenen Informationsmaterial des Unternehmens abzuleiten sein. Des Weiteren sollte ein proportionaler Zusammenhang zwischen Kostentreiber und Beanspruchung der Ressourcen bestehen.

3. Ermittlung der Kosten, der Prozesse und der Planmengen

Angenommen, als Prozess wurde die Reklamationsbearbeitung des Betriebes gewählt: In der Zuschlagskalkulation würden die Kosten auf Basis der Herstellungskosten aufgeschlüsselt. Im Rahmen der Prozesskostenrechnung hingegen werden die Kosten der Reklamationsbearbeitung pro Periode (Prozesskosten), z. B. 1 Mio. €, und die Prozessmenge, z. B. 8.000 Reklamationen, ermittelt.

4. Berechnung der Prozesskostensätze

Die Prozesskostensätze lassen sich wie folgt ermitteln:

$$\text{Prozesskostensatz} = \text{Prozesskosten} : \text{Prozessmenge}$$

In unserem Beispiel ergibt sich: 1.000.000,00 € : 8.000 = 125,00 €. Die Kosten pro Reklamation betragen also 125,00 €.

5. Ermittlung der Kosten für die Kostenträger

Bei der Mikrowelle „Mikromagic" wurden in einer Abrechnungsperiode 100 Reklamationen registriert. Sie bekommt also 100 · 125,00 € = 12.500,00 € als Prozesskosten zugerechnet. Bei einem Periodenabsatz von 200 Stück werden jedem Stück 62,50 € (12.500 : 200) als Kosten der Reklamationsbearbeitung zugerechnet.

Eine besondere **Problematik** stellt die Formulierung von Prozessen dar, da einzelne Tätigkeiten im Unternehmen oft schwer abzugrenzen sind. Bei leistungsmengenunabhängigen Prozessen erbringt diese Art der Kostenumlage keinen methodischen Fortschritt gegenüber der Zuschlagskalkulation. Auch die Genauigkeit und Richtigkeit der Daten ist aufgrund von Schätzungen anzuzweifeln, denn die zur Realisation von bestimmten Prozessmengen benötigten Materialien werden häufig nicht analytisch geplant, sondern durch Interviews mit Kostenstellenleitern ermittelt.

7.7 Kurzfristige Erfolgsrechnung (Kostenträgerzeitrechnung)

Der kurzfristige Erfolg in der Abrechnungsperiode kann anhand des Umsatz- und des Gesamtkostenverfahrens ermittelt werden. Beide Verfahren führen zum gleichen Periodenerfolg.

➤ Umsatzkostenverfahren (UKV)

Das **Umsatzkostenverfahren** setzt an den Umsatzerlösen der Periode an und stellt ihnen die Herstellkosten der abgesetzten Güter (Produkte und Leistungen) und die nicht in den Herstellkosten bereits erfassten Gemeinkosten der Verwaltung und des Vertriebs gegenüber. Zu beachten ist, dass einerseits die Kosten der Lagerproduktion (Lagerzugänge) nicht ausgewiesen werden und andererseits in den Herstellkosten der abgesetzten Produkte auch Herstellkosten vergangener Perioden enthalten sein können (Lagerabgänge).

Herstellkosten des Umsatzes	Umsatzerlöse
sonstige Gemeinkosten	
Gewinn	

➤ Gesamtkostenverfahren (GKV)

Das **Gesamtkostenverfahren** stellt sämtlichen in der Abrechnungsperiode angefallenen primären Kosten die in dieser Periode erstellten Leistungen gegenüber. Die Leistungen können abgesetzte Güter sein, die zu Umsatzerlösen führen, oder Bestandserhöhungen an fertigen/unfertigen Erzeugnissen. Bestandsminderungen sind in der Regel auf einen Absatz der Lagerbestände zurückzuführen und werden deshalb den Umsatzerlösen der Periode gegenübergestellt.

GKV bei Bestandserhöhung:

primäre Kosten der Periode	Umsatzerlöse
Gewinn	Bestands- erhöhungen

GKV bei Bestandsminderung:

primäre Kosten der Periode	Umsatzerlöse
Bestands- minderungen	
Gewinn	

> **Vergleich von UKV und GKV**

UKV und GKV unterscheiden sich in mehreren Punkten, die tabellarisch gegenübergestellt werden:

UKV	GKV
■ Bestandsveränderungen werden nicht ausgewiesen	■ Bestandsveränderungen werden ausgewiesen
■ Gliederung der Kosten in Herstellkosten und sonstige Gemeinkosten	■ Gliederung der Kosten nach Kostenarten
■ Kostenträgerrechnung ist immer erforderlich	■ Kostenträgerrechnung ist nur bei Bestandsveränderungen notwendig
■ UKV ist markt- und absatzorientiert	■ GKV ist produktionsorientiert

7.8 Check-up

7.8.1 Zusammenfassung

```
                                                    ┌─ Grundentgelte
                                  Personalkosten ───┼─ Zusatzentgelte
                                                    └─ Sozialkosten

                                                    ┌─ Festwertverfahren
KOSTENARTENRECHNUNG ─────┬───── Werkstoffkosten ────┼─ Befundrechnung
                         │                          ├─ Fortschreibung
                         │                          └─ Rückrechnung

                         │      kalkulatorische     ┌─ kalk. Abschreibung
                         └───── Kosten ─────────────┼─ kalk. Kapitalkosten
                                                    └─ kalk. Unternehmerlohn
```

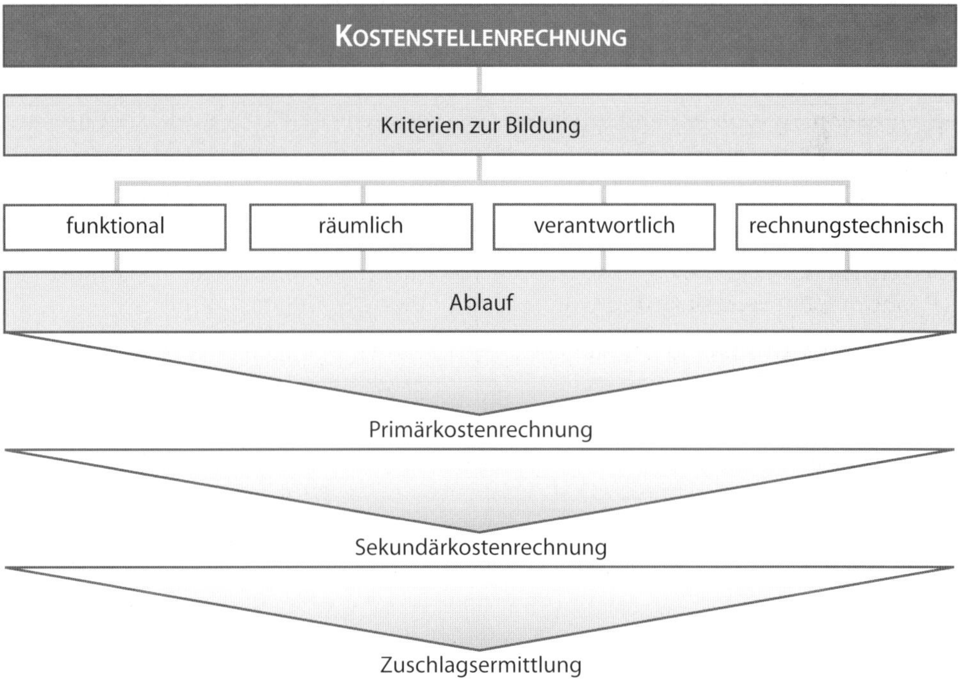

KOSTENSTELLENRECHNUNG

Kriterien zur Bildung

| funktional | räumlich | verantwortlich | rechnungstechnisch |

Ablauf

Primärkostenrechnung

Sekundärkostenrechnung

Zuschlagsermittlung

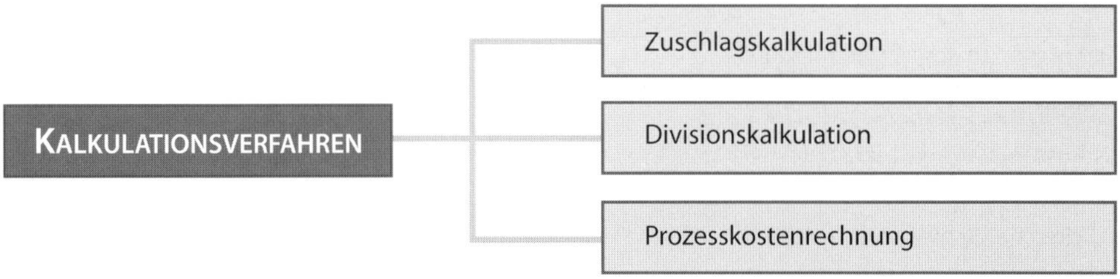

KALKULATIONSVERFAHREN ─────┬───── Zuschlagskalkulation

                           ├───── Divisionskalkulation

                           └───── Prozesskostenrechnung

187

7.8.2   Kontrollfragenblock

1. Beurteilen Sie die folgende Aussage: „Die Kostenrechnung beruht auf rechtlichen Vorschriften."

2. Eine Maschine verursacht Anschaffungskosten von 20.000,00 € und soll vier Jahre lang genutzt werden. Mit einem Restwert wird nicht gerechnet. Wie hoch sind die jährlichen Abschreibungen bei a) linearem und b) arithmetisch-degressivem Abschreibungsverfahren?

3. Welche Kostenarten lassen sich unterscheiden?

4. Die Büroräume eines Unternehmens befinden sich in einem unternehmereigenen Gebäude. Fallen hierdurch trotzdem Mietkosten an und, wenn ja, in welcher Höhe sind sie anzusetzen?

5. Im Rahmen der Kostenstellenrechnung werden zwei Teilrechnungen durchgeführt. Wie heißen sie und welche Aufgabe erfüllen sie jeweils?

6. Wodurch unterscheiden sich Gesamtkosten- und Umsatzkostenverfahren?

7. In einem Wehrtechnikunternehmen beliefen sich die Reparaturkosten im Jahr 2001 auf 60.000,00 €, 2002 auf 80.000,00 € und 2003 auf 70.000,00 €. Wie hoch sind die Normalkosten in dieser Zeit anzusetzen?

8. In welchem Zusammenhang ist der Begriff Äquivalenzziffer von Bedeutung? Was drückt dieser aus?

9. Beschreiben Sie den Grundgedanken der Prozesskostenrechnung!

10. Nennen Sie Einflussgrößen, die die Höhe der Kosten mitbestimmen!

7.8.3   Weiterführende Literatur

Haberstock, L.; Breithäcker, V.: Kostenrechnung I, 11. Auflage, Berlin 2002.

Macha, R.: Grundlagen der Kosten- und Leistungsrechnung, 3. Auflage, Frankfurt/Main u.a. 2003.

Pinnekamp, H.-J.: Kosten- und Leistungsrechnung, 2. Auflage, München 1998.

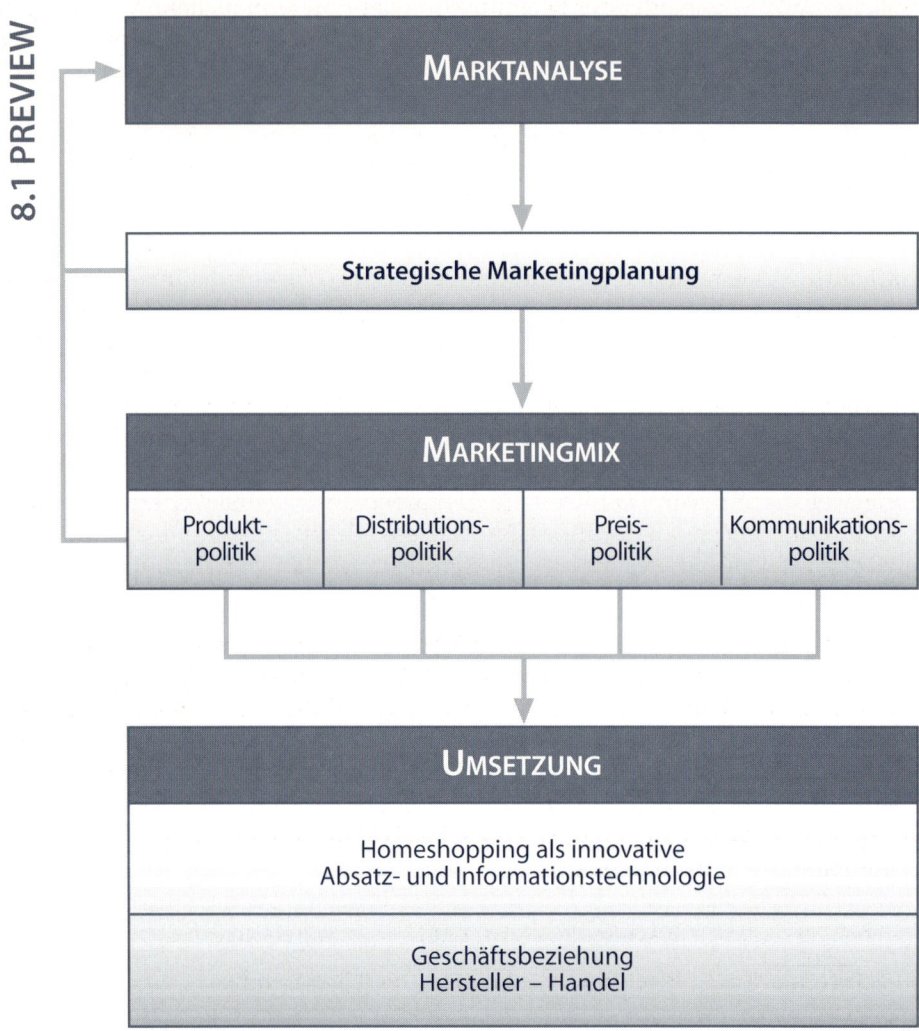

8.2   Problemstellung

Den Begriff **Marketing** (to go into the market) verbinden die meisten Menschen schlicht mit Werbung oder der Beeinflussung des Endverbrauchers. Marketing geht jedoch darüber hinaus. Hierunter versteht man vielmehr die **marktorientierte Führung des Unternehmens,** um aktuelle oder potenzielle Kundenbedürfnisse zu befriedigen. Mit Hilfe dieser Strategie sollen unternehmensspezifische Ziele im gesamtwirtschaftlichen Güterprozess verwirklicht werden. In einer engeren Sichtweise wird Marketing synonym mit **Absatz** gesetzt. In diesem Fall handelt es sich lediglich um einen betrieblichen Teilbereich, der sich mit der Verwertung der beschafften bzw. erstellten Güter im Markt beschäftigt.

Marketing ist als rationale Antwort auf veränderte Marktverhältnisse zu sehen. In Europa setzte diese Entwicklung etwa um die Mitte des 20. Jahrhunderts ein. Bis zu diesem Zeitpunkt herrschte eine „**Knappheitswirtschaft"** vor, die als **Verkäufermarkt** zu charakterisieren war, d.h., die Nachfrage war größer als das Angebot an Gütern und Dienstleistungen. Hierdurch besaß der Verkäufer die bessere Position im Markt, da er alle produzierten Produkte problemlos absetzen konnte. Die Übernachfrage der Konsumenten richtete sich vor allem auf Lebensmittel (Esswelle) und Bekleidung, weil hier aufgrund der Knappheit während des Zweiten Weltkrieges ein hoher Nachholbedarf bestand. Zu dieser Zeit war das Marktwachstum hoch, die Konkurrenz der Industrieunternehmen gering und der Bedarf der Konsumenten relativ undifferenziert.

Der Markt der heutigen Zeit ist als **Käufermarkt** zu bezeichnen, d.h., das Angebot von Gütern ist größer als die Nachfrage. In dieser „**Überflussgesellschaft"** ist eine Ausrichtung der Unternehmensaktivitäten an den Wünschen und Erwartungen der aktuellen und potenziellen Kunden erforderlich, da das Verhalten der Nachfrage in Folge des Überangebotes ein stärkeres Gewicht auf dem Markt besitzt. Aufgrund dieses Tatbestandes kommt es in vielen Märkten zu einem ausgesprochenen Verdrängungswettbewerb, der eine strategische Fixierung des Leistungsprogramms der Unternehmung notwendig macht.

> **Verkäufermarkt: Nachfrage > Angebot → Mangelsituation**
>
> **Käufermarkt: Nachfrage < Angebot → Überangebot**

8.3   Analyse und Bestimmung des Marktfeldes

Ein Unternehmen kann am Markt langfristig nur bestehen, wenn es sich von der Konkurrenz absetzt und Marktentwicklungen früher erkennt als diese. Hierfür ist die Analyse und Planung des Marktes, auf dem man aktiv werden möchte, eine wichtige Voraussetzung. Dies ist für Beschaffungsmärkte genauso unabdingbar wie für Absatzmärkte. Aus diesem Grunde wird im Folgenden die Frage behandelt, auf welche Märkte sich das Unternehmen konzentrieren soll, z.B. regional oder produktspezifisch. Im Englischen wird diese Aufgabe als „**defining the business"** bezeichnet.

8.3.1 Hilfen bei der Marktwahl

Die Produkt-Markt-Matrix nach Ansoff hilft dabei, zukünftige Geschäftsfelder und Produkte zu erkennen und zu bewerten. Dabei lassen sich grundlegende Strategierichtungen anhand von vier **Produkt-Markt-Kombinationen** unterscheiden.

Produkt-Markt-Matrix (Ansoff-Matrix)

Produkte / Märkte	Bisherige Produkte	Neue Produkte
Bisherige Märkte	■ Marktpenetration	■ Produktentwicklung
Neue Märkte	■ Marktentwicklung	■ Diversifikation

Nach Ansoff besitzt ein Unternehmen demnach vier Möglichkeiten. Es kann sich fragen, ob noch Chancen mit den bisherigen Produkten auf den bisherigen Märkten bestehen **(Marktpenetration).** Diese Strategie ist erfolgreich, wenn es dem einzelnen Anbieter gelingt, den Marktanteil zu steigern oder das Marktpotenzial weiter auszuschöpfen, um den Ertrag zu steigern. Dies wäre beispielsweise das Bemühen der Telekom, die Nutzungsintensität des Telefons auszudehnen („Ruf doch mal an"). Bisherige Nichtanwender des Produktes können zudem durch Probepackungen gewonnen werden. Besonders in der Parfümindustrie ist diese Vorgehensweise weit verbreitet.

Bei der **Marktentwicklung** geht das Unternehmen mit den bisherigen Produkten auf neue Märkte. Als Beispiel ist die Expansion von japanischen Autofirmen nach Europa und Amerika zu nennen. Alte Marktgrenzen für das Leistungsprogramm des Unternehmens werden also überwunden.

Die **Produktentwicklung** führt zu einer kompletteren Abdeckung des Bedarfs der bisherigen Kunden, da auf bisherigen Märkten neue Produkte angeboten werden. Hierbei handelt es sich häufig um Me-too-Produkte, d.h. nachgeahmte Produkte wie z.B. das x-te Vollwaschmittel oder der x-te Rasierapparat. So genannte echte Innovationen, d.h. Produkte, die es vorher noch nicht gab, sind seltener anzutreffen. Ein Beispiel war der in den Siebzigerjahren von Sony entwickelte Walkman.

Weitaus risikoreicher als die bislang dargestellten Strategien ist die **Diversifikation** (divers = andersartig), bei der mit neuen Produkten neue Märkte erschlossen werden sollen. Das Unternehmen entfernt sich bei dieser Strategie von seinen bisherigen Tätigkeitsfeldern. Die wesentlichen Gründe für eine Diversifikation sind:
- Wachstumsabsichten des Unternehmens;
- Risikostreuung durch das Anbieten von unterschiedlichen Produkten;
- geringere Krisenanfälligkeit.

Wie kann man nun diversifizieren? Eine Diversifikation kann durch eine Fusion von Unternehmen erfolgen, durch Forschung im eigenen Unternehmen oder durch die Kooperation von unterschiedlichen Unternehmen. Es lassen sich grundsätzlich drei Arten der Diversifikation unterscheiden:

➤ Horizontale Diversifikation

Hierbei wird das bisherige Produktprogramm um verwandte Produkte erweitert. In der Praxis ist die horizontale Diversifikation die am häufigsten gewählte Diversifikationsalternative. Beispielsweise würde ein Babynahrungshersteller nun auch Babykleidung anbieten. Ein praktisches Beispiel liefert die Firma Gilette, die neben Rasierklingen und -apparaten auch Kosmetika in ihr Leistungsangebot aufnahm.

➤ Vertikale Diversifikation

Bei dieser Strategie werden Produkte in das Produktprogramm aufgenommen, die diesem vor- oder nachgeschaltet sind, z. B. der Kauf einer Bierbrauerei durch einen Getränkegroßhandel oder die Eingliederung einer eigenen Stoffweberei in eine Fabrik für Oberbekleidung.

➤ Laterale Diversifikation

Unter der lateralen Diversifikation versteht man den Vorstoß in völlig neue Leistungsbereiche, die mit dem bisherigen Produktprogramm in keiner Weise zusammenhängen. Ein Beispiel hierfür wäre ein Getränkekonzern, der sich im Schiffsbaubereich betätigt. Diese Art der Diversifikation ist die chancen- und risikoreichste Alternative, da kein sachlicher Zusammenhang zum bisherigen Geschäft besteht. Oft wird sie aus unkritischem Expansionsstreben angeregt. So scheiterte z. B. Pelikan bei Diversifikationsprojekten mit Spielwaren und wurde schließlich von der Metro-Gruppe übernommen.

Bei der Darstellungsweise von Ansoff ist kritisch anzumerken, dass die strategischen Gestaltungsalternativen sich lediglich auf Produkte und Märkte beziehen. Die Abnehmer werden bei dieser Betrachtungsweise vernachlässigt. Dies ist verständlich, da Ansoff sein Konzept Mitte der Sechzigerjahre formte, als noch der Verkäufermarkt vorherrschte.

8.3.2 Portfolio-Techniken als Analysehilfe für die Marktsituation

Portfolio-Analysen wurden zunächst in der Finanzwirtschaft von Markowitz (1959: Portfolio Selection Theory) angewandt. Es wurde nach einer optimalen Zusammensetzung eines Wertpapierbündels gesucht, das den privaten Kapitalgebern unter Gewinn- und Risikogesichtspunkten eine bestmögliche Verzinsung des eingesetzten Kapitals garantiert.

Dieser Ansatz wurde auf das Gebiet des Marketing übertragen und leistet Hilfestellung bei der strategischen Marketingplanung des Unternehmens. Es wird nach einem ausgewogenen Produktprogramm gesucht, das die Existenz des Unternehmens sichert. Der Grundgedanke der Portfolio-Analyse wurde in diesem Bereich nicht von Theoretikern formuliert, sondern von einer Unternehmensberatung in den USA, der Boston-Consulting-Group (BCG). Aus diesem Grunde wird die folgende Portfolio-Darstellung (siehe S. 195) auch **BCG-Matrix** oder **Marktanteils-Marktwachstum-Matrix** (Growth-Share-Matrix) genannt.

13 Voss – ISBN 3-8120-0646-4

Bei der Matrix handelt es sich um eine zweidimensionale Matrixdarstellung mit folgenden Variablen:

➤ Relativer Marktanteil

Beim relativen Marktanteil wird der eigene Marktanteil in Bezug zum größten Konkurrenten gesetzt.

$$\text{relativer Marktanteil} = \frac{\text{Marktanteil des eigenen Unternehmens}}{\text{Marktanteil des größten Konkurrenten}}$$

Die Marktforschung (siehe Kap. 9) leistet bedeutende Hilfestellung bei der Datenbeschaffung über die Höhe des eigenen Marktanteils und den der jeweiligen Konkurrenz. Hierbei muss der relevante Markt für das Unternehmen allerdings zuerst abgegrenzt werden. Es stellt sich die Frage, wer überhaupt zur Konkurrenz zu zählen ist. Kann man einen Orangensafthersteller als Konkurrent für einen Cola-Hersteller ansehen? Über solche Sachverhalte muss man sich bei der Abgrenzung Gedanken machen.

Nach der Berechnung des relativen Marktanteils ergeben sich folgende Möglichkeiten:

relativer Marktanteil > 1	Das eigene Unternehmen ist der größte Anbieter auf dem Markt und stärker als alle Konkurrenten.
relativer Marktanteil = 1	Das eigene Unternehmen hat den gleichen Marktanteil wie der größte Konkurrent.
relativer Marktanteil < 1	Das eigene Unternehmen hat einen geringeren Marktanteil als der größte Konkurrent, dieser besitzt eine gewisse Vormachtstellung.

➤ Marktwachstum

Das Marktwachstum wird als Marktwachstumsrate jährlich aus statistischen Untersuchungen gewonnen. Es handelt sich um eine inflationsbereinigte Größe, die auf Schätzungen beruht. Die erwarteten Wachstumsraten ermittelt die interne Marktforschungsabteilung des Unternehmens oder ein externes Marktforschungsinstitut.

Beide Größen erweisen sich als besonders relevant für den Erfolg des Unternehmens. Dafür sind so genannte **Lerneffekte** verantwortlich, denn bei Verdopplung der Produktionsmenge gehen die Stückkosten eines Produktes um 20 bis 30 % zurück. Diesen Zusammenhang fand die BCG bei einer Analyse von zahlreichen Unternehmen im Jahr 1966 heraus. Deshalb sollte ein Unternehmen versuchen, möglichst viele Produktionseinheiten von Produkten zu fertigen. Diese Strategie haben japanische Autohersteller mit Erfolg auf dem europäischen und amerikanischen Markt angewandt. Die japanischen Autos wurden den Verbrauchern sehr preisgünstig angeboten, weil man durch einen höheren Absatz die Kosten verringern wollte.

In die Matrix werden **strategische Geschäftseinheiten** eingeordnet. Unter einer strategischen Geschäftseinheit versteht man eigenständige Bereiche im Unternehmen, die auch als „kleine Unternehmen" im Unternehmen zu bezeichnen sind. Für sie können unabhängig Handlungsstrategien entworfen werden. Henkel verfügt z. B. über die strategischen Geschäftseinheiten Klebstoffe und Waschmittel. Die Position einer Geschäftseinheit wird durch einen Kreis in die Matrix eingetragen, wobei die Größe des Kreises einen höheren oder niedrigeren Umsatzanteil ausdrücken kann.

Die Matrix ist wie folgt aufgebaut: Auf der Ordinate wird das Marktwachstum abgetragen, auf der Abszisse (lat. = Linienabschnitt, Waagerechte im Achsenkreuz) der relative Marktanteil.

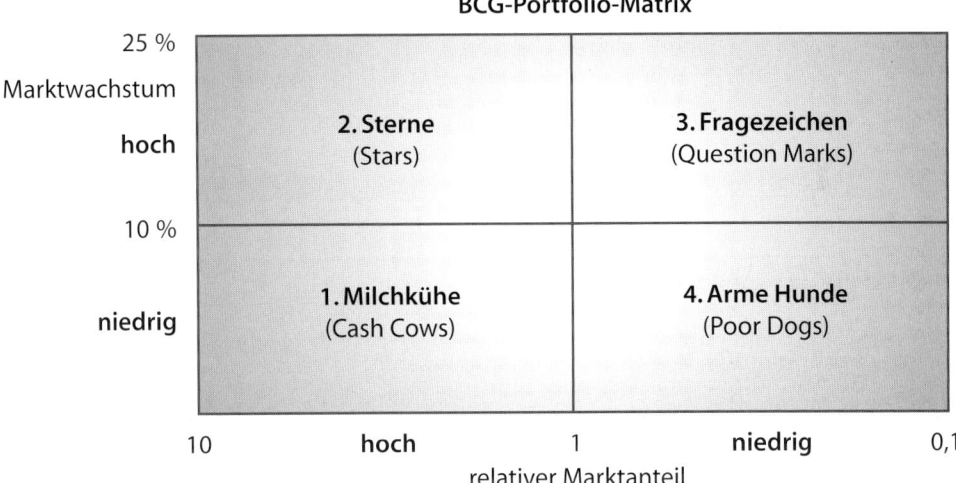

BCG-Portfolio-Matrix

Für die vier Felder der Matrix lassen sich bestimmte Strategien ableiten:

1. Milchkühe

Bei Milchkühen ist der relative Marktanteil hoch, das Marktwachstum aber niedrig. Die Produkte sind in der Regel ausgereift, d. h., sie sind zwar im Augenblick noch profitabel, die Zukunft verspricht allerdings nichts Gutes, da der Markt schrumpft. Trotzdem werden durch die Milchkühe Finanzmittel freigesetzt, die zur Unterstützung eines Sterns oder eines Fragezeichens verwendet werden können. Die Milchkühe können also im wahrsten Sinne des Wortes gemolken werden und sind als solche „Zahlmeister des Unternehmens". Es ist dennoch zu beachten, dass bei den Milchkühen gewisse Ersatzinvestitionen geleistet werden müssen, um die Konkurrenzfähigkeit zu erhalten.

2. Sterne

Die Sterne sind Marktführer auf Märkten mit einer hohen Wachstumsrate. Man kann in ihnen die **Hoffnungsträger** der Unternehmung sehen, da sie die Zukunft des Unternehmens sichern. Es sind starke Investitionen nötig, um die Position der Sterne zu halten oder weiter auszubauen. Aufgrund der starken Marktstellung erwirtschaften die Sterne hierfür jedoch eigene Finanzmittel. Nach einer Zeit (bei nachlassendem Marktwachstum) werden aus den Sternen Milchkühe, die dann ihrerseits „gemolken werden können".

3. Fragezeichen

Zu dieser Kategorie zählen Geschäftsfelder mit einem hohen Wachstum, aber einem geringen Marktanteil. Über die weitere Entwicklung der Produkte kann noch keine nähere Aussage gemacht werden. Damit die Fragezeichen zu Sternen werden, sind gewaltige Investitionen zur Marktanteilssteigerung nötig. Die Finanzmittel werden meist von Milchkühen bereitgestellt.

4. Arme Hunde

Arme Hunde verfügen über ein niedriges Marktwachstum und einen geringen relativen Marktanteil. Es handelt sich um Problemprodukte, bei denen eine Desinvestition angebracht ist, da sie sich meist am Ende ihres Lebenszyklus befinden. Gleichzeitig ist zu beachten, dass diese Problemprodukte dennoch einen hohen Anteil am Umsatz besitzen können.

Ein Portfolio sollte so gestaltet sein, dass ein möglichst großer Anteil an Stars und Milchkühen vorhanden ist, generell sollte in jedem Quadranten mindestens eine strategische Geschäftseinheit vorhanden sein, damit eine gegenseitige Finanzierung gewährleistet wird.

Wie ist die BCG-Matrix zu beurteilen?

Die einzelnen Geschäftseinheiten werden mit Hilfe der Matrix klar abgegrenzt, wobei allerdings ein Problem in der Trennung der beiden Quadranten „hoch" und „niedrig" liegt. Trotzdem wird dem Management der Unternehmung eine leicht verständliche **Denkhilfe** gegeben, aus der sich strategische Alternativen ableiten lassen. Andererseits ist die Vereinfachung sehr stark, denn die Erfolgsfaktoren sind nur auf den relativen Marktanteil und das Marktwachstum beschränkt.

Die Unternehmensberatung **McKinsey** erweiterte die BCG-Matrix aus diesem Grunde auf eine **Neun-Felder-Matrix** mit der Marktattraktivität und den relativen Wettbewerbsvorteilen als Erfolgsfaktoren. Die beiden Erfolgsfaktoren von McKinsey lassen sich in zahlreiche Subfaktoren untergliedern. Durch die feinere Untergliederung verliert die Matrix natürlich auch ein wenig an Übersichtlichkeit.

Zudem ist unklar, welche Produkte unter einer strategischen Geschäftseinheit zusammengefasst werden sollen. Ferner können auch arme Hunde die Gewinnsituation des Unternehmens verbessern oder zumindest einen positiven Deckungsbeitrag vorweisen. Aus relativem Marktanteil und Marktwachstum lassen sich keine Aussagen hierüber ablesen, da bei Lerneffekten eine reine Kostenbetrachtung erfolgt. Durch eine Desinvestition würde sich das Unternehmen unter Umständen erheblich schlechter stellen.

8.3.3 Verhaltensmerkmale der Konsumenten auf dem Markt

Bei der Analyse des Marktes müssen bestimmte prägnante Merkmale der Verbraucher einbezogen werden. Die Konsumenten haben einige in ihren Abläufen wiederkehrende Kennzeichen, die ihr Einkaufsverhalten charakterisieren. Daraus werden grundlegende Ansatzpunkte über die Wirkung von Marketingmix-Instrumenten gewonnen.

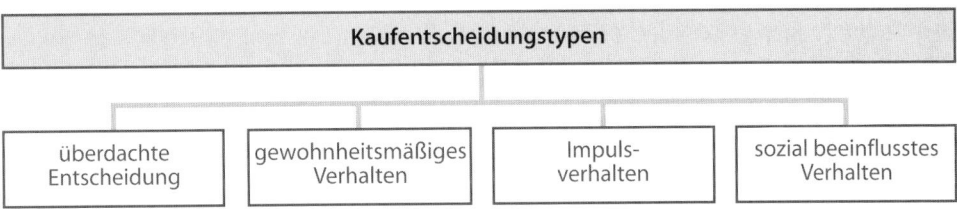

➤ Überdachte Entscheidung

Die überdachte Kaufentscheidung beruht auf langfristigen, bewussten Überlegungen des Konsumenten. Er macht sich zahlreiche Gedanken, ob er ein Gut kauft oder nicht und sucht aktiv Informationen über die anvisierten Produkte. Danach wägt er sorgfältig Vor- und Nachteile eines möglichen Kaufes ab. Die Alternativen werden also rational abgewogen, weshalb die überdachte Entscheidung auch **Rationalverhalten** genannt wird.

Eine solche Entscheidung trifft man nur bei komplexen Produkten, die in der Regel die finanziellen Mittel des Einzelnen stark belasten und dementsprechend selten gekauft werden. Der Kauf eines neuen Autos oder einer Eigentumswohnung sind hier als Beispiele zu nennen. Produkte, die eine hohe finanzielle Mittelbindung verursachen, werden **„specialty goods"** (spezielle Güter) genannt.

➤ Gewohnheitsmäßiges Verhalten

Das gewohnheitsmäßige Verhalten wird durch ein routinemäßiges Verhalten in ähnlichen Kaufsituationen gekennzeichnet. Hier wird auf einen umfangreichen Vergleich von mehreren Alternativen verzichtet und aus Gewohnheit ein Produkt gekauft, an das man sich im Laufe der Zeit gewöhnt hat. Dieses Verhalten ist vor allem beim Kauf von Gütern des täglichen Bedarfs (z. B. Butter, Limo und Milch) anzutreffen. Die Produkte werden häufig gekauft und sind relativ billig. Man bezeichnet sie auch als **„convenience goods"** (Bequemlichkeitsgüter).

> **Impulskauf**

Diese Verhaltensweise beruht wie der Gewohnheitskauf nicht auf komplexen Überlegungen, sondern auf spontanen Eingebungen des Käufers. Ein klassisches Beispiel bilden Artikel, die im Kassenbereich von Supermärkten anzutreffen sind. Der Käufer hat den Kauf dieser Produkte nicht geplant, greift aber spontan zu, weil ihm das Produkt gerade ins Auge fällt. Hierbei kann es sich um Süßigkeiten oder andere Kleinartikel handeln.

> **Sozial beeinflusstes Verhalten**

Beim sozial beeinflussten Verhalten orientiert sich der Käufer an seiner Umwelt. Er kauft ein Produkt, weil es für ihn ein besonderes Prestige besitzt. Es können dem Kauf auch überdachte Überlegungen vorausgehen, letztlich entscheidet der Konsument jedoch nicht rational, sondern aus den genannten Prestigegründen. Seine Entscheidung wird von bestimmten Normen der Umwelt geleitet. Ein Beispiel wäre etwa der Kauf eines sehr prestigeträchtigen Porsches.

8.3.4 Motive des Kaufverhaltens

Motive oder **Bedürfnisse** sind Antriebe des Verhaltens, die das Handeln in bestimmte Richtungen lenken. Sie stellen Bedarfs- oder Mangelgefühle dar, die Antriebe auslösen, um diesen Mangel zu beseitigen. Die Bedürfnisse sollen bei der Erklärung des Käuferverhaltens Hilfestellung leisten.

Der Motivtheoretiker Maslow unterschied als erster bestimmte, aufeinander aufbauende Bedürfnisschichten.

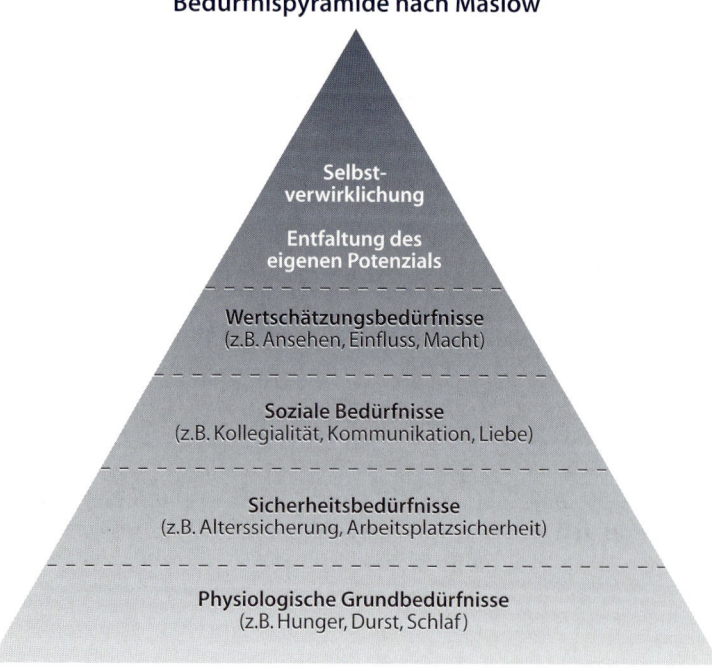

Bedürfnispyramide nach Maslow

Selbst-
verwirklichung

Entfaltung des
eigenen Potenzials

Wertschätzungsbedürfnisse
(z.B. Ansehen, Einfluss, Macht)

Soziale Bedürfnisse
(z.B. Kollegialität, Kommunikation, Liebe)

Sicherheitsbedürfnisse
(z.B. Alterssicherung, Arbeitsplatzsicherheit)

Physiologische Grundbedürfnisse
(z.B. Hunger, Durst, Schlaf)

Maslow erkannte, dass der Mensch zuerst vordringliche Bedürfnisse wie Hunger, Durst und Schlaf befriedigen will, bevor er sich weiteren Motiven zuwendet. Es muss also zunächst das niederste Bedürfnis befriedigt werden, erst dann wird eine höhere Stufe angestrebt. Nachdem das Bedürfnis nach Sicherheit gewährleistet ist, werden gewisse soziale Bedürfnisse angestrebt, z.B. die Pflege von Geselligkeit innerhalb einer Gruppe. Auf den nächsthöheren Ebenen liegen Bedürfnisse nach Selbstachtung (Prestige, Status) und Selbstverwirklichung (Ausschöpfung der eigenen Möglichkeiten). Der Befriedigung dieser Bedürfnisse sind jedoch Schranken gesetzt, denn den nahezu unbegrenzten Bedürfnissen der Konsumenten steht eine begrenzte Geldsumme gegenüber (Bedürfnisse > finanzielle Mittel).

Das Marketing konzentriert sich verstärkt auf die drei obersten Ebenen, da die Erfüllung der unteren Bedürfnisse in der heutigen Industriegesellschaft weitgehend erfüllt sind. Insbesondere der Nahrungsmittelkonsum der Verbraucher ist aus gesundheitlichen Gründen kaum noch zu steigern.

8.4   Marketingmix

Der **Marketingmix** stellt jene Handlungsalternativen dar, die die Unternehmung gegenüber den Konsumenten einsetzen kann, um den Absatz zu steigern. Es handelt sich teilweise um operative, aber auch um strategische Entscheidungen wie die grundlegende Konzeption von Produkten. Der Marketingmix hat vier grundlegende Komponenten, die vornehmlich aus industrieller Sicht formuliert sind: die Produktpolitik, die Distributionspolitik, die Preispolitik und die Kommunikationspolitik. Im angloamerikanischen Raum wird der Mix durch **„vier Ps"** gekennzeichnet, nämlich **p**roduct, **p**lace, **p**rice und **p**romotion.

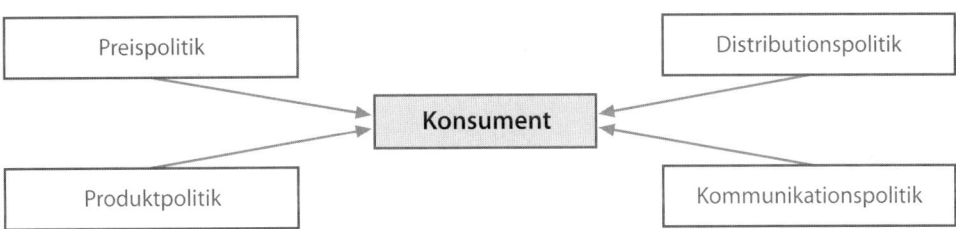

Es ist zu beachten, dass die einzelnen Marketingmix-Alternativen koordiniert einzusetzen sind. Nur durch ein gleichzeitiges Zusammenwirken der einzelnen Elemente entstehen so genannte **Synergieeffekte,** die die Wirkung der Instrumente steigern.

Beispiel

In der Praxis muss der Marketing-Manager also beachten, dass eine Preissenkung auch Auswirkungen auf die anderen Instrumente hat. So wird das Produkt unter Umständen stärker von den Konsumenten nachgefragt. Wenn der Manager nun im Rahmen der Distributionspolitik nicht für einen schnellen Nachschub der Produkte gesorgt hat, dann verpufft die Preissenkungsmaßnahme sehr schnell, weil in den einzelnen Geschäften kein Produkt mehr erhältlich ist. Außerdem müssen die Endverbraucher im Rahmen der Kommunikationspolitik

(z. B. durch Rundfunk- oder Fernsehwerbung) über die Preissenkung informiert werden. An diesem kleinen Beispiel werden schnell die Koordinationserfordernisse deutlich.

Die einzelnen Instrumente des Marketingmix werden nun ausführlich dargestellt.

8.4.1 Produktpolitik

Im Rahmen der **Produktpolitik** wird festgelegt, welche Produkte in dem Unternehmen angeboten werden sollten. Der Entscheidungsbereich der Produktpolitik umfasst also alle Tätigkeiten und Zielsetzungen, die im Zusammenhang mit dem Produkt getroffen werden. Hierunter fallen u.a. Entscheidungen hinsichtlich der Produktqualität und des anzubietenden Kundendienstes.

Die Produktpolitik besitzt eine gewisse **Sonderstellung** im Marketingmix, da letztlich das Produkt der Erfolgsträger des Unternehmens ist und damit die Existenz des Unternehmens sichert. Aus diesem Grund wird die Produktpolitik auch als „Herz des Marketing" bezeichnet.

8.4.1.1 Produktpolitische Maßnahmen

Zu den produktpolitischen Maßnahmen, die dabei helfen, das Produktprogramm des Unternehmens optimal zu gestalten, gehören:

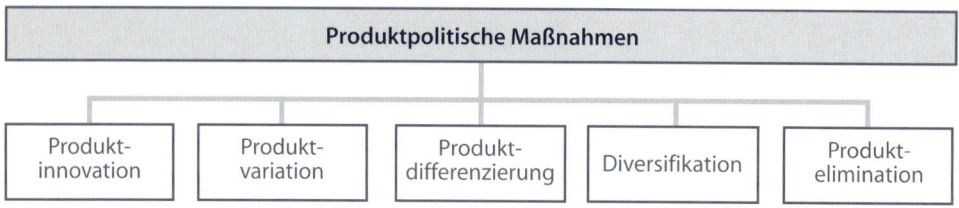

➤ Produktinnovation

Unter einer **Produktinnovation** versteht man die Entwicklung neuer Produkte. Es sind Markt- und Betriebsneuheiten zu unterscheiden. Bei **Marktneuheiten** handelt es sich um Produkte, die für den gesamten Absatzmarkt neu sind, z. B. der von Sony einst eingeführte Walkman. Eine **Betriebsneuheit** ist ein Produkt, das für das einführende Unternehmen, aber nicht für den Markt neu ist, also z. B. als Philipps den Walkman nachgebaut hat.

Es ist jedoch gefährlich, den Markt wahllos mit neuen Produkten zu überfluten, da für die Entwicklung sehr hohe Aufwendungen nötig sind. Augenfällig wird das im pharmazeutischen Bereich, denn bevor Medikamente auf den Markt kommen, ist eine Reihe von kostenintensiven Tests nötig. Besonders im Lebensmittelbereich kommt eine Vielzahl von Neuprodukten auf den Markt, davon sind aber 70–80% meist **Flops** und bestehen nur kurze Zeit am Markt. Die Endverbraucher werden durch die ständig neuen Produkte überfordert. Es existiert also ein hohes Fehlentscheidungsrisiko.

Die Gründe für Flops bei der Produkteinführung sind vielfältig: Infolge unzureichender Planung können z. B. die Einführungswerbung zu früh oder zu spät geschaltet, die Produktpreise zu hoch gesetzt, ein unausgereiftes, mit Mängeln behaftetes Produkt sowie ein unzureichender Service den Konsumenten angeboten werden.

> **Beispiel**
>
> Auch Weltkonzerne sind vor teuren Misserfolgen nicht gefeit. In den Fünfzigerjahren bot Ford das Modell Edsel an, das mit einem extravaganten und ungewöhnlichen Design ausgestattet war. Die Bevölkerung spottete darüber, Frauenverbände protestierten gar gegen den angeblich obszönen Kühlergrill. Nach drei Jahren wurde das Modell mit einem exorbitanten Verlust von ca. 250 Millionen Dollar vom Markt genommen. Die Bildplatte des Unternehmens RCA, die als Filmträger dienen sollte, war ein ähnlicher Flop. Der Videorecorder erwies sich für die Verbraucher einfach als praktischer.

► Produktvariation

Bei der **Produktvariation** erfolgt eine Veränderung eines vorhandenen Produktes, die sich auf ästhetische (z. B. Farbe oder Form), physische (z. B. Veränderung der Geschwindigkeit) oder funktionelle Eigenschaften (z. B. standardmäßige Einführung eines Seiten-Airbags in einer neuen Golf-Variante) beziehen kann. Diese Maßnahmen sollen das Produkt für die Endverbraucher attraktiver machen: Den Kunden soll etwas Neues, aber doch Vertrautes angeboten werden. Das alte Produkt wird nach der Variation vom Markt genommen. Durch diese Maßnahme soll das Produkt wiederbelebt werden, wenn dies erfolgreich ist, spricht man von einem **Relaunch** des Produktes.

> **Beispiel**
>
> Erfolge sind durch eine Variation allerdings nicht vorprogrammiert. Diese Erfahrung machte z. B. der Getränkehersteller Coca-Cola: Aufgrund der zunehmenden Konkurrenz wurde das Colarezept geändert, und eine süßere „New Coke" ersetzte die klassische Coca-Cola. 200.000 Probanden testeten im Vorfeld die neue Cola, was Kosten von vier Millionen Dollar verursachte. Vielen der Versuchspersonen, die nicht wussten, um was es ging, gefiel dabei die neue Geschmacksrichtung. Im Frühjahr 1985 wurde die neue Brause mit großem Werbeaufwand in den USA auf den Markt gebracht, was zu großen Konsumentenprotesten führte. Bürgerinitiativen und „Old Coke-Clubs" riefen dazu auf, die „New Coke" zu boykottieren. Das Image war ihnen offensichtlich wichtiger als der veränderte Geschmack. Nur zwei Monate nach der Markteinführung bot Coca-Cola neben der „New Coke" auch die alte Geschmacksrichtung wieder an. Das Management entschuldigte sich öffentlich und setzte die Originalformel mit dem Slogan „The real thing" wieder ins rechte Licht. Der Erfolg kam zurück, sodass die Coca-Cola-Aktie Anfang 1986 einen neuen Rekordstand an der amerikanischen Börse in New York erreichte.

► Produktdifferenzierung

Bei der **Produktdifferenzierung** wird ein neues Produkt in das vorhandene Produktionsprogramm des Unternehmens aufgenommen, das eine Abwandlung eines bisherigen Produkts des Unternehmens ist. Diese Abwandlung kann sich ebenfalls auf ästhetische oder funktionelle Eigenschaften beziehen. Es ist aber zu beachten, dass bei der Produktdifferenzierung das „alte" Produkt auf dem Markt bleibt. Für die Konsumenten hat dies den Vorteil, dass verbesserte Einkaufsmöglichkeiten bestehen, weil die Auswahl erhöht wurde. Das Unternehmen kann unter Umständen den Umsatz steigern, da verschiedene Verbraucherwünsche befriedigt werden. Dem stehen natürlich die erhöhten Kosten im Produktionsbereich infolge von Maschinenkäufen oder sonstigen Umstellungen gegenüber.

➤ Diversifikation

Hier werden zusätzlich neue Produkte aufgenommen, die auf neuen Märkten angeboten werden (siehe Kap. 8.3.1).

➤ Produktelimination

Das Produktprogramm wird bei der **Produktelimination** eingeschränkt, d.h., es erfolgt eine **Produktaussonderung.** Dies geschieht in zahlreichen Unternehmen aus Rationalisierungsgesichtspunkten. Auf eliminierungsverdächtige Produkte weisen u.a. ein sinkender Umsatz, Gewinn oder Deckungsbeitrag hin.

Bevor das Produkt aus dem Programm der Unternehmung genommen wird, ist allerdings zu prüfen, ob nicht andere Marketingmix-Elemente Abhilfe schaffen könnten. Eine Preissenkung könnte z.B. zu einem höheren Marktanteil oder Gewinn führen. Außerdem wäre eine Produktvariation möglich, um das Produkt an bestehende Kundenbedürfnisse anzupassen. Auch zusätzliche Serviceleistungen (z.B. Verlängerung der Garantie) können das Interesse der Konsumenten wecken.

8.4.1.2 Die Markierung als ausgewähltes Problem der Produktpolitik

Unter der **Markierung** versteht man die betriebliche Produktkennzeichnung, d.h., dass die Verpackung der Produkte oder die Produkte selbst mit einem bestimmten Zeichen (z.B. ein spezieller Name, ein besonderes Symbol oder auffällige Farbkombinationen) versehen werden. Durch diese Maßnahme soll sich das Produkt von der Konkurrenz abheben und für den Konsumenten leicht zu identifizieren sein. Ein klassisches Beispiel ist der Stern als Kennzeichen für den Mercedes.

Es bestehen vier **markenpolitische Strategien:**

■ **Einzelproduktmarken**
   Hier dient die Markierung nur zur Kennzeichnung eines bestimmten Produktes, so kommen z.B. Rama, Botteram und Flora Soft alle aus dem Hause Unilever.

■ **Produktfamilienmarken**
   Als Beispiele für Produktfamilienmarken wäre Nivea (Handcremes und Shampoo usw.) sowie Tesa (Tesa-Film, Tesa-Kleber etc.) zu nennen, d.h., es werden bestimmte Warengruppen markiert, die ähnliche Merkmale aufweisen.

- **Betriebsmarken**

  In diesem Fall wird das gesamte Produktprogramm des Betriebes mit dessen Namen versehen, wie z. B. Dr. Oetker (Cremes, Backpulver, Crème fraîche usw.).

- **Mischformen**

  Ein geeignetes Beispiel für Mischformen ist Ford. Dies ist der Betriebsmarkenname. Fiesta ist ein Produktfamilienmarkenname. Insgesamt ergibt sich der Markenname Ford Fiesta.

Für den Verbraucher bietet die Markierung eine Reihe von Vorteilen. Beim Einkaufen ist für ihn eine gewisse Zeitersparnis möglich. Jeder kennt die Situation, wenn man in den Supermarkt einkaufen geht, um ein paar Papiertaschentücher zu kaufen, weil man Schnupfen hat. Man greift automatisch zu Tempotaschentüchern, denn mit diesem Markenartikel wird eine gewisse Qualität verbunden. Es wird oft nicht von einem Papiertaschentuch, sondern von Tempos gesprochen, egal welcher Hersteller auf der Packung steht. Der Markenname wurde als Begriff für eine ganze Gattung etabliert. Des Weiteren ist das Prestige ein wichtiger Punkt beim Kauf von Marken, man denke nur daran, welches Prestige Autofahrer besitzen, die z. B. einen Ferrari fahren.

Einen Gegenpol zu den klassischen Markenartikeln bilden so genannte **Handelsmarken,** bei denen die Markierung von einem Handelsunternehmen vorgenommen wird. Die Kunden sollen hierdurch an ein bestimmtes Handelsgeschäft gebunden werden. Die Verpackung ist einfach gestaltet oder der eines Markenartikels ähnlich. Dies erlaubt eine schnelle Identifikation des Inhalts. Besonders bei einzelnen Produktgruppen wie Hygienepapieren, Fertiggerichten, Obst- und Gemüsekonserven sowie Tiefkühlkost (einschließlich Speiseeis) eroberten die Handelsmarken Umsatzanteile von 12–15 %. In anderen Ländern (z. B. Großbritannien) besitzen die Handelsmarken im Lebensmittelbereich eine weit bessere Marktstellung als in Deutschland. Im Textilbereich hingegen arbeitet bereits ca. jeder vierte Händler mit Eigenprogrammen, wie „Yorn" von Karstadt, „McNeal" von Peek & Cloppenburg oder „Westbury" und „Signè incognito" aus dem Hause C&A. Dabei handelt es sich nicht nur um preisgünstige Konsum-Labels, sondern auch um qualitätsorientierte Textileigenmarken, die zu Preisen vergleichbarer Markenware abgesetzt werden.

8.4.2 Distributionspolitik

Die Distribution umfasst alle Entscheidungen und Tätigkeiten, die im Zusammenhang mit dem Weg eines Produktes zum Konsumenten anstehen. Im Rahmen der Distribution sind zwei Entscheidungsbereiche zu unterscheiden. Die **akquisitorische Distribution** umfasst die Festlegung des Absatzweges. Als zweiter Bereich ist die **Logistik** zu nennen, bei der Entscheidungen über Transportmittel und -wege sowie im Hinblick auf die Lagerhaltung getroffen werden. Auf diese beiden Bereiche wird im Folgenden eingegangen.

8.4.2.1 Akquisitorische Distribution

Bei der Wahl des Absatzweges ist vornehmlich zwischen direktem und indirektem Absatz zu unterscheiden.

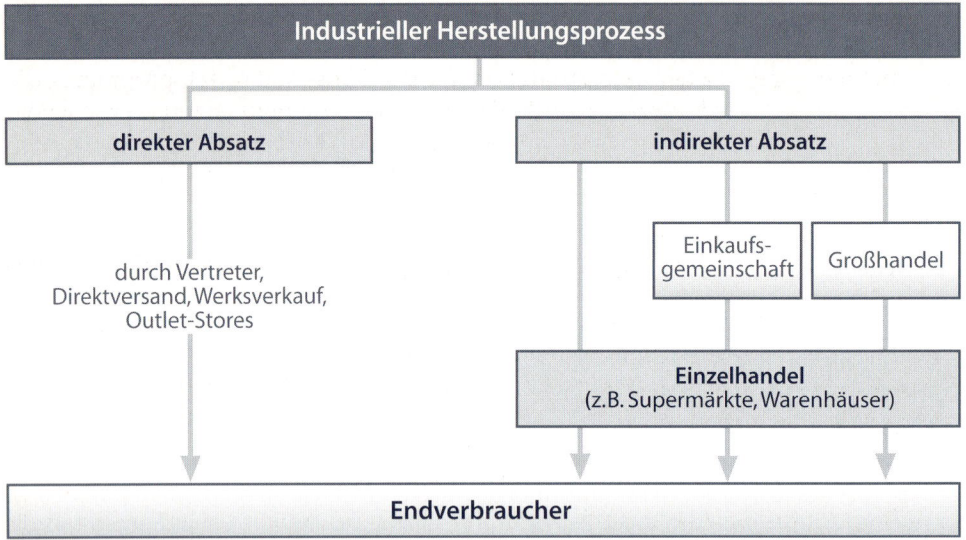

Bei **indirektem Absatz** sind zwischen Hersteller und Endverbraucher Absatzmittler zwischengeschaltet. Nur in diesem Fall kommt es zu einer Geschäftsbeziehung zwischen Hersteller und Handel. Der **direkte Absatz** erfolgt ohne Inanspruchnahme solcher Absatzmittler.

Beispiel

Im Buchhandel existieren verschiedene Ausprägungen des Absatzweges: Einmal werden Bücher direkt vom Verlag bezogen oder sie gehen den Weg über den klassischen Buchhandel mit stationären Verkaufsstellen sowie den virtuellen Buchhandel (z.B. Amazon) mit der Angebotspräsentation im Internet.

Es sind im Wesentlichen vier Faktoren zu nennen, die die **Wahl des Absatzweges** beeinflussen:

➤ Produktspezifische Faktoren

Hierzu zählt besonders bei technischen Geräten die Transportempfindlichkeit. Auch die Lagerfähigkeit und Verderblichkeit bestimmen den Absatzweg, denn schnell verderbliche Produkte können nicht über viele Zwischenstufen gehandelt werden.

➤ Marktspezifische Faktoren

Die Bedarfshäufigkeit des Produktes ist ein wichtiger Faktor. Wenn die Endverbraucher in kleineren Mengen kaufen, werden längere Distributionswege nötig. So haben z. B. Autos und Butter ganz unterschiedliche Bedarfshäufigkeiten. Das Distributionsverhalten der Konkurrenz bestimmt ebenfalls die Wahl des Absatzweges, da vor allem neu in den Markt eintretende Unternehmen sich an das bisherige Verhalten anpassen. Weitere Faktoren sind die Anzahl von Konkurrenzprodukten, die geografische Verteilung und die Gesamtanzahl der Konsumenten.

➤ Unternehmensspezifische Faktoren

Unternehmensspezifische Faktoren sind das Produktions- und Absatzprogramm, die Finanzkraft und Distributionskosten. Selbst großen Automobilkonzernen wie BMW, DaimlerChrysler oder Ford ist es nicht möglich, alle Vertragshändler aufzukaufen und selbstständig zu leiten. Aus diesem Grund sind sie auf eigenständige Händler angewiesen.

➤ Äußere Umweltbedingungen

Der Entwicklungsstand der Volkswirtschaft und die Rechtsordnung (Gesetze) fallen unter diese Kategorie. So dürfen die meisten Medikamente nur in Apotheken mit stationären Verkaufsstellen oder über Versandapotheken verkauft werden. Dies macht einen direkten Absatz unmöglich.

8.4.2.2 Logistik

Entscheidungshilfen über den Einsatz von Transportmitteln bilden so genannte Verfahrensvergleiche. Hierbei werden die Kosten der verschiedenen Transportmittel in Abhängigkeit von der zu verschickenden Menge dargestellt. So sind u.a. Luft-, Bahn- und LKW-Transport zu vergleichen, um die Frage zu klären, welche Beförderungsart die günstigste ist. Die Wahl wird letztendlich auch bei logistischen Entscheidungen von Größe und Finanzkraft der Unternehmung geleitet.

Das Problem der **Lagerhaltung** umfasst Sachverhalte wie klimatische Bedingungen und Spediteurfragen (z. B. ob es für das Unternehmen preiswerter ist, einen Spediteur oder Frachtführer zu beauftragen).

Das Ziel im logistischen Bereich ist, einen bestimmten Lieferservice zu erreichen und zu erhalten. Die Produkte sollen z. B. in unbeschädigtem Zustand und zur gewünschten Zeit zu den Kunden gelangen.

8.4.3 Preispolitik

Mit Hilfe der Preispolitik sollen aktuelle und potenzielle Abnehmer durch Preissenkungen bzw. Preiserhöhungen in ihrer Entscheidung bezüglich des Kaufes von Produkten beeinflusst werden. Hierbei muss generell die Möglichkeit bestehen, die Preise zu variieren. Im Buchhandel ist dies z. B. schwer möglich. Da dort eine Preisbindung besteht, sind Sonderangebote nur in Ausnahmefällen möglich (Ramschverkäufe).

8.4.3.1 Preiselastizität der Nachfrage

Die Preiselastizität der Nachfrage **(η)** besitzt im Rahmen der Preispolitik eine besondere Relevanz. Sie gibt an, wie sich die nachgefragte Menge eines Produktes bei einer Variation des Preises verändert.

$$\eta = \frac{\Delta x}{x} : \frac{\Delta p}{p}$$

Δ **x** gibt die relative Änderung der Menge an, Δ **p** die relative Änderung des Preises; **x** und **p** kennzeichnen die Absatzmengen und Produktpreise vor der Preisänderung.

Beispiel

Der Preis des Produktes Hüp-Brei wird von 8,00 € auf 7,00 € gesenkt. Diese Preissenkung führt zu einer Erhöhung der Absatzmengen von 50 auf 75 Mengeneinheiten. Wie groß ist die Preiselastizität der Nachfrage?

$$\eta = \frac{75 - 50}{50} : \frac{7 - 8}{8} = \frac{25}{50} : \frac{-1}{8} = -4$$

- Relative Mengenänderung = (75 – 50) : 50 = 0,5 = 50 %
- Relative Preisänderung = (7 – 8) : 8 = – 0,125 = – 12,5 %
- Preiselastizität = 0,5 : – 0,125 = – 4

Dies ist wie folgt zu interpretieren: Eine Preissenkung um 12,5 % führt zu einer 50 %igen Mengenerhöhung. Die Mengenänderung ist größer als die Preisänderung. Dies ermöglicht dem Unternehmen eine Umsatzsteigerung (Umsatz = Preis · Menge). Vor der Preissenkung betrug der Umsatz 400,00 € (= 8 · 50), danach 525,00 € (= 7 · 75). Man spricht von einer elastischen Nachfrage. In diesem Fall ist der **Elastizitätskoeffizient** kleiner als –1. Es gibt folgende Möglichkeiten für den Koeffizienten:

–1 ≤ η < 0; 0 < η ≤ 1	Unelastische Nachfrage
–∞ < η < –1; 1 < η < ∞	Elastische Nachfrage
η = 0	Völlig unelastische Nachfrage
–∞; ∞ (–unendlich bis unendlich)	Völlig elastische Nachfrage

Bei unelastischer Nachfrage ist die prozentuale Mengenänderung kleiner als die prozentuale Änderung des Preises. η muss größer als –1 sein. Wenn η genau –1 oder 1 ist, dann ändern sich nachgefragte Menge und Preis um den gleichen Prozentsatz. Es sind zwei Extremfälle zu unterscheiden:

➤ Völlig elastische Nachfrage

Bei einer völlig elastischen Nachfrage kann das Unternehmen bei gegebenem Preis jede beliebige Menge absetzen. Es besteht aber die Gefahr, dass bei einer geringfügigen Änderung des Preises die ganze Nachfrage verloren geht. Eine Preispolitik erscheint nicht möglich. Als eines der wenigen Beispiele aus der Praxis lässt sich hier der Tankstellenbereich in der Stadt nennen. Bei einer geringfügigen Änderungen des Preises wechseln die Autofahrer schnell zur nahe gelegenen Konkurrenz, denn es besteht eine sehr große Transparenz der Preise.

➤ Völlig unelastische Nachfrage

In diesem Fall ist die Absatzmenge bei je-dem Preis die gleiche. Auch hier ist eine Preispolitik sinnlos. Ein Beispiel aus der Praxis sind hier lebenswichtige Medikamente. Es wird jeder (bezahlbare) Preis gezahlt, um das Überleben zu sichern.

Mit Hilfe des so genannten **Triffinschen Koeffizienten** (auch **Kreuzpreiselastizität** genannt) kann die Abhängigkeit der eigenen Preispolitik zur Preisfestsetzung der Konkurrenz gemessen werden. Dabei gibt der Triffinsche Koeffizient **(T)** die Änderung der Nachfrage nach Produkt 1 (x_1) an, wenn der Preis eines anderen Produktes (p_2) verändert wird.

$$T = \frac{\Delta x_1}{x_1} : \frac{\Delta p_2}{p_2}$$

Beispiel

Ein Unternehmen bietet die Babynahrung Hep-Brei an. Die Konkurrenz ist mit dem Produkt Hüp-Brei auf dem Markt. Bei einer Preiserhöhung des Konkurrenten von 4,00 € auf 5,00 € pro Glas Brei ändert sich unser Absatz von 1.000 auf 1.250 Glas Absatz pro Woche. Wie hoch ist der Triffinsche Koeffizient?

$$T = \frac{1.250 - 1.000}{1.000} : \frac{5 - 4}{4} = \frac{250}{1.000} : \frac{1}{4} = 1$$

- Relative Mengenänderung = (1.250 – 1.000) : 1.000 = 0,25 = 25 %
- Relative Preisänderung = (5 – 4) : 4 = 0,25 = 25 %
- Preiselastizität = 0,25 : 0,25 = 1

Dies ist wie folgt zu interpretieren: Eine Preiserhöhung des Konkurrenten um 25 % führt zu einer 25%igen Erhöhung der Absatzmenge für die eigenen Produkte. Da die Preiserhöhung des Konkurrenten Einfluss auf den eigenen Absatz hatte, spricht man von konkurrierenden Produkten. In diesem Fall ist T > 0. Es gibt folgende Möglichkeiten für den Koeffizienten:

T < 0	Produkte stehen nicht in Konkurrenz, sie ergänzen sich vielmehr. Wenn der Preis für Produkt x_2 steigt, dann sinkt auch die Nachfrage nach x_1 (z. B. Autos und Benzin).
T = 0	Keine Konkurrenz der Produkte. Eine Preisveränderung des einen Unternehmens hat keinen Einfluss auf den Absatz des anderen. Beide sind unabhängig.
T > 0	Es liegen konkurrierende Produkte vor, d. h., das teurer gewordene Gut wird durch das billigere ersetzt (wie Butter und Margarine). Je höher der Wert, desto stärker die Konkurrenz.

Die Ermittlung der Preiselastizitäten ist oft problematisch. Sie müssen in einigen Fällen durch direkte Befragung oder Markttests ermittelt werden. In jüngster Zeit leisten geschlossene Warenwirtschaftssysteme des Handels bedeutende Hilfestellung.

8.4.3.2 Preisdifferenzierung

Um weitere Gewinnerhöhungen zu erzielen, greifen manche Unternehmen zum Mittel der Preisdifferenzierung, d.h., ein Produkt (oder eine Dienstleistung) wird unterschiedlichen Kundengruppen zu verschiedenen Preisen angeboten. Voraussetzung hierfür ist, dass sich mindestens zwei Kundengruppen (z.B. Kind und Erwachsener) am Markt trennen lassen.

Außerdem muss die Arbitragemöglichkeit gering sein, d.h., die Märkte müssen zu isolieren sein. **Arbitrage** bedeutet, dass es möglich ist, risikolose Gewinne durch gleichzeitigen Kauf und Verkauf desselben Produkts zu erzielen. Dies ist im Rahmen der Preisdifferenzierung zu verhindern oder weitgehend einzuschränken.

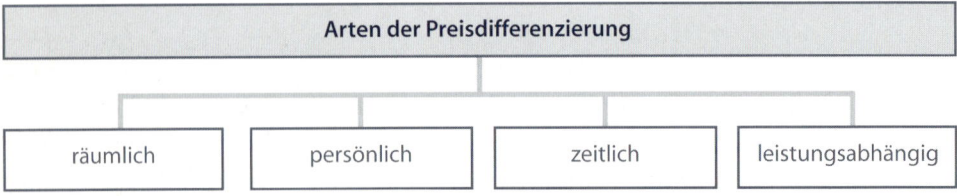

Arten der Preisdifferenzierung

| räumlich | persönlich | zeitlich | leistungsabhängig |

➤ Räumliche Preisdifferenzierung

- unterschiedliche Preise in verschiedenen Ländern oder Regionen (man beachte: es handelt sich nur um eine Preisdifferenzierung, wenn die unterschiedlichen Preise sich nicht auf Transportkosten begründen)
- unterschiedliche Benzinpreise in städtischen und ländlichen Regionen

➤ Persönliche Preisdifferenzierung

- geringere Kinoeintrittspreise für Studenten, Soldaten oder Zivildienstleistende
- billigere Bahntickets für Rentner
- höhere Arzthonorare für Privatpatienten

➤ Zeitliche Preisdifferenzierung

- billiger Nachtstrom und teurerer Tagesstrom
- günstigere Tarifeinheiten beim Telefonieren nach 18:00 Uhr
- Preissenkungen bei Textilien infolge von Rabattaktionen zu bestimmten Jahreszeiten

➤ Leistungsabhängige Preisdifferenzierung

- Preisnachlässe bei sofortiger Barzahlung
- Preisstaffelungen für Theatersitzplätze (z.B. 60,00 € für die 3., aber nur 18,00 € für die 19. Reihe)

■ Selbstabholpreise (Die Pizza Inferno-Scharf kostet 11,00 €, wenn man sie sich per Pizza-Taxi nach Hause bringen lässt, beim Selbstabholen kostet sie nur 9,00 €)

8.4.3.3 Preisvariation

Unter bestimmten Umständen können Preisvariationen in Form von Preiserhöhungen oder -senkungen des Produktpreises erforderlich sein. Mit **Preissenkungen** sollen etwa bestehende Überkapazitäten abgebaut werden. Ebenso wenden Unternehmen Preissenkungen in Zeiten wirtschaftlicher Rezession an, um die Nachfrage zu stimulieren.

Beispiel

In der Automobilbranche gab es in Europa und Nordamerika seit 2001 zahlreiche Aktionen, die mit Preissenkungen verbunden waren. In den USA versuchten die Automobilbauer beispielsweise mit Verkaufsprämien und Sonderfinanzierungen im Wert von 2.000,00 bis 2.500,00 $ pro Auto die Nachfrage zu steigern. Jack Wagoner, Vorstandschef von General Motors (GM), dem größten Autohersteller der Welt, kam zu der Aussage, dass es unter dem Strich viel teurer wäre, die Werke nicht auszulasten als Nachlässe zu geben. Zumindest im Jahr 2002 war diese Strategie für GM erfolgreich, da das Unternehmen mit rund 5,6 Millionen produzierten Autos die Kapazität von 5,8 Millionen beinahe ausgeschöpft hatte. Als Sonderfinanzierung bot GM zusätzlich beim Autokauf eine Null-Prozent-Finanzierung an.

Neben den geschilderten Gründen können auch noch schrumpfende Marktanteile oder Wünsche eines Unternehmens, den Markt durch Kostensenkungen zu beherrschen, für Preisreduktion verantwortlich sein. **Preiserhöhungen** sind meist durch Kostensteigerungen begründet. So passen etwa Tankstellen ihre Benzinpreise zügig an, wenn es zu Preissteigerungen des Rohöls kommt. Werden die Preise nicht erhöht, so führen steigende Kosten ohne ausgleichende Produktionszuwächse zu verminderten Gewinnspannen für die Unternehmen. Auch ein Verkäufermarkt (siehe Kap. 8.2) kann Unternehmen dazu verleiten, ihre Preise zu erhöhen. In diesem Fall sind Unternehmen nicht in der Lage, die Nachfrage vollständig zu decken. Hier kann eine Preiserhöhung bei konstant bleibenden Kosten zu einer exorbitanten Gewinnsteigerung führen. Ein solcher Zusammenhang wird im folgenden Beispiel dargestellt.

Beispiel

	vorher	nachher	Maßnahme/Resultat
Verkaufspreis	20,00 €	21,00 €	Preiserhöhung 5 %
Abgesetzte Menge	10.000 Stück	10.000 Stück	
Umsatz	200.000,00 €	210.000,00 €	
Kosten	100.000,00 €	100.000,00 €	
Gewinn	100.000,00 €	110.000,00 €	Gewinnsteigerung 10 %

8.4.3.4 Preisstrategien bei Neuprodukten

Bei der Einführung von Neuprodukten werden vornehmlich zwei Strategien unterschieden, die Skimming- und die Penetrationsstrategie.

14 Voss – ISBN 3-8120-0646-4

Bei der **Abschöpfungs- bzw. Skimmingstrategie** wird der Preis bei der Einführung von Neuprodukten hoch angesetzt, was den Statussymbolcharakter des Gutes betont. Diese Preisfestlegung eignet sich besonders, wenn die Produkte einen hohen Innovationsgrad besitzen und die Zielgruppe wenig preissensibel ist. Wenn Konkurrenten mit ähnlichen Waren auf den Markt kommen, kann der Preis nach und nach gesenkt werden. Wird die Hochpreispolitik beibehalten, spricht man auch von einer **Premiumpolitik,** bei der die Produkte meist als besonders exklusiv hervorgehoben werden.

Wenn die Einführungspreise niedrig angesetzt werden, liegt eine **Penetrations- bzw. Marktdurchdringungsstrategie** vor. Hierdurch sollen breite Kundenschichten gewonnen und Konkurrenten abgeschreckt werden. Schrittweise Preiserhöhungen oder -senkungen sind im weiteren Lebenszyklus des Produktes nicht ausgeschlossen. Spätere Preiserhöhungen sind oft mit einer Produktvariation verbunden. Diese Strategie eignet sich im Besonderen bei geringen produkttechnischen Vorteilen und zur Unterbietung von bereits etablierten Konkurrenzunternehmen. Werden die niedrigen Preise beibehalten, handelt es sich um eine **Niedrigpreisstrategie,** die zu hohen Absatzzahlen verhelfen und so andere Anbieter vom Markt verdrängen bzw. vom Markteintritt abhalten soll.

8.4.4 Kommunikationspolitik

Die Kommunikationspolitik wird oft mit der Werbung gleichgesetzt, dies ist aber unzutreffend. **Werbung** beinhaltet nur die einseitige Beeinflussung des Konsumenten, während die **Kommunikation** durch einen Nachrichtenaustausch gekennzeichnet ist. Es fließen Informationen vom werbenden Unternehmen zum Endverbraucher und auch zurück. Das Unternehmen kommuniziert also mit den Konsumenten.

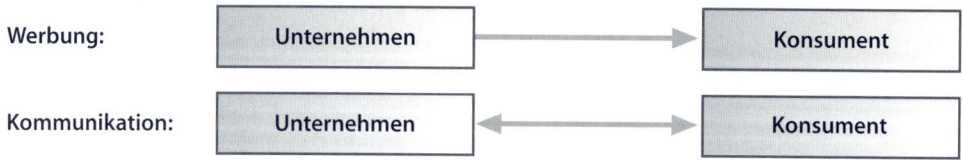

Die Kommunikationspolitik lässt sich in drei Untergebiete unterteilen: die klassische Absatzwerbung und Verkaufsförderung, die Public Relations und der persönliche Verkauf.

8.4.4.1 Klassische Absatzwerbung und Verkaufsförderung

Die **Absatzwerbung** umfasst alle Maßnahmen, die den Konsumenten auf ein Produkt oder eine Dienstleistung aufmerksam machen und Kaufwünsche erzeugen. Hiermit ist die einseitige Beeinflussung des Konsumenten angesprochen. Diese Art der Kommunikationspolitik wurde vor allem in der Zeit der Knappheitswirtschaft bevorzugt. Die Bedürfnisse der Konsumenten waren in dieser Zeit noch zu vernachlässigen, weil die Produkte mit Sicherheit verkauft wurden.

Die Werbeart war eine **Massenwerbung,** die durch Rundfunk- und Fernsehwerbung sowie durch den massiven Einsatz von Printmedien forciert wurde. Auch heute besitzt die Werbung noch ein recht großes Gewicht im Rahmen der Kommunikationspolitik.

In den Jahren 2001 und 2002 herrschte auf dem deutschen Werbemarkt eine Flaute. Die Nettowerbeeinnahmen der traditionellen Werbeträger sanken im Jahr 2001 um 7,2 % und im Jahr 2002 gar um 7,5 %. Von diesem Trend waren besonders Tageszeitungen, Hörfunk, Fernsehen und Fachzeitschriften betroffen. Verantwortlich für diese Entwicklung waren enorme Werbeetatkürzungen bei der Konsumgüter- und Dienstleistungsbranche. Die Computerbranche kürzte ihren Etat im Jahr 2002 um 27 %. Nach Berechnungen des Marktforschungsunternehmens Nielsen Media Research konnte der negative Trend im Jahr 2003 wieder gebrochen werden. So stieg der Umsatz in der Werbebranche um mehr als 2 % im Vergleich zum Vorjahr. Besonderen Anteil an dieser Entwicklung haben die Discounter Lidl, Aldi und Plus, die sich

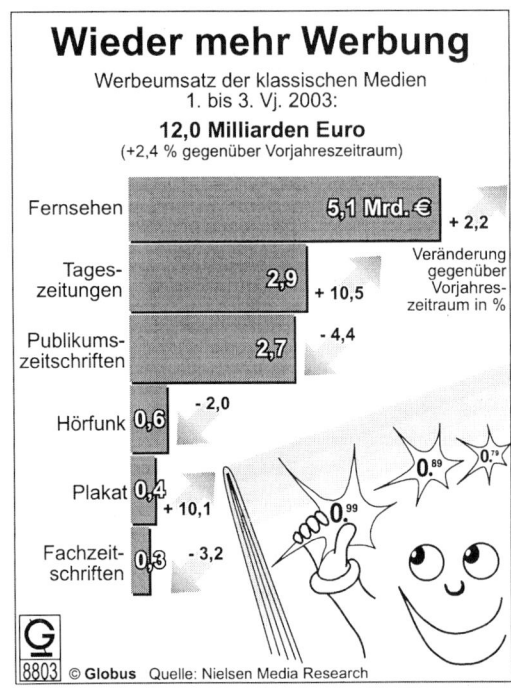

Wieder mehr Werbung

Werbumsatz der klassischen Medien
1. bis 3. Vj. 2003:

12,0 Milliarden Euro
(+2,4 % gegenüber Vorjahreszeitraum)

Medium	Mrd. €	Veränderung gegenüber Vorjahreszeitraum in %
Fernsehen	5,1 Mrd. €	+ 2,2
Tageszeitungen	2,9	+ 10,5
Publikumszeitschriften	2,7	- 4,4
Hörfunk	0,6	- 2,0
Plakat	0,4	+ 10,1
Fachzeitschriften	0,3	- 3,2

© **Globus**   Quelle: Nielsen Media Research

eine Werbeschlacht beim Kampf um Marktanteile leisteten. Nach Analysen von Nielsen Media Research erhöhten sie ihre Werbeetats um rund ein Drittel, woraus vor allem Tageszeitungen Kapital schlugen.

Bei der Werbung sind zwei Formen zu unterscheiden, die Einzelwerbung und die Gemeinschaftswerbung. Die **Einzelwerbung** bezieht sich auf einen einzelnen Betrieb, dieser kann einzelne Produkte oder das Unternehmen als Ganzes bewerben. Bei der **Gemeinschaftswerbung** schließen sich zwei oder mehrere Unternehmen zusammen, um gemeinsam zu werben. Ein Beispiel hierzu war die Werbung von Eckes und Schneekoppe in Toom-Verbrauchermärkten, die unter dem Motto „Toom-Frühstücks-Tipp" eine gemeinsame Werbekampagne starteten.

Von **erweiterter Gemeinschaftswerbung** kann man sprechen, wenn ganze Branchen oder Regionen gemeinsam werben (z. B. „Fleisch aus deutschen Landen", „In Fleisch steckt ein Stück Lebenskraft").

Die Werbung wird häufig kritisiert. Ihr wird vorgeworfen, dass sie den Konsumenten im starken Umfang manipuliert und aus ihm einen „Konsumidioten" macht. Sie wird als „geheimer Verführer" bezeichnet, der den Verbraucher einem „Konsumzwang" oder gar einem „Konsumterror" aussetzt, sodass man schließlich kauft, was man nicht braucht. Dem ist allerdings entgegenzuhalten, dass der Verbraucher weitgehend mündig ist und selber darüber entscheiden sollte, was gut für ihn ist. Trotz intensiver Werbung für alkoholische Getränke oder Zigaretten ist nicht jeder Konsument ein Trinker oder Raucher. Außerdem ermöglicht die Werbung dem Konsumenten, verschiedene Produkte zu vergleichen und auszuwählen.

Die **Verkaufsförderung** unterstützt die Absatzwerbung. Die Endverbraucher werden am Ort des Verkaufs mit speziellen verkaufsfördernden Maßnahmen wie Probierständen direkt angesprochen. Ein Nachteil der Verkaufsförderung liegt sicher in ihrem eher kurzfristigen Charakter. Sie wird besonders bei Produkteinführungen häufig angewandt, um das Produkt bekannt zu machen.

8.4.4.2 Public Relations

Public Relations (PR) wird im deutschsprachigen Raum auch als Öffentlichkeitsarbeit bezeichnet, genauer wäre die Bezeichnung „Beziehungen" zur Öffentlichkeit. Dabei tritt das Unternehmen nicht direkt in Kontakt zum Konsumenten, sondern versucht, in der Öffentlichkeit ein gutes Bild des Unternehmens zu vermitteln. Es geht auf Anregungen der Konsumenten (Öffentlichkeit) ein und lässt diese in betriebliche Entscheidungen einfließen. Ein Beispiel ist die zunehmende Umweltorientierung der Verbraucher, die in der Unternehmensplanung berücksichtigt wird. Man kann die Public Relations also als systematische und sinnvolle Gestaltung der Beziehung zwischen Unternehmen und Öffentlichkeit definieren.

Die Öffentlichkeit wird häufig in homogene (= gleichartige) Zielgruppen unterteilt, die einzeln vom Unternehmen angesprochen werden können. Dies erhöht die Wirksamkeit der Public Relations. Als solche Zielgruppen kommen Arbeitnehmer, Konsumenten oder Lieferanten in Frage.

Das Ziel der PR ist die Gewinnung von Vertrauen, Ansehen und Verständnis für das Unternehmen. Aus diesem Grunde wird die PR häufig als Rufpolitik oder Vertrauenswerbung bezeichnet.

Das Unternehmen kann als Mittel der PR z.B. Betriebsführungen organisieren, die der Öffentlichkeit einen Eindruck vom Betrieb vermitteln, oder Hauszeitschriften an Haushalte der Umgebung liefern, wie die Bayer AG, die die eigene Zeitschrift „Bayer direkt" publiziert. Auch Pressekonferenzen oder Presseführungen sind ein beliebtes Mittel der PR, da die Presse Unternehmensziele und Maßnahmen im Rundfunk und Fernsehen publiziert. Hierdurch entstehen dem Unternehmen geringere Kosten als bei der klassischen Absatzwerbung, zudem wirkt die Botschaft neutraler, weil sie von unabhängigen Dritten kommt. Letztlich wird das Firmenimage verbessert. Es ist allerdings zu beachten, dass negative Publizität genau zum Gegenteil führt.

8.4.4.3 Persönlicher Verkauf

Bei dem **persönlichen Verkauf** kommunizieren Verkaufsorgane der Industrie (z.B. Reisende) direkt mit den Kunden. Dies ist besonders bei erklärungsbedürftigen Produkten nötig, wie z.B. komplizierten Maschinen. Das Unternehmen gewinnt so aussagekräftige Informationen über den Kunden und umgekehrt. Auf diese Weise können langfristige und beständige Geschäftsbeziehungen aufgebaut werden, bei denen stets ein direktes Feed-back (Rückkoppelung) zustande kommt. Nicht nur der Außendienst ist ein Mittel des persönlichen Verkaufs, sondern auch Messeverkauf oder Telefonverkauf. Es ist jedoch zu beachten, dass der persönliche Verkauf sehr kostenintensiv ist.

8.5 Homeshopping als innovative Absatz- und Informationstechnologie im Marketing

Die klassischen Absatzwege der Produkte werden durch den Einsatz von neuen Kommunikationsmöglichkeiten zunehmend erweitert bzw. verändert. Im Folgenden werden der elektronische Handel über den Computer (Electronic Commerce) und das Teleshopping als Absatzalternativen dargestellt. Nach Schätzungen der Kurt Salomon Associates sollen im Jahr 2010 über Electronic Commerce und weitere mediale Vertriebstypen (Katalog, TV-Shopping usw.) mehr als die Hälfte der Non-Food-Einzelhandelsumsätze in den USA abgewickelt werden. Neben den elektronisch unterstützten Medien existiert jedoch noch eine weitere Homeshoppingmöglichkeit: der „traditionelle" Versandhandel mit seinem Katalogangebot.

8.5.1 Teleshopping

Der Einkauf via Fernsehen **(Teleshopping)** hat seinen Ursprung in den Vereinigten Staaten und wurde dort Anfang der Achtzigerjahre erstmals eingesetzt. Bevor er in Deutschland Einzug hielt, war er in anderen europäischen Ländern wie Frankreich und Italien bereits weit verbreitet.

Beim Teleshopping lassen sich zwei Varianten unterscheiden: Bei der ersten Variante wird das Produkt mit einer Dauer von ein bis zwei Minuten in Form eines **Verkaufsspots** im Fernsehen eingeblendet. Der Werbespot ist also weitaus länger als die herkömmlichen, 30-sekündigen Fernsehwerbungen. In einer anderen Form werden mehrere Produkte in einer **Verkaufsshow** in unterhaltender, lebendiger Art angeboten. Die Shows, bei denen Eigenschaften und Vorteile von mehreren Produkten geschildert werden, können 30 Minuten und länger sein. Unter Umständen nimmt ein Moderator mit einem Publikum im Zuschauerraum oder am Telefon Kontakt auf.

Bei beiden Alternativen des Teleshoppings kann der Nachfrager die Waren über eine eingeblendete Telefonnummer in der Regel gebührenfrei bestellen. Teilweise erfolgt ein Hinweis, wie lange die Anrufe entgegengenommen werden, z. B. rund um die Uhr. Im Rahmen des Werbespots wird manchmal dem Konsumenten eine längerfristige Test- oder Rücknahmegarantie eingeräumt, um die Attraktivität des Produktes zu erhöhen.

8.5.2 Electronic Commerce

Als **Electronic Commerce** (oder kurz: E-Commerce) wird der Handel über Online-Dienste, meist über das Internet bezeichnet. Er umfasst die vollständige elektronische Abwicklung der Geschäftsprozesse, von Werbemaßnahmen über die Geschäfts-anbahnung bis hin zum Vertragsschluss, einem Nachkaufservice und Aktionen zur Kundenbindung. Die Bestellung der Waren- und Dienstleistungen per Internet erfolgt mit Hilfe der Tastatur und des Bildschirms.

Das **Internet** ist ein integrativer Bestandteil des Electronic Commerce. Es stellt ein System aus vernetzten Computern dar, die so miteinander verbunden sind, dass ein Datenaustausch realisiert werden kann. Geografische Distanzen gibt es auf dieser globalen Datenautobahn ebensowenig wie eine Zentralverwaltung oder oberste Behörde.

Im **Internethandel** dominieren Waren, die wenig erklärungsbedürftig sind und meist aufgrund von Preisvergleichen gekauft werden: Musikträger, EDV-Produkte, Standardtextilien, Sportartikel oder Bücher. Für den Internetverkauf bieten sich zudem alle Produkte an, die sich im bisherigen Sortiment der Versandhändler befinden. Den Spitzenplatz auf einer Beliebtheitsskala belegen nach einer Umfrage der Arbeitsgemeinschaft Internet Research (AGIREV) die Bücher. Von 100 Internet-Shoppern haben im Jahr 2003 rund 43 Bücher per Internet bestellt. Musik-CDs kommen noch auf den beachtlichen Anteil von 34 %.

Ein Unternehmen kann jedoch in der Regel erst im WWW (zum Begriff siehe auch Kap. 9.4.1.2) auftreten, wenn es eine **Homepage** besitzt, d.h. eine Empfangs- oder Übersichtsseite eines WWW-Angebotes. Auf dieser Website kann ein kompletter Online-Auftritt eines Anbieters erfolgen. Werbung und Verkäufe werden ebenso ermöglicht wie die direkte Kommunikation mit Kunden, Geschäftspartnern und dem Staat über E-Mail.

Für mittelständische Betriebe besteht z. B. die Möglichkeit, durch ein **„Server-Sharing"** im Internet präsent zu sein: Dabei handelt es sich um Sammeladressen, die sich entweder über Werbung, Miete oder über Provision bei Verkäufen finanzieren. So kann ein Netzeintritt für kleinere Unternehmen erst einmal vorsichtig erprobt werden.

Bereits beim Bildschirmtext bzw. Videotext konnte sich der Kunde über eine Kombination aus Fernseher und Telefon ein Warenangebot anschauen und bestellen. Diese Form der Kundenansprache kann man als Vorläufer der Homepage bezeichnen. Inwieweit ein Internet-TV eingesetzt werden kann, bleibt abzuwarten.

8.5.3 Vor- und Nachteile des Homeshoppings

➤ Vorteile des Homeshoppings

Der Kunde ist beim Homeshopping nicht an die Ladenschlusszeiten gebunden und kann seine Bestellung zu jedem beliebigen Zeitpunkt „bequem vom Sessel aus" aufgeben. Auseinandersetzungen mit genervten, teilweise überforderten Verkäufern entfallen ebenso wie lästige Wartezeiten an der Kasse. Die Transaktionskosten werden durch den Wegfall von Wegzeiten, dem Einkaufsvorgang und Parkplatzsorgen verringert.

Beim Kauf über das Internet erfährt der Verbraucher durch zielgerichtete Werbe-, Sortiments- und Servicemaßnahmen eine verbesserte Kundenpflege. So kann er z. B. seinen eigenen PC konfigurieren und bekommt genau das Gerät, das zu seinen Anwendungen passt.

Ein weiterer Effekt des Internetangebotes ist die Transparenz der Preispolitik des Unternehmens für Kunden und Konkurrenten, da Preisvergleiche durch den Besuch der jeweiligen Homepage schnell und problemlos möglich sind. Ein **virtueller Agent,** d. h. ein Softwareagent, der mit bestimmten Nachfragewünschen programmiert wird, um sich auf die Suche nach der besten und preiswertesten Lösung durch virtuelle Datennetze zu begeben, kann die zeitintensive Suche verkürzen. Auf diesen hochtransparenten Märkten werden daher regionale Preisdifferenzierungen nur schwer realisierbar sein. Fraglich ist jedoch, ob nicht „Äpfel mit Birnen" verglichen werden, da direkte Preisvergleiche nur bei identischen Gütern möglich sind.

➤ Nachteile des Homeshoppings

Der Verbraucher kann die gewünschte Ware beim Homeshopping zwar jederzeit bestellen, die Lieferung der (oft bereits bezahlten) Artikel kommt aber oft nicht oder mit großen Verzögerungen an. Erfolgt die Lieferung per Post oder Kurierdienst, dann wird die Ware meist um die Mittagszeit geliefert. Handelt es sich beim Besteller um einen berufstätigen Single, ist niemand zu Hause, wenn der Postbote oder der Kurier klingelt. Die Päckchen müssen in diesem Fall bei der Post selbst abgeholt werden, die die Zahl ihrer Filialen fortwährend verringert. Die Wege können also durchaus länger werden als beim direkten Kauf im stationären Handel. Dazu werden die Preisvorteile der Lieferung teilweise durch Nachnahmekosten aufgehoben.

Eine zügige Bearbeitung der Reklamationen ist nicht selbstverständlich. Sie werden gar nicht oder erst nach Monaten bearbeitet. Im Internet informieren beispielsweise nur ein Drittel der Händler über konkrete Beschwerdemöglichkeiten. Aus diesem Grund wissen die Verbraucher meist nicht, wohin sie sich wenden können, wenn die bestellte Ware fehlerhaft ist oder nicht ankommt. Beim Teleshopping werden dem Verbraucher durch den Werbespot zwar oft umfangreiche Rücknahmegarantien eingeräumt. Über den genauen Ablaufmodus bleibt der Kunde jedoch desinformiert.

Weitere Nachteile sind:
- Das Produkt wird nicht wirklich naturgetreu wiedergegeben (Farben, Größe, Modell usw.).
- Der Kunde kann sich bei seiner Meinungsbildung über die Produktqualitäten nur auf den Sehsinn verlassen, denn Parfüm lässt sich beim Homeshopping nicht riechen, Textilien nicht ertasten und Wein nicht schmecken.
- Vereinsamung: Die Vermittlung sozialer Kontakte lässt sich nur schwer gestalten.
- Einkaufsspaß geht verloren.
- Es entstehen hohe Telekommunikationskosten.
- Es gibt unterschiedliche Garantiezeiten und Gewährleistungsansprüche bei Käufen im Ausland.

8.6 Formen von Geschäftsbeziehungen zwischen Hersteller und Handel im Rahmen des Marketing

Die Geschäftsbeziehungen zwischen Hersteller (Industrie) und Handel stellen ein Themengebiet dar, das im Marketing zunehmend in den Mittelpunkt des Interesses rückt. Geschäftsbeziehungen können straff oder weniger stark organisiert sein. Im Anschluss werden einige Alternativen dargestellt, die auch in der Praxis eine große Relevanz besitzen. Die Punkte 1–6 (Punkt 6 stellt einen Grenzfall dar) kennzeichnen den indirekten Absatz, Punkt 7 den direkten Absatz.

1. Kurzfristige vertragliche Vereinbarungen mit dem Handel	**Steigender**
2. Lockere Kooperationen mit einem schwachen Verbindlichkeitsgrad für beide Partner	**Bindungsgrad**
3. Mittelfristige Absprachen und Rahmenvereinbarungen zwischen Hersteller und Handel (Jahresgespräche)	**und**
4. Strategische Partnerschaften und Netzwerke zwischen Industrie und Handel	**verstärkte**
5. Vertragliche Vertriebssysteme	**Abhängigkeit**
6. Handelsbetriebe als gebundener Anweisungsvertrieb des Herstellers	**für beide**
7. Direktvertrieb	**Partner**

8.6.1 Kurzfristige bis mittelfristige Absprachen und Rahmenvereinbarungen

Hierbei arbeiten Industrie und Handel ohne starken Bindungsgrad in der Absatzkette zusammen. Beide Partner besitzen rechtliche und wirtschaftliche Selbstständigkeit.

Jahresgespräche dienen der Koordination der Jahresplanung zwischen Hersteller und Handel. Beide entsenden zu den Gesprächen hochgestellte Entscheidungsträger (z. B. den Zentraleinkäufer des Handelsunternehmens). Es werden mittelfristige Maßnahmen vereinbart (wie z. B. Sonderangebote des Handels) und gegenseitige Anregungen gewonnen. Besonders in der Lebensmittelbranche sind die Jahresgespräche weit verbreitet.

Von Seiten der Industrie wird allerdings oft das „Konditionsinferno" bedauert, dass der Handel bei diesen Gesprächen fordert. So existieren weit über siebzig verschiedene Rabattforderungen, die den Industriemanagern manch ruhige Stunde rauben. Als Beispiele wären zu nennen: Anschubvergütungs-Rabatt, Ost-Rabatt, Wagon-Rabatt und Zielstrategie-Rabatt.

8.6.2 Strategische Allianzen zwischen Hersteller und Handel

Im Rahmen der **strategischen Allianz** teilen Hersteller und Handel interne und externe Daten und/oder Politik, Ressourcen und Verfahrensweisen, um den beiderseitigen Nutzen zu erhöhen. Die Zusammenarbeit ist relativ intensiv, die Partner bleiben jedoch rechtlich selbstständig, eine wirtschaftliche Abhängigkeit ist aber vorhanden. Der Informationsaustausch erlaubt es, Kosten im Absatzkanal zu minimieren; so können Bestelldaten von einzelnen Einzelhandelsgeschäften z. B. direkt zum Hersteller übermittelt werden und müssen nicht den Umweg über die Handelszentrale gehen. Eine solche strategische Allianz im Vertrieb besteht in den USA zwischen Procter & Gamble und der Supermarktkette Wal-Mart.

8.6.3 Vertragliche Vertriebssysteme

Vertragliche Vertriebssysteme kommen planmäßig zustande und sind auf Dauer angelegt. Zwischen Hersteller und Handel besteht eine Verhaltensabstimmung, die durch vertragliche Vereinbarungen festgelegt wird. Beide Kontrahenten bleiben bei dieser Zusammenarbeit rechtlich selbstständig.

Für das Entstehen von vertraglichen Vertriebssystemen gibt es mehrere Gründe. Ein Grund liegt in der Eigenschaft des Absatzgutes begründet. So dürfen Medikamente grundsätzlich nicht im Supermarkt, sondern nur in Apotheken verkauft werden. Dies bedeutet, dass bestimmte Absatzmittler vom Verkauf ausgeschlossen sind. Im Fall von Medikamenten ist z. B. unter Umständen eine besondere Beratung der Kunden nötig, die in Supermärkten nicht möglich wäre. Des Weiteren dienen vertragliche Vertriebssysteme dazu, Imageschädigungen zu vermeiden. Als Beispiel ist Mercedes zu nennen, deren Produkt eine besondere Exklusivität ausstrahlt. Dieses Image muss ein Händler weitervermitteln. Ein „schlampiger" Händler macht ein solches Image zunichte.

Die Auswahl der Händler erlaubt dem Hersteller eine Festsetzung von einheitlichen Preisen und einen Einfluss auf die Präsentation von Waren. Dem Händler ist damit eine sichere Handelsspanne garantiert, wobei er sich allerdings schwerlich von der Konkurrenz abheben kann. Zudem ist seine Möglichkeit, ein eigenes Marketing zu betreiben, stark eingeschränkt, da enge Vorgaben von Seiten des Herstellers bestehen.

Vertriebsbindungen können zeitlicher Natur sein oder sich auf den Vertriebsweg beziehen.

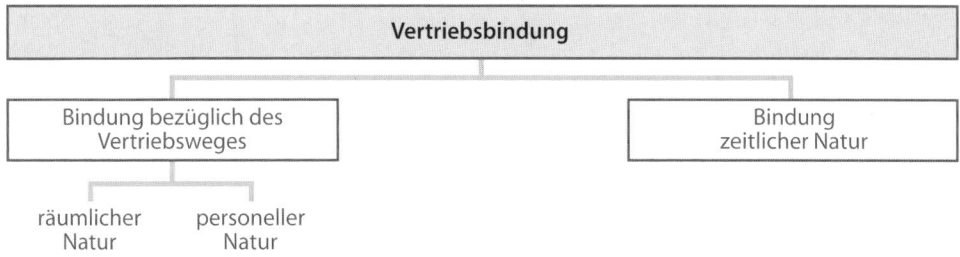

Ein Beispiel für eine Bindung zeitlicher Natur sind Einschränkungen bezüglich der Vertriebszeit von Auslaufmodellen im Automobilhandel.

Bei der Bindung bezüglich des Betriebsweges sind zwei Ausprägungen zu unterscheiden, eine räumliche und eine personelle Bindung. Bei der **räumlichen Bindung** wird der Vertrieb auf bestimmte Absatzgebiete beschränkt. Dies erfolgt durch **Gebietsschutzklauseln,** d.h., jedem Händler ist ein bestimmtes Gebiet vertraglich zugesichert. Bei **Bindungen personeller Natur** wird der Vertrieb des Händlers auf bestimmte Abnehmerkreise beschränkt. Ein Beispiel bilden Markenartikelhersteller, die ihre Großhändler dazu verpflichten, ihre Waren nur an den besonders qualifizierten Fachhandel weiterzuverkaufen.

Es lassen sich vor allem drei Formen vertraglicher Vertriebssysteme unterscheiden: Alleinvertriebssysteme, Vertragshändlersysteme und Franchisesysteme.

8.6.3.1 Alleinvertriebssysteme

Beim **Alleinvertriebssystem** teilt der Hersteller das Absatzgebiet in mehrere Teilgebiete auf. Den einzelnen Händlern werden Alleinvertretungsrechte für einen regionalen Teilmarkt zugebilligt. Es sind zwei Arten des Alleinvertriebes zu unterscheiden:

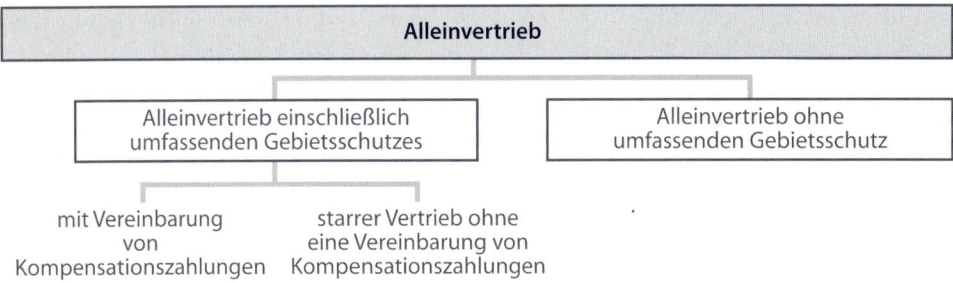

Bei einem umfassenden Gebietsschutz obliegt dem Händler die alleinige Vertretung der Produkte des Herstellers innerhalb des abgegrenzten Gebietes. Dem Hersteller ist ein direkter Absatz in diesem Gebiet strikt untersagt. Unter Umständen kann diese starre Regelung durch eine Vereinbarung von **Kompensationszahlungen** gemindert werden. Kompensationszahlungen sind in der Höhe der entgangenen Erträge anzusetzen, die der Händler infolge eines Direktvertriebes des Herstellers erleidet.

Alleinvertriebssysteme, die einen umfassenden Gebietsschutz beinhalten, waren lange Zeit insbesondere in der Kfz-Branche anzutreffen. Aufgrund einiger prägnanter Nachteile ging die Bedeutung stark zurück. So ist der Erfolg (Gewinn) des Herstellers allein vom Händler abhängig, dem ein geschütztes Gebiet zugesichert war. Kunden, die mit dem Händler unzufrieden waren, gingen dem Hersteller verloren. Aufgrund dieser Nachteile haben Alleinvertriebssysteme ohne umfassenden Gebietsschutz sowie Vertragshändler- und Franchisesysteme zunehmend an Bedeutung gewonnen.

8.6.3.2 Vertragshändlersysteme

Vertragshändlersysteme sind wie Alleinvertriebssysteme auf Dauer angelegt. Man kann den **Vertragshändler** als integriertes Glied im Vertriebsnetz des Herstellers ansehen. Er vertreibt die Waren des Herstellers als selbstständiger Gewerbetreibender in eigenem Namen und auf eigene Rechnung. Der Hersteller unterstützt seinerseits diese Tätigkeit durch Verkaufsförderungsmaßnahmen, einen umfassenden Beratungsdienst sowie eine umfangreiche Versorgung mit Ersatzteilen. Der Händler hat die Pflicht, seinen Betrieb nach Lage, Größe und Ausstattung dem Image der Vertragsware des Herstellers anzupassen. Es steht ihm also nicht frei, das Geschäft nach seinem eigenen Willen einzurichten, da ein bestimmter Standard vorgegeben ist. Vertragshändlersysteme sind z. B. in der deutschen Automobilindustrie bei VW/Audi (VAG) und Opel sowie bei einigen Mineralölgesellschaften anzutreffen.

8.6.3.3 Franchisesysteme

Seit dem 17./18. Jahrhundert wurde der Begriff **Franchising** in den USA und Großbritannien in Zusammenhang mit der Vergabe von staatlichen Nutzungsrechten an Privatunternehmen, die diesen eine Monopolstellung gewährte, verwandt. Im Gegenzug hierfür musste eine Gebühr entrichtet werden. Diese Art des Franchising fand in den USA vor allem beim Eisenbahnbau Anwendung. Der Gedanke des Franchising ist jedoch weit älter, denn bereits im Mittelalter wurden Markt- und Messerechte, so genannte „lettres de la franchise", an Kaufleute vergeben.

Die begriffliche Bedeutung des Franchisings wurde im Lauf der Zeit ausgedehnt und bezeichnet nun eine **kooperative Zusammenarbeit** zwischen zwei Vertragspartnern, z. B. Hersteller und Handel. Bei einem Franchisesystem bleibt der Händler rechtlich selbstständig. Ihm wird gegen Entgelt das Recht eingeräumt und die Pflicht auferlegt, genau vorbestimmte Sach- und Dienstleistungen an den Konsumenten zu verkaufen. Bei diesem Verkauf ist der **Franchisenehmer** (Händler) an den Namen, das Warenzeichen und die Ausstattung des **Franchisegebers** (Hersteller) gebunden.

> **Grundlegende Merkmale des Franchisings**

- eine umfangreiche vertragliche Grundlage;
- Bereitstellung eines umfassenden Beschaffungs-, Absatz- und Organisationskonzepts des Herstellers;
- Nutzungsrechte (z. B. Firmen- oder Markenname des Herstellers) für den Franchisenehmer gegen Entgelt (z. B. Eintrittsgebühr, Umsatzanteile als Lizenzgebühr, Werbegebühren);
- langfristige Zusammenarbeit;
- ein garantiertes Verkaufsgebiet für den Händler (Gebietsschutz);
- rechtliche Selbstständigkeit des Franchisenehmers;
- Anweisungs- und Kontrollrechte des Herstellers;
- Unterstützung des Franchisenehmers bei Aufbau und Führung des Betriebes (z. B. bei Buchhaltungsproblemen);

- volles Absatzrisiko des Händlers;
- regelmäßige Personalschulungen des Franchisegebers für den Franchisenehmer.

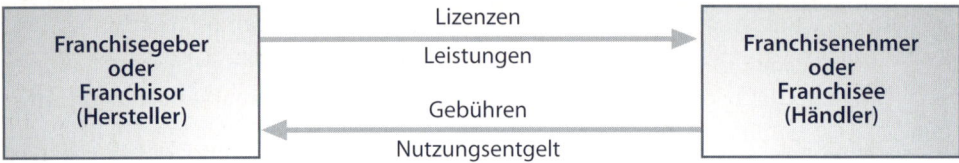

Vertragshändlersysteme werden oft als Unterfall des Franchisings bezeichnet. Dies ist jedoch nicht zutreffend, da sich beide Systeme in einem grundlegenden Punkt unterscheiden. Bei Vertragshändlersystemen wird kein Entgelt für die Nutzung von Markenzeichen u. Ä. an den Hersteller gezahlt. Franchisesysteme stellen daher eine engere Form der Bindung dar.

In der Praxis hat das Franchising eine große Bedeutung. In Deutschland existieren zurzeit etwa 42.000 Franchisenehmer, die einen Jahresumsatz von mehr als 24 Mrd. € erwirtschaften.

Die zehn größten deutschen Franchise-Systeme nach Anzahl der Betriebe			
Rang	Franchisesystem	Branche	Betriebszahl
1	Foto-Quelle	Fotohandel	1.236
2	TUI/First	Reisebüros	800
3	McDonald's	Fastfood	765
4	Schülerhilfe	Nachhilfe	703
5	Ad – Auto Dienst	Autoreparatur	610
6	Essanelle	Friseursalon	557
7	Sunpoint	Sonnenstudios	535
8	Musikschule Fröhlich	Musikpädagogik	528
9	Datac	Buchhandel	493
10	Quick-Schuh	Schuhhandel	480

Quelle: Deutscher Franchise-Verband e. V. 2003

> ➤ **Vor- und Nachteile des Franchisings**

Das Franchising hat Vor- und Nachteile, die von einem Franchisenehmer abzuwägen sind, bevor er sich zu diesem Schritt entschließt. Nachteilig für den Händler ist, dass er das volle Absatzrisiko trägt. Bei der Preisbildung darf der Franchisegeber den Franchisenehmer aufgrund dieses wirtschaftlichen Risikos jedoch nicht bis ins letzte Detail beeinflussen. Dies geht aus einem Urteil des Bundesgerichtshofs hervor, der in dem Preisbindungssystem des Autovermieters „Sixt" einen Verstoß gegen das Kartellrecht sah, da der Franchisenehmer faktisch zur Übernahme und Einhaltung der zentral festgesetzten Preisempfehlungen gezwungen wurde. Der Franchisor darf also lediglich unverbindliche Preisempfehlungen aussprechen und in der Werbung kommunizieren. Trotzdem besteht im Franchisingsystem ein gewisser Zwang zur Standardisierung des Verkaufsraums oder der Fassade. Der einheitliche Stil soll dem Verbraucher die Identifikation erleichtern. Die Arbeitsbelastung kann für den Händler sehr hoch sein.

Dem stehen einige Vorteile gegenüber. Der Hersteller gewährt Finanzierungshilfen, ohne die eine Selbstständigkeit häufig nicht möglich wäre. Ferner erhält der Franchisenehmer laufende Beratung vom Franchisegeber, beispielsweise in Buchhaltungsfragen. Managementfehler des Herstellers gehen dennoch zu Lasten des Franchisenehmers, obwohl er diese nicht zu verantworten hat.

Vorteilhaft für den Hersteller ist das geringe Absatzrisiko und eine gute Realisierbarkeit der eigenen Marketingkonzeption. Hierbei kann eine Mitsprache der Händler allerdings hemmend wirken. Des Weiteren ist die Beratung und die Kontrolle der Händler meist mit sehr hohen Kosten verbunden. Der Franchisegeber kann jedoch auf einen hoch motivierten Handelspartner bauen, da dieser das volle Absatzrisiko trägt.

Erfolgreich ist eine Zusammenarbeit zwischen Hersteller und Handel nur dann, wenn für beide Seiten die Vorteile die Nachteile überwiegen.

8.6.4 Direktvertrieb

Bei einem Direktvertrieb arbeitet der Hersteller nicht mit dem Handel zusammen, sondern übernimmt seine Vertriebsaktivitäten in eigener Regie. Hierdurch hat der Hersteller die absolute Kontrolle über den Vertrieb der eigenen Produkte, da er sie direkt an die Endabnehmer verkauft. Es tritt keine Geschäftsbeziehung zwischen Hersteller und Handel auf. Der Hersteller verzichtet auf die Einschaltung von selbstständigen Zwischengliedern beim Absatz und tritt so in unmittelbare vertragliche Beziehung zum Konsumenten (siehe auch Kap. 8.4.2.1).

Praktische Beispiele für den Direktvertrieb sind:
- Bofrost (Tiefkühlheimdienst);
- Avon (Kosmetika);
- Vorwerk (Bodenpflegegeräte);
- Bäckereien (die meisten zumindest);
- Versicherungen.

Ein Direktvertrieb ist besonders bei erklärungsbedürftigen Gütern angebracht, wie z. B. beim Verkauf von Investitionsgütern, bei dem eine ausführliche Beratung gefragt ist. Auch in Rezessionszeiten

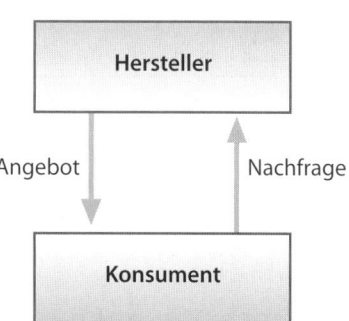

bietet ein schlagkräftiger Direktvertrieb, wie empirische Studien belegen, einige Vorteile. Der Absatzrückgang ist in diesem Fall geringer als bei Unternehmen, die den indirekten Absatzweg bevorzugen. Der Hersteller kann außerdem seine eigenen Marketingziele verwirklichen, weil keine Absprache mit dem Handel nötig ist. Die Kosten sind für den Hersteller jedoch sehr hoch, da der Koordinations- und Kontrollaufwand weit größer ist als beim indirekten Absatz.

8.6.5 Entwicklung der Geschäftsbeziehung Hersteller – Handel

Nach dem Zweiten Weltkrieg erlebten Industrie und Handel aufgrund der großen Nachfrage einen großen Aufschwung. Der **Handel** war gegenüber der Industrie einflusslos, da er sehr zersplittert war. Er wurde von der Industrie lediglich als ein **Erfüllungsgehilfe** angesehen, der bei der Verteilung der Waren behilflich war.

Durch die **vertikale Preisbindung** für Markenartikel (d.h., der Handel war an einen vorgegebenen Preis gebunden, den der Hersteller als Wiederverkaufspreis festgelegt hatte) konnte die Industrie ihre Interessen gut durchsetzen. Die Werbung der Industrie war stark am Konsumenten orientiert und ließ den Handel weitgehend außen vor. Diese Vorgehensweise wird als **Pull-Strategie** bezeichnet, da eine Verbrauchernachfrage geschaffen wird, die den Handel dazu zwingt, das beworbene Produkt zu listen.

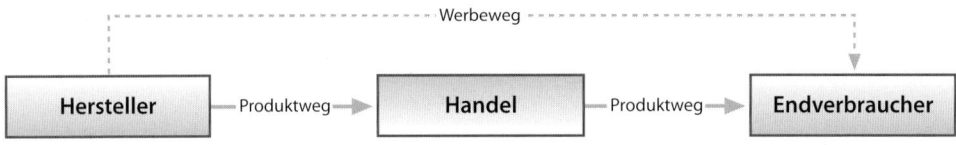

Durch die **Konzentration im Handel** änderten sich diese einseitigen Machtverhältnisse. Die mit geringer Einkaufsmacht ausgestatteten „Tante-Emma-Läden" verschwanden zunehmend von der Bildfläche und überließen den großen Verbrauchermärkten und Discountern ihren Platz.

Im Zuge dieser Entwicklung verlangten die großen Handelsunternehmen nun Marketingkonzepte von der Industrie, die auch zur Profilierung des Handelsunternehmens beitrugen. Zudem sahen sich die Hersteller einem verstärkten Wettbewerb untereinander gegenüber. Es kamen Jahr für Jahr weit mehr Neuprodukte auf den Markt, als freie Plätze in den Regalen des Handels vorhanden waren **(Regalplatzkapazitätsengpässe).**

Aus diesem Grund bestand von Seiten der Industrie das Interesse, stärker mit dem Handel zusammenzuarbeiten, um die Produkte platzieren zu können. Strategische Allianzen zwischen Hersteller und Handel und vertikale Bindungen bringen dies zum Ausdruck. Auch die eigene Werbegestaltung der Industrie musste umgestellt werden und den Handel stärker einbeziehen. Es entwickelte sich das so genannte **Trade-Marketing** (Bewerbung des Handels), das die reine Endverbraucherwerbung ergänzte.

8.7 Check-up

8.7.1 Zusammenfassung

✔ Sie lernten den begriffslogischen Inhalt des Marketing kennen sowie Käufer- und Verkäufermarkt unterscheiden.

✔ Sie haben erfahren, dass die Bestimmung und Analyse des Marktfeldes im Marketing ein elementarer Schritt ist, und dabei insbesondere die Portfolio-Technik als Instrument kennen gelernt.

✔ Bei der Bestimmung des Marktfeldes gilt es, Verhaltensmerkmale der Konsumenten sowie deren Motive einzubeziehen.

✔ Sie lasen ausführliche Darstellungen zum Marketingmix und zu seinen vier Instrumenten, deren Herz die Produktpolitik ist.

✔ Sie haben gelernt, dass unterschiedliche Formen von Geschäftsbeziehungen zwischen Hersteller und Handel bestehen – von kurzfristigen Vereinbarungen über strategische Partnerschaften und Netzwerke bis hin zum Direktvertrieb des Herstellers.

✔ Sie erfuhren, dass Homeshopping als innovative Absatz- und Informationstechnologie große Wachstumsraten prognostiziert werden.

✔ Sie lernten Teleshopping und Electronic Commerce als Varianten des Homeshoppings kennen und die Vor- und Nachteile abzuwägen.

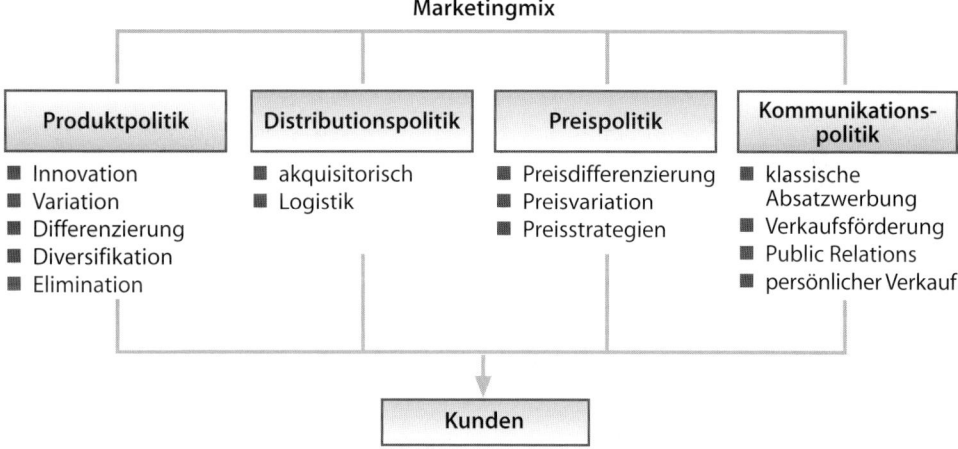

8.7.2 Kontrollfragenblock

1. Ordnen sie die Begriffe überlegtes Entscheiden, gewohnheitsmäßiges Verhalten, Impulskauf und sozialabhängiges Verhalten folgenden Fällen zu:

   1.1 Spontanes Greifen eines Schokoriegels im Supermarkt.

   1.2 Kauf des Sportwagens „Sterni Protz", den bereits die gesamte Nachbarschaft besitzt.

   1.3 Kauf eines neuen Farbfernsehers nach langen Diskussionen mit der Familie und langer Informationssuche nach alternativen Fernsehern.

   1.4 Regelmäßiger Kauf von frischem Obst und Gemüse im Lebensmittelgeschäft G. Voss e. K.

2. Nehmen Sie zur Portfolio-Analyse kritisch Stellung!

3. Nennen Sie einige Ihnen geläufige Beispiele für Franchisesysteme!

4. Warum besitzt die Produktpolitik eine gewisse Sonderstellung im Marketing-mix?

5. Nennen Sie die markenpolitischen Strategien, die einem Unternehmen offen stehen!

6. Was versteht man unter direktem Absatz?

7. Rentner oder Studierende erhalten bei Museumsbesuchen oft Ermäßigungen. Um welche Alternative der Preisdifferenzierung handelt es sich?

8. Kennzeichnen Sie die Skimmingstrategie!

9. Was versteht man unter vertikaler Preisbindung?

10. Wann bietet sich ein persönlicher Verkauf von industriellen Gütern an?

8.7.3 Weiterführende Literatur

Birker, K.; Voss, R.: Handelsmarketing, Berlin 2000.

Dunker, M.: Marketing, Rinteln 2003.

Kotler, P.; Bliemel, F.: Marketing-Management, 10. Auflage, Stuttgart 2001.

 www.electronic-commerce.org
www.ehi.org
www.dfv-franchise.de

9 | Marktforschung

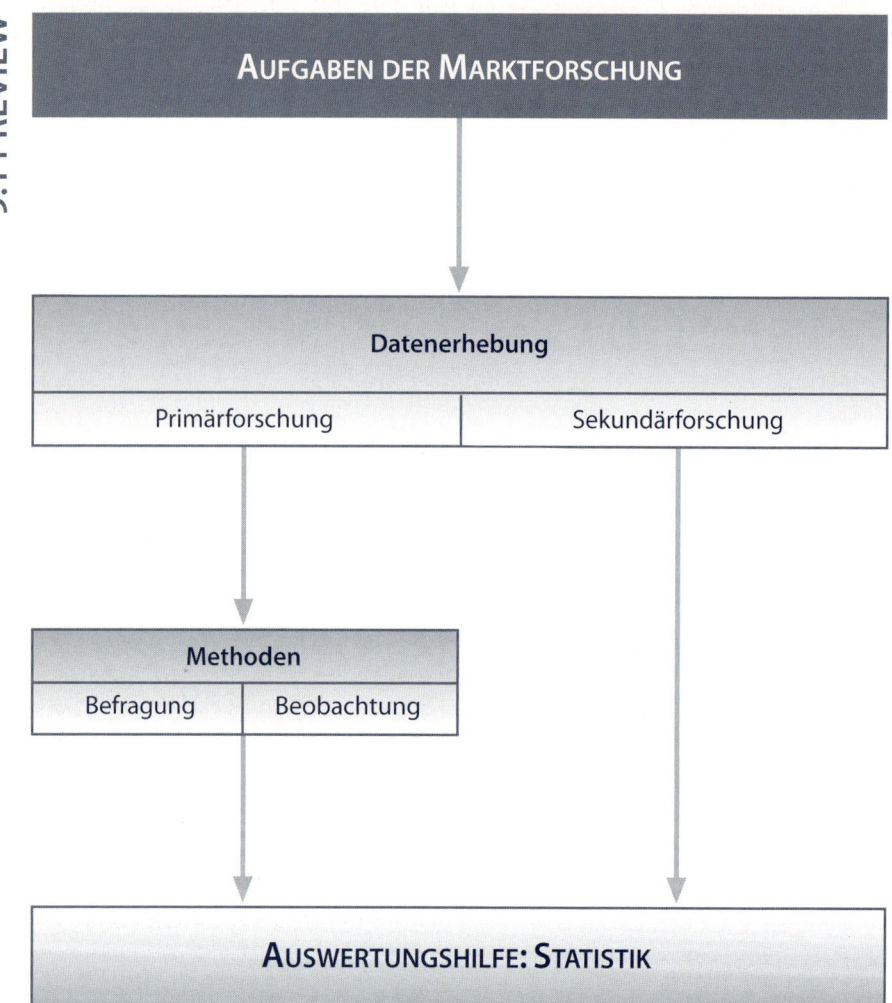

AUFGABEN DER MARKTFORSCHUNG

Datenerhebung

| Primärforschung | Sekundärforschung |

Methoden

| Befragung | Beobachtung |

AUSWERTUNGSHILFE: STATISTIK

9.2 Problemstellung

Der Untersuchungsgegenstand der **Marktforschung** ist der Markt, der alle relevanten Beziehungen des Betriebes zu Lieferanten und Nachfragern umfasst. Diese Beziehungen werden erforscht und analysiert. Hierbei wird das Hauptaugenmerk auf Beschaffungs- und Absatzmärkte gerichtet. Eine Gleichsetzung der Begriffe Marktforschung und **Absatzforschung** ist daher falsch, da der Absatzmarkt nur ein Teilgebiet der Marktforschung darstellt.

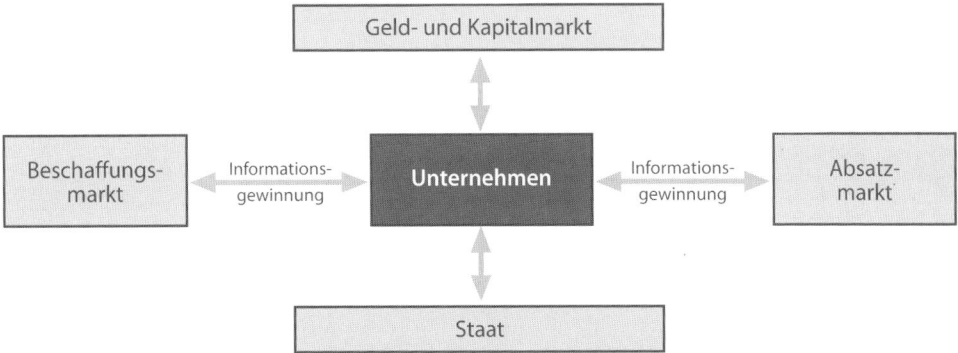

Auf dem Absatzmarkt sind z. B. folgende Fragen zu beantworten:

- Welche Bedürfnisse haben die Endverbraucher?
- Wer sind die potenziellen Kunden des Unternehmens?
- Wie wird dem Kunden das Verkaufsangebot unterbreitet (z. B. durch Reisende oder Handlungsvertreter, Versand oder in einzelnen Einzelhandelsgeschäften)?
- Wie stark ist die Konkurrenz? Wie geht sie am Markt vor? Ist die Konkurrenz damit erfolgreich oder nicht?
- Worin liegen die Stärken und Schwächen der Unternehmung? Wie sind diese im Vergleich zur Konkurrenz zu beurteilen?

Die systematische Gewinnung von Erkenntnissen steht bei der Marktforschung im Vordergrund. Hierdurch soll eine Hilfestellung für Marketingentscheidungen geleistet werden, damit die Marketingmaßnahmen effektiv eingesetzt werden können.

9.3 Sekundärforschung

Die Sekundärforschung konzentriert sich auf bereits vorhandenes Datenmaterial, das durch unternehmensinterne oder externe Untersuchungen ermittelt wurde. Diese Informationen werden in der Regel überarbeitet, analysiert, interpretiert und auf die neue Fragestellung bezogen. Oft ist solches Datenmaterial schnell verfügbar und weitaus kostengünstiger als eine eigene Primärforschung des Unternehmens.

Als **internes Datenmaterial** bieten sich Kundendienst- und Außendienstberichte, Reklamationen, Kundenkarteien, Umsatz- und Absatzstatistiken sowie Analysen der Kostenrechnung an.

Eine umfangreichere Betrachtung erfordert die Einbeziehung von **externem Daten-material,** damit unternehmensübergreifende Vergleiche mit Konkurrenten angestellt werden können. Die Ermittlung von genauen Konkurrenzdaten ist meist mit Schwie-rigkeiten verbunden, da diese ihr Datenmaterial in der Regel geheim halten. Zu den außerbetrieblichen Datenquellen zählen amtliche Statistiken wie die Veröffentlichun-gen des Statistischen Bundesamtes (z. B. der „Statistische Wochendienst"), Fachbü-cher und -zeitschriften, Messen, Statistiken von Verbänden (z. B. des Vereins der Automobilindustrie) und wirtschaftlichen Organisationen, wobei Verbandsstatistiken oft sehr subjektiv sind.

Auch **Marktforschungsinstitute** liefern wichtige Informationen für das Unterneh-men. Als Beispiele sind in diesem Zusammenhang

■ die EMNID GmbH & Co. KG in Bielefeld,

■ das Ifo-Institut für Wirtschaftsforschung in München,

■ das Institut für Demoskopie Allensbach,

■ die A. C. Nielsen Company GmbH in Frankfurt und

■ die GfK-Nürnberg e.V. (Gesellschaft für Konsum-, Markt- und Absatzforschung)

zu nennen.

Bei der Leistung der Marktforschungsinstitute handelt es sich nur um Sekundär-forschung, wenn die Forschung nicht für einen speziellen Kunden erfolgt (Primär-forschung).

Sekundärforschung	
Vorteile	**Nachteile**
■ Kostengünstig ■ Einfach und schnell zu beschaffen ■ Ermöglicht Analyse, Interpretation von Datenmaterial der Primärforschung ■ In einigen Fällen ist keine Primär-forschung zur Datengewinnung möglich (z. B. Volkszählung)	■ Oft veraltetes Datenmaterial ■ Auswertungsfehler möglich ■ Datenmaterial entspricht oft nicht der geforderten Fragestellung ■ Verschiedene Sekundärquellen sind oft nicht oder nur schwer zusammen-zufügen

9.4 Primärforschung

Die **Primärforschung** gewinnt vor allem dann an Bedeutung, wenn das Datenmate-rial der Sekundärforschung nicht ausreichend ist. Die Informationsgewinnung er-folgt in diesem Fall eigens für den Informationsbedarf des Unternehmens, es wird also nicht auf bereits vorhandenes Datenmaterial zurückgegriffen.

Bei der Primärforschung sind zwei mögliche Erhebungsmethoden zu unterscheiden: die Befragung und die Beobachtung. Beide können in einem **Untersuchungslabor**

(Laborbefragung und -beobachtung) oder als so genannte **Feldstudien** in natürlicher Umgebung durchgeführt werden.

Mit Hilfe der Befragung und Beobachtung ist es möglich, zukünftige Marktgegebenheiten abzuschätzen. Nur solche Marktprognosen erlauben eine gezielte Marketingplanung.

Vorgehensweise in der Primärforschung

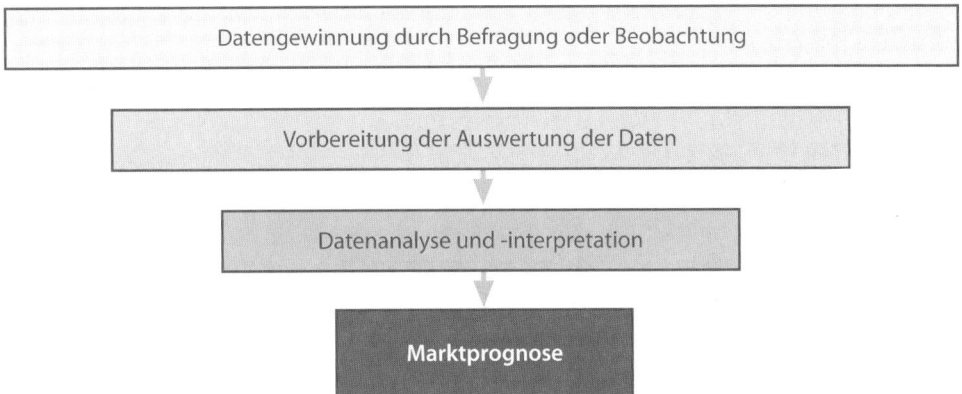

9.4.1   Befragung

Bei der **Befragung** erfolgt die Informationsgewinnung durch Antworten von Auskunftspersonen, die mit speziellen Fragestellungen konfrontiert werden. Die Mitteilungsbereitschaft der Auskunftspersonen ist dabei sehr wichtig.

9.4.1.1   Befragungspartner

Je nach Zielsetzung kann der Betrieb auf folgende Befragungspartner zurückgreifen:

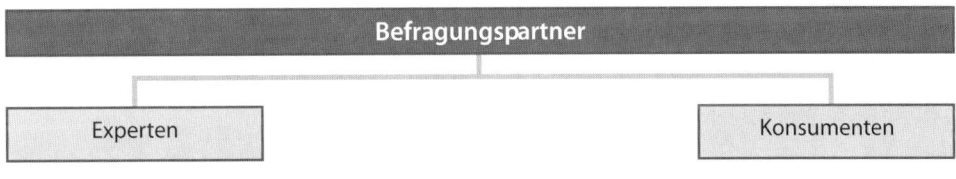

> **Expertenbefragung**

Die Partner bei der Expertenbefragung sind neutrale Sachverständige, die eine große Fachkompetenz auf ihrem Gebiet besitzen.

Beispiel

- Wenn die wirtschaftliche Entwicklung bis zum Jahr 2030 prognostiziert werden soll, bieten sich wirtschaftswissenschaftliche Professoren oder Unternehmensmanager als Befragungspartner an.
- Wenn ein Unternehmen qualitative Daten über die Akzeptanz ihrer Produkte beim Handel gewinnen will, bieten sich Vertreter des Handels (z. B. der Zentraleinkäufer) als Interviewpartner an.

➤ **Konsumentenbefragung**

Bei den Konsumenten handelt es sich um Endverbraucher. Besonders bei diesen Befragungspartnern müssen die Fragen psychologisch geschickt gestellt werden, d. h., es muss Vertrauen entwickelt werden, damit die Befragten motiviert werden, wahrheitsgetreu zu antworten, und die Befragung nicht abbrechen. Die Konsumentenbefragung ist bei den Unternehmen der Konsumgüterindustrie weit verbreitet.

9.4.1.2 Befragungsmöglichkeiten

Im Rahmen der Experten- und Konsumentenbefragung bestehen verschiedene Möglichkeiten der Informationsgewinnung.

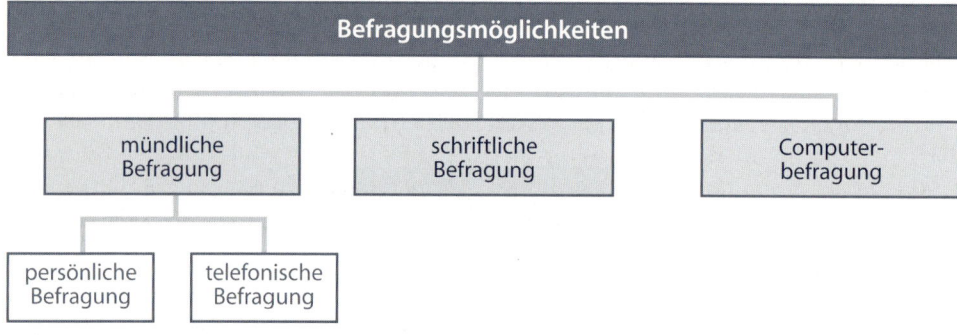

➤ **Persönliche Befragung**

Bei der **persönlichen Befragung** werden der Auskunftsperson Fragen von einem Interviewer gestellt. Beide stehen sich direkt gegenüber **(face-to-face).** Die Antworten werden dabei vom Interviewer aufgenommen und notiert. Die Datenaufnahme kann von einem Computer unterstützt werden, z. B. durch sofortige Eingabe der Daten in einen Laptop („**Computer Assisted Personal Interview**"). Durch den Interviewerstab, der bei der Befragung zum Einsatz kommt, entstehen relativ hohe Kosten. Zudem kann ein Interviewer die Antwort in eine bestimmte Richtung lenken (bestimmte Antworten „provozieren") und damit einen starken Einfluss auf die Auskunftsperson ausüben. Es sind dennoch weit mehr Personen auskunftsbereit, wenn sie persönlich angesprochen werden.

➤ **Telefonische Befragung**

Im Gegensatz zur persönlichen Befragung fehlt bei der **telefonischen Befragung** der direkte persönliche Kontakt zwischen Interviewer und Befragten. Es kommt lediglich ein teilpersönlicher Kontakt über das Telefon zustande. Die Stimme wird also speziell vom Interviewer eingesetzt, Gestik und Mimik hingegen kann die Auskunftsperson nicht wahrnehmen. Dies schwächt den Einfluss des Interviewers ab. Aufgrund des fehlenden direkten Kontaktes können den befragten Personen keine Abbildungen oder Verpackungen gezeigt werden. Die Frage „Wie gefällt Ihnen diese Verpackung?"

wäre per Telefon unmöglich, es sei denn, die Verpackung ist dem Befragten schon vorher bekannt.

Die Auswahl der Auskunftspersonen erfolgt meist rein zufällig mit Hilfe des Telefonbuchs. Die telefonische Befragung ist kostengünstig, solange man keine langen Ferngespräche führt. Ferner sind fast alle Haushalte per Telefon zu erreichen. Aus diesen Gründen ist die Telefonbefragung weit verbreitet, in den USA werden über 80 % aller Interviews über das Telefon durchgeführt. Es ist aber zu berücksichtigen, dass besonders die städtische Bevölkerung aufgrund ihrer Mobilität oft nicht zu Hause ist, sodass zahlreiche Rückrufe nötig sind. Infolgedessen steigen die Kosten der Befragung an.

➤ Schriftliche Befragung

Bei der **schriftlichen Befragung** bekommen die Auskunftspersonen in der Regel einen Fragebogen zugesandt (daher auch die Bezeichnung **postalische Befragung**) oder entnehmen diesen aus Zeitschriften. In der Befragungssituation fehlt der Interviewer. Dies führt zu einer enormen Kosteneinsparung. Nachteilig ist die geringe Rücklaufquote (in der Regel 10–15 % der versandten Fragebogen), da viele der Befragten kein Interesse am Thema haben oder keine Zeit für die Beantwortung aufwenden wollen.

Die schriftliche Befragung ist auch in einer anderen Form denkbar. An eine Gruppe von Auskunftspersonen werden Fragebogen ausgeteilt, die diese in einem geschlossenen Raum ausfüllen. In diesem Fall ist der Rücklauf der Fragebogen in der Regel weit höher als bei einem Versand der Bogen. Die Anwesenheit eines geschulten Interviewers ist nicht notwendig. Es wird lediglich eine Person benötigt, die die Bogen austeilt und wieder einsammelt.

➤ Computerbefragung

Das Charakteristische bei der **Computerbefragung** ist die unmittelbare Kommunikation zwischen dem Befragten und dem Computer. Es kann sich beispielsweise um „E-Mail-" oder „World-Wide-Web (WWW)"-Befragungen über das Internet handeln. Das **Internet** stellt ein System dar, das aus Computern besteht, die so miteinander verbunden sind, dass ein Datenaustausch realisiert werden kann. Es handelt sich also um eine globale Datenautobahn, die weltweite Computerverbindungen ermöglicht.

Die elektronische Post, genannt **E-Mail,** ist das älteste Werkzeug im Internet. Durch sie können Textbotschaften übermittelt und empfangen werden. Hierzu ist nur eine elektronische Adresse nötig (z. B. voss@t-online. de), die Abonnenten von Internet- und Datendiensten besitzen. Nachrichten bzw. Befragungen können so über weite Strecken schnell übermittelt werden, ohne dass der Empfänger anwesend oder sein Endgerät erreichbar sein muss. Eingegangene Botschaften werden in einer Eingangsliste eingetragen, die gleichzeitig als „Merkzettel" dient.

Das **„World Wide Web"** (weltweites Netz) ist ein Konzept, bei dem multimediale Informationen übermittelt werden, d. h., es erlaubt die Integration von Bild, Ton und beliebigen weiteren Dokumentenarten.

Es ist problematisch, eine repräsentative Umfrage im Internet durchzuführen. Aufschluss über die Nutzer und damit die **Zielgruppe des Internets** liefert die Internet-Studie „W3B". Bei dieser größten unabhängigen deutschsprachigen Meinungsumfrage wurden im Jahr 2003 europaweit mehr als 117.000 Internetnutzer in neun Sprachen befragt. Ein Ergebnis dieser Studie ist, dass (zurzeit noch) sehr spezielle Nutzergruppen im Internet agieren. Diese Zusammensetzung ist allerdings einem starken Wandel unterlegen. Ende 1995 konnten noch über 90 % der befragten WWW-Nutzer Abitur vorweisen, im Frühjahr 2003 stagnierte der Anteil zwischen 47 und 50 %. Dafür stieg die Zahl der Nutzer mit Haupt- und Realschulabschluss. Das Internet ist demnach nicht ausschließlich ein Feld für „Intellektuelle", sondern wird der Allgemeinheit mehr und mehr zugänglich gemacht. Dies spiegelt sich auch in der absolvierten Berufsausbildung der User wider. 43 % der Nutzer verfügen über eine Lehre / Ausbildung. 37,9 % der User haben eine Hochschulausbildung genossen. Frauen sind allerdings nach wie vor unterrepräsentiert. Ihr Anteil schwankt in diversen Marktforschungsanalysen zwischen 20 und 40 %.

Der Altersstruktur nach wird das Internet eher von den jüngeren Jahrgängen bevorzugt. Nutzungsgruppen über 50 Jahre wachsen prozentual gesehen aber immer stärker an. Der Anteil der 20- bis 29-Jährigen sinkt zwar, sie sind aber prozentual immer noch die zweitgrößte Gruppe. Dominiert wird das Internet von 30- bis 39-Jährigen. In Zukunft wird es zu weiteren Verschiebungen kommen, denn in 30 Jahren zählen die jetzigen „Jungserver" zwischen 15 und 30 Jahren allesamt zur älteren Generation. Damit setzt sich ein Trend fort, denn seit den ersten Tagen des Internets ist die Alterspyramide der Nutzerschaft immer flacher geworden.

> **Beurteilung der Befragungsformen**

Befragungsform	Vorteile	Nachteile
Persönliche Befragung	■ Interviewer kann flexibel reagieren ■ Auskunftsperson kann Verpackungen und Abbildungen ansehen ■ Höchste Antwortquote bei den Befragten ■ Relativ umfangreiche bzw. tiefe Befragung möglich	■ Interviewereinfluss kann die Befragung verzerren ■ Sehr kostenintensiv ■ Lange Abwicklungsdauer ■ Einige Befragte fühlen sich hierdurch belästigt ■ Relativ langsame Ergebnis-übermittlung

Befragungsform	Vorteile	Nachteile
Telefonische Befragung	■ Schnelle Datenbeschaffung möglich ■ Fast die gesamte Bevölkerung ist mit dem Telefon erreichbar ■ Abgeschwächter Einfluss des Interviewers ■ Relativ kostengünstig	■ Nur die Darstellung von einfachen Zusammenhängen möglich ■ Für das Interview stehen nur begrenzte Zeiten zur Verfügung (z. B. nach 18:00 Uhr nach der Arbeit erreichbar) ■ Nur für relativ kurze Befragungen geeignet
Schriftliche Befragung	■ Überhaupt kein Interviewereinfluss ■ Geringe Kosten ■ Überdachte Antworten, da mehr Zeit bei der Beantwortung zur Verfügung steht ■ Räumlich weit entfernte Probanden können befragt werden	■ Sehr geringe Rücklaufquote ■ Keine Rückfragen möglich, wenn man die Frage nicht verstanden hat ■ Keine spontanen Antworten möglich ■ Nimmt langen Zeitraum in Anspruch
Computerbefragung	■ Überhaupt kein Interviewereinfluss ■ Geringe Kosten je Befragung, zu beachten sind jedoch Anfangsinvestitionen ■ Direkter Transfer der gewonnenen Daten zur Auswertung möglich	■ Datenübertragungsprobleme ■ Datensicherheit fraglich ■ Spezielle Nutzer im Internet („Spezialpopulation")

9.4.1.3 Art der Fragestellung

Bei der Befragung lässt sich zudem die Art der Fragestellung unterscheiden.

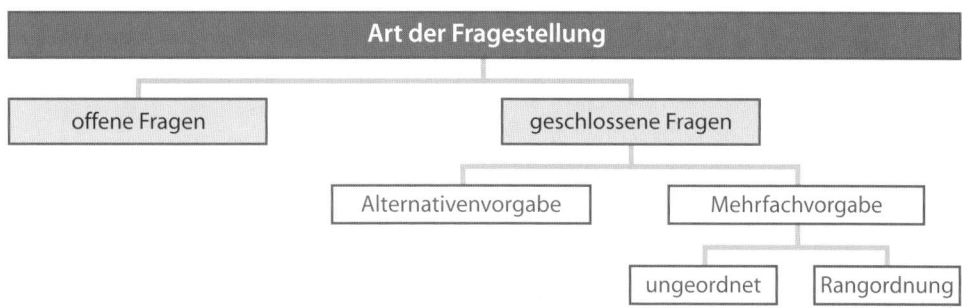

➤ Offene Fragestellungen

Die **offene Fragestellung** erlaubt dem Befragten eine völlig freie Antwortmöglichkeit, da keine Antwortalternativen vorgegeben werden. Der Befragte muss eigenständig Antworten formulieren.

Beispiel

> Durch die Frage „Wie beurteilen Sie den neuen VW Golf?" hat die Auskunftsperson einen großen Beantwortungsfreiraum. Sie kann z. B. auf den Preis eingehen („ist mir zu teuer/billig"), auf die Qualität („sehr guter/schlechter Fahrkomfort") oder auch antworten, dass sie darüber nichts Genaues weiß oder nur Informationen aus der Werbung besitzt.

Der umfangreiche Beantwortungsfreiraum erschwert die Interpretation der Fragebogen, da die Antworten meist in unterschiedliche Richtungen gehen. Auf diese Weise kann das Unternehmen allerdings auch interessante Anregungen gewinnen.

➤ Geschlossene Fragestellungen

Bei **geschlossenen Fragestellungen** bestehen gewisse Antwortvorgaben. Man spricht bei der Vorgabe von zwei Antworten von einer **Alternativenvorgabe,** wie z. B. eine „Ja-Nein-Frage". In der Regel wird dies noch durch eine Enthaltungsmöglichkeit ergänzt.

Beispiel

> Haben Sie vor, sich in nächster Zeit ein neues Mittelklasseauto zu kaufen vom Typ XY?
>
> ☐ Ja
>
> ☐ Nein
>
> ☐ Ich weiß nicht genau

Es können auch mehrere mögliche Antworten zur Auswahl stehen, in diesem Fall liegt eine **Mehrfachvorgabe** vor. Die Anzahl der Alternativen sollten nicht zu umfangreich sein, um die Befragten nicht zu verwirren. Die Antwortmöglichkeiten können dabei eine gewisse Rangordnung widerspiegeln oder ungeordnet sein.

Beispiel

> ■ **Mehrfachvorgabe mit Rangordnung:**
>
> Entspricht der neue Ford Escort Ihren Erwartungen?
>
> ☐ Ja, völlig
>
> ☐ Im Wesentlichen
>
> ☐ Teilweise
>
> ☐ Eher nicht
>
> ☐ Nein, überhaupt nicht
>
> ■ **Mehrfachvorgabe/ungeordnet:**
>
> Kreuzen Sie bitte drei Eigenschaften an, die den Opel Astra am besten charakterisieren!
>
> ☐ Sparsam und wirtschaftlich
>
> ☐ Sportlich

☐ Modisch
☐ Familienfreundlich
☐ Einkauffreundlich
☐ Gute Fahreigenschaften
☐ Stadtfreundlich

Kritisch ist bei geschlossenen Fragen anzumerken, dass der Befragte in eine gewisse Richtung gedrängt wird und nicht frei antworten kann. Es können wichtige Informationen verloren gehen. Fragebogen mit geschlossenen Fragen lassen sich jedoch wesentlich schneller auswerten und interpretieren. Dies führt zu einer Kostensenkung.

9.4.2 Beobachtung

Bei der **Beobachtung** wird das wahrnehmbare Verhalten von Versuchspersonen erfasst. Sie beantworten keine verbalen Fragen und erhalten auch sonst keine weiteren Anregungen des Interviewers. Im Rahmen der Marktforschung wird die Beobachtung seltener eingesetzt als die Befragung, was u. a. durch die Einfachheit der Befragung zu erklären ist.

Es sind verschiedene Beobachtungsarten zu unterscheiden, die auch in kombinierter Form vorkommen können.

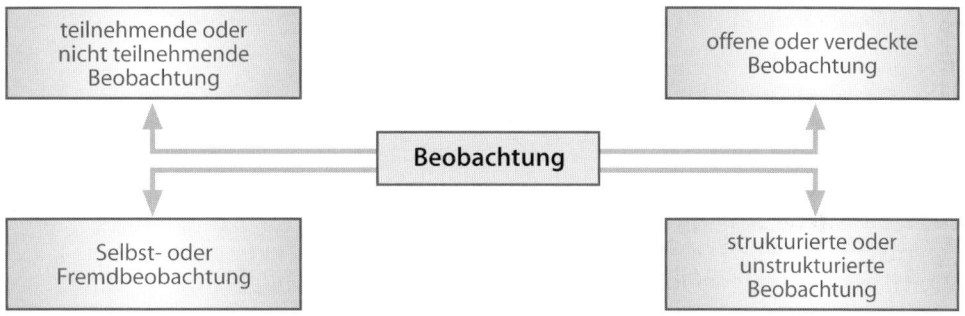

> **Teilnehmende und nicht teilnehmende Beobachtung**

Wenn der Beobachter direkt an der Beobachtung teilnimmt, spricht man von einer **teilnehmenden Beobachtung.** Der Beobachtende ist in die Personengruppe, die er analysiert, voll integriert und wird auch so wahrgenommen.

Beispiel Der Marktforscher tritt in mehreren Ladengeschäften als Kunde des Produktes XY auf. Er gibt seine wahre Identität nicht zu erkennen. Beim Kaufgespräch registriert er das Verhalten und den Wissensstand der Verkäufer. Dabei muss der Marktforscher möglichst schnell nach dem Gespräch seine Aufzeichnungen ergänzen, damit er die Situation nicht verzerrt darstellt. Aber auch in diesem Fall werden „erste Eindrücke" oft zu stark in die Beobachtung einbezogen. Aus diesem Grund werden oft technische Hilfsmittel bei der Beobachtung eingesetzt, wie z. B. Filmaufnahmen, Fotoaufnahmen und Tonbandaufzeichnungen. Hierdurch ist eine nachträgliche Kontrolle gewährleistet, so können z. B. Video-aufnahmen mit dem Beobachtungsprotokoll verglichen werden.

Bei der **nicht teilnehmenden Beobachtung** hält sich der Beobachter im Hintergrund und beobachtet das Geschehen von außen. Diese Ausprägung wird in der Marktfor-schung weit öfter zur Informationsgewinnung angewandt als die teilnehmende Be-obachtung.

Beispiel

Der Beobachtende registriert das Verhalten von Kunden am Werbestand des Produktes XY durch Kameraaufzeichnung.

➤ Strukturierte und unstrukturierte Beobachtung

Strukturierte Beobachtungen basieren auf fixierten Vorgaben zu beobachtbaren Handlungssequenzen oder sonstigen Sachverhalten, die sortiert und in bestimmte Kategorien eingeteilt werden können. **Unstrukturierte Beobachtungen** hingegen be-ziehen sich auf nicht exakt fixierte Abläufe oder Sachverhalte.

Strukturiert lassen sich z. B. Zugriffsdaten der Surfer im Internet mit Hilfe von Kenn-zahlen erfassen:

Beispiel

- **Zugriffsdaten/Häufigkeit des Zugriffs (traffic):**
  - ➤ **Page Impressions:** Anzahl der Sichtkontakte (Zugriffe) mit einer potenziell Werbung führenden Website;
  - ➤ **Ad Impressions:** Anzahl der Sichtkontakte (Zugriffe) mit einer tatsächlich Werbung führenden HTML-Seite (Werbekontakt mit einer Online-Anzei-ge, die auf einer Website gebucht wurde);
  - ➤ **Visits:** Anzahl der Besuche eines ganzen WWW-Angebots/einer Home-page.

Bei der praktischen Durchführung der Beobachtung stellt sich die Frage, welche Ver-haltensweisen in den Beobachtungsbogen aufgenommen werden sollen. Deshalb ist eine Reihe von Bogen häufig standardisiert, sodass der Marktforscher oft nur noch ankreuzen muss. So werden Beobachtereinflüsse, die durch dessen eigene Interpre-tation der Sachverhalte entstehen, vermindert. Auch in diesem Fall spricht man von einer strukturierten Beobachtung, im entgegengesetzten Fall wieder von einer un-strukturierten Beobachtung.

Ein Beispiel für solche engen, die Beobachtung strukturierende Vorgaben sieht wie folgt aus:

Beispiel

Verhalten der Kunden vor dem Werbestand von Produkt XY:
- ☐ Interessiertes Ansehen
- ☐ Nehmen einer Probe
- ☐ Vorbeigehen und Desinteresse
- ☐ …

➤ Offene und verdeckte Beobachtung

Bei der **offenen Beobachtung** ist den Personen bekannt, dass sie beobachtet werden. Aufgrund der Beobachtung kann sich ein anderes Verhalten als im normalen Leben zeigen. Daher wird das Verhalten verzerrt erfasst. Diese Tatsache schließt die **verdeckte Beobachtung** aus, da die Personen nichts vom Beobachtungsvorgang wissen.

➤ Selbst- und Fremdbeobachtung

Die **Selbstbeobachtung** beschreibt eine Beobachtung des eigenen Verhaltens. Ein Unternehmer schreibt z. B. auf, wie er sich den Angestellten gegenüber verhält. Dies kann zu starken Verzerrungen führen, weil die Aufzeichnungen stark subjektiv sind. Deswegen wird in der Regel eine **Fremdbeobachtung** bevorzugt, d. h., es wird ein neutraler Beobachter gewählt. Es gibt allerdings auch eine Reihe von Bereichen, wo keine oder nur geringe Verzerrungen im Fall einer Selbstbeobachtung bestehen, wie z. B. die Warenbestandsaufnahme im Handel.

Beobachtung	
Vorteile	**Nachteile**
■ Kein Intervieweinfluss ■ Keine Bereitschaft der Auskunftspersonen zur Mitarbeit erforderlich ■ Recht spontane Reaktionen möglich	■ Deutungsprobleme bei der Verhaltensbeobachtung ■ Überlastung der Beobachter bei komplexen Problemstellungen ■ Nicht alle Sachverhalte sind beobachtbar

9.5 Statistik

Die Statistik findet auf zahlreichen wissenschaftlichen Disziplinen Anwendung. Sie besitzt in den Naturwissenschaften eine ähnliche Bedeutung wie in den Wirtschafts- und Sozialwissenschaften. Man bezeichnet sie daher als **Hilfswissenschaft,** d. h., sie unterstützt diese Wissenschaften lediglich und hilft beispielsweise Wirtschaftserscheinungen mit Hilfe von Zahlen zu beschreiben und zu analysieren. Auf diese Weise sollen gewisse wirtschaftliche Strukturen erkannt und interpretiert werden, um das Betriebsgeschehen zu planen und zu kontrollieren. Die Analyse kann sich auf inner- und außerbetrieblich statistisch erfassbare Vorgänge beziehen.

➤ Außerbetriebliche Statistik

Die **außerbetriebliche Statistik** beschreibt im Wesentlichen Entwicklungen auf Beschaffungs- und Absatzmärkten. Für Industrie- und Dienstleistungsunternehmen stehen besonders die Nachfrager im Mittelpunkt der Betrachtung. Über sie werden Informationen aus Befragung und Beobachtung gewonnen, die mit Hilfe von statistischen Methoden ausgewertet werden. Aus diesem Grund besitzt die Statistik in der

Marktforschung eine besondere Bedeutung. Die Tabellen und Grafiken, mit denen sich die Marktforscher auseinander setzen, sind Ergebnisse der Anwendung von statistischen Methoden.

Beispiel

■ **Diskriminanzanalyse als statistische Methode:**

Mit Hilfe der Diskriminanzanalyse werden Personen aufgrund von Werten bestimmter Merkmale (wie Alter und Einkommen) zwei oder mehreren Gruppen zugeordnet. Auf die recht komplizierte rechnerische Darstellung wird verzichtet, da hier nur das Ergebnis von Interesse ist:

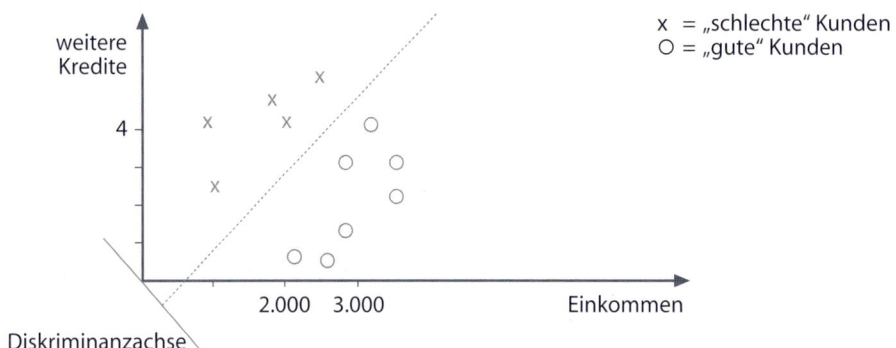

Im Bankenbereich kann diese Methode Unterstützung bei der Kreditwürdigkeitsprüfung leisten. Kreditkunden können aufgrund von Merkmalen wie Einkommen und Anzahl der weiteren Kredite in „gute" und „schlechte" Kunden eingeteilt werden. Bei neuen Krediten kann dann eine Einstufung vorgenommen werden, die bei der Entscheidung über die Kreditvergabe hilft. Die Diskriminanzanalyse dient also der Marktsegmentierung.

Anhand des Beispiels wird deutlich, dass die Statistiker bei der Auswertung von Informationen helfen und damit eine umfangreiche Beschreibung und Analyse von betriebswirtschaftlichen Sachverhalten gewährleisten. Sie geben dem Unternehmer **Entscheidungshilfen** zur Hand, die eine optimale Steuerung des Betriebsgeschehens erlauben.

➤ **Innerbetriebliche Statistik**

Die **innerbetriebliche Statistik** sammelt Daten des innerbetrieblichen Zahlenmaterials, die von weiteren Zweigen des Rechnungswesens nicht registriert werden. Sie zeichnet z. B. die Entwicklung des Produktionsausstoßes oder Umsatzentwicklungen im Zeitverlauf auf und unterstützt damit die betriebliche Planung und Kontrolle, da sie eine Vergleichbarkeit von mehreren Perioden ermöglicht.

9.6   Check-up

9.6.1   Zusammenfassung

✔ Sie lernten, Vor- und Nachteile der Primär- und Sekundärforschung abzuwägen.

✔ Sie können die Vorgehensweise bei der Primärforschung beschreiben.

✔ Sie lasen über die Befragung als Methode der Primärforschung und auch über die Befragungsmöglichkeiten (mündlich, schriftlich, Computerbefragung).

✔ Sie haben gelernt, dass bei einer Befragung unterschiedliche Arten der Fragestellung (offen, geschlossen) möglich sind.

✔ Sie haben erfahren, dass verschiedene Beobachtungsarten existieren.

✔ Sie konnten sich darüber informieren, dass statistische Methoden ein Element der Marktforschung darstellen.

9.6.2   Kontrollfragenblock

1. Beurteilen Sie die folgende Aussage: „Die Primärforschung ist kostengünstiger als die Sekundärforschung."

2. Welche Arten der Fragestellung lassen sich bei der Befragung unterscheiden?

3. Wägen Sie die schriftliche, telefonische und persönliche Befragung hinsichtlich des Interviewereinflusses ab!

4. Definieren Sie den Begriff Beobachtung!

5. Beurteilen Sie die folgende Aussage: „Die schriftliche Befragung zeichnet sich durch eine hohe Rücklaufquote aus."

9.6.3   Weiterführende Literatur

Dörsam, P.: Wirtschaftsstatistik anschaulich dargestellt, 4. Auflage, Heidenau 2002.

Hammann, P.; Erichson, B.: Marktforschung, 4. Auflage, Stuttgart 2004.

Hermann, A.; Homburg, C.: Marktforschung, 2. Auflage, Wiesbaden 2000.

 www.w3b.de

10 | Organisation

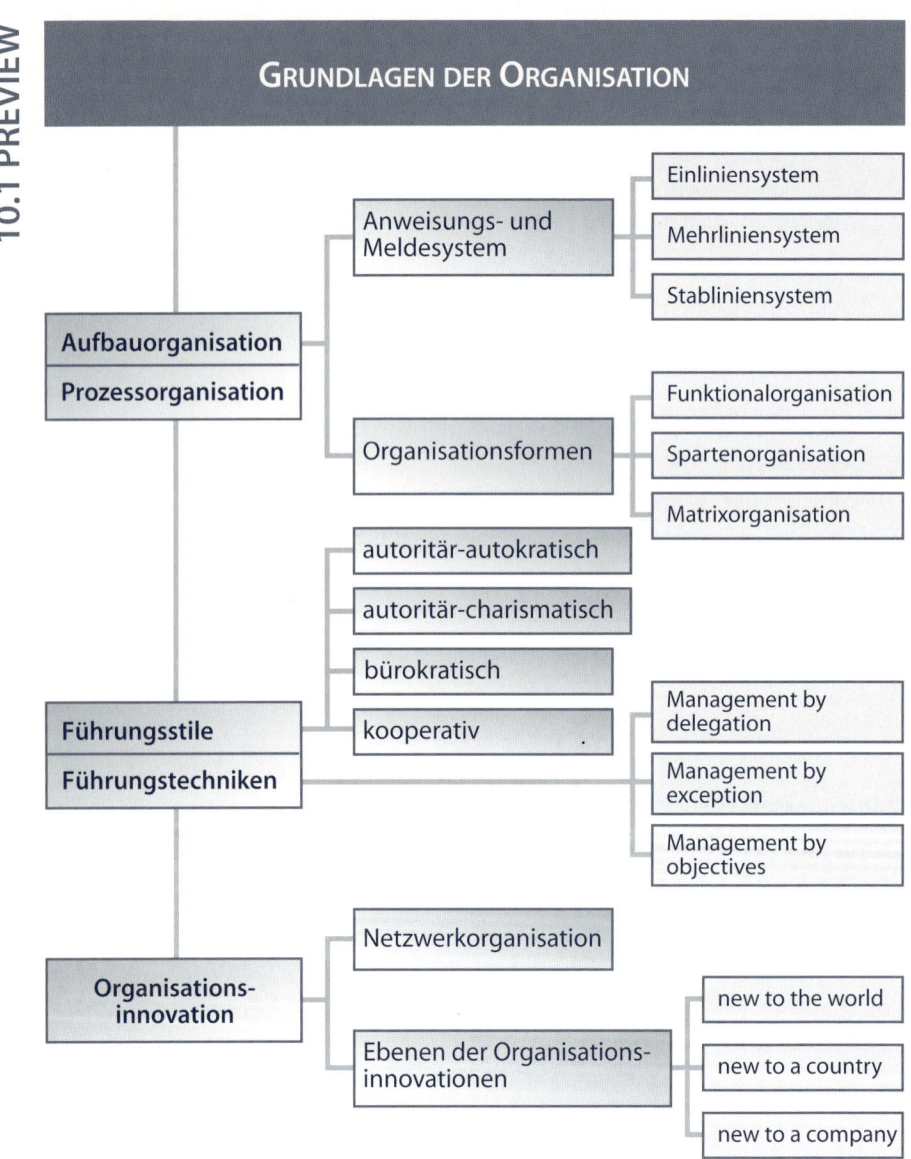

GRUNDLAGEN DER ORGANISATION

Aufbauorganisation
Prozessorganisation

- Anweisungs- und Meldesystem
  - Einliniensystem
  - Mehrliniensystem
  - Stabliniensystem
- Organisationsformen
  - Funktionalorganisation
  - Spartenorganisation
  - Matrixorganisation

Führungsstile
Führungstechniken

- autoritär-autokratisch
- autoritär-charismatisch
- bürokratisch
- kooperativ
  - Management by delegation
  - Management by exception
  - Management by objectives

Organisations-innovation

- Netzwerkorganisation
- Ebenen der Organisations-innovationen
  - new to the world
  - new to a country
  - new to a company

10.2 Problemstellung

Das Betriebsgeschehen orientiert sich an bestimmten Regeln, die aufgrund von Planung und organisatorischer Arbeit realisiert werden. Ohne solche Regeln wären innerbetriebliche Arbeitsabläufe, Produktion und Weiterverarbeitung von Gütern sowie Austauschprozesse mit anderen Wirtschaftseinheiten (Handel und Endverbraucher) gefährdet.

Die betriebliche **Organisation** setzt sich aus zwei **Komponenten** zusammen:

- der Arbeit des Organisierens;
- der Betriebsorganisation als Ergebnis dieser Bemühungen.

Die Organisation als Arbeit befasst sich mit der Ausarbeitung und Herbeiführung von klaren Regelungen zur betrieblichen Aufgabenverteilung und -erfüllung. Es handelt sich hierbei im Wesentlichen um eine Strukturierung der einzelnen Aufgabenbereiche. Die Betriebsorganisation ist demnach das Ergebnis der gestalterischen Organisationsarbeit. Die so konstruierte Ordnung soll den betrieblichen Zielsetzungen (Elementarzielen) genügen und deren Erreichung sicherstellen.

Eine organisatorische Tätigkeit ist in nahezu allen Teilbereichen des Unternehmens nötig:

- Absatz
- Controlling
- Finanzierung
- Forschung und Entwicklung
- Marketing
- Personalwesen
- Produktion
- internes Rechnungswesen
- externes Rechnungswesen
- usw.

Die betriebswirtschaftliche Organisationslehre wird in Aufbau- und Prozessorganisation getrennt. Dies ist eine wissenschaftliche Unterscheidung. In der Praxis sind die Übergänge zwischen den beiden Gebieten oft fließend. Dennoch wird auf die beiden Komponenten gesondert eingegangen.

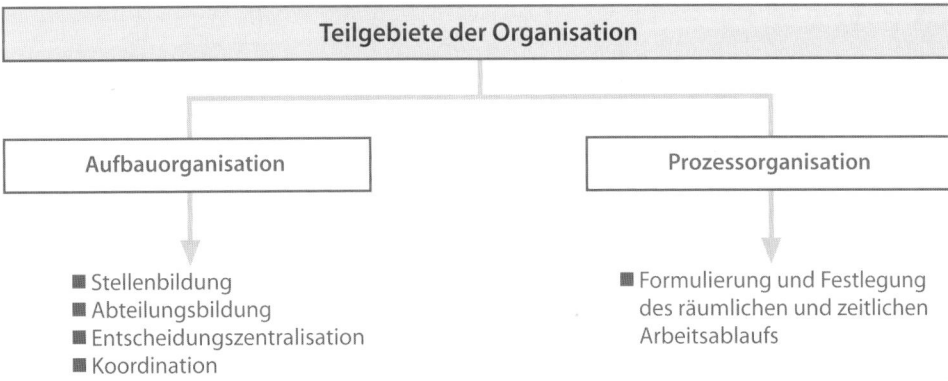

Teilgebiete der Organisation

Aufbauorganisation
- Stellenbildung
- Abteilungsbildung
- Entscheidungszentralisation
- Koordination

Prozessorganisation
- Formulierung und Festlegung des räumlichen und zeitlichen Arbeitsablaufs

16 Voss – ISBN 3-8120-0646-4

10.3 Aufbauorganisation

Bei der Aufbauorganisation werden eine Verteilung der anfallenden Aufgaben auf betriebliche Stellen und Abteilungen vorgenommen und die Verknüpfungen der einzelnen Stellen beschrieben. Die **Stelle** ist die kleinste betriebliche Organisationseinheit. In einer Stelle erfolgt die Zusammenfassung von zahlreichen Einzelaufgaben zu Aufgabenbereichen, die den Zuständigkeitsbereich für eine Person **(Stelleninhaber)** kennzeichnen. Eine Stelle mit Anweisungsbefugnissen gegenüber anderen Stellen wird **Instanz** genannt. Durch die Vereinigung von mehreren betrieblichen Stellen mit gleichen oder ähnlichen Aufgaben ergibt sich eine **Abteilung.** Die Abteilungsarbeit kann, je nach Größe des Betriebes, von einer oder mehreren Personen wahrgenommen werden. Die Instanz an der Spitze einer Abteilung wird als **Abteilungsleiter** bezeichnet.

Ferner sind Kompetenz- und Verantwortungsbereiche abzugrenzen und Anweisungssysteme zu schaffen, die eine reibungslose Koordination von betrieblicher Zielsetzung und Erfüllung der Stellenaufgabe gewährleisten. Grundausprägungen solcher Leitungssysteme sind das Einlinien-, Mehrlinien- und Stabliniensystem.

Beispiel Auch im normalen Familienleben sind klare Verantwortungs- und Anweisungsbereiche nötig. Die 14-jährige Susi Sorglos will z. B. mit einer Freundin ins Kino gehen und braucht deshalb 7,00 €, da sie ihr ganzes Taschengeld schon für eine neue Jeans ausgegeben hat. Sie fragt den Vater, der diesen Wunsch ablehnt. Darauf versucht Susi ihr Glück bei der Mutter, die nach einigem Zögern die „Aufbesserung" des Taschengeldes bewilligt. In der Familie Sorglos sind offensichtlich die Anweisungs- und Verantwortungsbereiche nicht klar abgegrenzt. Die familiäre Aufbauorganisation weist also Mängel auf!

10.3.1 Anweisungs- und Meldesysteme (Leitungssysteme)

Anweisungs- und Meldesysteme regeln die Weisungs- und Empfangsbefugnisse von innerbetrieblichen Aufträgen. Es lassen sich drei grundlegende Formen unterscheiden: das Einlinien-, das Mehrlinien- und das Stabliniensystem.

10.3.1.1 Einliniensystem

Das Einliniensystem geht vom **Grundsatz der einheitlichen Auftragserteilung** (Unité de Commandement) aus, den der französische Ingenieur Henri Fayol 1916 entwickelte. Eine Stelle darf demnach nur von einer übergeordneten Instanz Anweisungen erhalten **(Anweisungsweg)**. Folglich sind alle Mitarbeiter des Betriebes vertikal in einen einheitlichen Anweisungsweg eingegliedert. Nach der Anweisungsausführung gibt die untergeordnete der übergeordneten Stelle eine Ausführungsrückmeldung **(Meldeweg)**.

Es handelt sich um eine straffe Organisationsform, denn es ist nicht möglich, eine Stelle zu überspringen. Lange Dienstwege für die Anweisungen und Meldungen sind die Folge. Andererseits werden eine einheitliche Leitung mit klarer Weisungsbefugnis ermöglicht und Kompetenzstreitigkeiten vermieden. Eine Überlastung der Führungsebene ist aufgrund des straffen Anweisungs- und Meldeweges nur durch gewisse Ermessens- bzw. Entscheidungsfreiheiten von untergeordneten Stellen zu vermeiden. Man stelle sich vor, dass der Generaldirektor regelmäßig darüber entscheiden müsste, dass in der Verwaltung neues Büromaterial angeschafft wird. Dies würde den Direktor aufgrund der Häufigkeit solcher Entscheidungen zwangsläufig überfordern, es fehlen ihm außerdem abteilungsspezifische Fachkenntnisse.

Dieses System ist besonders für kleinere Betriebe zweckmäßig, da eindeutige Abgrenzungen und übersichtliche Anweisungsverhältnisse bestehen. Es ist nur praktikabel bei vergleichsweise einfachen Aufgaben, die keine Spezialkenntnisse der oberen Instanzen erfordern. Für Großbetriebe lassen sich lange Dienstwege durch allgemeine Vorschriften vermeiden, wie z. B. verkürzte Wege quer durch die Instanzen für Routineanweisungen und -informationen. Diese flexiblen Querverbindungen werden als **„Fayolsche Brücke"** bezeichnet. Neben den Querverbindungen können so genannte **„linking-pins"** (Kettenglieder) die Nachteile mindern. Dabei handelt es sich um die Verquickung von mehreren Instanzen durch überlappende Informationsgruppen.

Beurteilung des Einliniensystems	
Vorteile des Einliniensystems	**Nachteile des Einliniensystems**
■ Übersichtliche Anweisungsverhältnisse ■ Gewährleistet die Einheitlichkeit der Leitung ■ Eindeutige Abgrenzungen ■ Positiv bei kleinen Betrieben sowie bei routinierten Tätigkeiten ■ Vermeidung von Kompetenzstreitigkeiten durch klare Kompetenzabgrenzungen	■ Starke Beanspruchung der Führungsspitze ■ Lange Dienstwege für Anweisungen und Meldungen ■ Teilweise hoher Zeitaufwand ■ Fehlende Fachkenntnis bei übergeordneten Stellen ■ Unkoordiniertes Handeln der Instanzen bei Zurückhaltung von Informationen

Darstellung des Anweisungsweges beim Einliniensystem

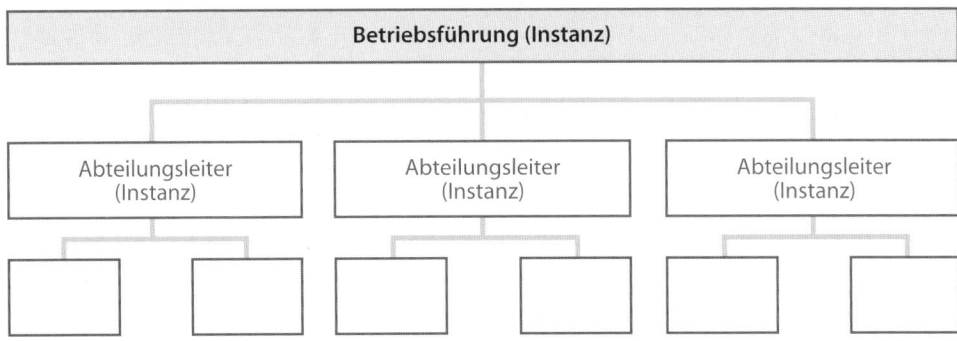

10.3.1.2 Mehrliniensystem

Das Mehrliniensystem wird auch **Funktionssystem** genannt und basiert auf dem Prinzip der Mehrfachunterstellung. Diese Organisationsalternative wurde von Taylor 1911 formuliert. Er unterschied dabei zwischen verschiedenen weisungsberechtigten Meistern in einem Betrieb.

Beispiel

Nach Taylor dirigieren (= anordnen, befehlen) in einer Werkstatt Instandhaltungs-, Prüfungs-, Geschwindigkeits- und Verrichtungsmeister die einzelnen Arbeiter. Diese Meister sorgen für eine ordnungsgemäße Arbeitsdurchführung. Sie werden von so genannten Meistern des Arbeitsbüros unterstützt, die für die Planung zuständig sind, z. B. dem Arbeitsverteiler oder dem Kostenmeister.

Der Weg der Anweisungen und Meldungen erfolgt nicht im Rahmen des strengen Instanzenweges, sondern ist vom Wesen der durchzuführenden Aufgaben abhängig. Die Weisungsbefugnisse einer Instanz sind also auf bestimmte **Sachgebiete** beschränkt. Der Instandhaltungsmeister kann die Arbeiter z. B. nur für Instandhaltungsaufgaben in Anspruch nehmen. Die Stellen (in der folgenden Abb. Arbeiter 1 und 2) können also von mehreren Instanzen Weisungen empfangen. Dies führt zu einem hohen Grad der Arbeitsteilung.

Darstellung des Anweisungsweges im Mehrliniensystem

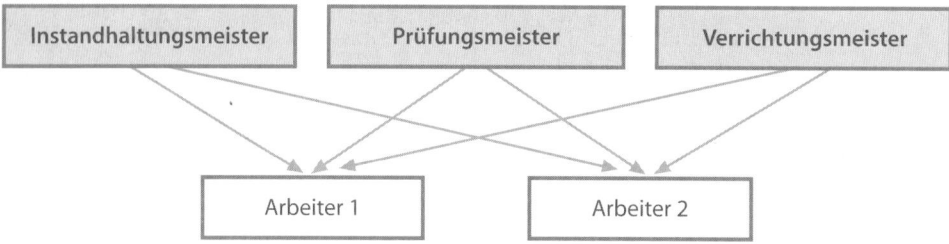

Es ist kritisch anzumerken, dass Mehrfachunterstellungen oft zu widersprüchlichen Anweisungen führen, die in einem Kompetenzwirrwarr enden können. Denkbar wäre z. B., dass ein Arbeiter zur gleichen Zeit sowohl vom Geschwindigkeits- als auch vom Prüfungsmeister mit Aufgaben betraut wird, die er nicht gleichzeitig ausführen kann. Vorteilhaft ist bei dieser Organisationsform die verminderte Belastung der obersten Führungsebene und eine Spezialisierung der Instanzen.

10.3.1.3 Stabliniensystem

Die Nachteile des Liniensystems und des Systems der Mehrfachunterstellung haben zur Entwicklung des Stabliniensystems geführt, welches eine Kombination der beiden Systeme ist. Der Geschäftsleitung oder den einzelnen Hauptabteilungen werden Stäbe zugeordnet, in denen Spezialisten zusammengefasst sind, die lediglich beratende Funktion besitzen und somit Entscheidungen vorbereiten. Aufgrund mangelnder Entscheidungs- und Weisungsbefugnisse werden sie auch als **Leitungshilfsstellen** bezeichnet. Ein **Stab** kann im Minimalfall aus einem Assistenten (z. B. der Geschäftsführung) bestehen, der die Betriebsleitung entlastet.

Dieses Organisationssystem sichert die Einhaltung des Grundsatzes der einheitlichen Auftragserteilung durch eindeutige Anweisungsbefugnisse. Diese Vorteile des Einliniensystems werden mit den Spezialisierungsvorteilen des Mehrliniensystems verbunden. Die Einstellung der Spezialisten verursacht aber zugleich sehr hohe Kosten.

Beurteilung des Stabliniensystems	
Vorteile des Stabliniensystems	**Nachteile des Stabliniensystems**
■ Eindeutige Anweisungsbefugnisse ■ Entlastung der oberen Abteilungen ■ Verbesserte Nutzung von Spezialwissen	■ Möglicher Konflikt zwischen Stab und Entscheidungsträger ■ Hohe Kosten durch Einstellung von Spezialisten ■ Lange Dienstwege für Anweisungen und Meldungen

Darstellung des Anweisungsweges beim Stabliniensystem

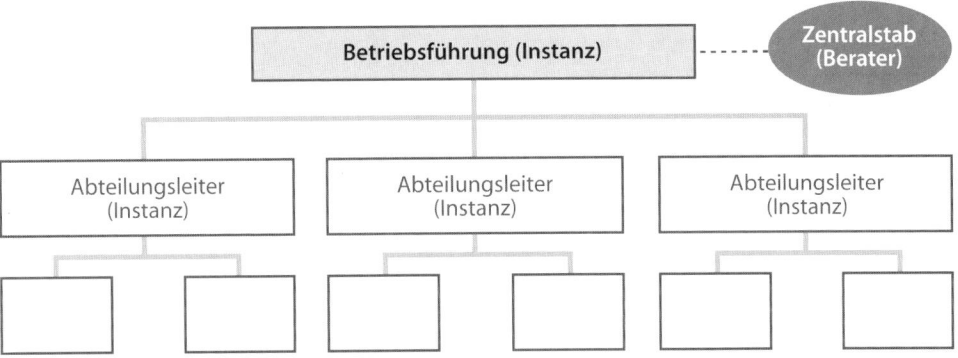

10.3.2 Organisationsformen

Die Anweisungs- und Meldesysteme lassen sich in verschiedenen Organisationsformen realisieren. Sie bilden die Struktur eines Unternehmens nach bestimmten Verrichtungen oder Objekten ab.

10.3.2.1 Funktionalorganisation

Im Rahmen der **Funktionalorganisation** wird das Unternehmen nach Haupttätigkeitsbereichen (= Funktionen) gegliedert. Den einzelnen Unternehmensbereichen werden **Sachfunktionen** zugeordnet, die sie erfüllen müssen. Beispiele für solche Funktionen bilden der Beschaffungs-, Produktions-, Finanzierungs- und Absatzbereich. In der Praxis ist diese Organisationsalternative weit verbreitet.

Die Anweisungs- und Meldewege beruhen meist auf dem Einlinien- oder Stablinien-system, aber auch eine Mehrfachunterstellung ist innerhalb der einzelnen Teilberei-che durchaus denkbar.

Beurteilung der Funktionalorganisation	
Vorteile der Funktionalorganisation	**Nachteile der Funktionalorganisation**
■ Klar abgegrenzte, gut kontrollierbare Aufgabenbereiche ■ Begrenzter Bedarf an fachlich ver-sierten Führungskräften ■ Hohe Ressourceneffizienz ■ Optimale Aufgabenerledigung durch die Spezialisierung der Mitarbeiter in den Funktionsbereichen	■ Erschwerte Kommunikation und Koordination zwischen den Funktions-bereichen ■ Konzentration von Leistungsaufgaben auf die Unternehmensspitze ■ Übergewicht des Spezialistentums ■ Mangelnde Gesamtsicht (u.a. fehlendes Verständnis für andere Funktionsbereiche) ■ „Ressortegoismus" kann in den Teil-bereichen entstehen ■ Mangelnde Anpassungsfähigkeit an produktspezifische oder zielmarkt-orientierte Anforderungen

Darstellung der Funktionalorganisation

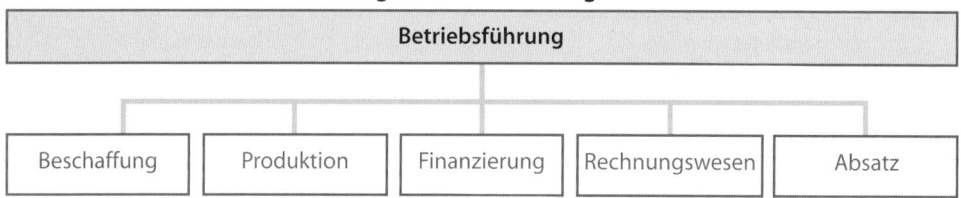

10.3.2.2 Spartenorganisation

Bei der **Spartenorganisation** wird der Betrieb nicht mehr vornehmlich nach betriebli-chen Funktionen, sondern nach Sparten unterteilt. Diese Sparten können nach Regio-nen, Branchen, Produkten, Produktgruppen oder Produktionsprozessen gegliedert werden.

Der Leiter der Sparte ist für alle Teilfunktionen innerhalb der Sparte weisungsbefugt und verantwortlich. Er hat die Entscheidungskompetenz über alle wirtschaftlichen Entscheidungen, die seine Sparte betreffen. Hierbei ist er nur an die von der Unterneh-mensführung gesetzten Elementarziele sowie an weitere allgemeine Vorgaben gebun-den. Neben den Sparten existieren **Zentralbereiche,** die sich mit Fragen beschäftigen, die das gesamte Unternehmen betreffen, wie z.B. das Rechnungs- oder Personalwesen als Zentralabteilungen. Sie leisten Kooperationsarbeit, wenn sich die Spartenarbeit zu weit von den Elementarzielen des Unternehmens entfernt.

In Deutschland wurde die Spartenorganisation in den Sechzigerjahren eingeführt. Den Anstoß hierfür gab die Unternehmensberatung McKinsey. Auf diese Weise wurde die funktionale Gliederung in zahlreichen Industriebetrieben abgelöst. In der heutigen Zeit sind vor allem Unternehmen mit einem diversifizierten (divers = andersartig) Produktangebot nach dieser Organisationsform gestaltet.

Das Anweisungs- und Meldesystem ist bei einer Spartenorganisation im Wesentlichen vom Einlinien- und Stabliniensystem beeinflusst.

Beurteilung der Spartenorganisation	
Vorteile der Spartenorganisation	Nachteile der Spartenorganisation
■ Homogene Geschäftsbereiche im Unternehmen ■ Abgrenzung der Verantwortungsbereiche ■ Hohe Motivation der Spartenleiter	■ Konkurrenzkämpfe einzelner Sparten ■ Vernachlässigung von Marktentwicklungen ■ Entwicklung von „Spartendenken", d.h. Vernachlässigung eines unternehmenspolitischen Gesamtkonzeptes

Darstellung der Spartenorganisation

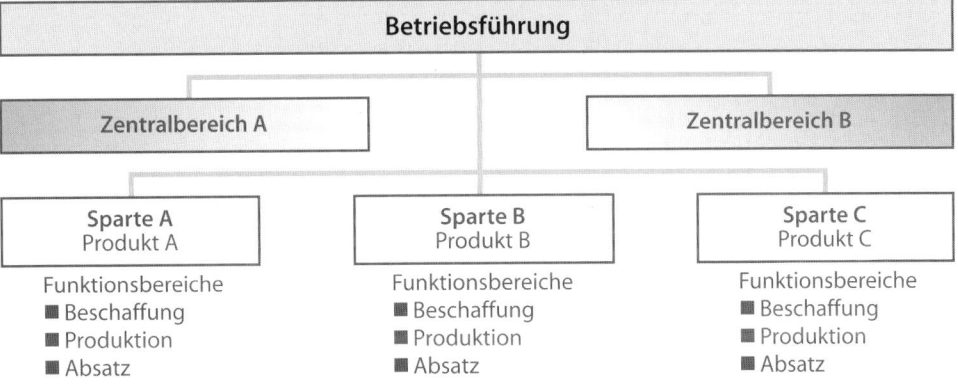

10.3.2.3 Matrixorganisation

Bei der Matrixorganisation handelt es sich um eine mehrdimensionale Organisationsstruktur, d.h., mehrere betriebliche Einheiten überlagern sich.

Für die einzelnen betrieblichen Funktionsbereiche (Beschaffung, Produktion, Absatz) sind so genannte **Funktionsmanager** zuständig. **Produktmanager** hingegen sind für alle Maßnahmen verantwortlich, die ein Produkt direkt betreffen. An den **Schnittstellen** treffen Zuständigkeiten von Produkt- und Funktionsmanagern zusammen.

Die einzelnen Abteilungen besitzen in ihren Bereichen volle Entscheidungsfreiheit, wenn der Produktmanager z.B. Informationen über die Konsumenten benötigt, kann er sich sofort an die Absatzabteilung (Außendienst des Vertriebes) wenden, ohne den Umweg über die Betriebsleitung zu gehen. Hierdurch partizipieren die Abteilungen am Planungsprozess und die Geschäftsleitung wird entlastet.

Dies bedeutet einen Bruch mit dem Grundsatz der einheitlichen Auftragserteilung. Es besteht außerdem die Gefahr, dass es zu Machtkämpfen zwischen den Abteilungen kommt und Misserfolge auf die jeweils andere Dimension verschoben werden.

Beurteilung der Matrixorganisation	
Vorteile der Matrixorganisation	**Nachteile der Matrixorganisation**
■ Erhöhte Flexibilität durch die Aufgabenverteilung auf mehrere Dimensionen ■ Keine Demotivierung der Mitarbeiter ■ Vermeidung von Stablinienkonflikten ■ Spezialisierung an den Schnittstellen, dadurch verbesserte Entscheidungsqualität ■ Entlastung der Geschäftsleitung	■ Es sind zeitaufwendige Abstimmungen der Dimensionen aufeinander nötig (Entscheidungsverzögerungen) ■ Schlechte Eignung für standardisierte Aufgaben ■ Problem des Abschiebens von Misserfolgen auf die andere Dimension ■ Kompetenzüberschneidungen zwischen verschiedenen Dimensionen, dies führt zu Machtkämpfen

Darstellung der Matrixorganisation

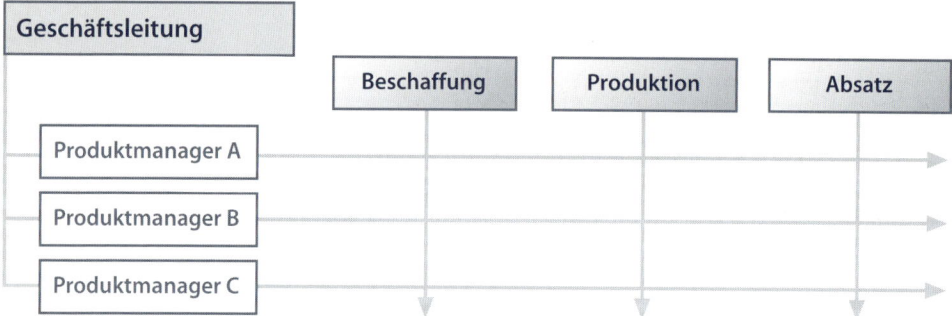

10.4 Prozessorganisation

Die **Ablauforganisation** bzw. **Prozessorganisation** regelt die zweckmäßige Ordnung von Arbeitsabläufen und strebt dabei deren Optimierung innerhalb der Stellen und Abteilungen an. Dies soll einen reibungslosen Arbeitsablauf garantieren. Als Zielbereiche der Ablauforganisation gelten z. B.:

■ Verkürzung der Transportzeiten;

■ Auslastung der vorhandenen Kapazitäten;

■ termingenaue Arbeitserfüllung.

Beispiel

Der Geschäftsführer diktiert der Sekretärin einen Brief an einen wichtigen Kunden, den sie schreibt und dann zur Unterschrift vorlegt. Darauf gibt die Sekretärin den Brief dem Hausboten, der ihn zur weiteren Abfertigung zur Poststelle bringt. Ohne diesen geordneten Arbeitsablauf würden zeitliche Verzögerungen das Betriebsgeschehen unnötig blockieren.

In der Prozessorganisation werden Arbeitsabläufe durch vier Dimensionen charakterisiert: eine inhaltliche, eine zeitliche, eine räumliche sowie eine zuordnende Dimension. Auch wenn die Dimensionen somit als isolierte Betrachtungsobjekte gelten, mag dies nicht darüber hinwegtäuschen, dass sie in engem Zusammenhang stehen. D.h., bei organisatorischen Überlegungen ist es nötig, Inhalte, Zeit, Raum und Arbeitszuordnung eines Prozesses aufeinander abzustimmen.

Die Standardisierung bzw. Formalisierung von Arbeitsabläufen unterstützt die Zielerreichung über alle vier Dimensionen hinweg. Als Mittel der Standardisierung eignen sich vor allem Arbeitspläne und Checklisten.

Ein **Arbeitsplan** beinhaltet eine gegliederte Darstellung des Arbeitsvorgangs hinsichtlich der Reihenfolge von Arbeitsprozessen, der zeitlichen Inanspruchnahme und der Kapazitätsauslastung usw. **Checklisten** werden ähnlich systematisch gestaltet. Sie stellen eine übersichtliche Auflistung von Arbeitsfaktoren dar, die bei bestimmten Arbeitsaufträgen wichtig sind. Die Listen werden ständig verbessert, da sie bei gleichartigen Arbeitssituationen zur Unterstützung eingesetzt und korrigiert werden.

➤ Inhaltliche Dimension

Um Prozesse gut zu organisieren, ist es wichtig, die inhaltliche Aufgabenstellung zu fixieren. In diesem Zusammenhang gilt es, die Arbeit am Objekt zu spezifizieren bzw. die Art der Verrichtung festzulegen. Detailplanungen erübrigen sich an dieser Stelle allerdings meist, da genaue Planungen den ausführenden Stellen überlassen bleiben. Es geht vielmehr darum, genügend Informationen über die Inhalte der Aufgaben zu konkretisieren, um die weiteren Dimensionen festlegen zu können. So wird der Ablauf eines Bewerbungsverfahrens zur Einstellung eines Werksarbeiters in einem Großunternehmen von der Personal- und der Produktionsabteilung geplant und nicht von dem Vorstandsvorsitzenden selbst.

➤ Zeitliche Dimension

Die zeitorientierte Prozessorganisation setzt sich zum Ziel, die Arbeitsabläufe hinsichtlich Zeitfolge, Zeitdauer und Zeitpunkt optimal zu koordinieren. Im Rahmen der **Zeitfolge** wird analysiert, in welcher Abfolge die Einzelprozesse geleistet bzw. ob sie eventuell parallel geschaltet werden können. Eine Ausführung mehrerer Prozesse zur gleichen Zeit kann den Prozess optimieren und Kosten sparen. Ein solches Vorgehen wird häufig in der Automobilindustrie praktiziert, wo etwa Motorentwicklung und Designgebung für ein neues Modell zur gleichen Zeit ablaufen. Ist die Reihenfolge der einzelnen Teilaufgaben geklärt, kann die **Zeitdauer** der Teilprozesse und schließlich auch die Dauer des gesamten Prozesses ermittelt werden.

Es ist hierbei nicht nur an die reine Bearbeitungszeit zu denken, sondern auch an eventuelle Wege- oder Wartezeiten. Nach diesen Schätzungen können **Start- und Endzeitpunkte** bestimmt werden. Planungshilfen bieten auch hier die bereits beschriebenen Arbeitspläne.

> ➤ **Räumliche Dimension**

Die raumorientierte Prozessorganisation regelt die räumliche Zuordnung der einzelnen Arbeitsplätze und Abteilungen zu bestimmten Standorten, um Transport- und Kommunikationswege zu minimieren und einen geordneten Fluss von Arbeitsobjekten und -informationen durch die Institution zu garantieren. Es sind folgende Aspekte dabei zu betrachten:

- Standortbestimmung der Arbeitsplätze;
- Fixierung der Kommunikations- und Transportwege.

Transportwege sind beispielsweise in der produzierenden Wirtschaft zu optimieren. Hier werden oft halbfertige Produkte von einer Maschine zur nächsten transportiert.

> ➤ **Zuordnende Dimension**

Prozesse sind schließlich noch den Arbeitsträgern zuzuordnen. Arbeitsträger können sowohl Maschinen als auch Arbeitsgruppen als auch einzelne Personen sein. Wichtig ist an dieser Stelle, eine Verbindung zur Aufbaustruktur herzustellen. Je nach Aufgabenstellung ist zu bestimmen, ob eine Stelle, eine Instanz oder gar eine ganze Abteilung mit der Aufgabe betraut wird bzw. welche Person/Personengruppe zur Aufgabenerfüllung geeignet erscheint.

10.5 Führungsstile und -techniken

Die Weisungs- und Entscheidungsbefugnis sagt noch nichts über die Art der Führung innerhalb der Organisation aus. Unter **Führung** versteht man das Verhalten des Vorgesetzten, das auf eine Verhaltensbeeinflussung der Untergebenen gerichtet ist.

Der **Führungsstil** beschreibt die Art und Weise, wie Führung im Unternehmen ausgeübt wird, d.h., in welchem Umfang und wie der Vorgesetzte seine einzelnen Untergebenen oder seine Gruppen in den Willensbildungs- und Entscheidungsprozess einbezieht. Dabei kann er unterschiedliche Vorgehensweisen und Maßnahmen zur Realisation der vorgegebenen Ziele wählen, die man unter den **Führungstechniken** zusammenfasst. Führungstechniken und -stile sind zwei zusammengehörende Komponenten, die im Folgenden der Übersichtlichkeit halber getrennt erläutert werden.

10.5.1 Führungsstile

Es sind (in Anlehnung an Max Weber) im Wesentlichen vier Führungsstile zu unterscheiden.

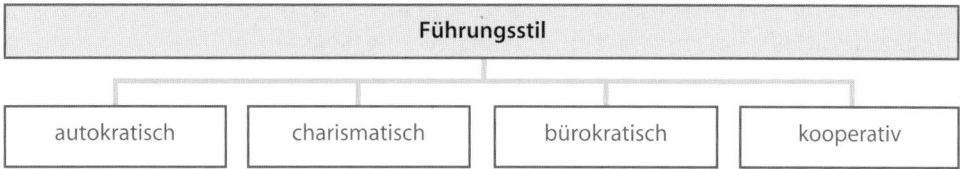

Autoritär-autokratischer Führungsstil

Dieser Führungsstil ist durch einen **einseitigen Anweisungsweg** zu charakterisieren, bei dem der Untergebene die Anweisungen des Vorgesetzten zur Kenntnis nehmen und ausführen muss. Mitbestimmungs- und Entscheidungsbefugnisse werden dem Untergebenen nicht oder nur in geringem Maße zugebilligt. Im politischen Bereich ist diese Rolle mit einem Diktator und absoluten Herrscher zu vergleichen, der seinen Untertanen Befehle erteilt. Der autokratische Führungsstil ist sehr gut in einem Einliniensystem zu verwirklichen, da dieses System dem Vorgesetzten perfekt erlaubt, seine Macht auszunutzen.

Eine Ausprägung des autoritär-autokratischen Führungsstils ist der **patriarchalische Führungsstil,** der im Zeitalter der Industriekapitäne während der industriellen Gründerphase vorherrschend war. Das Unternehmen wurde von einem Patriarchen (griechisch-lateinisch = Stammvater) geleitet, der die Unternehmensangehörigen zwar mit Strenge behandelte und deren absoluten Gehorsam verlangte, gleichzeitig aber eine gewisse Fürsorge walten ließ. Dies war beispielsweise bei Siemens, Grundig oder Bosch in den Gründerjahren der Fall.

Die Kontrolle, ob und wie die Anordnungen ausgeführt wurden, liegt allein beim Vorgesetzten. Dies setzt die Arbeitnehmer stark unter Druck und lässt deren Potenziale teilweise ungenutzt. Auf diese Weise kann Desinteresse und Demotivation der Angestellten folgen sowie eine entsprechende Verschlechterung des Betriebsklimas bzw. eine hohe Fluktuation. Andererseits führt der autoritäre Führungsstil zur einfachen Durchschaubarkeit der Verantwortlichkeiten und zu schneller Entscheidungsfindung, da auf Abstimmungen weitestgehend verzichtet wird. Ein solcher Führungsstil ist in der heutigen Zeit am ehesten in kleinen Betrieben denkbar, in denen der Betriebsgründer noch mitarbeitet.

Autoritär-charismatischer Führungsstil

Es gibt offenkundig einige Vorgesetzte, die in hohem Maße Motivation und Leistung ihrer Angestellten stimulieren können und sie dadurch förmlich „mitreißen". Dies gelingt mit Hilfe der Ausstrahlungskraft und persönlichen Eigenschaften des Vorgesetzten, der weitgehend von seinem **Charisma** (griechisch-lateinisch = Gnade, Berufung) profitiert.

Die Kontrolle liegt, ähnlich wie bei dem autokratischen Führungsstil, bei dem charismatischen Vorgesetzten, der weder Stellvertreter noch potenzielle Nachfolger neben sich duldet. Im Gegensatz zum patriarchalischen Führer leistet der charismatische Führer keine besondere Fürsorge gegenüber seinen Mitarbeitern.

➤ Bürokratischer Führungsstil

Bei diesem Stil wird versucht, die einseitige Beeinflussung auszuschließen. In einer genauen Stellenbeschreibung und einem straffen Reglement sind die Weisungs-befugnisse und Verantwortungsbereiche des einzelnen Mitarbeiters konkret geregelt. Auf sie kann sich jeder beziehen. Die präzise Festlegung der Befugnisse erschwert oft eine schnelle Reaktion auf Veränderungen und ist von daher sehr schwerfällig. Deshalb können notwendige Innovationen unnötig verzögert werden, wie z. B. eine Veränderung der Organisationsstruktur aufgrund veränderter Marktverhältnisse oder Produktinnovationen.

Die Kontrolle darüber, ob und wie die Anweisungen ausgeführt wurden, liegt bei Vorgesetzten und Untergebenen. Es sind jedoch streng die festgelegten Regeln zu beachten und zu verfolgen. Eine Selbstkontrolle ist nur in diesem Rahmen möglich.

➤ Kooperativer Führungsstil

Bei einem kooperativen Führungsstil findet ein andauernder Informationsaustausch zwischen Vorgesetzten und Untergebenen statt. Dies sichert eine bessere Durchsetz-barkeit der Entscheidungen, denn es wird nicht auf unbedingten Gehorsam, son-dern vielmehr auf die Einsicht und aktive Mitarbeit der Angestellten bei der Ent-scheidungsfindung gesetzt. Sie müssen also mitdenken und Mitverantwortung für die Zielformulierung tragen, was die Identifikation mit Entscheidungen, Zielen und damit auch mit dem Unternehmen erleichtert. Kritisch ist allerdings anzumerken, dass der erhöhte Diskussionsbedarf zu verzögerten Entscheidungen führen kann.

Dieser Stil entspricht am ehesten einem **demokratischen Willensbildungsprozess.** Aufgrund dieses Prozesses ist eine positive Einstellung der Mitarbeiter untereinan-der und dem Vorgesetzten gegenüber zu erwarten. Es besteht zudem eine bessere Chance zur Nutzung der Leistungspotenziale der Angestellten.

Die Kontrolle obliegt nicht nur der Geschäftsleitung, sondern wird auf nachgeordnete Stellen übertragen. Dies gewährleistet den Mitarbeitern eine Selbstkontrolle. Der kooperative Führungsstil kann zu einem **„laissez faire"-Führungsstil** entarten, bei dem die Mitarbeiter ein sehr hohes Maß an Freiheit besitzen. Ein geordneter Informationsaustausch und ein planvolles Arbeitsvorgehen sind durch solche anar-chischen (griechisch = gesetz-, planlos) Verhältnisse in starkem Maß gefährdet.

Nach Auswertung des Institutes für Weltwirtschaft in Kiel ändern immer mehr Un-ternehmen ihre Führungsphilosophie, um Wissen und Kreativität aller Mitarbeiter zu mobilisieren. Hierbei handelt es sich offensichtlich um eine Hinwendung zum demokratischen Führungsstil.

In der Praxis existiert keiner der dargestellten Führungsstile in „reiner Form". Es bestehen vielmehr zahlreiche Überschneidungen und Vermischungen der einzelnen Stile.

10.5.2 Führungstechniken

In Theorie und Praxis sind eine Reihe von Führungstechniken zu unterscheiden. Drei dieser Prinzipien werden im Folgenden dargestellt:

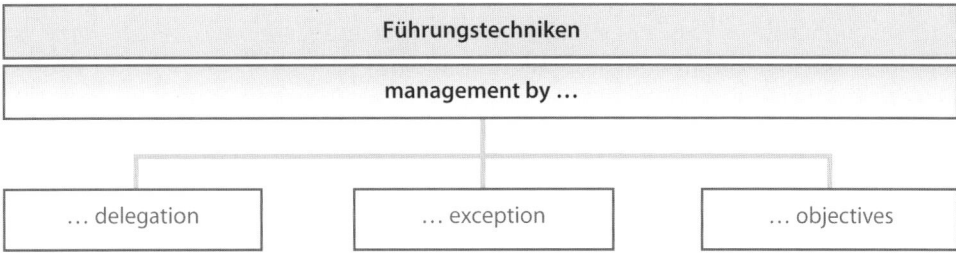

➤ Management by delegation

Im Rahmen des **„management by delegation"** (Führen durch Delegation) verteilt der Vorgesetzte Aufgaben und Verantwortung an seine Mitarbeiter. Er selbst greift erst bei Kontrollbedarf bzw. in kritischen Situationen ein. Bei dieser Vorgehensweise ist eine genaue Information der Mitarbeiter über den Problemfall und eine Aufgaben- und Kompetenzabgrenzung unabdingbar, da es sonst zu Überschneidungen der Arbeiten von einzelnen Mitarbeitern kommt.

Markus Plitsch darf als Sachbearbeiter für den Einkauf selbstständig Preisverhandlungen mit Lieferanten führen. Seinen Abteilungsleiter informiert er über den jeweiligen Stand der Verhandlungen und die jeweiligen Vertragsabschlüsse. Treten Komplikationen ein, kann sich der Vorgesetzte selbst in die Verhandlungen einschalten.

Durch das „management by delegation" kann sich der Vorgesetzte auf seine eigentlichen Leitungsaufgaben konzentrieren, was ihn im hohen Maße entlastet. Überträgt er den Mitarbeitern lediglich Routineaufgaben mit wenig Eigenverantwortung und starker Kontrolle, dann entspricht dieses Prinzip dem autoritären Führungsstil. Je mehr Eigenverantwortung und -kontrolle den Mitarbeitern zugestanden werden, desto eher wird ein kooperativer Führungsstil erreicht.

➤ Management by exception

„Management by exception" (Führen nach dem Ausnahmeprinzip) besitzt eine gewisse Affinität zum „management by delegation". Alle im üblichen Betriebsablauf anfallenden Aufgaben und Entscheidungen werden auf dafür zuständige Stellen übertragen. Werden fixierte Toleranzwerte überschritten oder gesteckte Ziele nicht erreicht, greift der Vorgesetzte ins Geschehen ein. Um Ausnahme- und Normalfall abzugrenzen, müssen messbare Toleranzwerte und klare Aufgabenabgrenzungen bestehen.

Markus Plitsch darf selbstständig Preisverhandlungen mit Lieferanten für Tagesgeschäfte führen, die ein Auftragsvolumen von 2.000,00 € (Toleranzwert) nicht überschreiten. Bei höheren Auftragssummen ist der Vorgesetzte einzuschalten.

Die Bearbeitung aller „Normalfälle" durch Mitarbeiter entlastet den Vorgesetzten und erlaubt ihm eine Spezialisierung auf komplizierte Ausnahmefälle. Die Mitarbeiter befassen sich hingegen nur mit Routinefällen, wodurch ihr Kreativitätspotenzial ungenutzt bleibt. Es besteht auch die Gefahr, dass die Führungskraft bei Problemfällen zu spät eingeschaltet wird.

> ➤ **Management by objectives**

Das **„management by objectives"** (Führen durch Zielvereinbarung) betont die Wichtigkeit gemeinsamer Zielvereinbarungen mit den Mitarbeitern. Diese können bei der Fixierung der Zielvorgaben meist bis zu einem gewissen Grad mitwirken. Die Zielerfüllung liegt weitgehend in der Eigenverantwortlichkeit des einzelnen Mitarbeiters bzw. des Teams. Bei Erreichen der Zielvorgaben werden sie mit Prämien belohnt. Die Führungskraft greift nur bei fehlender Zielerreichung ein.

| Beispiel | Aufgrund des guten Absatzes des Fahrrads „Biko Uno" plant das Unternehmen „BIKEKING" eine Steigerung der Produktionsmenge. Der zuständige Abteilungsleiter bespricht mit seinen Untergebenen geeignete Maßnahmen zur Zielformulierung und Zielerreichung. Die Mitarbeiter führen die Maßnahmen in Produktionsteams eigenverantwortlich aus. |

Bei einer starken Mitarbeiterbeteiligung an den betreffenden Zielentscheidungen wird auch von einem **„management by participation"** (Führen durch Beteiligung) gesprochen, was einem kooperativen Führungsstil entspricht. Der zeitaufwendigen Zielbildung und der Gefahr eines überhöhten Leistungsdrucks steht eine Reihe von Vorteilen gegenüber: Die Leistungsbereitschaft wird durch die Identifikation mit den Zielen gefördert, bei Arbeitsgruppen wird der Teamgeist gestärkt und es erfolgt eine „gerechtere" Entlohnung durch das Prämiensystem.

10.6 Organisationsinnovationen

10.6.1 Ebenen der Organisationsinnovationen

Organisationsinnovationen können sich auf verschiedenen Ebenen vollziehen, sie können „new to the world", „new to a country" oder „new to a company" sein.

> ➤ **New to the world**

Wenn eine organisatorische Änderung **„new to the world"** (neu für die Welt) ist, wurde sie bisher in keinem Betrieb realisiert, weder im eigenen Land noch auf dem gesamten Erdball.

| Beispiel | Ein Beispiel hierfür stellt das Toyota-Fertigungssystem dar. Im dort praktizierten **Kanban-System** wird auf allen Produktionsstufen eine Just-in-time-Produktion anvisiert, um Lagerbestände zu verringern. |

Inwieweit eine tatsächliche Weltneuheit vorliegt, ist oft fraglich, denn teilweise werden nur gleichartige Konzepte aus anderen Branchen auf die eigene übertragen.

> **New to a country**

„**New to a country**" (neu für ein Land) ist eine Organisationsstruktur, wenn sie in einer Region oder einem bestimmten Kulturkreis als innovativ angesehen wird. In diesem Fall werden Organisationskonzepte aus anderen Ländern auf das eigene übertragen, z. B. die Modifizierung des Herstellungssystems von Toyota für die deutschen Automobilhersteller.

> **New to a company**

Den geringsten Neuheitsgrad besitzt der Fall „**new to a company**" (neu für ein Unternehmen). Hierbei übernimmt ein einzelner Betrieb eine bereits in seinem Kulturkreis oder Land bestehende Organisationsstruktur. Bei diesem Vorgehen leisten oft Unternehmensberater Hilfestellung.

10.6.2 Netzwerkorganisation

Neben der Internationalisierung der Märkte und dem Drängen neuer Konkurrenten auf den Weltmarkt beeinflussen neue Informations- und Kommunikationstechniken (Computer, Internet, ISDN usw.) die Unternehmensorganisation in starkem Umfang, sodass traditionelle Organisationskonzepte in Industrie- und Dienstleistungsunternehmen nicht mehr ohne weiteres anwendbar sind.

Die klassischen internen Unternehmensgrenzen werden zunehmend in dezentrale, modular zerlegte Einheiten umstrukturiert. Ein **Modul** (engl.: Bau- oder Schaltungseinheit) kann je nach Art der Leistungserstellung ein integrierter Einzelarbeitsplatz oder ein Team von Mitarbeitern sein, das zusammenhängende Teilprozesse bearbeitet. Für jedes dieser Module ist zu entscheiden, wo (im eigenen Unternehmen oder bei externen Dienstleistern) der Leistungsprozess abgewickelt wird.

> Beispiel
>
> Die Compusoft AG liefert ihre Computer bisher mit Hilfe eines eigenen Fuhrparks aus. Der Vorstand plant nach einer Umstrukturierung des Unternehmens in einzelne Teileinheiten (Module), den Bereich auszugliedern. Er trifft also eine Entscheidung, ob die Leistung in Zukunft im eigenen Unternehmen oder von externen Dienstleistern erbracht werden soll.

Den höchsten Autonomiegrad besitzen Module in Form von mehr oder weniger selbstständigen Unternehmen, die jedoch enge Verbindungen zu einem Kernunternehmen unterhalten können. In diesem Fall wird auch von einer **Netzwerkorganisation** gesprochen, wobei zwischen externer und interner Netzwerkbildung unterschieden werden kann. Im ersten Fall **(externe Netzwerkbildung)** besteht ein starkes Kernunternehmen, das über eine Reihe von festen Vernetzungen zu anderen Unternehmen und Institutionen als Kooperationspartner verfügt. Es gelangen also zuvor vom Kernunternehmen unabhängige Betriebe in dessen Einflussbereich. Ein Beispiel hierfür ist BMW, das als Kernunternehmen sehr eng mit seinen Zulieferern zusammenarbeitet. Bei **interner Netzwerkbildung** handelt es sich hingegen um die Externalisierung von internen Einheiten wie etwa spin-offs (siehe Kap. 4.2). Aufgrund starker strategischer und eigentumsrechtlicher Verbindungen zwischen Stammhaus und ausländischen Vertretungen können auch multinationale Konzerne als interne Netzwerke bezeichnet werden. Kennzeichnend für diese Konglomerate ist die Variabilität der Beziehungsstruktur. So wurden ausländische Tochtergesellschaften lange Zeit lediglich als Vertriebskanäle genutzt, während in der heutigen Zeit jedes Modul in der Regel als mögliche Quelle für Ideen, technisches Wissen oder sonstige Verbesserungsoptionen gesehen wird.

Unterschiedliche **telekooperative Arbeitsformen** wie die Telearbeit unterstützen die Zusammenarbeit zwischen den internen oder zwischen internen und externen Modulen. Dabei sind die Mitarbeiter permanent oder zeitweise untereinander bzw. mit dem koordinierenden Unternehmen verbunden. Man spricht in diesem Zusammenhang auch von **virtuellen Unternehmen.** Dieses Netzwerk kann auch zu unabhängigen Unternehmen oder Konsumenten bestehen, die über die entsprechende Kommunikationstechnik (z.B. Intranet, Ausrüstung für Telefonkonferenzen) verfügen und mit dem Unternehmen verknüpft sind, um den Informationstransfer zu gewährleisten. Elektronische Kommunikation kann die Arbeitsproduktivität jedoch auch einschränken: Einer internationalen Studie des Marktforschungsunternehmens Roper ASW nach verlieren 68 % der Mitarbeiter in Deutschland täglich bis zu einer Stunde durch ergebnislose elektronische Kommunikation. Dabei ergaben sich bei den 600 Befragten höhere Prozentwerte als beispielsweise in Großbritannien oder den USA. 74 % der Befragten gaben an, bei Telefonkonferenzen nicht mit vollem Interesse zu folgen und andere Tätigkeiten zu erledigen.

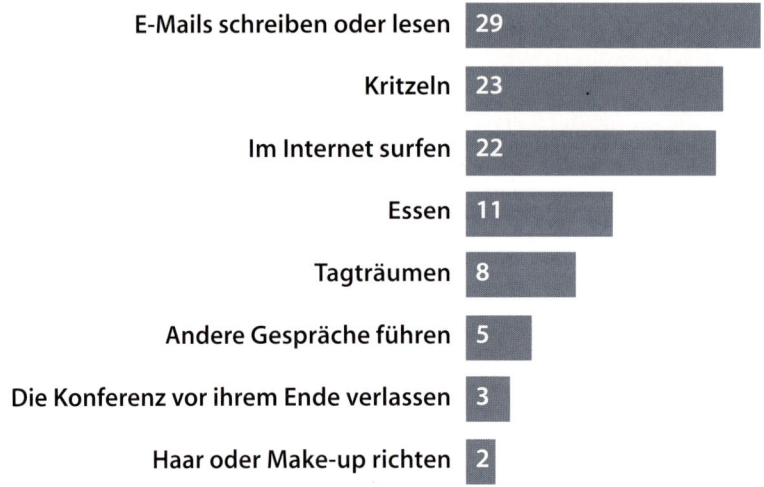

Womit sich Angestellte während Telefonkonferenzen beschäftigen*

E-Mails schreiben oder lesen	29
Kritzeln	23
Im Internet surfen	22
Essen	11
Tagträumen	8
Andere Gespräche führen	5
Die Konferenz vor ihrem Ende verlassen	3
Haar oder Make-up richten	2

* Mehrfachnennungen möglich   Quelle: RoperASW 2003

Als eine mögliche Arbeitsform im virtuellen Unternehmen wird im Folgenden die Telearbeit dargestellt. Die **Telearbeit** ist eine zeitweise oder ausschließlich außerhalb der zentralen Betriebsstätte ausgeübte Tätigkeit, die sich auf die Informations- und Kommunikationstechnik stützt. Die elektronischen Kommunikationsmittel (z.B. Computer) ermöglichen eine Verbindung zur Betriebsstätte. Für diese Arbeitsform sind z. B. Konstruktions- und Design-, Sekretariats- oder Managementaufgaben besonders geeignet.

Die vorherrschende Form der Telearbeit ist die **mobile Telearbeit,** bei der der Mitarbeiter ortsunabhängig arbeitet. Sie tritt vornehmlich bei Außendienstmitarbeitern (z. B. von Versicherungen) oder Servicetechnikern auf. Durch die Online-Verbindung zum zentralen Rechner des Unternehmens können die Daten übertragen und abgerufen werden, was zahlreiche Fahrten zur Unternehmenszentrale überflüssig macht.

Fast ebenso häufig wie die mobile Telearbeit ist die **heimbasierte Telearbeit** anzutreffen. Dabei kann der Mitarbeiter ausschließlich zu Hause oder in alternierender Form in der eigenen Wohnung oder am Arbeitsplatz beim Arbeitgeber arbeiten. Im zweiten Fall benötigt der Mitarbeiter – neben dem häuslichen – einen eingerichteten Arbeitsplatz beim Arbeitgeber.

| Beispiel | Mitarbeitern der IBM Deutschland steht die alternierende Telearbeit offen. Hierbei teilen sich mehrere Mitarbeiter einen Schreibtisch. Wenn die Arbeitnehmer im Unternehmen arbeiten, suchen sie sich einen freien Arbeitsplatz, den sie mit ihrem persönlichen Rollcontainer für die entsprechenden Arbeitstage nutzen können. |

Beurteilung der Telearbeit		
	mögliche Vorteile	**mögliche Nachteile**
Für den Arbeitgeber	▪ Kostenreduktion (Arbeitsraum, Energie, Fahrgeldzuschuss usw.) ▪ Geringere Fehlzeiten der Mitarbeiter ▪ Höhere Motivation der Angestellten ▪ Steigerung der Mitarbeiterproduktivität	▪ Koordinations- und Kontrollprobleme ▪ Kosten für Einrichtung und Wartung der Telearbeitsplätze ▪ Mangelnde Datensicherheit am Telearbeitsplatz und bei der Datenübertragung ▪ Kosten der Datenübertragung ▪ Umorganisation der Arbeitsabläufe
Für den Arbeitnehmer	▪ Verminderung der Anfahrtswege (Zeit- und Kostenersparnis) ▪ Flexible Gestaltung der Arbeitszeit ▪ Größere Zufriedenheit durch Freiräume ▪ Bessere Vereinbarkeit von Beruf und Familie	▪ Weniger persönliche Kontakte zu Mitarbeitern ▪ Arbeit ist „zu Hause", d. h., Möglichkeit zum „Abschalten" wird erschwert ▪ Arbeitsplatz beansprucht Wohnfläche

17 Voss – ISBN 3-8120-0646-4

Durch die alternierende Telearbeit bleibt der direkte persönliche Kontakt zwischen einzelnen Mitarbeitern und dem Vorgesetzten erhalten. Gleichzeitig verbringt der Arbeitnehmer mehr Zeit mit der Familie. Diesen Vorteil besitzt auch die Telearbeit, die ausschließlich zu Hause ausgeführt wird. Sie ist besonders geeignet für Menschen mit eingeschränkter Mobilität aufgrund von Behinderungen oder persönlicher Belastungen (z. B. alleinerziehende Mütter oder Väter).

10.7 Check-up

10.7.1 Zusammenfassung

✔ Sie haben erfahren, dass Aufbau- und Prozessorganisation Teilgebiete der Organisationslehre darstellen.

✔ Sie lernten das Einliniensystem, das Mehrliniensystem sowie das Stabliniensystem als Leitungssysteme zu unterscheiden.

✔ Im Rahmen der Organisationsformen können sie Funktional-, Sparten- und Matrixorganisation differenzieren sowie die jeweiligen Vor- und Nachteile abwägen.

✔ Sie können optionale Führungsstile (autokratisch, charismatisch, bürokratisch, kooperativ) beschreiben.

✔ Sie lasen über alternative Führungstechniken (management by delegation, management by exception und management by objectives).

✔ Sie haben gelernt, dass Organisationsinnovationen zu unterschiedlichen Ebenen zusammengefasst werden können, und lernten die Netzwerkorganisation als eine Innovationsalternative kennen.

10.7.2 Kontrollfragenblock

1. Welche Vor- und Nachteile kennzeichnen das Einliniensystem?
2. Nennen Sie Vorteile des Stabliniensystems!
3. Wie würden Sie den Führungsstil der „alten Industriekapitäne" kennzeichnen?
4. Beurteilen Sie die folgende Aussage: „Eine Abteilung ist die kleinste Einheit im Betrieb."
5. Bei welchem Leitungssystem wird der Dienst- bzw. Meldeweg strikt eingehalten?

10.7.3 Weiterführende Literatur

Bühner, R.: Betriebswirtschaftliche Organisationslehre, 10. Auflage, Wien und München 2004.

Kieser, A. (Hrsg.): Organisationstheorien, 5. Auflage, Stuttgart u. a. 2002.

Schreyögg, G.: Organisation, 4. Auflage, Wiesbaden 2003.

11 | Personalwirtschaft

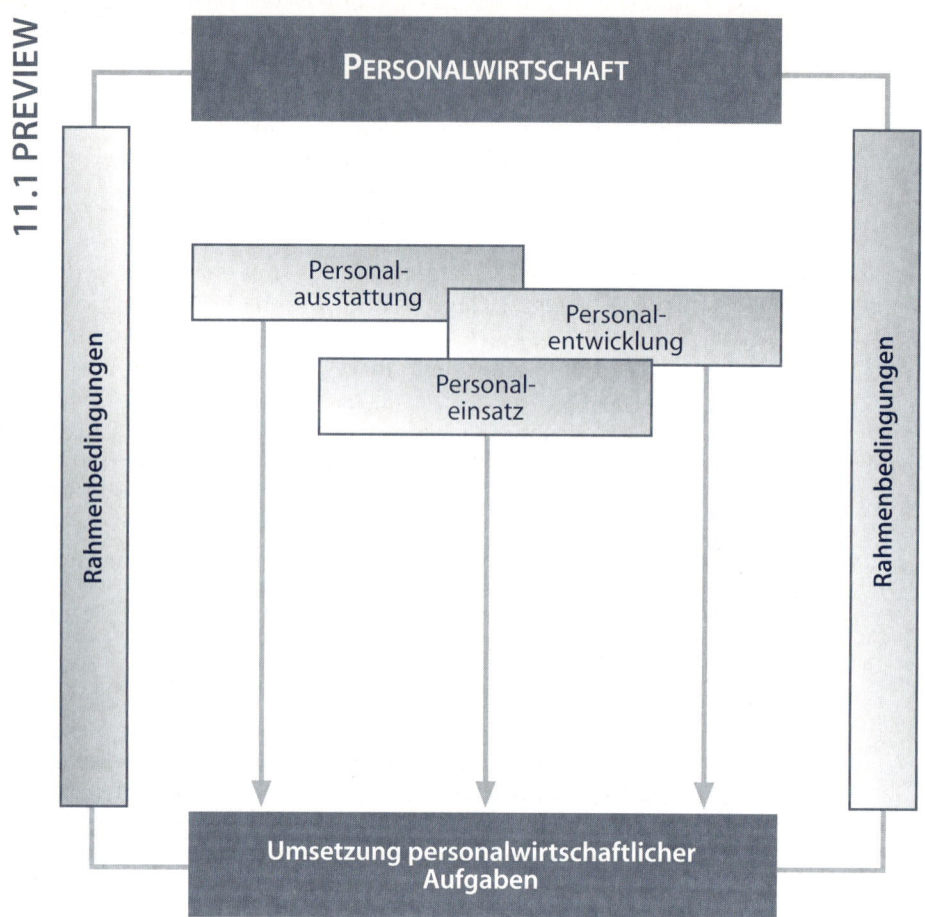

11.2 Problemstellung

Um Unternehmensziele zu erreichen, ist es notwendig, dass innerhalb eines Betriebes verschiedene Mittel bzw. Faktoren zusammenwirken. Dazu gehören Betriebsmittel, wie Maschinen und Werkzeuge, Werkstoffe und vor allem die **menschliche Arbeitsleistung.** Diese ist der sensibelste der betrieblichen Produktionsfaktoren. Einerseits ist sie für den Betrieb unentbehrlich, andererseits beeinflusst sie die Produktionskosten erheblich. Im verarbeitenden Gewerbe macht die menschliche Arbeitsleistung im Durchschnitt rund 20 % des Umsatzes aus. Besonders im Dienstleistungsbereich sind die Lohnkosten ein wichtiger Faktor, da hier der Kostenanteil für Betriebsmittel und Werkstoffe eher gering ist.

Der Betrieb ist durch seinen Personaleinsatz nicht nur mit der Zahlung der reinen Bruttolöhne belastet. Insbesondere in Deutschland spielen die **Personalneben- bzw. -zusatzkosten** eine entscheidende Rolle. Sie sind zu unterscheiden in gesetzlich vorgeschriebene (vor allem Sozialversicherungsbeiträge des Arbeitgebers und Aufwendungen für Fehlzeiten) und solche, die sich aus betrieblichen Vereinbarungen oder Tarifen ergeben (Urlaub und Urlaubsgeld, Altersversorgung, sonstige Prämien). Die Arbeitskosten (also die Bruttolöhne plus die Personalnebenkosten) sind in Deutschland im internationalen Vergleich hinter Norwegen – primär wegen der hohen Personalnebenkosten – am höchsten. Legt man das Augenmerk auf die Personalzusatzkosten, dann liegt Westdeutschland mit etwa doppelt so hohen Nebenkosten wie in den USA sogar auf Platz eins.

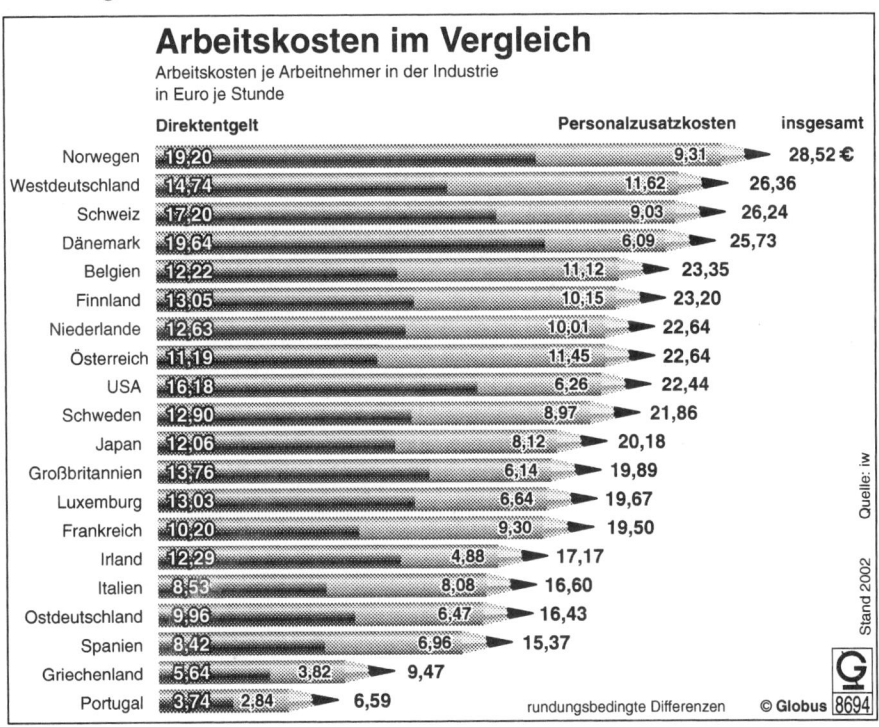

	Direktentgelt	Personalzusatzkosten	insgesamt
Norwegen	19,20	9,31	28,52 €
Westdeutschland	14,74	11,62	26,36
Schweiz	17,20	9,03	26,24
Dänemark	19,64	6,09	25,73
Belgien	12,22	11,12	23,35
Finnland	13,05	10,15	23,20
Niederlande	12,63	10,01	22,64
Österreich	11,19	11,45	22,64
USA	16,18	6,26	22,44
Schweden	12,90	8,97	21,86
Japan	12,06	8,12	20,18
Großbritannien	13,76	6,14	19,89
Luxemburg	13,03	6,64	19,67
Frankreich	10,20	9,30	19,50
Irland	12,29	4,88	17,17
Italien	8,53	8,08	16,60
Ostdeutschland	9,96	6,47	16,43
Spanien	8,42	6,96	15,37
Griechenland	5,64	3,82	9,47
Portugal	3,74	2,84	6,59

Arbeitskosten im Vergleich
Arbeitskosten je Arbeitnehmer in der Industrie in Euro je Stunde

Quelle: iw
Stand 2002
rundungsbedingte Differenzen   © Globus 8694

Der Einsatz der menschlichen Arbeitsleistung als Produktionsfaktor sollte nicht nur von der Kostenseite betrachtet werden. Er ist insoweit etwas Besonderes, als die Entlohnung den Arbeitnehmern üblicherweise die Aufrechterhaltung ihrer Existenz ermöglicht. Diese Tatsache hat zu einer hohen gesetzlichen Regelungsdichte in diesem Bereich geführt. Der Unternehmer hat, was den Einsatz dieses Produktionsfaktors angeht, nur noch eine **eingeschränkte Dispositionsfreiheit.** Gesellschaftliche Strömungen, Interessengruppen (wie etwa Gewerkschaften) und nicht zuletzt der Staat beeinflussen den Unternehmer und seinen Entscheidungsspielraum. Die Betrachtung des gesellschaftlichen Rahmens ist also bei der Personalwirtschaft einzubeziehen (siehe Kap. 11.3).

Im verbleibenden Dispositionsspielraum des Unternehmens ist die **Personalwirtschaft** angesiedelt. Hierunter versteht man die Gesamtheit aller Tätigkeiten, die auf das Vorbereiten, Treffen und Umsetzen von Personalentscheidungen gerichtet ist. Die Personalwirtschaft selbst ist Teil der dispositiven Arbeitsleistung in einem Unternehmen. Hiervon wird die ausführende Arbeit unterschieden, deren Ausgestaltung durch die Personalwirtschaft bestimmt wird.

Ein Hauptziel personalwirtschaftlicher Tätigkeiten ist, die Identifikation der Mitarbeiter mit „ihrem" Unternehmen zu gewährleisten. Im internationalen Vergleich belegt Deutschland hier nur einen Mittelplatz.

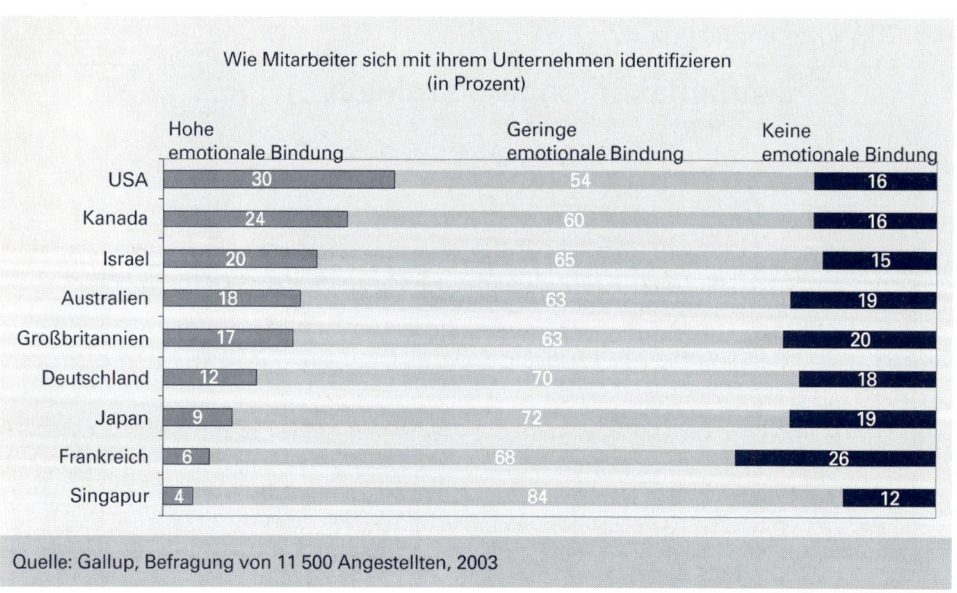

Wie Mitarbeiter sich mit ihrem Unternehmen identifizieren (in Prozent)

	Hohe emotionale Bindung	Geringe emotionale Bindung	Keine emotionale Bindung
USA	30	54	16
Kanada	24	60	16
Israel	20	65	15
Australien	18	63	19
Großbritannien	17	63	20
Deutschland	12	70	18
Japan	9	72	19
Frankreich	6	68	26
Singapur	4	84	12

Quelle: Gallup, Befragung von 11 500 Angestellten, 2003

11.3 Gesellschaftliche Rahmenbedingungen der Personalwirtschaft

Der Betrieb agiert innerhalb der Gesellschaft, auf die unterschiedlichste Institutionen und Meinungsströmungen einwirken und Rahmendaten setzen. Wegen der besonderen sozialen Bedeutung der menschlichen Arbeit ist die Regelungs- und Einflussdichte hier besonders hoch. Die betriebliche Personalwirtschaft ist somit in besonderem Maße durch Vorgaben beeinflusst, die von außerhalb des Betriebes einwirken.

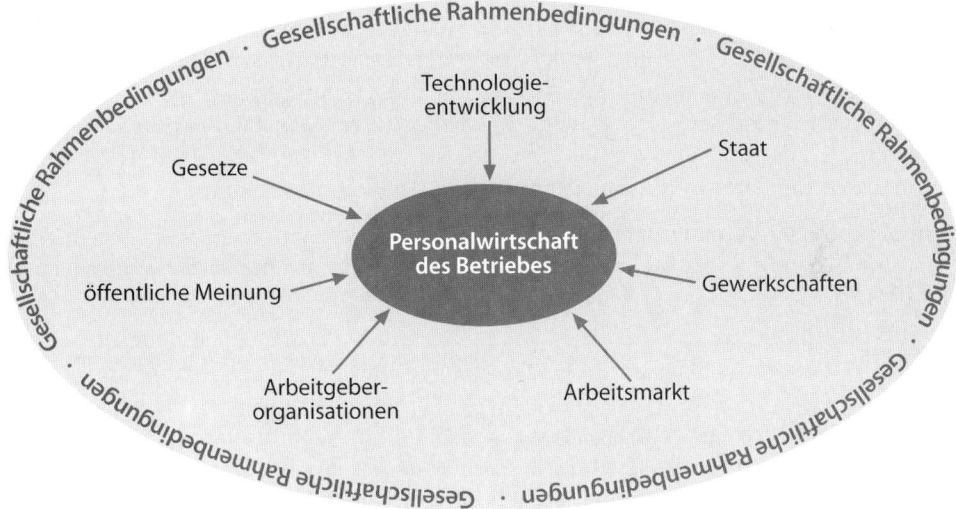

Im Verlauf der historischen Entwicklung hat sich so ein Arbeitsrecht herausgebildet, welches zu den genau fixierten und relativ beständigen Rahmendaten gehört.

Das **Arbeitsrecht** schützt zumeist die Arbeitnehmer in ihrer Beziehung zum Arbeitgeber. Als wichtigste Rechtsgebiete, die die betriebliche Personalwirtschaft beeinflussen, haben sich herausgebildet:

- das **Tarifrecht** (Tarifvertragsgesetz), welches die Rechte und Pflichten der Tarifparteien (Arbeitgeber-/-organisationen und Gewerkschaften) regelt. Im Wesentlichen lässt dies in Deutschland die so genannte **Tarifautonomie** zu. Dies bedeutet, dass Arbeitgeber- und Arbeitnehmerverbände frei von gesetzlichen Einflüssen Löhne und Arbeitsbedingungen für ihre Mitglieder aushandeln können. Da mit der Tarifautonomie eine soziale Verantwortung verbunden ist, werden die Tarifparteien als Sozialpartner bezeichnet.

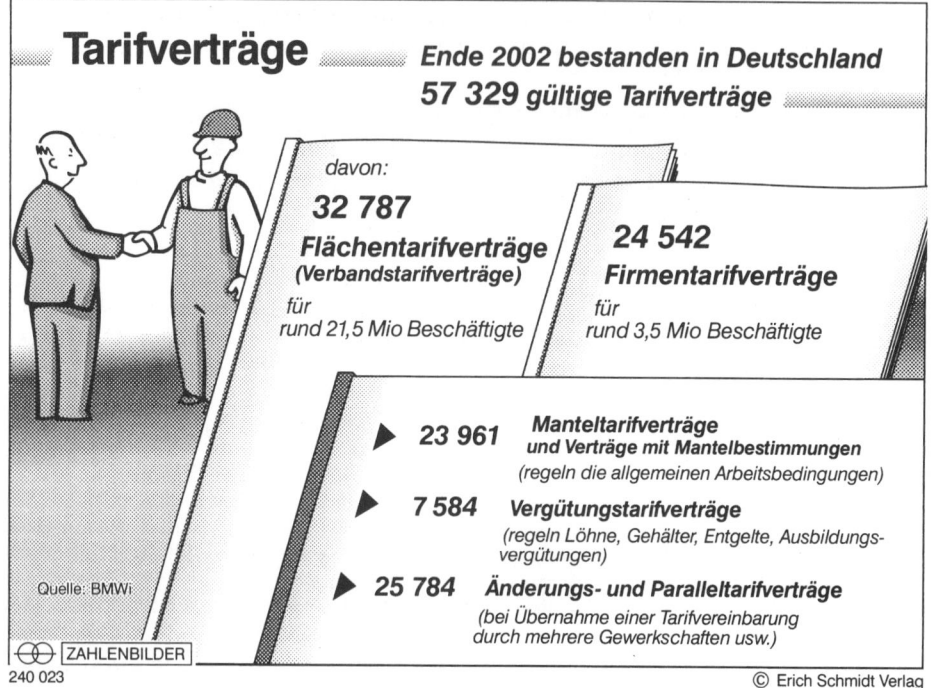

Tarifverträge — *Ende 2002 bestanden in Deutschland 57 329 gültige Tarifverträge*

davon:

32 787 Flächentarifverträge (Verbandstarifverträge)
für rund 21,5 Mio Beschäftigte

24 542 Firmentarifverträge
für rund 3,5 Mio Beschäftigte

▶ 23 961 **Manteltarifverträge** und Verträge mit Mantelbestimmungen (regeln die allgemeinen Arbeitsbedingungen)

▶ 7 584 **Vergütungstarifverträge** (regeln Löhne, Gehälter, Entgelte, Ausbildungsvergütungen)

▶ 25 784 **Änderungs- und Paralleltarifverträge** (bei Übernahme einer Tarifvereinbarung durch mehrere Gewerkschaften usw.)

Quelle: BMWi

ZAHLENBILDER

240 023

© Erich Schmidt Verlag

- das **Arbeitsvertragsrecht,** welches u. a. im BGB, im Kündigungsschutzgesetz, im Betriebsverfassungsgesetz und in vielen weiteren Bestimmungen und Gesetzen wie dem Mutterschutzgesetz geregelt ist. Es besteht eine hohe Regelungsdichte vom Beginn bis zum Ende eines Beschäftigungsverhältnisses.
- das **Mitbestimmungsrecht,** welches die Mitbestimmungsmöglichkeiten der Arbeitnehmer im Betrieb regelt. Dies ist im Montan-Mitbestimmungsgesetz, dem Betriebsverfassungsgesetz und dem Mitbestimmungsgesetz bestimmt.

Die anderen Einflussgrößen, die eine Unternehmung von außen beeinflussen, weisen die relative Eindeutigkeit des Rechts nicht auf. Zu diesen weiteren Faktoren zählen vor allem der Arbeitsmarkt und die Technologieentwicklung, aber auch schwerer fassbare Größen wie die öffentliche Meinung. Letztere hat dann wieder Einfluss auf Verhandlungsergebnisse zwischen Arbeitgebern und Arbeitnehmern bzw. Gewerkschaften.

Durch den **Arbeitsmarkt,** auf dem die Unternehmen als Arbeitsnachfrager und die Arbeitnehmer als Arbeitsanbieter auftreten, werden für die Unternehmung grundsätzliche Eckdaten für ihre Beschäftigten gebildet. Insbesondere bildet sich der Lohn – im theoretischen Modellfall völlig frei – auf dem Arbeitsmarkt.

In der Praxis ist eine völlig freie **Lohnbildung** aber unüblich. Das staatliche Ziel des Schutzes der Arbeitnehmer brachte eine Vielzahl von Gesetzen und Regelungen hervor, die eine freie Lohnbildung auf dem Arbeitsmarkt verhindern. Auch Tariflöhne, die durch die Tarifparteien für ihre Mitglieder ausgehandelt werden, liegen fast immer über den Löhnen, die sich bei Lohnbildung auf einem freien Markt ergeben würden.

Der Versuch, auf diese Weise Arbeitnehmer zu schützen, hat jedoch negative Auswirkungen auf die Entwicklung der Arbeitslosigkeit. Derartig überhöhte Löhne lassen die menschliche Arbeitskraft für Arbeitgeber zunehmend unattraktiver werden. Die **Substitution** derselben durch Maschinenarbeit oder die **Verlagerung** von Arbeitsplätzen ins Ausland sind oft unerwünschte Folgen zu hoher Löhne.

Dennoch ist es möglich, durch eine **Arbeitsmarktanalyse** zu erkennen, ob ein Überhang an Angebot oder Nachfrage vorhanden ist und welche Löhne – gegebenenfalls noch oberhalb von Tariflöhnen – gezahlt werden. Die Situation kann sich aber in Teilsegmenten des Arbeitsmarktes stark unterscheiden. Während etwa der Arbeitsmarkt für gering qualifizierte Arbeitnehmer durch hohe Arbeitslosigkeit geprägt ist, kann die Situation bei speziellen Arbeitsstellen, die ein hohes Qualifikationsniveau erfordern, gegenteilig sein. **Arbeitslosenstatistiken** fassen die verschiedenen Arbeitsmarktbereiche zusammen. Die ausgewiesene Arbeitslosigkeit betrifft in der Hauptsache niedrig qualifizierte Arbeitnehmer.

Die **Arbeitsmarktsituation** hat auch Einfluss auf die Abschlüsse der Tarifparteien und deren Beurteilung durch die öffentliche Meinung. Herrscht eine hohe Arbeitslosigkeit, so sind Gewerkschaften eher bereit, niedrigere Lohnzuwächse oder sogar Lohnabschläge hinzunehmen als im Fall geringer Arbeitslosigkeit. Diese Tarifabschlüsse sind ausschlaggebend für die Lohnkosten eines Betriebes. Die aktuelle Situation auf dem Arbeitsmarkt hat demnach eine starke, wenn auch durch den Betrieb unbeeinflussbare Wirkung auf Variablen (z. B. Lohn), mit denen die betriebliche Personalwirtschaft arbeitet.

Die Ergebnisse von Lohnverhandlungen sind des Weiteren abhängig von der **Verhandlungsmacht der Beteiligten.** Gewerkschaftliche Verhandlungsmacht hängt auch von ihrer Mitgliederzahl ab, die wiederum Ausdruck aktueller gesellschaftlicher Strömungen ist. Diese werden in der „öffentlichen Meinung" zusammengefasst, die zumeist über die Medien artikuliert wird. Bestimmte Forderungen sind nicht durchzusetzen, wenn sie gegen den Druck der Öffentlichkeit erfolgen. Der Imageverlust wäre für Betriebe, die ihre Produkte erfolgreich am Markt (eben an die Öffentlichkeit) verkaufen wollen, zu groß.

Die **Technologieentwicklung** ist ein weiterer Faktor, der von außen auf den Betrieb und seine Personalwirtschaft einwirkt. Je nachdem, wie schnell und intensiv die Entwicklung verläuft, kann ein Betrieb Menschen durch Maschinen ersetzen oder Arbeitnehmer mit neuen und anderen Qualifikationen für neue, andersartige Arbeitsplätze benötigen.

Der Betrieb hat also eine Vielzahl gesellschaftlicher Rahmendaten als gegeben hinzunehmen. Innerhalb dieses Umfelds kann und muss er seine individuelle Personalwirtschaft verwirklichen.

11.4 Personalausstattung des Betriebes

11.4.1 Personalbedarf

Im Rahmen der dispositiven Arbeit in einem Unternehmen müssen zur Erreichung der Betriebsziele zunächst folgende personalspezifischen Fragen geklärt werden:

- Wie soll das Personal beschaffen sein, das der Betrieb benötigt? Es handelt sich um die Frage nach den benötigten **Qualifikationen** der Arbeitnehmer. Dabei muss auf den derzeitigen und zukünftigen Qualifikationsbedarf des Betriebes Rücksicht genommen werden.

- Wie viel Personal benötigt das Unternehmen? Dies ist die Frage nach der **Quantität,** die nach Unternehmensteilbereichen aufgeschlüsselt werden kann.

Neben diesen beiden Fragen muss des Weiteren geklärt werden,

- für welchen **Zeitraum** welches Personal benötigt wird;
- an welcher **Stelle** des Betriebes Personal gebraucht wird.

Zu den ökonomischen Zielen treten automatisch soziale, da Beschäftigte oder potenziell Beschäftigte ein Interesse an Anstellung bzw. Weiterbeschäftigung haben. Inwieweit sich ein Betrieb die **sozialen Ziele** neben seinen eigentlichen ökonomischen Zielen „leisten" kann, ist sehr unterschiedlich. Im Allgemeinen wird gerade größeren Betrieben eine besondere soziale Verantwortung zugedacht. Personalentscheidungen von Großbetrieben sind sogar Gegenstand des öffentlichen Interesses. Ein Betrieb dieser Größenordnung kann es sich daher nicht leisten, die soziale Komponente zu vernachlässigen.

Folgende Unternehmensdaten bestimmen den Personalbedarf des Betriebes:

- die **Aufgabe,** die durch das Personal bewältigt werden soll. Wichtig sind neben dem Inhalt der Umfang (z.B. die Produktionsmenge) und die damit verbundenen zeitlichen Erfordernisse.

- die mit der Arbeitsaufgabe verbundenen **Produktionsfaktoren,** die diese bewältigen sollen. Dazu gehören neben den Arbeitskräften selbst auch die Maschinen und sonstigen Produktionsmittel, die ihrerseits spezielle Anforderungen an die Arbeitskräfte stellen. Wichtig sind neben den derzeitigen Verhältnissen insbesondere erwartete Änderungen (etwa der zukünftige Technisierungsgrad eines Unternehmens), aus denen ein neuartiger Personalbedarf entsteht.

- die **Organisation des Arbeitsumfelds.** Vor allem sind die betrieblichen Strukturen bezüglich der Mitarbeiterhierarchie wichtig.

Aus diesen Daten wird durch den Betrieb ein gewünschter Personalbestand mittels unterschiedlichster Methoden errechnet. Dabei werden sowohl Trends fortgeschrieben, die in der Vergangenheit galten, als auch neue Zukunftsszenarien entworfen, an denen dann die Personalbedarfsplanung ausgerichtet wird.

Neben den tatsächlich benötigten Arbeitskräften wird eine **Personalreserve** einkalkuliert, die notwendig ist, um z.B. Abwesenheit von Arbeitnehmern (Krankheit, Urlaub etc.) auszugleichen. Während kurzfristige Produktionsschwankungen durch diese Reserve kompensiert werden können, gehört zur Bestimmung des Personalbedarfs auch, dass mittel- und langfristig geplante Produktionsvolumenänderungen und ihre Konsequenzen auf den Personalbedarf berücksichtigt werden. Hier entsteht ein **Personalneubedarf,** der rechtzeitig erkannt werden muss. Über diesen Neubedarf hinaus gibt es einen so genannten **Ersatzbedarf,** der sich aus vorhersehbaren Abgängen (z. B. durch Alter oder übliche Fluktuation) ergibt.

Falls sich hingegen zeigen sollte, dass der Personalbestand höher als der eigentliche Bedarf ist, entsteht ein Minderbedarf und damit ein so genanntes **Freistellungspotenzial.** Die Zahl der Arbeitnehmer muss in diesem Fall abgebaut werden.

Die Personalbedarfsplanung muss allerdings nicht nur die Gesamtzahl der Arbeitnehmer eines Betriebes im Auge halten. Wichtig ist des Weiteren eine **qualitative Bedarfsermittlung** (vor allem in einer Zeit sich ändernder Technologien und Anforderungen an die menschliche Arbeitskraft).

Für verschiedene Qualifikationsgruppen innerhalb eines Betriebes kann die Personalbedarfsplanung demnach zu ganz unterschiedlichen Ergebnissen führen.

Beispiel

Beispielsweise kann die Personalbedarfsplanung einer expandierenden Bäckereikette ergeben, dass zukünftig keine zusätzlichen Bäcker eingestellt werden (die neuen Großbacköfen brauchen kein zusätzliches Personal), andererseits aber zusätzliches Verkaufs- und kaufmännisches Personal benötigt wird. Dadurch verändert sich die nach Berufen, Ausbildung und Tätigkeitsmerkmalen geordnete Personalstruktur des Betriebes.

11.4.2 Personalbeschaffung

Wenn im Rahmen der Personalbedarfsplanung der Ist-Personalbestand hinter dem Soll-Personalbestand zurückbleibt, leidet der Betrieb an Personalmangel. Zur Aufhebung dieses Zustandes ist neues Personal zu beschaffen, dessen Gesamtstruktur durch die Bedarfsplanung in qualitativer, quantitativer, räumlicher und zeitlicher Hinsicht vorgegeben wird.

11.4.2.1 Formen der Personalbeschaffung

Eine vorhandene Unterdeckung an Personal kann beseitigt werden durch:

- **Aufstockung des Personalbestandes** durch Neueinstellungen. Eine frei werdende Stelle wird durch einen Bewerber besetzt, der bisher nicht zum Unternehmen gehört hat. Es handelt sich also um eine **externe Stellenbesetzung.** Diese Methode bringt erhebliche Kosten mit sich und wird angewandt, wenn die Personalunterdeckung klar und für längere Zeit diagnostiziert wurde. Neueinstellungen können jedoch eine Änderung in Bezug auf Kultur und Richtung des Unternehmens signalisieren. Beim US-Unternehmen „Allied Signal" wurden aus diesem Grund bei Umstrukturierungsmaßnahmen 90 der 120 Spitzenmanager größtenteils durch externe Führungskräfte ersetzt.

  Die Neigung von Arbeitgebern zu Neueinstellungen wird durch die gesetzlichen **Kündigungsregeln** beeinflusst. Je schwieriger eine spätere Kündigung durchzusetzen ist, desto genauer wird sich der Arbeitgeber Neueinstellungen überlegen.

- **Beibehaltung des Personalbestandes.** Durch vorübergehende Inanspruchnahme von Leiharbeitnehmern kann die personelle Unterdeckung behoben werden. Es kommt also nicht wie bei der externen Personalbeschaffung zu einer echten Einstellung eines Arbeitnehmers, sondern lediglich zu einem Verleihverhältnis zwischen dem Auftraggeber und einem Leasingunternehmen. Diese Möglichkeit ist zwar für die Zeit der Inanspruchnahme von Leiharbeitnehmern mit höheren Kosten als bei üblichen Beschäftigten verbunden. Dafür ist gewährleistet, dass die Inanspruchnahme nur dann erfolgt, wenn die Personalunterdeckung herrscht. Das **Personalleasing** ist demnach besonders geeignet für die Überbrückung kurzfristiger Personalengpässe, z. B. bei Krankheitsvertretungen, Mutterschaftsurlaub sowie saisonal- und konjunkturbedingtem Personalbedarf.

- **Umbesetzung** innerhalb des Betriebes **(interne Stellenbesetzung).** Das Personal für Betriebsbereiche mit Personalunterdeckung wird aus anderen Betriebsbereichen abgezogen, die im Idealfall über Freistellungspotenzial verfügen. Diese Möglichkeit der Personalbeschaffung ist besonders geeignet, weil der Personalbestand insgesamt nicht aufgestockt werden muss. Allerdings besteht nicht immer die Möglichkeit hierzu, weil die in einem Betriebsteil benötigten Qualifikationen nicht unbedingt denjenigen entsprechen, die das Personal aus Betriebsteilen mit einem Freistellungspotenzial aufweist.

Interne oder externe Stellenbesetzung?	
Vorteile der internen Stellenbesetzung	**Vorteile der externen Stellenbesetzung**
<ul><li>Interne Aufstiegschancen fördern die Motivation und das Betriebsklima.</li><li>Die Bewerber kennen die Strukturen und Gepflogenheiten des Unternehmens.</li><li>Man besitzt bereits genaue Informationen über die Stärken und Schwächen des Bewerbers. Dies senkt das Auswahlrisiko.</li><li>Die Einarbeitungszeit ist kürzer. Der Mitarbeiter ist deshalb schneller produktiv tätig.</li><li>Das Gehaltsgefüge wird bei einer internen Besetzung meist weniger gestört.</li><li>Vakante Stellen können schneller besetzt werden.</li></ul>	<ul><li>Keine Rivalitäten oder Neidgefühle zwischen internen Bewerbern.</li><li>Es besteht eine Probezeit, Fehlbesetzungen können also leicht korrigiert werden.</li><li>„Frischer Wind" bzw. Ideen kommen von außen in das Unternehmen. Betriebsblindheit wird hierdurch vorgebeugt.</li><li>Keine Verlagerung des Stellenbesetzungsproblems, denn innerbetriebliche Versetzungen können Kettenreaktionen auslösen und letztlich Vakanzen hinterlassen.</li><li>Externe Bewerber können höher qualifiziert sein, es entstehen keine Fortbildungskosten.</li></ul>

11.4.2.2 Personalauswahlprozess

Zur Personalauswahl wird im Allgemeinen ein zweistufiges Verfahren genutzt. Zunächst wird versucht, ein **Akquisitionspotenzial** zu bestimmen. Dies ist eine Gruppe von möglicherweise geeigneten Anwärtern. Danach wird in einer zweiten Stufe aus dieser Gruppe der oder die geeigneten Bewerber ermittelt.

Zwei Stufen der Personalauswahl

Ermittlung und Ansprache eines Akquisitionspotenzials

Auswahl der geeigneten Bewerber aus diesem Akquisitionspotenzial

> ➤ **Ermittlung und Ansprache eines Akquisitionspotenzials**

Wenn sich der Betrieb zu Neueinstellungen entschließt, führt dies, soweit nicht firmenintern umbesetzt werden kann, zu einer entsprechenden Nachfrage des Betriebs auf dem externen Arbeitsmarkt.

Um das „optimale" Personal für die Unternehmung zu gewinnen, ist es für den Betrieb notwendig, diesen Markt genau zu analysieren. Bei der großen Bedeutung, die die Auswahl des richtigen Personals für eine Unternehmung besitzt, ist die Verwendung von Ressourcen in diesem Bereich hochrentabel. Es reicht aus, wenn sich der Betrieb auf die Teile des Arbeitsmarktes konzentriert, die im konkreten Fall relevant sind (ein Automobilunternehmen braucht nicht den Teil des Arbeitsmarktes zu beobachten, in dem Arbeit als Metzger oder Bäcker nachgefragt und angeboten wird).

Aus der **Analyse des Arbeitsmarktes** und seines Umfelds kann das Unternehmen den Preis (Lohn) für bestimmte Arbeitnehmer und damit die relative Knappheit benötigter Arbeitnehmer ersehen. Anhand dieser Daten kann ein Betrieb ausmachen, welche Löhne und andere Leistungen er bieten muss, um eine hohe Zahl potenziell in Frage kommender Bewerber für den Betrieb zu interessieren. Je höher daraufhin die Zahl der Bewerber ist, desto höher ist auch die Chance, dass der „optimale" Arbeitnehmer darunter ist und für das Unternehmen gewonnen werden kann.

Nun muss das Unternehmen noch einen Weg finden, mit den Mitgliedern dieses Akquisitionspotenzials in **Kontakt** zu treten. Es kann versuchen, mögliche Arbeitnehmer direkt anzusprechen (etwa über Zeitungsannoncen), es kann den Weg über die Arbeitsvermittlung des Arbeitsamtes gehen oder sich der Hilfe professioneller Dienste bedienen. Diese „Headhunter" werden insbesondere bei der Besetzung absoluter Spitzenpositionen in der Wirtschaft eingesetzt. Die sehr hohen Kosten, die ein Unternehmen in diesem Fall zu tragen hat, werden in Kauf genommen, da Fehlbesetzungen – gerade in der Unternehmensleitung – drastische negative Konsequenzen haben können.

➤ Auswahl der geeigneten Bewerber

Wenn das Unternehmen eine genügend große Zahl an Interessenten ermittelt hat, gilt es, aus diesem Potenzial die richtige Personalauswahl zu treffen. Bei der Auswahl von Bewerbern, die aus dem Unternehmen selber kommen und sich für eine vakante Stelle interessieren, fällt die Beurteilung leichter. Der betreffende Arbeitnehmer konnte dann schon längere Zeit beobachtet werden. Auf diese Weise steht bereits eine Vielzahl von Daten über ihn zur Verfügung.

Die Auswahl von unbekannten externen Bewerbern gestaltet sich ungleich schwieriger. Das Auswahlverfahren hat mehrere Stufen und beginnt üblicherweise mit der **Auswertung der schriftlichen Bewerbungsunterlagen.** Hier wird die Zahl der in Frage kommenden Kandidaten bereits stark eingeschränkt. Die Auswertung des Anschreibens mit Lebenslauf, Lichtbild, Zeugnissen und Referenzen und gegebenenfalls die Sichtung von Arbeitsproben erlaubt es, zumindest ungeeignete Bewerber aus der Masse aller Kandidaten herauszufiltern.

Manche Unternehmen bauen an dieser Stelle der Personalauswahl ein **grafologisches Gutachten** in ihr Verfahren ein. Dazu ist es notwendig, dass der Bewerber eine Handschriftenprobe (z. B. in der Form eines handgeschriebenen Lebenslaufs) einreicht. Die Ergebnisse solcher grafologischer Gutachten, die im Idealfall Aufschluss über Persönlichkeit und Leistungswillen geben sollen, sind allerdings umstritten. Viele Unternehmen verzichten daher auf dieses Auswahlkriterium.

Übrig bleibt eine große Gruppe, die wegen ihrer Bewerbungsunterlagen für eine zu besetzende Stelle in Frage kommt.

Je nach Wichtigkeit der zu besetzenden Position und Größe des Unternehmens schließt sich nun ein unterschiedlich umfangreiches **weiteres Auswahlverfahren** an. Oft liegen zwischen der Bewerbung und einer Einstellung aber nur die Auswertung der Bewerbungsunterlagen und ein Vorstellungsgespräch. Hier wird jedoch ein weitergehendes Auswahlverfahren beschrieben, das von den Betrieben beliebig abgekürzt werden kann.

Zu den weiteren **Tests** gehören solche, die die speziell auf den Arbeitsplatz bezogene Leistungsfähigkeit und -bereitschaft der Kandidaten prüfen, und andere, die die Intelligenz und Persönlichkeitsmerkmale des Bewerbers offen legen sollen. Im Rahmen dieser Testphase finden auch Gespräche statt, die teilweise unter den Kandidaten selber geführt werden. Mittels teilnehmender Beobachtung kann ermittelt werden, wer in Gruppensituationen entscheidende Fähigkeiten wie etwa Teamgeist oder Führungsqualitäten zeigt.

Häufig werden unterschiedlichste Testverfahren in so genannten **Assessment-Centern** zusammengefasst. Hier werden die Bewerber mit Aufgaben konfrontiert, die der Aufgabenstruktur der vakanten Stelle entsprechen. Das oft mehrere Tage andauernde Assessment-Center bietet der Personalabteilung des Unternehmens die Möglichkeit, die Bewerber ausführlich zu beobachten und zu bewerten. Üblich sind verschiedene Übungen und (Gruppen-)Gespräche, die genauen Aufschluss über Persönlichkeit und Fähigkeiten der Bewerber geben sollen.

Eine beliebte Übung in Assessment-Centern ist die so genannte **Postkorb-Übung.** Unterstellt wird ein Szenario, in dem der Bewerber seinen Chef oder einen Mitarbeiter vertreten und die für diesen eingegangene Tagespost bearbeiten, verteilen oder zurücklegen soll. Aus der Art und Weise, wie der Bewerber an diese Aufgabe herangeht und sie löst, lassen sich Rückschlüsse auf sein Organisationstalent, seine Teamfähigkeit und seine Führungsqualitäten ziehen.

Zum Zwecke der **Persönlichkeitsanalyse** geht Beobachtung und Bewertung manchmal (insbesondere bei der Auswahl von Führungskräften) über die unmittelbaren Tests hinaus. Das Verhalten von Bewerbern beim gemeinsamen Abendessen während eines Assessment-Centers kann durchaus relevant sein.

Im Rahmen von Assessment-Centern hat sich mittlerweile durchgesetzt, dass die Teilnehmer ein **Feedback** erhalten. Das heißt, dass nicht nur die Erfolgreichen benachrichtigt werden, sondern auch die nicht ausgewählten Bewerber die Analyseergebnisse erhalten. Ihnen wird mitgeteilt, warum sie für die Arbeitsstelle nicht in Frage kommen. Zusätzlich werden idealerweise Tipps für weitere Bewerbungen oder geeignetere Beschäftigungsfelder gegeben.

Dieses Verfahren ist fair gegenüber den Kandidaten und bietet den zusätzlichen Vorzug, dass abgelehnte Bewerber die Entscheidung verstehen, akzeptieren und auf diese Weise keine negative Einstellung gegenüber dem betreffenden Unternehmen annehmen. Dieser Effekt ist nicht zu unterschätzen, da im Verlauf eines Bewerbungsverfahrens für nur eine freie Stelle bis zu tausend Absagen geschrieben werden. Ein Unternehmen, welches auf dem Markt agiert und an anderer Stelle viel Geld für ein gutes Image in der Öffentlichkeit ausgibt, kann es sich nicht leisten, dass eine große Anzahl von Menschen (potenzielle Kunden) negativ gegen das Unternehmen eingenommen wird. Zwar ist die Personalauswahl mittels eines Assessment-Centers für ein Unternehmen ein kostenintensives Verfahren, es darf aber nicht vergessen werden, dass die anfallenden Kosten gegenüber der Alternative einer „falsch" besetzten Stelle gering sind. Im Vergleich mit konventionellen Auswahlmethoden gilt das Assessment-Center in entsprechenden Nachuntersuchungen als „treffsicherer", was die Auswahl der Bewerber angeht.

Nachdem der Bewerberkreis durch das Assessment-Center weiter eingeschränkt wurde, sollte an dieser Stelle des Auswahlverfahrens nur noch eine überschaubare Bewerberzahl übrig geblieben sein. Diese werden dann zu einem oder mehreren **persönlichen Vorstellungsgesprächen** eingeladen. Hierbei lernen sich Arbeitgeber und Bewerber konkret kennen. Es werden nicht nur Informationen vom Arbeitgeber über den möglichen Arbeitnehmer (persönlicher und sozialer Hintergrund des Bewerbers, Ausbildung, bisherige berufliche Entwicklung) gewonnen, sondern auch der Kandidat kann sich ein Bild über seinen möglichen Arbeitgeber machen (z. B. Größe, Aufbau, Zielsetzungen des Betriebes).

Abschließend gehören zu einem Vorstellungsgespräch auch die Verhandlungen über den Vertragsinhalt (z. B. Höhe des Entgelts) und die Vereinbarung eines Zeitraums, bis zu dem die Gesprächspartner eine endgültige Entscheidung getroffen haben. Insbesondere bei höher qualifizierten Kandidaten wird ein zweites Vorstellungsgespräch geführt. Es liegt meist nur wenige Tage nach dem ersten Gespräch.

Möglicher Ablauf eines Vorstellungsgesprächs
1. Begrüßung → allgemeine Fragen zum „Warmwerden" (z. B.: „Wie war die Anreise?" etc.)
2. Aufforderung an den Kandidaten, seinen bisherigen persönlichen und beruflichen Werdegang (immer in Bezug auf die zu besetzende Stelle) frei vorzutragen
3. Ergänzende Fragen an den Bewerber zu Persönlichkeit, Ausbildung und Beruf
4. Das Unternehmen stellt sich und evtl. seine Mitarbeiter vor und gibt Gelegenheit für Fragen des Kandidaten
5. Details eines möglichen Arbeitsvertrages (z. B. Gehaltshöhe) werden besprochen
6. Verabschiedung

11.4.3 Personalfreisetzung

Falls die Personalbedarfsplanung einen längerfristigen Überhang des Ist- über den Soll-Personalbestand diagnostiziert hat, wird der Betrieb – soweit keine Umbesetzungen zwischen verschiedenen Betriebsteilen möglich sind – seine Arbeitnehmerzahl verringern. Hierzu bestehen verschiedene Möglichkeiten:

- Ausnutzen der **natürlichen Fluktuation:** Arbeitsplätze, die durch Kündigung des Arbeitnehmers, Tod oder Erreichung des Rentenalters frei werden, werden nicht wieder besetzt.
- Den Arbeitnehmern werden **Anreize** zum Verlassen des Betriebes gegeben. Dies kann z. B. durch Abfindungen oder Vorruhestandsregelungen geschehen.
- **Kündigungen.**

Die **Ausnutzung der natürlichen Fluktuation** bedeutet für den Betrieb, dass die Arbeitsplatzreduzierung im Betrieb nur langsam vonstatten geht. In der Übergangszeit verursachen die überzähligen Arbeitnehmer trotzdem Kosten. Ebenfalls erfordern **Vorruhestandsregelungen** und **Abfindungen** hohe Aufwendungen des Betriebes. Der Vorteil für die Unternehmung ist der, dass schwierige und umfangreiche Kündigungsschutzbestimmungen für Arbeitnehmer nicht zur Anwendung kommen und dass sich keine negative öffentliche Meinung gegen das Unternehmen bildet.

In kritischen Unternehmenssituationen, in denen dem Betrieb keine Mittel für die beiden erstgenannten Schritte zur Verfügung stehen, oder bei einer allzu großen Diskrepanz von Personalbestand und -bedarf, kommt ein Betrieb nicht umhin, **Mitarbeiter** zu **entlassen.** Das Unternehmen verfolgt dabei das natürliche Interesse, die besten Mitarbeiter zu behalten und die relativ weniger leistungsfähigen oder leistungsbereiten zu entlassen. Dies ist aber nicht ohne weiteres zu realisieren, da der Arbeitgeber viele Bestimmungen (siehe Kap. 11.3) des Arbeitsrechts zu beachten hat. Oft werden gerade die weniger leistungsfähigen Arbeitnehmer hierdurch geschützt.

Neben den bisher besprochenen **betriebsbedingten Kündigungen,** die aus Gründen zu hohen Personalbestandes erfolgen, gibt es verhaltens- und personenbedingte Kündigungen. Zu den **verhaltensbedingten Kündigungen** gehören solche aus Anlass vertragswidrigen Verhaltens des Arbeitnehmers. Im Extremfall (z. B. Diebstahl) ist dann sogar eine außerordentliche Kündigung möglich, die fristlos, d. h. ohne Einhaltung der üblichen Kündigungsfristen, erfolgen kann.

Bei **personenbedingten Kündigungen** hingegen ist das Arbeitsverhältnis nicht mehr aufrechtzuerhalten, weil der Arbeitnehmer nicht mehr in der Lage ist, die vereinbarten Arbeitsleistungen zu erbringen. Der Grund ist zumeist Krankheit des Arbeitnehmers (ein Fußballer mit irreparablem Knieschaden kann kein Fußball mehr spielen). Allerdings ist der Arbeitgeber nach geltender Rechtsprechung verpflichtet, vor einer Kündigung zu überprüfen, ob dem betreffenden Arbeitnehmer nicht eine andere Tätigkeit zugewiesen werden kann, die seinen verbliebenen Fähigkeiten entspricht.

Kündigungen, die dazu dienen, durch den Personalabbau Kosten zu sparen, haben einer US-Expertise nach häufig eine entgegengesetzte **Wirkung.** Eine Umfrage unter 300 großen und mittelgroßen US-Unternehmen hat ergeben, dass 38 % der Arbeitgeber, die Stellen gestrichen haben, verstärkt mit Klagen ihrer Mitarbeiter über Gesundheitsbeschwerden wie Stress konfrontiert wurden. Die Unternehmen waren eher von Krankmeldungen betroffen als Unternehmen, die auf den Stellenabbau verzichteten. Die genannten Beschwerden traten dort lediglich in 29 % der Fälle auf.

18 Voss – ISBN 3-8120-0646-4

11.5 Personalentwicklung

Aufgabe der Personalwirtschaft ist nicht nur die Erhaltung, sondern auch die Pflege des Personalbestandes. Zur Personalentwicklung gehört vor allem die Erhöhung der Leistungsbereitschaft und -fähigkeit der Mitarbeiter. Die Personalentwicklung kann dabei stattfinden:

- im Bereich der (Fort-)Bildung der Arbeitnehmer;
- im Bereich betrieblicher Strukturen, die die Hierarchie oder die Laufbahnentwicklung betreffen. Hier geht es um die Beweglichkeit (z. B. Aufstiegschancen, Umbesetzungsmöglichkeiten) von Mitarbeitern innerhalb der Positionen eines Betriebes (Karriereplanung und -hilfe).

Die **Personalentwicklung im Bereich der (Fort-)Bildung** bezieht sich auf Maßnahmen zur fachlichen und persönlichen Weiterqualifikation der Mitarbeiter. Sie ist für den Betrieb deshalb notwendig, weil neue Produkte und Fertigungsmethoden dem vorhandenen Personal neue Qualifikationen abverlangen. Die fortschreitende technologische Entwicklung erfordert es, das Personal in neue Techniken und Verfahren einzuweisen. Die Aufrechterhaltung einer das betriebliche Know-how betreffenden Wettbewerbsposition erfordert ständige Weiterbildung der Mitarbeiter.

Neue Medien wie etwa Computer offerieren auch neue Formen der Weiterbildung: So werden etwa **Computer-Based Trainings** (CBT) heutzutage meist in Form von optischen Speichermedien als CD-ROM oder DVD ausgeliefert. Die weite Verbreitung dieser Medien im Computer-Based Training beruht auf der großen Speicherkapazität, die es ermöglicht, viele umfangreiche multimediale Elemente wie Audio- und Videodateien einzusetzen und zu kombinieren. CD-ROMs gehören zur Standardausstattung von Personalcomputern. Somit kann die Übertragungsunabhängigkeit im Gegensatz zu Internetverbindungen gewährleistet werden. Nachteilig hingegen wirkt sich vor allem der Sachverhalt aus, dass Inhalte der CD-ROM nach der Produktion nicht variiert werden können, sodass die Aktualität der Lernanwendung schnell abnimmt.

Den Mangel von CBT-Anwendungen kann internetbasiertes Lernen beheben. **Web-Based Training** (WBT) ist als interaktives Selbstlernen zu sehen, welches durch internetbasierte Kommunikationsmedien unterstützt wird. Eine Einbettung in den sozialen Kontext erfolgt durch die kommunikative Steuerung des Lehrenden und die Kommunikation der Lernenden untereinander. Der Lernende wird also durch ein umfangreiches Expertennetzwerk unterstützt, das sowohl in Form von virtuellen Kontakten zu Personen (E-Mail und Diskussionsforen) als auch in Form von Hilfesystemen und Nachschlagemöglichkeiten vorliegt (siehe Abb. auf S. 275). Die soziale Präsenz und der Wissensaustausch können durch verschiedene Maßnahmen erhöht werden, beispielsweise mittels Videokonferenz oder Online-Chats mit Lernenden. Dagegen ist beim **Teleteaching** die Rolle des Teilnehmers rezeptiv und auf den Dozenten ausgerichtet. Auf Kommunikation zwischen Teilnehmern wird verzichtet. Einem solchen Angebot entspricht beispielsweise ein Vortrag, der unverändert ins Netz übertragen wird. Ein derartiges Szenario war Vorbild für die ersten Online-Kurse.

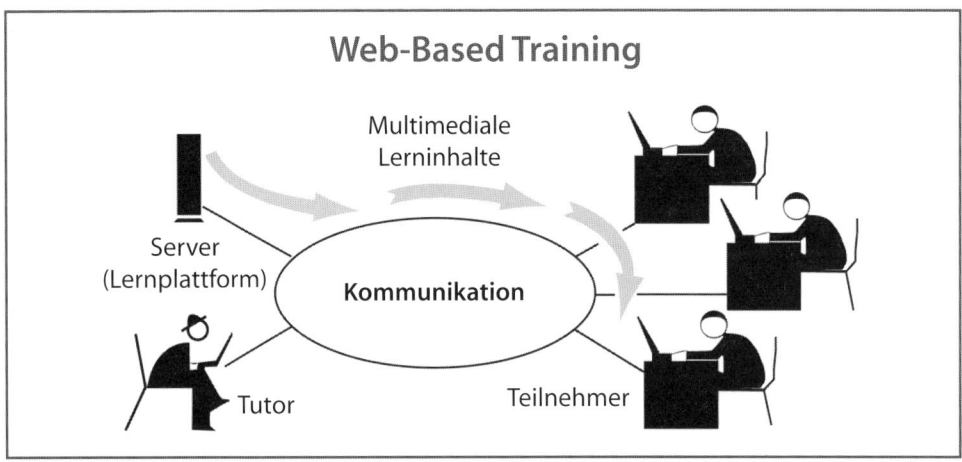

Arbeitnehmer, die eine aktive **Personalentwicklung des Betriebes** wahrnehmen, sind im Allgemeinen zu besonderen Anstrengungen bereit, da sie wissen, dass mögliche Qualifikationsverbesserungen (oder nur der Erhalt des aktuellen Qualifikationsniveaus) auf dem Arbeitsmarkt honoriert werden.

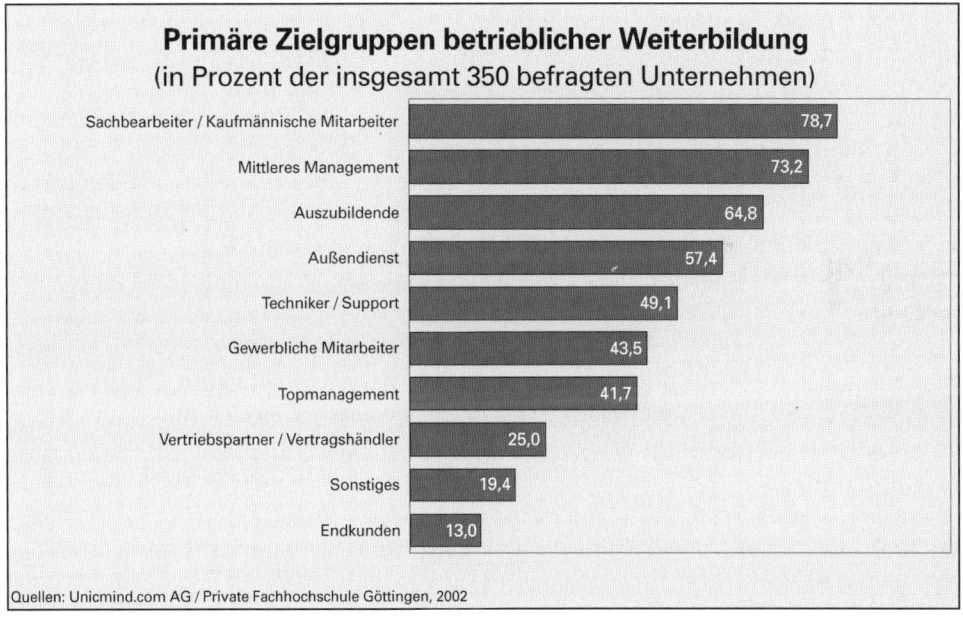

Zu den neuen technischen Standards, an die eine Anpassung vorgenommen wird, gehören solche, die Maschinen und deren neueste Exemplare und Bedienungstechniken betreffen. Wichtig sind aber auch neue Führungstechniken und -methoden. Gerade leitendes Personal eines Unternehmens sollte durch Weiterbildung unterstützt und gefördert werden. Fehler im Bereich der Personalwirtschaft eines Betriebes können beispielsweise Konsequenzen auf die vom einzelnen Arbeitnehmer erreichte Produktivität haben. Innovativere Konkurrenzunternehmen können durch eine effektivere Personalwirtschaft Wettbewerbsvorteile erlangen.

Formen der betrieblichen Weiterbildung	
Maßnahme	**Kennzeichnung**
Action Learning	Bearbeitung und evtl. Lösung eines oder mehrerer realer Projekte mit fassbarer Zielfixierung und kollegialem Erfahrungsaustausch im Team.
Coaching	Führungskräfte oder Trainer treten in einen ergebnisorientierten Kommunikationsprozess mit einem Mitarbeiter, wobei der Prozess ein qualifiziertes Feedback zur Arbeit oder zu bestimmten Problemlagen dieses Mitarbeiters beinhaltet.
Externes Seminar	Meist eine aushäusige Einmalveranstaltung mit vornehmlich kognitiver Fixierung.
Förderkreis	Je nach Gestaltung und Design zusammenhängende Lernerfahrungen mit der Absicht, Leistung einzufordern und auf eine erweiterte Verantwortungsübernahme vorzubereiten.
Intervall-Training	Ausgewählte Schulungsmodule mit dazwischengeschalteten Praxisphasen.
Info-Aufenthalt	Zeitlich begrenzter Aufenthalt eines Mitarbeiters des Unternehmens in einem Fachbereich, der nicht seinem Arbeitsschwerpunkt entspricht.
Literaturstudium	Selbst gesteuertes Lernen, z.B. aus Büchern, Internetquellen oder Fachzeitschriften.
Mentoring	Eine erfahrene Führungskraft begleitet die Laufbahn und fördert als eine Art „väterlicher Freund" die individuelle Entwicklung.
Outdoor-Aktivitäten	Erfahren und Reflektieren des Umgangs mit Grenzsituationen im Team – in der Regel anhand außergewöhnlicher Situationen in der freien Natur, wie etwa Bau einer Holzhütte auf einem Berg im Winter, um dort zu übernachten.
Supervision	Kollegiale Beratung oder externe Betreuung zu problematischen Gesichtspunkten aus der eigenen Arbeitssituation. Beispiel: Konflikte zwischen Vorgesetzten und Mitarbeitern werden unter Betreuung eines Supervisors analysiert.
Tutoring	Chronologische Einführung in ein bestimmtes zu lernendes Gebiet durch einen Trainer oder Paten.

Lücken in Qualifikation, Entwicklungspotenzial und -bereitschaft der jeweiligen Arbeitnehmer müssen vom Betrieb erkannt werden. Dazu kann er sich entweder verschiedener **Beurteilungssysteme** (Beurteilung durch Vorgesetzte oder Kollegen) bedienen, oder es werden zu diesem Zwecke die von der Personalauswahl bekannten Assessment-Center verwandt (siehe Kap. 11.4.2). Trotz des relativ hohen Aufwandes hierfür gehen einige Großunternehmen zu dieser Methode über.

11.6 Personaleinsatz im Betrieb

Der **Personaleinsatz** im Betrieb beschäftigt sich mit der Frage, welche Arbeitnehmer an welcher Stelle des Betriebes zu welcher Zeit eingesetzt werden. Zu beachten ist hierbei, dass Anforderungen an Qualität und Quantität der Arbeitsleistungen von Arbeitnehmern den Erfordernissen der jeweiligen Arbeitsplätze entsprechen. Arbeitnehmer und Betriebsmittel bilden dabei ein System, welches die Betriebsziele verwirklichen soll. Die Erreichung dieser Ziele ist abhängig von der Ausgestaltung dieser Systeme und ganz konkret der Ausgestaltung der jeweiligen Arbeitsplätze der Arbeitnehmer. Die Zufriedenheit und damit die weitere Motivation der Arbeitnehmer hängen hiervon ab.

Darüber hinaus sollte der Betrieb aktiv verhaltenssteuernde Maßnahmen vornehmen und alle weiteren möglichen Mittel zur Motivationserhaltung der Mitarbeiter einsetzen. Dazu gehören neben der Arbeitsplatz- auch die Arbeitszeitgestaltung und die Arbeitsorganisation.

11.6.1 Arbeitsplatzgestaltung

Die Arbeitsplatzgestaltung im Unternehmen hat verschiedene Dimensionen. Im Einzelnen zählen, neben dem rein physischen Umfeld, hierzu:

- die **organisatorische Arbeitsplatzgestaltung:** Hier geht es um die spezielle Einbindung des Arbeitsplatzes in die Gesamtstruktur des Betriebes. Die Art und Weise, wie der Arbeitsplatz an andere angebunden ist (die Antworten auf die Fragen: Wer gibt die Arbeitsanweisungen? Wem gibt der Stelleninhaber seinerseits Anweisungen? Mit wem soll der Stelleninhaber zusammenarbeiten? Woher erhält der Arbeitnehmer notwendige Informationen? Wie sieht der Zeitplan für die Arbeit aus? usw.), ist Teil der Arbeitsplatzgestaltung, die Konsequenzen für Anforderungsprofil und auch Motivation der Mitarbeiter hat.

- die **Anpassung des Arbeitsplatzes an die körperlichen Maße** des Stelleninhabers: Durch eine optimale Gestaltung des Arbeitsplatzes können Gesundheitsschäden vermieden werden.

- **sicherheitstechnische Arbeitsplatzgestaltung:** Hierbei wird Ausstattung und Umfeld des Arbeitsplatzes so gestaltet, dass gesundheitliche Gefahren durch Unfälle oder andere, langsamer einwirkende Umstände (z. B. ständige Staubbelastung) vermieden werden. Für den Fall dennoch eintretender Unfälle gehören Maßnahmen zur Begrenzung der Konsequenzen (z. B. Feuerlöscher zur Brandbekämpfung neben dem Arbeitsplatz) dazu.

- **physiologische Arbeitsplatzgestaltung:** Hierunter werden alle Maßnahmen verstanden, die dazu dienen, die Arbeitnehmer in einer möglichst als angenehm empfundenen Umgebung arbeiten zu lassen, z. B. die Gestaltung von Umgebungsvariablen wie Temperatur, Luftfeuchtigkeit, Geräuschen, Farben der Wände und Arbeitsmittel. Im Zuge der Anstrengungen, ein angenehmeres Arbeitsumfeld zu schaffen, wird auch versucht, monotone Arbeiten abzubauen.

- **Arbeitsplatzausstattung:** Die Ausstattung von Arbeitsplätzen mit geeigneter Technik ist ebenfalls ein wichtiges Charakteristikum der Arbeitsplatzgestaltung. Neben den positiven Auswirkungen auf die Motivation der Mitarbeiter, mit neuen und gut funktionierenden technischen Geräten arbeiten zu können, ist dieser Aspekt in direktem Zusammenhang mit den anderen Punkten der Arbeitsplatzgestaltung zu sehen. So hat die verwendete Technik natürlich Einfluss auf das Sicherheitsniveau und auf die Anforderungen an Bewegungen und Anpassungsfähigkeit des Menschen an die Maschine.

Die Arbeitsplatzgestaltung ist somit eine wichtige betriebliche Aufgabe, die nicht nur zur Erhaltung der Gesundheit der Mitarbeiter dient. Insbesondere hat sie auch Einfluss auf die Arbeitsmotivation der Arbeitnehmer. Sie ist zudem nützlich, ein umfangreiches Akquisitionspotenzial bei der Neubesetzung einer Stelle zu gewinnen.

11.6.2 Arbeitszeitgestaltung

Die Arbeitszeitgestaltung umfasst alle Regelungen, die bestimmen, wie viel Arbeitsstunden zu welchen Zeiten von Arbeitnehmern geleistet werden müssen. Grundsätzlich ist eine feste und eine flexible Arbeitszeitgestaltung möglich.

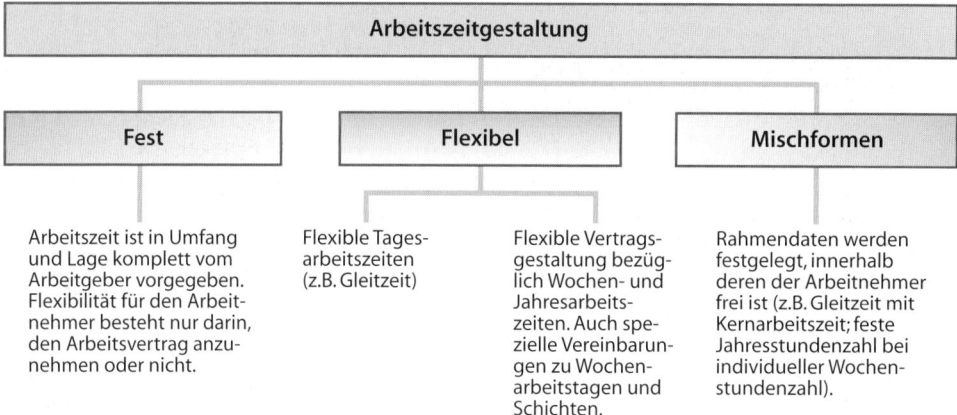

Bei der festen Arbeitszeitgestaltung werden Tage und Zeiten, an denen die Arbeitsleistung zu erbringen ist, fest fixiert. Die flexible Arbeitszeitgestaltung hingegen nimmt Rücksicht auf Arbeitnehmerinteressen. Zur flexiblen Arbeitszeitgestaltung gehört einerseits die flexible Gestaltung der grundsätzlichen Arbeitszeiten pro Woche (Vollzeit, Teilzeit) und andererseits die flexible Gestaltung der speziellen Arbeitszeiten pro Tag.

Beispiel | Ein Beispiel für eine Mischung aus fester und flexibler Arbeitszeitgestaltung ist die häufig anzutreffende Gleitzeitregelung mit Kernarbeitszeit. Arbeitnehmer dürfen die Arbeit beispielsweise zwischen 7.00 Uhr und 9.00 Uhr beginnen und zwischen 15.00 Uhr und 18.30 Uhr beenden. Eine feste Vorgabe des Arbeitgebers ist hier nur in Form der „Kernarbeitszeit" zwischen 9.00 Uhr bis 15.00 Uhr vorhanden.

Flexible Arbeitszeitgestaltung ist eine Verfahrensweise, die auf den ersten Blick besonders den Arbeitnehmern entgegenzukommen scheint. Bei genauerer Betrachtung dieser Einrichtung ergeben sich mittelbar auch **Vorteile für den Arbeitgeber.** Arbeitnehmer, die in der Arbeitszeitgestaltung freier sind, erlangen eine höhere Arbeitsmotivation, die sich in einer Steigerung ihrer Arbeitsproduktivität niederschlägt. Des Weiteren werden durch Motivationssteigerungen Fehlzeiten vermieden.

Die Alternative der **Teilzeitarbeit** ist für viele Arbeitnehmer die einzige Chance, im Berufsleben zu verbleiben. Bei dieser Arbeitsform wird auf freiwilliger Basis eine geringere Arbeitszeit zwischen Unternehmen und Angestelltem vereinbart, als der Tarifvertrag vorsieht oder sonst im Betrieb üblich. In der Praxis gilt dies besonders für Frauen, die so Familie und Arbeitsstelle miteinander vereinbaren.

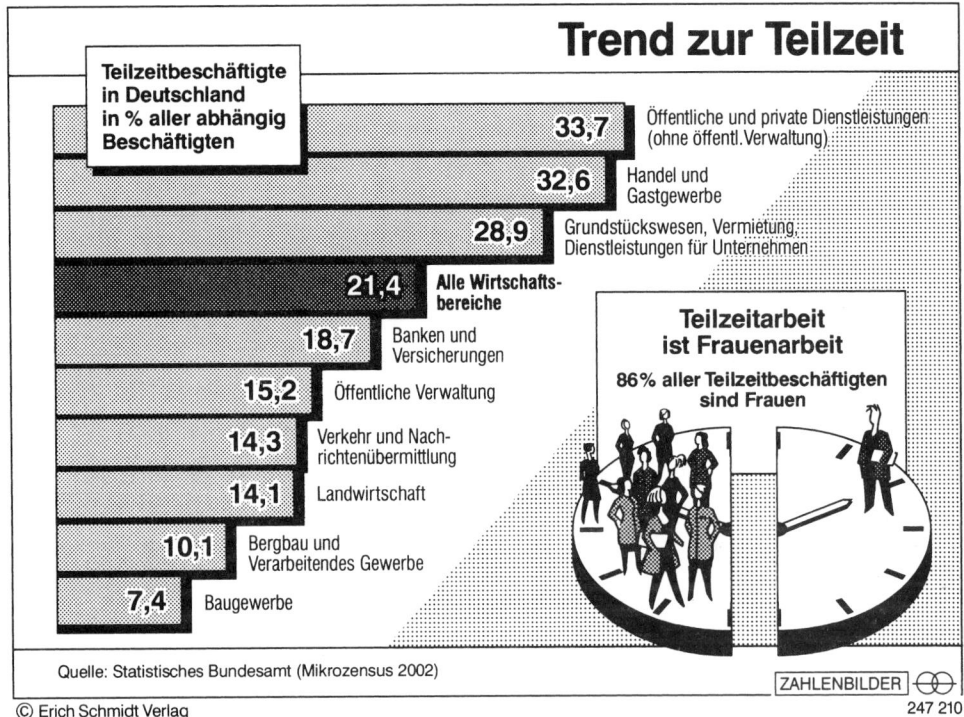

Trend zur Teilzeit

Teilzeitbeschäftigte in Deutschland in % aller abhängig Beschäftigten

33,7	Öffentliche und private Dienstleistungen (ohne öffentl. Verwaltung)
32,6	Handel und Gastgewerbe
28,9	Grundstückswesen, Vermietung, Dienstleistungen für Unternehmen
21,4	Alle Wirtschaftsbereiche
18,7	Banken und Versicherungen
15,2	Öffentliche Verwaltung
14,3	Verkehr und Nachrichtenübermittlung
14,1	Landwirtschaft
10,1	Bergbau und Verarbeitendes Gewerbe
7,4	Baugewerbe

Teilzeitarbeit ist Frauenarbeit

86% aller Teilzeitbeschäftigten sind Frauen

Quelle: Statistisches Bundesamt (Mikrozensus 2002)

ZAHLENBILDER

© Erich Schmidt Verlag

247 210

Trotz vieler Vorteile der flexiblen Arbeitszeitgestaltung ist es nicht jedem Betrieb in gleichem Ausmaß möglich, diese zu verwirklichen. Ein kleiner Sanitärbetrieb beispielsweise, mit nur einem kaufmännischen Angestellten und Öffnungszeiten von 10.30 Uhr bis 18.30 Uhr kann diesem Mitarbeiter keine flexible Tagesarbeitszeit anbieten, da das Büro während der Öffnungszeiten nicht besetzt wäre. Ein Sanitätshandel mit fünfzig kaufmännischen Angestellten dagegen kann es leichter einrichten, dass trotz flexibler Arbeitszeit die Büros zu den Öffnungszeiten permanent besetzt sind.

Eine besondere Form der Arbeitszeitgestaltung stellt das **Sabbatical** (Synonym: Langzeiturlaub) dar. In diesem aus den USA stammenden Modell nimmt der Arbeitnehmer eine längere Arbeitszeitunterbrechung (bis hin zu einem Jahr) bei gleichzeitiger Aufrechterhaltung des Arbeitsvertrages in Anspruch, wie z. B. das Sabbatjahr im Lehrerberuf. Der Beurlaubte kann in dieser Zeit seine Beschäftigung frei wählen: Er kann eine längere Reise antreten, sich weiterbilden oder ein Haus bauen. Die Gehaltszahlung kann im Sabbatical wie folgt geregelt werden:

- mehrjährige Gehaltsminderung vor und/oder nach der Beurlaubung;
- frühere oder spätere Ansammlung von Zeitguthaben, z. B. durch Überstunden oder Urlaubsverzicht;
- unbezahlter Sonderurlaub.

Ausgebrannte und arbeitsmüde Mitarbeiter **(Burn-out-Syndrom)** sollen im Sabbatical neue Motivation gewinnen, um die Arbeitsleistung zu steigern. Es besteht jedoch die Gefahr, dass sich die Beurlaubten in dieser Zeit sehr weit von der Arbeitswelt entfernen. Insbesondere in hochtechnisierten Branchen veraltet das Wissen der Mitarbeiter sehr schnell, sodass längere Einarbeitungszeiten nach dem Langzeiturlaub nötig werden.

11.6.3 Motivationsförderung

Das Arbeitsergebnis der Arbeitnehmer hängt qualitativ und quantitativ stark von der Einstellung der Arbeitnehmer zu ihrer Arbeit ab. Man spricht auch von Arbeitsmotivation, die durch folgende Mittel gesteigert werden kann:

> **➤ Personalführung**

Je nachdem, welcher Führungsstil im Betrieb vorherrscht, werden einzelne Arbeitnehmer mehr oder weniger motiviert. Ein autokratischer Führungsstil (siehe Kap. 10.5.1) kann bei den Arbeitnehmern Frustrationen auslösen, die negative Konsequenzen auf ihre Arbeitsmotivation haben. Inwieweit demokratische Führungsstile die Arbeitsmotivation steigern, hängt stark von der individuellen Person des Arbeitnehmers ab. Im Allgemeinen wirkt sich die Einbindung der Mitarbeiter in Entscheidungsprozesse und deren Gefühl des „Gefragtseins" positiv auf die weitere Arbeitsmotivation aus. Der Vorgesetzte beeinflusst diesen positiven Prozess, indem er gemeinsam mit den Arbeitnehmern Ziele formuliert und eigene Fehler offen zugibt. Nach einer Studie einer Hamburger Personalberatung zeigen sich allerdings Defizite im Führungsverhalten der Vorgesetzten: 65 % der befragten Arbeitnehmer erlebten es nie, selten oder nur manchmal, dass eine Führungskraft einen Fehler zugibt. Gruppen würden als Ganzes eher selten motiviert. Aufgrund der selektiven Wahrnehmung des Vorgesetzten fällt seine Aufmerksamkeit einigen wenigen zu, während andere abseits stehen. Moderne Führungskräfte müssen also eine Coaching- und Moderator-Funktion ausüben, bei der sie die Mitarbeiter zugleich fordern und fördern.

> **➤ Geld**

Geldzahlungen haben im Allgemeinen einen recht hohen Motivationseffekt. Dabei sind zwei Gesichtspunkte wichtig. Zum einen muss die Entlohnung innerhalb eines Betriebes an die Gepflogenheiten der Branche angepasst sein oder gar darüber liegen, um einen besonderen Motivationseffekt zu erzielen. Zum anderen muss innerhalb des Betriebes ein schlüssiges Entlohnungssystem bestehen. Entlohnungsungerechtigkeiten wirken stark demotivierend.

Voraussetzung dafür sind genaue Bewertungen des Arbeitsplatzes und der Arbeitnehmerleistungen. Zu den üblichen Gehaltszahlungen können zusätzliche monetäre Anreize gesetzt werden, welche in Form von Erfolgsbeteiligungen, zusätzlichen Sozialleistungen oder als Prämien für ein betriebliches Vorschlagswesen gezahlt werden können.

Was sich ein Betrieb in Bezug auf die Lohn- und Gehaltszahlungen leisten kann, hängt in erster Linie von der Arbeitsproduktivität ab. Die Entwicklung der Arbeitsproduktivität (= erzeugte Menge dividiert durch die Anzahl der Arbeitsstunden) sollte im Idealfall den Gestaltungsspielraum des Arbeitgebers für Geldzahlungen und Lohnerhöhungen vorgeben.

➤ Aktienoptionsprogramme

Durch Beteiligungen am Unternehmen sollen die Mitarbeiter länger an das Unternehmen gebunden werden und so weitere Motivation erlangen. Qualifizierten Fachkräften, die durch dieses Programm an dem Unternehmen beteiligt sind, fällt ein Betriebswechsel schwerer. Scheiden sie vor einem vom Unternehmen gesetzten Aktieneinlösetermin aus dem Betrieb aus, verfallen ihre meist sehr lukrativen Aktienkaufrechte. Gängig ist dieses Modell in den USA. In Deutschland gewinnt die Mitarbeiterbeteiligung zunehmend an Relevanz: Die Beschäftigten der Brain International AG profitierten beispielsweise am Börsengang des Unternehmens durch Ausgabe von Aktien zum Sonderpreis. Ein weitreichendes Beteiligungskonzept zielt zudem auf die dauernde Bindung der Mitarbeiter ab. Auch die Walldorfer SAP, United Internet, IDS Scheer und zahlreiche weitere Unternehmen fahren ähnliche Konzepte. An die Aktienoptionsprogramme müssen die gleichen Ansprüche gestellt werden wie an Geldzahlungen, da sie eine Sonderform davon darstellen.

➤ Andere Motivationsanreize

Hierzu zählen die Arbeitsplatz- und -zeitgestaltung sowie vor allem soziale Aspekte. Eine hohe Arbeitsmotivation besteht oft in Betrieben, die keine attraktiven Führungssysteme und auch nur durchschnittliche Bezahlung gewähren. Die Mitarbeiter sind motiviert, weil sie z. B. in einem „netten Team" arbeiten. Ihr soziales Umfeld ermöglicht ihnen eine Zufriedenheit, die sich in ihren Arbeitsleistungen niederschlägt. Schlechte Bedingungen in diesem Bereich können in einem Betrieb dagegen negative Auswirkungen haben.

Größere Betriebe leisten sich in ihrer Personalabteilung für diesen Bereich Soziologen oder Psychologen, die ideale Verhältnisse schaffen sollen. Dies können auch externe Psychoberater sein, die als Angestellte eines Dienstleisters alle Mitarbeiter (vom Nachtwächter bis zum Aufsichtsratsvorsitzenden) eines Unternehmens betreuen. US-Studien zufolge ist dieses Modell für Unternehmen rentabel. Neben der effektiveren Mitarbeit lässt sich etwa jeder dritte Ratsuchende seltener krank schreiben und ar-

beitet im Durchschnitt fünf Tage pro Jahr mehr. Zudem würden längere Klinikauf-
enthalte vermieden.

Zu den weiteren Motivationsanreizen gehören auch das bereits bei der Arbeitsplatz-
und -zeitgestaltung angesprochene Umfeld der Erbringung der Arbeitsleistung. Je
nachdem, wie Arbeitnehmer diese Bedingungen beurteilen, wird sich deren Motiva-
tionslage entwickeln (siehe Kap. 11.6.1 und 11.6.2).

11.7 Umsetzung personalwirtschaftlicher Aufgaben

Zur Entwicklung der personalwirtschaftlichen Ziele bedarf es vor allem einer gut
funktionierenden Personalabteilung. Notwendig sind vor allem Informationen über
die Arbeitnehmer und das Umfeld des Personaleinsatzes. Zu diesen Informationen
gehören:

- betriebliche Rahmendaten;
- Personalbedarf und -kosten;
- Personalentwicklungsnotwendigkeiten und -möglichkeiten;
- Personaleinsatzbedingungen;
- Sozialdaten der Arbeitnehmer.

Auf Grundlage dieser Informationen hat die Personalabteilung eines Betriebes ihre
Entscheidungen zu fällen und umzusetzen. Dies erfolgt mittels einer an die betrieblichen Erfordernisse angepassten Organisation der Personalabteilung.

Hierbei ist eine **Untergliederung der Aufgaben** sinnvoll. Allerdings ist zu beachten,
dass kleinere Unternehmen (sofern sie eine Personalabteilung besitzen) nicht in der
Lage sind, für jeden Unterbereich der Personalabteilung eigene Arbeitnehmer einzu-
stellen. Erfolgt keine Untergliederung der einzelnen Aufgabenfelder, so vermischen
sich diese in der Hand eines einzelnen Personalsachbearbeiters.

Größere Unternehmen können organisatorische Untergliederungen der Personalabteilung durch Zuordnung bestimmter Personalsachbearbeiter zu bestimmten Bereichen realisieren. Dadurch erreichen sie unter Umständen **Spezialisierungsvorteile.**
Jeder Arbeitnehmer in der Personalabteilung kann sich um ein Spezialgebiet der
Personalverwaltung kümmern.

Die Kriterien, anhand deren sich die Organisation der Personalverwaltung ausrich-
tet, können unterschiedlich sein. Sie sind mit der Betriebshistorie gewachsen, sollten
in jedem Betrieb ständig auf weitere Zweckmäßigkeit geprüft werden.

Eine Möglichkeit der Organisation besteht in einer **funktionalen Gliederung** der
Aufgabenbereiche. Sie folgt im Wesentlichen den bereits geschilderten Aufgaben der
Personalwirtschaft (siehe Abb. auf S. 283).

Der **Analyse der gesellschaftlichen Rahmenbedingungen** kommt hier insoweit eine
Sonderrolle zu, als sie keine Größe sind, die durch die Leitung der Personalabteilung
zur Disposition steht. Vielmehr ist sie Teil der Informationswirtschaft der Personalabteilung. Die hier anfallenden Ergebnisse sind Voraussetzung für weitere Entscheidungen der Personalwirtschaft.

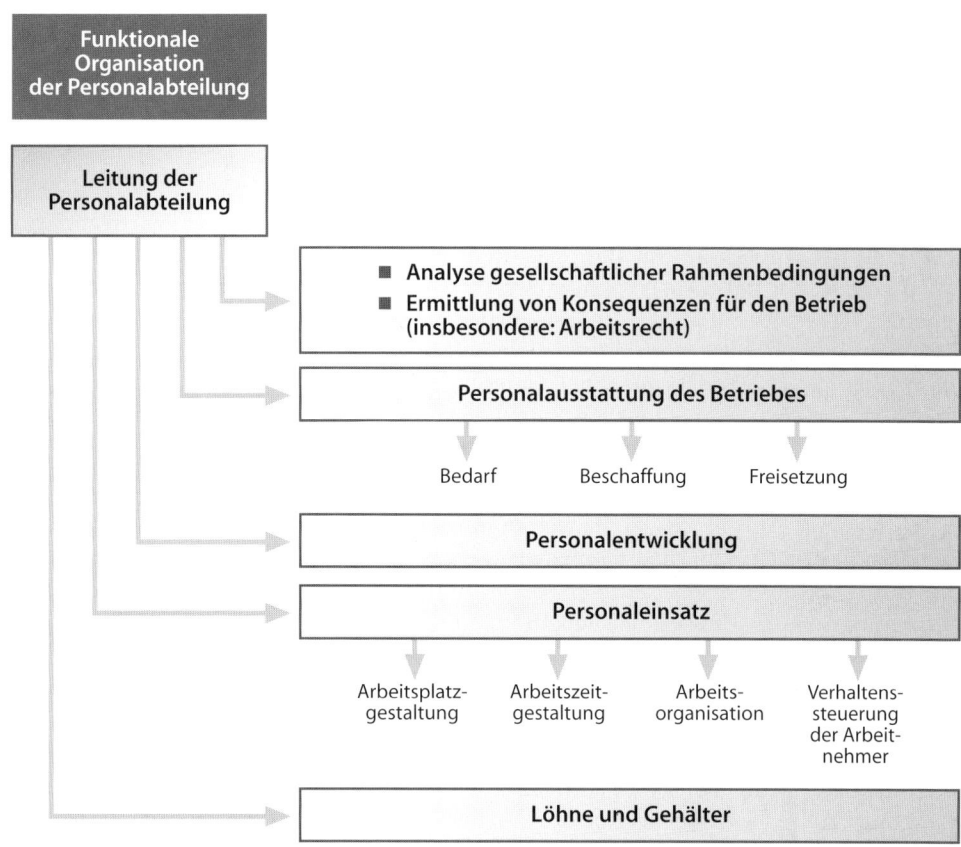

In großen Betrieben kann dieses funktionale Modell noch um eine Unterabteilung für **Personalcontrolling** erweitert werden. Diese Unterabteilung ist mit der Kontrolle befasst, inwieweit die Ziele der Personalabteilung den Unternehmenszielen entsprechen und inwieweit diese „richtigen" Ziele erreicht werden. Eine derartige Organisation bietet neben Spezialisierungsvorteilen die Sicherstellung einer Einheitlichkeit innerhalb der Aufgabengebiete. Die Arbeitnehmer können sich in allen Betriebsteilen und Arbeitnehmergruppen einer gleichen Behandlung in bestimmten personalwirtschaftlichen Fragen sicher sein. Unterschiede durch unterschiedliche Handhabung gleicher Sachverhalte durch verschiedene Personalsachbearbeiter werden so ausgeschlossen.

Auf diese Weise kann allerdings nicht gesichert werden, dass Besonderheiten bestimmter Belegschaftsteile gebührend berücksichtigt werden (z. B. schlechte Arbeitsbedingungen in einem bestimmten Werk des Betriebes; besondere Gesundheitsbeeinträchtigungen von Arbeitern gegenüber Angestellten).

Eine alternative Möglichkeit zur Organisation einer Personalabteilung besteht in einer **Orientierung an bestimmten Arbeitnehmergruppen.** Als Abgrenzungen derartiger Gruppen kämen beispielsweise in Betracht:

283

- Arbeiter/Angestellte/Führungskräfte;
- Belegschaft Werk 1/Belegschaft Werk 2;
- Beschäftigte Inland/Beschäftigte europäisches Ausland/Beschäftigte Übersee.

Innerhalb dieser Beschäftigtengruppen kann bei Bedarf eine weitere Untergliederung nach dem funktionalen Schema erfolgen.

Der Vorteil einer an Arbeitnehmergruppen orientierten Organisationsform liegt darin, dass jeder Arbeitnehmer des Betriebes in allen Personalangelegenheiten nur einen Ansprechpartner hat. Dieser besitzt den Überblick über die gesamte personalwirtschaftlich relevante Situation des betreffenden Arbeitnehmers. Es ist ihm daher eine ausgewogenere Reaktion auf die speziellen Arbeitnehmerbelange möglich. Des Weiteren fällt die Aufgabenkoordination innerhalb der Personalabteilung leichter. Durch eine differenziertere Aufgabenstruktur hat der Personalsachbearbeiter mehr Abwechslung in seiner täglichen Arbeit und dadurch eine höhere Arbeitsmotivation.

Andererseits existieren auch bei dieser Organisationsform Nachteile. Spezialwissen in bestimmten Aufgabenbereichen zu sammeln, fällt Personalsachbearbeitern bei Belastung mit allen Aufgabenbereichen wesentlich schwerer. Zudem kommt es bei dieser Organisationsform häufiger zu Doppelarbeiten, die bei zentraler Erledigung vermeidbar wären. Eine einheitliche Behandlung aller Mitarbeiter ist nicht gewährleistet.

Die Beurteilung von Vor- und Nachteilen der unterschiedlichen Organisationssysteme kann nicht pauschal erfolgen. Vielmehr müssen spezielle betriebliche Belange (wie etwa die Strukturierung des Betriebes in Werke oder die Belegschaft in bestimmte Gruppen) berücksichtigt werden, um zu einem optimalen Organisationsmodell zu gelangen.

11.8 Check-up

11.8.1 Zusammenfassung

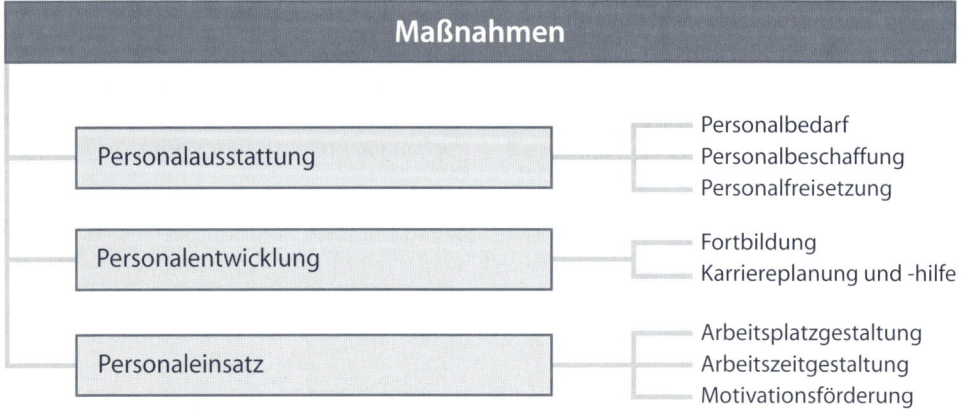

284

11.8.2 Kontrollfragenblock

1. Ist der Betrieb bei der Lohngestaltung unabhängig von außerhalb des Betriebes liegenden Einflüssen?

2. Die mittelständische Potzblitz-Reinigungs GmbH sucht einen neuen Prokuristen mit weitreichenden Handlungsvollmachten. Neben speziellem Wissen aus der Reinigungs-Branche werden fundierte kaufmännische Kenntnisse und ein außergewöhnliches Maß an Vertrauenswürdigkeit erwartet. Üblicherweise erfolgt in dieser Firma eine Einstellung nach Auswertung der Bewerbungsunterlagen und einem kurzen Vorstellungsgespräch.

   Nun liegt ein Angebot einer seriösen Personalberatungsfirma vor, die für 15.000,00 € ein zweitägiges Assessment-Center in das Auswahlverfahren der Potzblitz Reinigungs GmbH integrieren würde. Raten Sie den Gesellschaftern zur Annahme dieses Angebotes?

3. Ist die Möglichkeit eines Unternehmens, seinen Arbeitnehmern Teilzeitarbeit anzubieten, von der Betriebsgröße abhängig?

4. Welches sollte für den Betrieb das oberste Kriterium in Fragen anstehender Gehaltserhöhungsforderungen sein?

5. Welche Mittel sind zur Motivationsförderung der Mitarbeiter geeignet?

6. Beschreiben Sie die so genannte Postkorb-Übung!

7. Was versteht man unter einem Sabbatical?

8. Das Unternehmen „Won BR" entwirft Software für mittelständische Unternehmen. Die Programmierer haben wenig Kundenkontakt und arbeiten weitgehend autonom. Welche Arbeitszeitregelung würden Sie vorschlagen?

9. Welche Instrumente der Personalbeschaffung lassen sich unterscheiden?

10. Was regelt ein Tarifvertrag?

11.8.3 Weiterführende Literatur

Drumm, H. J.: Personalwirtschaft, 4. Auflage, Berlin u. a. 2000.

Hohlbaum, A.; Olesch, G.: Human Resources – Modernes Personalwesen, Rinteln 2004.

Jung, H.: Personalwirtschaft, 5. Auflage, München 2003.

12 | Qualitätsmanagement

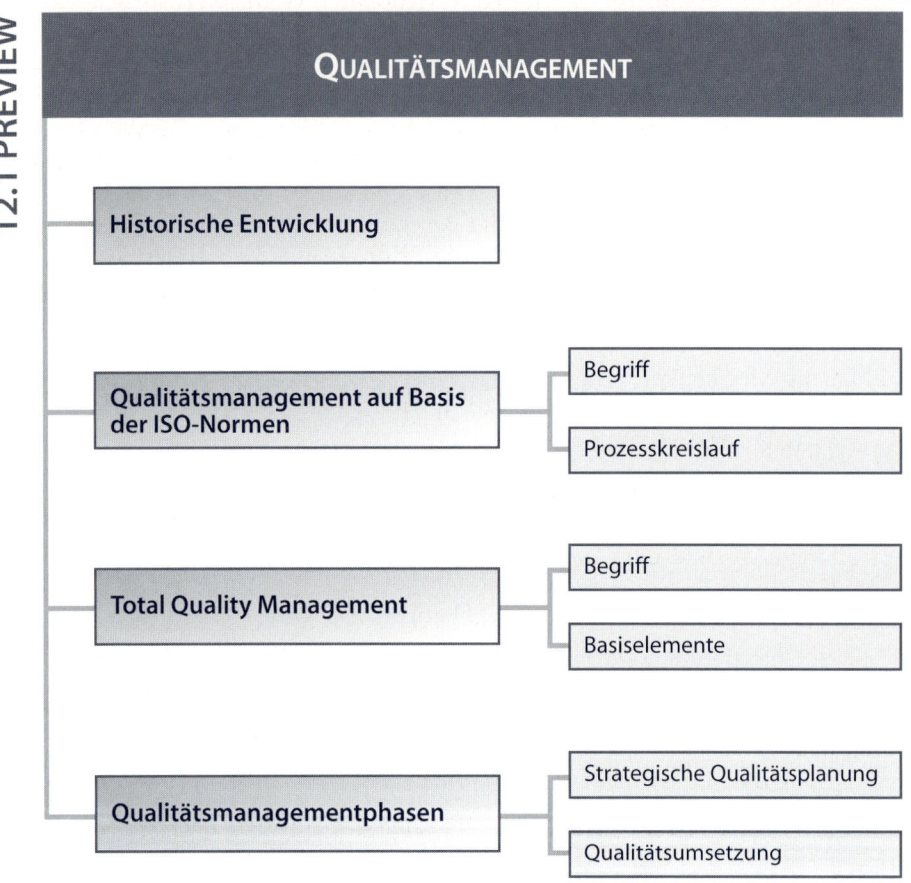

12.2   Problemstellung

Unternehmen im Dienstleistungs-, Konsumgüter- und Zulieferbereich sehen sich zunehmend mit einem verschärften internationalen Wettbewerbsdruck, einer angespannten Kostensituation sowie steigenden Kundenanforderungen konfrontiert. Ohne eine für die zukünftige Unternehmenstätigkeit verbindliche Zukunftsstrategie zur Schaffung von Wettbewerbsvorteilen sind die Überlebenschancen vieler Unternehmen eher als gering einzustufen. Im Rahmen einer Differenzierungsstrategie versuchen Unternehmen durch die Erstellung einer hohen Qualität einen entscheidenden Wettbewerbsvorteil zu erzielen. Das Deutsche Institut für Normung e. V. sieht in diesem Zusammenhang **Qualität** als die Beschaffenheit einer Einheit bezüglich ihrer Eignung, festgelegte oder vorausgesetzte Erfordernisse zu erfüllen. Es handelt sich um ein ganzheitliches Konzept zur Ausrichtung des Unternehmens auf Qualität und den Kunden und dient somit der Umsetzung einer Differenzierungsstrategie.

12.3   Historische Entwicklung des Qualitätsmanagement- konzeptes

Hinter dem Begriff **„Qualitätsmanagement"** (QM)[1] verbirgt sich ein grundsätzlicher Wandel in der Auffassung davon, was die Qualität erstellter Produkte oder Dienstleistungen ausmacht und auf welche Weise bestmögliche Qualität erzeugt werden kann. Ein kurzer historischer Abriss (vgl. auch Abb. auf S. 288) verdeutlicht den beschriebenen Wandel: Zu Beginn der industriellen Fertigung wurde die Qualität durch umfassende Kontrollen gesichert. Meist bestand dabei eine eigene Qualitätskontrolle in der Form einer Fachabteilung, deren Aufgabe die Identifizierung von fehlerhaften (gelieferten bzw. erstellten) Produkten war. Am Produktionsprozess beteiligte Arbeiter hatten keine direkte Kontrolle über die Qualität der Produkte, sondern waren lediglich „Qualitätskontrolleure".

Anfang des letzten Jahrhunderts, also im Zuge der industriellen Massenproduktion, gingen die Unternehmen zur Reduzierung des Prüfaufwandes verstärkt dazu über, lediglich Stichproben zu prüfen und statistische Verfahren in den Herstellungsprozess zu integrieren. Auf diese Weise gelang eine frühere Aufdeckung von Fehlern, was entsprechende Prozessanpassungen ermöglichte.

Nach dem Zweiten Weltkrieg wurden zunächst in Japan umfangreiche **Qualitätssicherungssysteme** entwickelt und besonders erfolgreich im Schiffsbau, in der Automobilherstellung und in der High-Tech-Industrie angewandt. Zentral war bei den japanischen Qualitätsmanagementsystemen der Gedanke, dass die Qualität im gesamten Produktentstehungsprozess im Betrachtungsfokus stand. Zur großen Akzeptanz und weiten Verbreitung dieses Qualitätsmanagementkonzeptes hat nicht zuletzt die Erkenntnis beigetragen, dass hohe kundenbezogene Qualität für viele Unternehmen einen bedeutenden Erfolgsfaktor darstellt.

Auf diesen Überlegungen aufbauend wurden seit den Siebzigerjahren von nationalen Qualitätsgesellschaften Qualitätssicherungssysteme entwickelt, die in der **Norm-**

---

1   Einen Überblick der in diesem Kapitel benutzten Abkürzungen finden Sie im Check-up dieses Kapitels (siehe S. 303).

reihe DIN ISO 9000 mit einheitlicher Terminologie zusammengefasst wurden. DIN steht dabei als Abkürzung für „Deutsches Institut für Normung e. V.", ISO für „International Organization for Standardization", d.h. für die weltweite Vereinigung der nationalen Institute für Normierung. In Deutschland hat sich, wie in vielen Ländern, das Qualitätsmanagementkonzept nach DIN EN ISO 9000 durchgesetzt. Einzelne Normsysteme bestanden jedoch schon vor der Formulierung der Normreihe ISO, beispielsweise in der Automobil- und Flugzeugindustrie. In der Automobilindustrie wurden etwa Standards für die Zulieferer erlassen, um die Qualitätssicherheit zu erhöhen. Diese Unternehmensnormen sind dann später in die DIN ISO-Reihe eingegangen. Auch in der Wehr-, Raumfahrt- und Energietechnik (Kraftwerktechnik) bestanden bereits vergleichbare normierte Qualitätssysteme.

Idealtypischer Verlauf von Qualitätsstufen im Zeitablauf

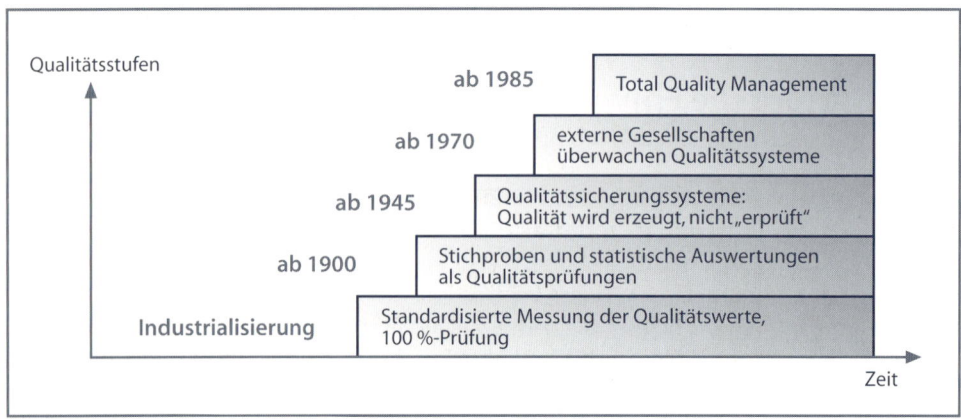

Anfang der Achtzigerjahre etablierte sich der Gedanke des Qualitätsmanagements. Dabei wurde neben Dienstleistungen, Produkten und Herstellungsprozessen nun das gesamte Organisationsumfeld in die Betrachtung einbezogen. Der Begriff „Qualitätssicherung" wurde analog dazu sukzessive durch den Terminus **„Qualitätsmanagement"** ersetzt. Die umfassenden Qualitätsförderungskonzepte wurden schließlich im Sinne der kontinuierlichen und allumfassenden Verbesserung als **„Total Quality Management"** (TQM) verstanden. Es handelt sich hierbei um ein Unternehmens- bzw. Führungskonzept mit Leitbildcharakter im Sinne einer Unternehmens- bzw. Führungsphilosophie. Zu dessen Umsetzung müssen die zentralen Elemente Kundenorientierung, Mitarbeiterorientierung und Prozessorientierung gestaltet werden. Das TQM wurde auch durch öffentlichkeitswirksame Auslobungen von Qualitätspreisen gefördert wie etwa den European Quality Award, den Deming Award in Japan und den Malcolm Baldrige National Quality Award in den USA. Die Preise haben eine weitere Wirkung: Die Preisträger sind verpflichtet, ihre Erfahrungen der interessierten Öffentlichkeit bereitzustellen, was die Dynamik in der Abstimmung und Entwicklung von Qualitätsmanagementsystemen beschleunigt. Das TQM-Konzept ist allerdings nicht überschneidungsfrei zum bereits erwähnten QM-Konzept.

12.4 Qualitätsmanagement auf Basis der DIN ISO 9000 ff.

Auf der Grundlage von Normen kann ein Qualitätskonzept angewendet und zertifiziert werden. Grundsätzlich versteht man unter einer **Norm** ein Dokument, das Regeln, Leitlinien oder Merkmale für Tätigkeiten oder deren Ergebnisse festlegt. Die Normenreihe DIN EN ISO 9000 ff. fand seit 1987 zunächst überwiegend in produzierenden Unternehmen Beachtung, z.B. in der Automobil- und Computerindustrie. Im Jahr 1994 erschien die Zweitausgabe dieser Basisnormen und im Dezember 2000 erfolgte die derzeit umfassendste „Langzeitrevision" der DIN EN ISO 9000 ff. Ihr Umfang und Inhalt gliedert sich aktuell wie folgt:

DIN EN ISO 9000: Grundlagen und Begriffe zum Qualitätsmanagementkonzept

DIN EN ISO 9001: Anforderungen

DIN EN ISO 9004: Leitfaden zur Leistungsverbesserung

Der grundsätzliche Aufbau der DIN EN ISO gliedert sich ferner in fünf Hauptkapitel, die gemäß einer Prozessorientierung als Regelkreis konzipiert sind.

Prozesskreislauf der DIN EN ISO 9001:2000

Kurz zur Erklärung der Abbildung: Das neue Konzept der DIN EN ISO-Normenreihe ist mit seinen Grundsätzen auf die Forderungen aller Interessenpartner eines Unternehmens ausgerichtet. So finden Mitarbeitermotivation und -zufriedenheit

289

19 Voss – ISBN 3-8120-0646-4

erstmals Beachtung in der Normenreihe. Außerdem wird der Zyklus der ständigen Verbesserung stärker berücksichtigt. Im Allgemeinen sind die Formulierungen der revidierten Normenreihe akzentuierter als in den Vorgängernormen, wodurch sich Verständnis und Lesbarkeit deutlich verbessert haben. Sie stellt gegenüber den vergangenen Fassungen einen grundlegenden Fortschritt dar, denn sie orientiert sich zunehmend an den Inhalten bestehender TQM-Modelle.

Bei der Normenreihe handelt es sich um eine Vorschrift mit Mindestanforderungen, die eingehalten werden müssen und anhand von Checklisten überprüft werden. Es gibt nur eine Ja/Nein-Entscheidung, denn entweder wird ein Zertifikat erteilt oder nicht. Man spricht in diesem Zusammenhang auch von einer **Zertifizierung,** d.h. von einem Verfahren, nach dem eine dritte Stelle schriftlich bestätigt, dass ein Produkt, ein Prozess, eine Dienstleistung oder ein System mit festgelegten Anforderungen konform geht. Ausgangspunkt für die Zertifizierung ist die Erfüllung der DIN EN ISO-Normen. Dabei wird nicht geprüft, ob ein Produkt oder eine Dienstleistung eine besondere Qualität besitzt, sondern ob der Betrieb ein Qualitätssicherungssystem als Zeichen der Qualitätsfähigkeit eingeführt hat. Ist das Ergebnis dieser Prüfung positiv, dann kann das Zertifikat erteilt werden, das drei Jahre Gültigkeit besitzt, wobei jährlich eine Stichprobenüberprüfung erfolgt und nach drei Jahren die Funktion des Gesamtsystems in einem Wiederholungsaudit beurteilt wird. Die Prüfungen werden von unabhängigen Prüfern einer dafür akkreditierten Zertifizierungsgesellschaft (so genannte Auditoren) durchgeführt. Dabei gilt es, zu beschreiben, welche Bestandteile ein Qualitätssystem enthalten soll, und nicht, wie eine Organisation diese Ansätze verwirklicht. Die Norm ist im Sinne einer begrenzten „Momentaufnahme" vergangenheitsorientiert und dazu geeignet, einen bestehenden Qualitätsstandard einzuhalten und zu bewahren, woran auch die aktuelle Einbeziehung des Prozesszyklus nichts ändern kann.

12.5 Kennzeichnung und Entwicklung des Total-Quality-Management-Konzeptes

Total Quality Management wird hier als ein Management-Konzept verstanden, bei dem mittels spezifischer Prinzipien, Instrumente und Maßnahmen die internen Strukturen und Prozesse in *allen* Funktionsbereichen und Ebenen darauf ausgerichtet werden, die Qualität von Produkten/Dienstleistungen zu möglichst niedrigen Kosten und mit dem Ziel einer optimalen Erfüllung der Kundenanforderungen zu gewährleisten sowie kontinuierlich zu verbessern. Dieses Management-Konzept findet seinen Ursprung in den USA. Ab Mitte der Achtzigerjahre werden in der fachlichen Diskussion die Wörter „Total Quality Management" verwendet. Zur genaueren Klärung des Begriffs bietet es sich an, dessen Bestandteile zu verdeutlichen:

Begriff	Bedeutung
„Total" ...	... kennzeichnet den allumfassenden Charakter der Konzeption, d.h., sämtliche interne und externe Anspruchsgruppen, die an der Leistungserstellung beteiligt oder davon betroffen sind, sind in den Verbesserungsprozess einzubeziehen.
„Quality" ...	... meint als Leitbegriff dieser Konzeption die konsequente Ausrichtung aller Tätigkeiten an den Qualitätsanforderungen der Anspruchsgruppen.
„Management" ...	... beschreibt die Verantwortung und Initiative **aller** Führungsebenen und weiterer Ebenen für ein systematisches Qualitätsmanagement. Die Aktivitäten des Topmanagements besitzen allerdings eine Ausstrahlungsfunktion, um den Qualitätsgedanken zu initiieren, zu implementieren und zu erhalten.

Produkt- und Dienstleistungsqualität müssen demnach durch Prozessqualität geschaffen werden. Verbunden ist damit der Übergang zu einer permanenten Qualitätsorientierung aller betrieblichen Prozesse von der Produktentstehung bis hin zum Verkauf. Die Qualität der innerbetrieblichen Aktivitäten und deren optimale Steuerung im Sinne eines prozessorientierten Qualitätsmanagements bilden in diesem Konzept also die Voraussetzung für die Gewährleistung einer kundengerechten Qualität der erstellten Produkte und Dienstleistungen. Total Quality Management ist demnach ein Führungsprozess, der die gezielte Planung, Steuerung und Kontrolle aller Qualitätsaspekte und Dimensionen einer Organisation umfasst. Neben der Prozessorientierung können folgende Basiselemente des TQM unterschieden werden.

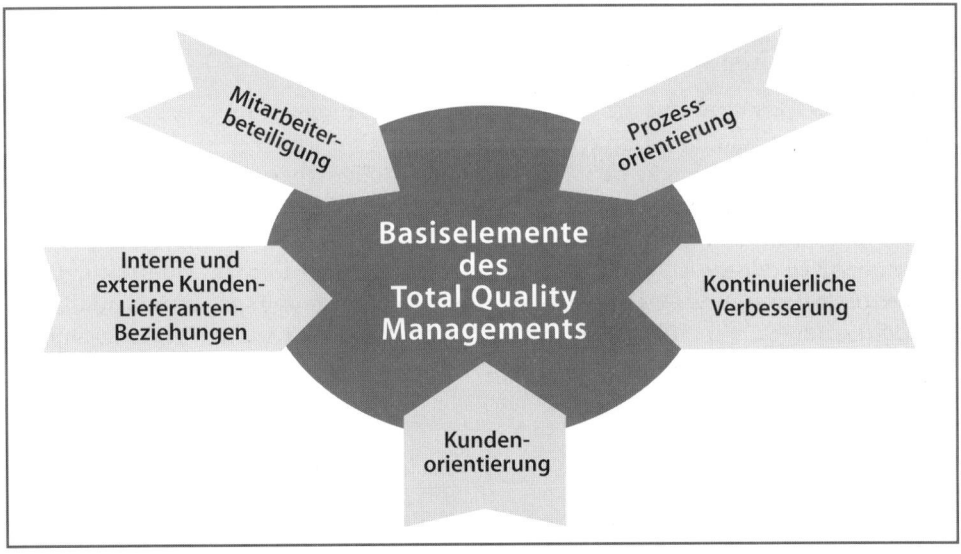

➤ Kundenorientierung

Unter **Kundenorientierung** kann die Ausrichtung sämtlicher Tätigkeiten und Abläufe eines Unternehmens auf die Anforderungen und Erwartungen des Kunden verstanden werden. Kundenorientierung soll somit die Erfüllung der Kundenanforderungen garantieren, indem Kundenwünsche systematisch ermittelt und im Unternehmen umgesetzt werden. Kundenorientierung muss im TQM als **Maxime** und damit als situationsspezifisch zu bewertende Dimension der Unternehmenskultur verstanden werden. Ein wesentliches Ziel des TQM, abgeleitet aus der Maxime „Kundenorientierung", bildet die Kundenzufriedenheit.

➤ Interne und externe Kunden-Lieferanten-Beziehungen

Neben den externen Kunden-Lieferanten-Beziehungen hat das TQM die so genannten **internen Kunden-Lieferanten-Beziehungen** eingeführt. Diese verstehen betriebliche Prozesse als eine Kette von internen Kunden und Lieferanten. Jeder Mitarbeiter ist demnach im Unternehmen interner Kunde des im Herstellungsprozess vor ihm liegenden Mitarbeiters und zugleich Lieferant seines Arbeitsergebnisses an den nachfolgenden Mitarbeiter. Nur wenn Qualität innerhalb des Unternehmens eingehalten wird, kann sie auch gegenüber externen Kunden gewährleistet werden.

➤ Mitarbeiterbeteiligung

Mitarbeiterpartizipation, d.h. ihre Beteiligung an Entscheidungsprozessen, ist ein wesentliches unterstützendes Element bei der Umsetzung eines umfassenden Qualitätskonzeptes und gewährleistet eine qualitative Verbesserung jeglicher Art von Tätigkeiten auf allen Unternehmensebenen im Sinne eines ganzheitlichen Ansatzes. Die **Arbeitszufriedenheit** und Motivation bilden wesentliche Größen, die die Einstellung, das Engagement und damit die Produktivität eines Mitarbeiters bestimmen.

➤ Prozessorientierung

Unter **Prozessorientierung** wird eine Grundhaltung verstanden, die das gesamte betriebliche Handeln als Kombination von Aktivitäten respektive als Prozesskette betrachtet. Jede Tätigkeit, die dazu führt, dass ein materielles oder immaterielles Produkt erzeugt wird, kann als Prozess aufgefasst werden. Ein Prozess hat einen messbaren In- und Output, ist wiederholbar und gekennzeichnet durch das systematische Zusammenwirken von Menschen und Maschinen entlang der Wertschöpfungskette. Die Prozessorientierung soll im Unternehmen dazu beitragen, dass ein Denken und Handeln entsteht, bei dem unter Qualität nicht nur das Ergebnis eines gesamten Leistungsprozesses verstanden wird, sondern jeder einzelne Schritt der Leistungserstellung.

➤ Kontinuierliche Verbesserung

Der **kontinuierliche Verbesserungsprozess** steht für ein permanentes Verbesserungs- management auf allen Unternehmensebenen unter Mitwirkung aller Mitarbeiter. Unter „Verbesserung" ist die Beseitigung von Fehlleistungen aller Art, von unratio- nellen Arbeitsabläufen, Kommunikations- und Informationslücken sowie Führungs- problemen zu verstehen. Dabei ist es wichtig, dass die ständige Verbesserung nicht nur als Methode, sondern als prozessorientierte Grundhaltung gemäß dem Deming- Zyklus betrachtet wird. Dem **Deming-Zyklus** oder auch **PDCA-Zyklus** nach müs- sen durchzuführende Aktivitäten zunächst geplant werden („plan"). Dann werden sie durchgeführt („do") und es wird nach der Durchführung der Erfolg geprüft („check"). Auf der Grundlage des Erfolges werden für den nächsten Zyklus Verbes- serungen beschlossen und umgesetzt („act").

Auf den Ausführungen basierend, kann die Konzeption des TQM in den folgenden fünf Punkten zusammengefasst werden:

> ➲ Qualität ist das Ziel aller Tätigkeiten und Ausrichtungen der Unternehmenspolitik.
>
> ➲ Inhalt und Ausmaß der Qualität bestimmen die Kunden.
>
> ➲ Die Qualität ist systematisch in den Prozess der Produkt-/Dienstleistungserstel- lung zu integrieren und kann kontinuierlich verbessert werden.
>
> ➲ Für die Qualität sind alle Unternehmensmitarbeiter verantwortlich.
>
> ➲ Das Topmanagement ist Vorreiter und Vorbild des Qualitätsgedankens.

12.6 Qualitätsmanagementphasen

Aus dem klassischen Deming-Zyklus, der nur sehr grob zwischen den Phasen „Pla- nen", „Ausführen", „Überprüfen" und „Verbessern" unterscheidet, lässt sich eine Differenzierung in Phasen bzw. Aufgabenbereiche des Qualitätsmanagements ablei- ten. Hierbei lassen sich strategische und operative Qualitätsplanung, Qualitäts- lenkung, Qualitätsprüfung und Qualitätsmanagementdarlegung unterscheiden. Die strategische Planung gibt dabei, gestützt auf Prognosen, Vorgaben für die eigentli- che Qualitätsumsetzung, die die operative Qualitätsplanung, die Qualitätslenkung, die Qualitätsprüfung und die Qualitätsmanagementdarlegung umfasst.

Idealtypische Phasen eines Qualitätsmanagementsystems

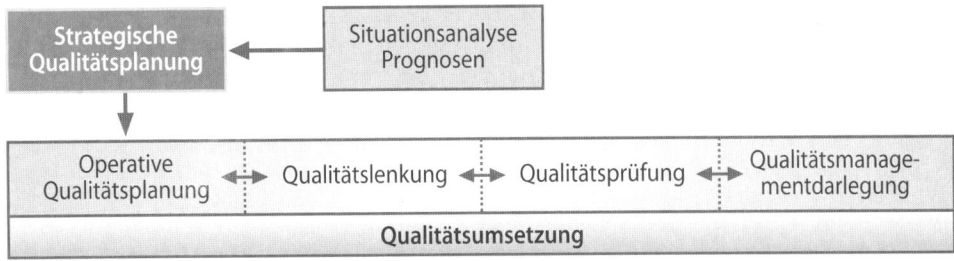

12.6.1 Strategische und operative Qualitätsplanung

Merkmale **strategischer Qualitätsplanung** sind der langfristige Planungshorizont und die vergleichbar geringe Häufigkeit der Entscheidungsfindung. Die Aufgabe der strategischen Qualitätsplanung besteht demnach in der Bestimmung der langfristig angestrebten strategischen Qualitätsposition des Unternehmens unter Bezugnahme auf die definierten Zielmärkte und vorhandenen Wettbewerber, um die Qualitätspolitik langfristig zu sichern und auszubauen. Ein Unternehmen wird sich in der Phase der strategischen Planung Informationen über seine Qualitätsstärken und -schwächen (Ressourcen, Kompetenzen, Leistungsstärken etc.) beschaffen und die qualitätsrelevanten Chancen und Herausforderungen, denen es sich ausgesetzt sieht, identifizieren und prognostizieren.

Die **Konkretisierung der Qualitätsposition** kann beispielsweise mit Hilfe von Qualitätsportfolios, die die strategische Position des Unternehmens in Bezug auf die Qualität einzelner strategischer Geschäftsfelder abbilden, erfolgen. Die Qualitätspositionierung bildet eine wesentliche Grundlage für den Entwurf eines Qualitätsmanagementkonzeptes.

Eine weitere Analysemöglichkeit wäre die Erstellung eines **Stärken-Schwächen-Profils,** bei dem die spezifischen Stärken eines Unternehmens mit denen der Hauptwettbewerber oder mindestens eines Hauptwettbewerbers hinsichtlich einzelner ausgewählter Komponenten verglichen werden, wie z. B. das Betriebsklima, die personelle Ausstattung oder der Standort. Aus den genannten Faktoren lassen sich Hauptbedrohungen oder -chancen identifizieren, aus denen Prioritäten für die eigenen Planungen oder Neudefinitionen der Strategie formuliert werden können. Auf dieser Grundlage können dann Qualitätsgrundsätze sowie strategische Qualitätsziele und -standards festgelegt werden.

Beispiel

Mit Hilfe verschiedener Beurteilungskriterien misst sich in dem umseitig abgebildeten Stärken-Schwächen-Schema das eigene Unternehmen mit einem Wettbewerber. Durch die Verknüpfung der einzelnen Wertzuschreibungen (Wertskala-Verfahren) erhält das eigene Unternehmen einen aussagekräftigen Überblick hinsichtlich seiner Qualitätsposition. So wird aus der Stärken-Schwächen-Analyse z. B. deutlich, dass das eigene Unternehmen insbesondere im Bereich der Zulieferer dem Wettbewerber deutlich überlegen ist. Dies drückt sich dann auch in allgemeinen Daten wie etwa der Produktqualität aus. Hinsichtlich des Standortes und der Maschinenausstattung ist jedoch der Wettbewerber überlegen. Hier können z. B. ein Standortwechsel oder Ersatzinvestitionen in Erwägung gezogen werden.

Bereich	Beurteilungskriterium	Bewertung				
		große Stärke	kleine Stärke	ohne Leistung	kleine Schwäche	große Schwäche
Allgemeines	Verfolgung eines Leitbildes		●			○
	Bekanntheitsgrad	●			○	
	Renommee	●			○	
	Attraktivität			●	○	
	Standort			○	●	
	Bauliche Gestaltung	●			○	
	Personelle Ausstattung	●		○		
	Maschinenausstattung	○			●	
	Qualität der Produkte	●		○		
	Qualität der sonst. Dienstleistungen		●	○		
Mitarbeiter	Qualifikation der Mitarbeiter	●	○			
	Zufriedenheit der Mitarbeiter			○	●	
	Persönlicher Kontakt zu den Kunden	●				○
	Betriebsklima			○	●	
Zulieferer	Produktqualität	●		○		
	Ausschussrate		●	○		
	Geografische Nähe der Zulieferer	●			○	
	Geschäftsbeziehungen		●		○	
	Angebot an Zusatzdienstleistungen			●	○	
	Flexibilität	●			○	

dunkler Kreis = eigenes Unternehmen heller Kreis = Wettbewerber

Strategische Überlegungen selbst bauen auf Unternehmenswerten und -vorstellungen auf, die in einer Mission und Vision konkretisiert werden. Eine **Mission** veranschaulicht den eigentlichen Organisationszweck, d.h. die aktuelle und zukünftige inhaltliche Fokussierung, die Zielgruppen, das kulturelle und gesellschaftliche Selbstverständnis, die Wettbewerbsposition sowie das spezifische Unternehmensprofil. **Visionen** sind zukunftsbezogen, quasi ein Traum mit einem Verfallsdatum.

Aus einer Verbindung von Mission und Vision ergibt sich ein bestimmter **Handlungsrahmen** und eine bestimmte **Handlungsrichtung,** was eine Art „**starting point**" für die weitere Qualitätsplanung vorgibt und Leitlinie für Unternehmensführung und Mitarbeiter sein kann. Vision und Mission lassen sich jedoch nicht immer klar trennen, wie das folgende, aus der Praxis entlehnte Beispiel belegt.

Beispiel

Die Mission und Vision des Technologieunternehmens Ericsson

Ericsson's Mission

Unsere Mission ist es, die Bedürfnisse und die geschäftlichen Möglichkeiten unserer Kunden zu verstehen und ihnen dazu schneller und besser als unsere Mitbewerber Kommunikationslösungen zur Verfügung zu stellen. Durch diese Vorgangsweise erreichen wir einen wettbewerbsfähigen und wirtschaftlichen Ertrag für unsere Aktionäre.

Ericsson's Vision

Wir sind von einer „all communicating world" – einer weltumspannenden Kommunikation – überzeugt. Sprache, Daten, Bilder und Video können überall und zu jeder Zeit überall in der Welt einfach und bequem kommuniziert werden. Das erhöht sowohl die Lebensqualität als auch die Produktivität und ermöglicht weltweit eine viel wirtschaftlichere Nutzung der Ressourcen. Wir sind mit unseren globalen Aktivitäten eine der wesentlichen treibenden Kräfte bei der Verwirklichung dieser fortschrittlichen Kommunikation. Wir sind ein Vorbild für eine weltweit vernetzte Organisation mit ausgezeichneten innovativen und unternehmerisch arbeitenden Teams.

(Quelle: http://www.ericsson.com/de/unternehmen/mission.shtml)

Zur Realisierung der strategischen Planung bedarf es konkreter Aktionen und Maßnahmen im Rahmen der **operativen Planung,** die meist auf zeitlich überschaubare Abschnitte und sachlich abgrenzbare Teilgebiete des Unternehmens gerichtet ist. Dies bedarf des Einsatzes unterschiedlicher Instrumente. Während im Rahmen der strategischen Qualitätsplanung vor allem Instrumente Verwendung finden, die den grundlegenden Handlungsrahmen des Qualitätsmanagements festlegen, werden im Rahmen der operativen Qualitätsplanung die konkreten Anforderungen an die Qualität der einzelnen Produkte/Dienstleistungen aus Kunden- und Anbietersicht ermittelt, um Leistungsangebote eines Unternehmens gestalten zu können.

12.6.2 Qualitätslenkung

Auch die bestformulierten Planungsvorgaben bleiben ohne eine zweckmäßige Umsetzung wirkungslos. Im Rahmen der **Qualitätslenkung** (engl. quality control) gilt es, die definierten Anforderungen an die Qualität über eine entsprechende Gestaltung der unternehmensinternen Strukturen und Prozesse zu realisieren. Dies umfasst die vorbeugenden, überwachenden und korrigierenden Tätigkeiten bei der Realisierung der Einheit mit dem Ziel, die Qualitätsforderung zu erfüllen. Existieren bereits klare Spezifikationen mit festgelegten Kriterien und Grenzwerten, dann wird die Aufgabe der Qualitätssteuerung enorm vereinfacht. In der Unternehmenspraxis können jedoch eine Reihe von Prozessen und Aufgabenbereichen nicht im Voraus spezifiziert werden. In diesem Fall werden an die Qualitätslenkung besondere Anforderungen gestellt: Verantwortlichkeitsbereiche müssen abgegrenzt, das Personal geschult werden usw. Im Mittelpunkt dieser häufig auch als **Qualitätssteuerung** bezeichneten Phase stehen folglich die qualitätsbezogenen Aufbau-, Ablauf- und Prozessorganisationen (siehe Kap. 10.3 und 10.4) sowie insbesondere auch mitarbeiterbezogene Aufgaben (siehe Kap. 11).

12.6.3 Qualitätsprüfung

Das Gegenstück zu den oben beschriebenen Planungs- und Lenkungsmaßnahmen stellen Prüfungen dar. Aufgabe der Qualitätsprüfung (engl. quality inspection) ist es, die im Rahmen der Qualitätsplanung und -lenkung aufgestellten Anforderungen und die zu deren Erfüllung ergriffenen Maßnahmen hinsichtlich der Zielerreichung zu kontrollieren. Grundsätzlich kann eine Prüfung intern oder extern angesetzt werden. Im Fokus von Instrumenten der **internen Qualitätsprüfung** steht die Fragestellung, inwieweit die gesetzten **Qualitätsziele- und -standards** aus Unternehmenssicht erfüllt werden. Sie kann sich auf ein materielles Produkt, ein immaterielles Produkt, deren Kombination sowie eine Tätigkeit oder einen Prozess (klassische Fehlerkontrolle) beziehen; mitarbeiterbezogen kommen Verfahren der Mitarbeiterbeobachtung und -beurteilung hinzu. Gerade bei Dienstleistungen besitzt eine Prozesskontrolle eine besondere Relevanz, da sie – entsprechend der Art der Leistungserbringung – nicht im Voraus geprüft werden können. Dem **Primat der Kundenorientierung** und dem subjektorientierten Qualitätsbegriff folgend, bleibt darüber hinaus eine **externe Qualitätsprüfung** unumgänglich, bei der die Kunden die Qualität der angebotenen Produkte/Dienstleistungen beurteilen. An genau diese Fragestellung knüpft der Begriff der Kundenzufriedenheit an, was zur Entwicklung eines differenzierten Instrumentariums der Zufriedenheitsmessung (bzw. Qualitätsmessung) geführt hat.

Beispiel

Silent Shopper

Diese Methode basiert auf dem tatsächlichen Einkaufserlebnis eines Kunden. Dabei erheben Beobachter – teils auch Marktforscher selbst-, die als Dienstleistungskunden auftreten und Qualitätsmerkmale im Rahmen eines Testkaufs evaluieren, die Daten, weshalb sie auch als **Silent Shopper** oder auch **Mystery Shopper** bezeichnet werden. Sie treten somit direkt als Qualitätsprüfer auf. Silent Shopper können in zwei unterschiedlichen Formen auftreten:

- **Checker** sind unternehmensinterne Mitarbeiter, die die Qualitätsstandards genau kennen – beispielsweise ein fremder Bezirksleiter, der die Handelsfilialen eines Kollegen hinsichtlich Service (z. B. Warteschlangen an der Kasse), Sauberkeit usw. kritisch beurteilen soll.

- **Kunden** sind Personen, die die gleichen Merkmale aufweisen wie die anvisierte Anspruchsgruppe. Dies entspricht bei besagter Handelsfiliale einer Beobachtung durch potenzielle Kunden, die nicht direkt im Einzugsgebiet wohnen, sondern nur als eine Art „Gast" ihr Qualitätsurteil abgeben.

Zweck dieses Verfahrens ist keine abschließende Bewertung von Prozessen, sondern deren Diagnose. Das Problem ist dabei die hohe Subjektivität der Bewertung. Dies lässt sich allerdings durch den Einsatz mehrerer voneinander unabhängiger Tester einschränken.

12.6.4 Qualitätsmanagementdarlegung

Den Abschluss eines idealtypischen Qualitätsmanagementsystem-Kreislaufs bildet die **Qualitätsmanagementdarlegung** (engl. quality assurance). Zu deren Aufgaben gehört es, den erreichten Stand der Qualitätsprozesse im Unternehmen zu dokumentieren und nach innen und außen zu kommunizieren. Durch diese Maßnahmen soll Vertrauen dafür geschaffen werden, dass die Leistungen den Qualitätsanforderungen entsprechend erfüllt werden.

12.6.4.1 Qualitätsmanagementdarlegung entsprechend den DIN ISO-Normen

Typische Instrumente sind Qualitätsmanagementhandbücher, Qualitätsstatistiken, Qualitätsaudits sowie eine entsprechend integrierte Kommunikation. **Qualitätsmanagementhandbücher** (engl. quality manuals) sind Dokumente, die prinzipiell die Qualitätspolitik und das Qualitätsmanagementsystem innerhalb eines Systems (z. B. einer Subeinheit) beschreiben und damit Absichten und Maßnahmen zur Sicherung und Verbesserung der Qualität festlegen. Damit dienen sie der Dokumentation des Qualitätsmanagementsystems und der dazugehörigen Durchführungsbestimmungen und sind Voraussetzungen für eine Zertifizierung. Das Handbuch wird in der Regel in zwei Ausgaben herausgegeben. Die erste Ausgabe ist zum internen Gebrauch bestimmt und sollte dem einzelnen Mitarbeiter ständig zur Verfügung stehen. Die zweite, für externe Zwecke bestimmte Ausgabe, dient einer Selbstdarstellung eines Unternehmens nach außen (Kundeninformation bzw. Werbung). Aufgrund der Beschreibung des einzuführenden Qualitätsmanagementsystems wird das Handbuch zu einem grundlegenden Nachschlagewerk. Ein Handbuch kann sich auf die Gesamtheit der Tätigkeiten eines Systems (z. B. die des gesamten Unternehmens) oder auf nur einen Teil davon (z. B. einzelne Abteilungen) beziehen. Es umfasst notwendigerweise die

- Qualitätspolitik und die Darlegung des Stellenwertes der Qualität im Wertgefüge des beschriebenen Systemelements,
- Beschreibung der Aufbau- und Ablauforganisation,
- Festlegung der Verantwortlichkeiten und Zuständigkeiten,
- Verfahren im Qualitätsmanagementsystem,
- Festlegung zum Review, zur Aktualisierung und zur Überwachung des Handbuchs.

Die genannten Inhalte werden in verschiedenen, klar abgegrenzten Teilen des Qualitätsmanagementhandbuchs dargestellt. Die strukturelle Ausgestaltung des Handbuchs ist zwar grundsätzlich freigestellt, sie sollte aber den grundlegenden Systemaufbau erkennbar werden lassen und damit als permanente Bezugsgrundlage für die Realisation des Systems dienen. Das Qualitätsmanagementhandbuch vermittelt ein einheitliches Verständnis des kompletten Systems und geht damit über die Ansammlung autonomer, einzelner Arbeitsprozesse hinaus.

Zusammen mit den dokumentierten Ergebnissen der laufenden Qualitätsprüfung können Qualitätshandbücher auch zum Gegenstand von **Qualitätsaudits** (engl. quality audit) werden. Deren Hauptziel ist es, Schwachstellen des gesamten Qualitätsmanagementsystems und somit Ansatzpunkte für eine Verbesserung von Qualitäts-prozessen und damit auch Produktqualitäten systematisch aufzudecken. Sie haben also die Absicht, Verbesserungen, Strategien und Korrekturmaßnahmen zu begut-achten und die Zusammenarbeit von einzelnen Unternehmensbereichen zu beob-achten. Audits sind daher nicht mit Prüfungen zu verwechseln. Im Rahmen einer Zertifizierung sind verschiedene Auditarten zu unterscheiden: Falls festgestellt wird, dass das vorhandene Qualitätssystem nicht die Bedingungen der entsprechenden ISO-Norm erfüllt, ist es angebracht, ein **Voraudit** durchzuführen. Dabei werden die nicht den Normanforderungen entsprechenden Schwachstellen aufgezeigt, sodass Verbesserungsmaßnahmen eingeleitet werden können. Der Antragsteller kann sich anschließend einer Prüfung seiner Dokumentationsunterlagen und der Anwendun-gen vor Ort (Audit) stellen, dem so genannten Systemaudit, um anschließend zertifi-ziert zu werden.

12.6.4.2 Qualitätsmanagementdarlegung entsprechend dem TQM-Gedanken

Das **EFQM Excellence Modell** bzw. kurz EFQM(= European Foundation of Quality Management)-Modell ist ein spezielles Praxismodell, basierend auf dem Konzept des TQM, das unabhängig von Branche, Größe, Struktur oder Reifegrad einer Orga-

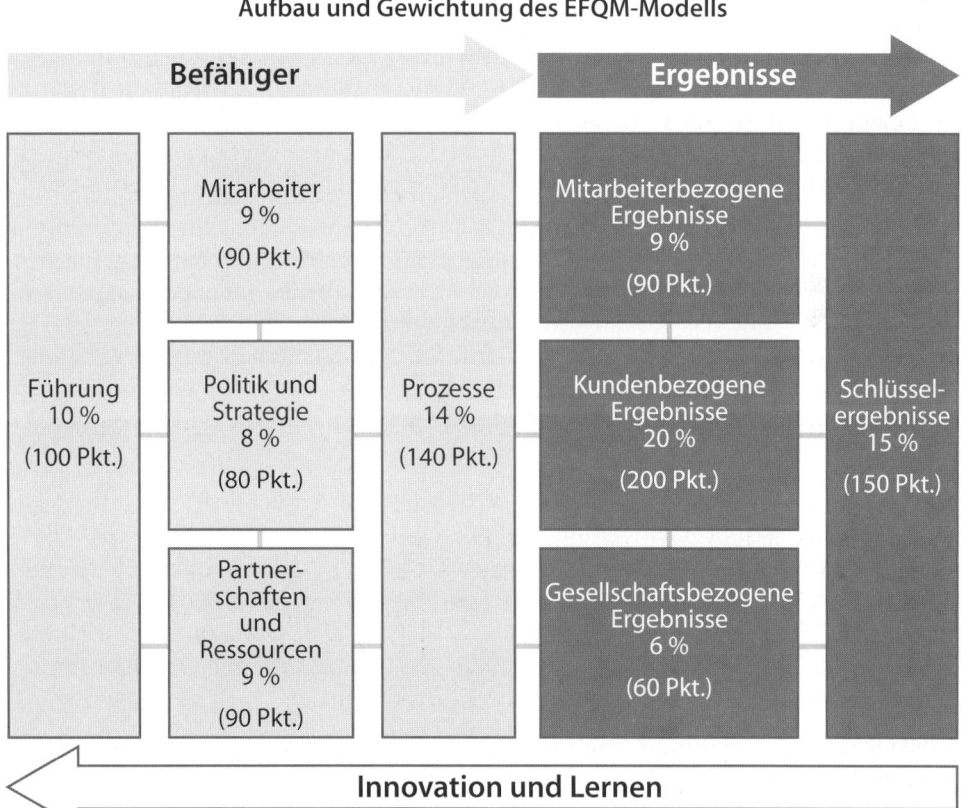

Aufbau und Gewichtung des EFQM-Modells

nisation angewendet werden kann und primär zwei Aufgaben erfüllt: Zum einen dient es der Bewertung von Qualitäts- und Managementaktivitäten eines Unternehmens, zum anderen bietet es einen umfassenden Bezugsrahmen, der Unternehmenstätigkeiten und deren Ergebnisse strukturiert. Das Modell findet in zahlreichen Branchen wachsende Beachtung, insbesondere bei solchen Systemeinheiten, die mit einem Qualitätsmanagementsystem entsprechend der Normreihe an Grenzen stoßen. Das Qualitätsmanagementsystem eines Unternehmens kann dem EFQM-Modell nach durch zwei **Kriterienkategorien,** den so genannten „Befähigern" und den „Ergebnissen" mit insgesamt neun Dimensionen, bewertet werden (vgl. Abb. auf S. 299). Die Pfeile in der Grafik betonen die Dynamik des Modells und veranschaulichen, dass die „Befähiger-Kriterien" die „Ergebnis-Kriterien" beeinflussen und durch „Innovation und Lernen" fortlaufend weiterentwickelt werden. Die Prozentsätze geben die Bedeutung wieder, mit der die einzelnen Kategorien durch ein Punktmodell in eine Leistungsbewertung eingehen.

➤ Die Befähiger

Insgesamt gibt es **fünf „Befähiger-Kriterien"**: Führung, Politik und Strategie, Personal, Ressourceneinsatz und Partnerschaften sowie Prozesse. Diese Kriterien thematisieren die wesentlichen Einflussgrößen auf „Excellence", d.h., sie behandeln die Tätigkeiten, Handlungsweisen und Prozesse eines Unternehmens und beschreiben somit, *wie* Leistung innerhalb des Unternehmens zustande kommt. Die Befähiger werden auch als **„Frühindikatoren"** bezeichnet, denn sie sind verantwortlich für den zukünftigen Erfolg.

Dem Modellgedanken nach müssen das Führungsteam und alle anderen Führungskräfte eine Kultur des umfassenden Qualitätsmanagements anregen, unterstützen und fördern. Mit dem Kriterium **„Führung"** des Europäischen Qualitätsmodells wird also überprüft, wie ein Unternehmen eine qualitätsorientierte Mitarbeiterführung umsetzt. Dabei stehen hinsichtlich des strukturellen Führungsaspektes vor allem das persönliche Engagement und das Vorbildverhalten der Unternehmensleitung bzgl. Initiierung, Durchsetzung und Reflexion von kontinuierlichen Qualitätsverbesserungsmaßnahmen im Vordergrund. Von der Führung wird erwartet, dass sie die strategische Ausrichtung des Unternehmens festlegt, Potenziale antizipiert sowie Rahmenbedingungen für alle Aufgabenbereiche aufbaut und sichert.

Beim Kriterium **„Politik und Strategie"** werden strategierelevante Maßnahmenpläne in Übereinstimmung mit der Gesamtstrategie erstellt. Damit wird die Unternehmensausrichtung für die nächsten Jahre festgelegt. Ein Resultat der Strategieformulierungen und -bewertung kann etwa eine Zielhierachie mit konkreten Zeitplänen zu deren Umsetzung sein.

Im Kern geht es bei dem Kriterium **„Personal"** um eine gezielte Personalentwicklung, die das Unternehmen zur Entfaltung der Mitarbeiterpotenziale verpflichtet. Mängel in den Kompetenzen und Fähigkeiten der Mitarbeiter sollen erkannt und durch entsprechende personalpolitische Maßnahmen (z.B. Weiterbildung, Anreizsysteme) vermindert werden. Das EFQM Excellence Modell überprüft also, inwieweit anforderungsbezogene Qualifikationsmaßnahmen vorgenommen werden, um Qualität zu erzeugen. Dazu sind das Wissen und die Kompetenzen der Mitarbeiter zu identifizieren und nachhaltig zu entwickeln. Ziel ist es, eine Atmosphäre zu schaffen, die es allen Mitarbeitern erlaubt, sich weiterzuentwickeln. Um Mängel zu entdecken, ist der direkte Dialog mit dem Personal, z. B. telefonisch, postalisch oder per Intranet, sinnvoll.

Das Kriterium **„Ressourceneinsatz und Partnerschaften"** erfasst, wie die Organisation die Ressourcen effektiv und effizient einsetzt. Dabei sind die liquiden Mittel, aber auch Gebäude, Ausrüstung und Material zu managen. Daneben werden hier Partnerschaften mit anderen Institutionen einbezogen.

Im Rahmen der **„Prozesse"** werden die eigentliche Leistungserstellung sowie diejenigen Prozesse, die eng damit verbunden sind, analysiert und beschrieben. Es gilt, Wertschöpfungsprozesse verständlich darzustellen und ergänzende Prozesse zu kennzeichnen. Dabei wird auch die Vorgehensweise bei der Planung, Einführung und Verbesserung der Prozesse dargestellt. Vorrangig geht es darum, diese Prozesse nicht einer einmaligen Evaluierung und Dokumentation zuzuführen, sondern durch eine kontinuierliche Überprüfung der Verbesserungsmöglichkeiten Innovationen und Kreativität zu initiieren.

➤ Die Ergebnisse

Die **„Ergebnis-Kriterien"** geben Auskunft, welche Ziele ein Unternehmen erreicht hat, d. h., sie beschreiben das, *was* ein Unternehmen für seine Anspruchsgruppen an Leistungen erbracht hat, indem deren Zufriedenheit gemessen wird. Die „Ergebnis-Kriterien" werden als **„Spätindikatoren"** bezeichnet, denn sie zeigen, wie sich die „Befähiger-Kriterien" auf den Erfolg ausgewirkt haben. Insgesamt existieren vier „Ergebnis-Kriterien" im Modell.

Bei der Messung der **„kundenbezogenen Ergebnisse"** (Kundenzufriedenheit) ist es wichtig darzustellen, wie verschiedene Bewertungsskalen und Daten genutzt werden, um die Zufriedenheit bzw. Unzufriedenheit der Anspruchsgruppen, speziell der Kunden, zu registrieren. Ein kundengerechtes Verhalten wird durch die Maßnahmen nicht automatisch garantiert. Voraussetzung hierfür ist auch noch, dass sich alle Unternehmensbereiche als Dienstleistungsanbieter verstehen und dementsprechend ihre Rolle wahrnehmen.

Das zu bewertende Objekt des Kriteriums **„mitarbeiterbezogene Ergebnisse"** (Mitarbeiterzufriedenheit) stellt nicht auf einzelne Mitarbeiter, sondern auf die Gesamtheit der Mitarbeiter ab, d. h. von der Sekretärin bis hin zur Führungskraft. Dabei erfolgt eine Zweiteilung, bei der zwischen einer direkten Erfassung der Zufriedenheit (Sicht der Mitarbeiter) und einer indirekten Erfassung (Unternehmenssicht) unterschieden wird. Im ersten Fall müssen regelmäßige, strukturierte Befragungen, Beobachtungen und Dokumentenanalysen zu verschiedenen Aspekten der Mitarbeiterzufriedenheit durchgeführt werden. Durch diese subjektiven Einschätzungen werden die zum Teil sehr deutlichen Abweichungen zwischen von Mitarbeitern erwarteten und den erbrachten Leistungen deutlich. Im EFQM Excellence Modell wird in diesem Teil-kriterium zwischen „Motivatoren" und „Zufriedenheitsfaktoren" unterschieden. Dabei werden Motivationsfaktoren wie Anerkennung und Gelegenheit, etwas zu ler-nen und zu leisten, und Zufriedenheitsfaktoren wie Arbeitsplatzsicherheit, Entloh-nung und Betriebsklima erfasst. Der zweite Betrachtungsbereich beinhaltet Sekundär-ergebnisse aus Leistungsindikatoren, welche ein Unternehmen verwendet, um die Leistung der Mitarbeiter zu überwachen, zu analysieren und Rückschlüsse über die Mitarbeiterzufriedenheit zu gewinnen. Hierbei überprüft das EFQM Excellence Mo-dell vor allem Bereiche wie etwa Fehlzeiten, Fluktuation, Schulungs- und Weiterbil-dungsniveau sowie Inanspruchnahme betrieblicher Leistungen (z. B. Betriebssport, Kinderkrippe).

Die Relevanz des Kriteriums **„gesellschaftliche Ergebnisse"** (gesellschaftlicher Nut-zen) zeigt sich darin, was die Organisation bei der Erfüllung der Wünsche und Erwar-tungen der lokalen, nationalen und internationalen Gemeinschaft insgesamt leistet. In diesem Zusammenhang wird die Art und Weise beschrieben, wie ein Unterneh-men seine Visionen und Werte hinsichtlich seiner gesellschaftlichen Verantwortung verfolgt. Es wird diesem Kriterium u. a. gerecht, indem es Umweltstandards beach-tet oder zur Steigerung der Lebensqualität beiträgt, z. B. durch ergänzende Sport- und Freizeitangebote.

Im Rahmen der **„Schlüsselergebnisse"** fließen alle Indikatoren zur Feststellung des Erfolges ein, die zur Beurteilung der Potenzialfaktoren dienen können und noch nicht bei den anderen Ergebniskriterien ausgewiesen wurden. Letztlich wird widergespie-gelt, inwieweit die Visionen und die vorformulierten Ziele erfüllt werden.

12.7 Check-up

12.7.1 Zusammenfassung

✔ Sie lasen über die historische Entwicklung des Qualitätsmanagements.

✔ Sie lernten Qualitätsmanagement auf Basis der DIN ISO-Normen kennen und können den dazugehörigen Prozesskreislauf ableiten.

✔ Sie haben erfahren, dass sich ein TQM-Konzept durch fünf Basiselemente (Mit-arbeiterbeteiligung, Prozessorientierung, kontinuierliche Verbesserung, Kunden-orientierung, interne/externe Kunden-Lieferanten-Beziehung) kennzeichnen lässt.

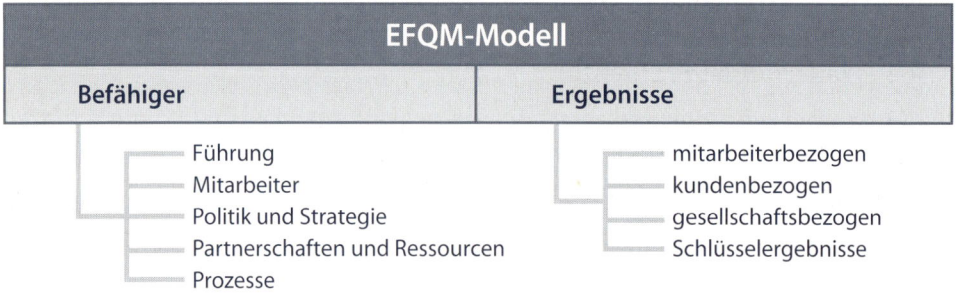

EFQM-Modell	
Befähiger	**Ergebnisse**
Führung	mitarbeiterbezogen
Mitarbeiter	kundenbezogen
Politik und Strategie	gesellschaftsbezogen
Partnerschaften und Ressourcen	Schlüsselergebnisse
Prozesse	

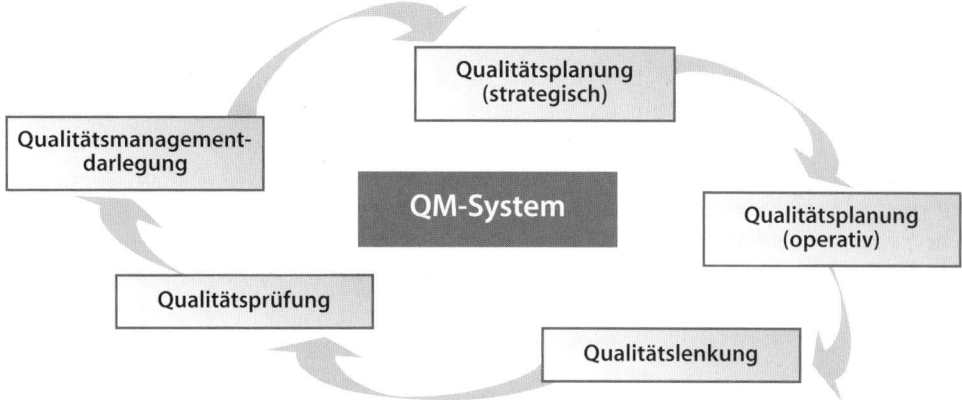

Wichtige Abkürzungen im Rahmen des Qualitätsmanagements	
DIN	Deutsches Institut für Normung e. V.
EFQM	European Foundation for Quality Management
EN	Europäische Norm
EQA	European Quality Award
ISO	International Standardization Organization
QM	Qualitätsmanagement
TQM	Total Quality Management

12.7.2 Kontrollfragenblock

1. Beschreiben Sie den Deming-Zyklus!

2. Nennen Sie fünf Basiselemente, mit denen Sie den TQM-Ansatz kennzeichnen können!

3. Welche zwei Kriterienkategorien sind im EFQM-Modell zu unterscheiden? Erläutern Sie den Inhalt dieser Kategorien!

4. „Unser Unternehmen soll in fünf Jahren weltweit führend bei der Herstellung von DVD-Produktionsanlagen sein!"
Handelt es sich bei dieser Aussage um eine Mission oder um eine Vision?

5. Was ist ein so genannter „Checker"?

12.7.3 Weiterführende Literatur

Bruhn, M.: Qualitätsmanagement für Dienstleistungen. Grundlagen, Konzepte, Methoden, 4. Auflage, Berlin u.a. 2003.

Kamiske, G.; Brauer, J.-P.: Qualitätsmanagement von A–Z, 4. Auflage, Leipzig 2003.

Pfeifer, T.: Qualitätsmanagement. Strategien – Methoden – Techniken, 3. Auflage, Leipzig 2001.

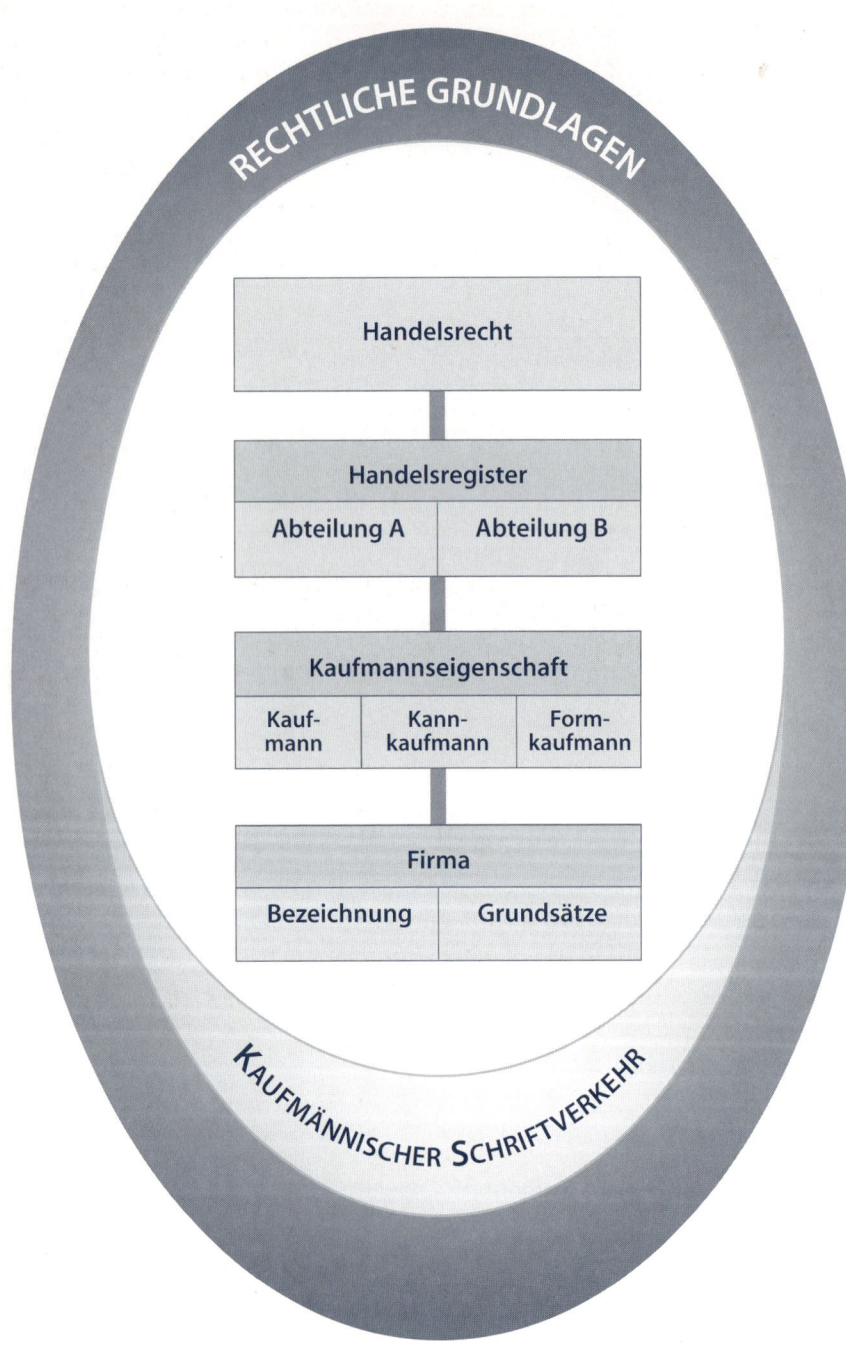

13.2 Problemstellung

Das Zusammenleben der Menschen in der Gesellschaft bedarf einer rechtlichen Ordnung. Die Rechtsordnung soll die Freiheit des Einzelnen und der Gemeinschaft als Ganzes regeln. Auch für den Kaufmann müssen gesetzliche Vorschriften existieren, die Grundlage für dessen Rechtsgeschäfte sind. Hierbei sind zwei Rechtsquellen denkbar:

RECHTSQUELLEN	
Zivilrecht	**Öffentliches Recht**
▪ wird auch Privatrecht genannt ▪ regelt die Rechtsbeziehungen der Bürger untereinander ▪ geht von Gleichordnung der Personen im Rechtsverkehr aus ▪ z. B. Bürgerliches Gesetzbuch (BGB) oder Handelsgesetzbuch (HGB)	▪ regelt die Rechtsbeziehungen zwischen Staat und Bürger und Trägern der staatlichen Gewalt untereinander ▪ geht von Unterordnung eines Partners aus, z. B. Unterordnung des Bürgers ▪ z. B. Verwaltungsrecht

Im Rahmen dieses Abschnitts werden die grundlegenden Sachverhalte dargestellt, die für den Kaufmann und dessen Rechtsverkehr relevant sind. Zuerst muss natürlich die Frage beantwortet werden: „Wer ist eigentlich ein Kaufmann?"

13.3 Der Begriff des Kaufmanns

Die gesetzlichen Vorschriften, die Kaufleute betreffen, sind überwiegend im **Handelsgesetzbuch (HGB)** geregelt. Aus diesem Grund wird das Handelsrecht auch als Sonderprivatrecht der Kaufleute bezeichnet.

Kaufmann im Sinne des HGB sind alle Gewerbetreibenden, unabhängig von ihrer Branche. Eine allgemeine Definition des Begriffs „Gewerbetreibender" oder „gewerblich" ist weder im HGB noch in der Gewerbeordnung vorhanden. Lediglich aus dem Einkommensteuergesetz und der Rechtsprechung lassen sich folgende **Kennzeichen eines Handelsgewerbes** ableiten. Ein Handelsgewerbe ist

- eine selbstständige,
- rechtmäßige,
- auf Dauer angelegte Betätigung,
- die nach außen hin erkennbar ist,
- mit der Absicht, Gewinne zu erzielen, und
- nicht als Ausübung eines freien Berufes anzusehen ist.

20 Voss – ISBN 3-8120-0646-4

Ein Rechtsanwalt betreibt als Angehöriger eines freien Berufes kein Handelsgewerbe, weil seine Tätigkeit in der Regel keinen Gewerbebetrieb begründet. Gleiches gilt für Architekten, Ärzte, Künstler, Notare oder Steuerberater.

Das Handelsrecht gewährt allerdings für einige Gewerbetreibende **Ausnahmen.** Erfordert deren Unternehmen nach Art und Umfang keinen in kaufmännischer Art und Weise eingerichteten Geschäftsbetrieb, handelt es sich um so genannte **Nichtkaufleute.** Dies sind in der Regel Kleingewerbetreibende wie die so genannten „Tante-Emma-Läden" (kleine Einzelhändler), ein Imbissstand oder ein Zeitungskiosk. Wann im Einzelfall Art oder Umfang der Tätigkeit eine kaufmännische Organisation erforderlich machen, ist nicht gesetzlich geregelt. Nach einer Entscheidung des Bundesgerichtshofes sind bei der Beurteilung des Unternehmens die Verhältnisse in der Gesamtheit zu würdigen. Dabei sind u.a. folgende Kriterien zu berücksichtigen:

- der Umsatz, der Gewinn und die Zahl der Beschäftigten,
- das Anlage- und Betriebskapital,
- die Größe der gewerblichen Räume,
- die Inanspruchnahme von Krediten und
- die Vielfalt der erbrachten Leistungen und der Geschäftsbeziehungen.

Beispiel Für den Kiosk-Besitzer als Nichtkaufmann gelten nicht die strengen Vorschriften des HGB, sondern die Regelungen des BGB. Er haftet z.B., anders als die Kaufleute, nicht für eine Bürgschaft, die er anderen mündlich gegeben hat.

Die Kleinbetriebe können allerdings freiwillig durch die Eintragung ins Handelsregister zu Kaufleuten **(Kannkaufleute)** werden. In diesem Fall unterliegen sie mit allen Rechten und Pflichten diesem Gesetz. Der Kaufmann muss z.B. gekaufte Ware unmittelbar nach dem Einkauf untersuchen, um das Rügerecht nicht zu verlieren.

Beispiel Gisela Eicke ist die Inhaberin eines kleinen Sonnenstudios, das nach Art und Umfang keinen kaufmännischen Geschäftsbetrieb nötig macht. Sie kann sich als Kleingewerbetreibende freiwillig als Firma in das Handelsregister eintragen lassen. Hierdurch besitzt sie z.B. die Möglichkeit, werbewirksam einen Firmennamen zu wählen.

Vergleich des Kaufmanns mit dem Nichtkaufmann		
Vergleichs-kriterium	**Kaufmann**	**Nichtkaufmann**
Buchführungs-pflicht	umfangreiche Buchführungspflicht (Handelsbücher, Inventare, Bilanzen)	eingeschränkte Buchführungspflicht wie eine einfache Einnahmen-Ausgaben-Rechnung
Bürgschaft	schriftlich und mündlich möglich	Schriftform ist vorgeschrieben

Vergleich des Kaufmanns mit dem Nichtkaufmann		
Vergleichs-kriterium	**Kaufmann**	**Nichtkaufmann**
Firmen-übertragbarkeit	Übertragbarkeit möglich, z. B. bei Tod des Inhabers oder Verkauf	Es besteht keine Firma, daher ist auch keine Übertragbarkeit möglich
Firmenname	Innovative Namen zu Werbe-zwecken möglich	Wahl eines Firmennamens ist nicht möglich
gesetzliche Grundlagen	BGB, HGB	BGB
Geschäftsbrief-gestaltung	Zu nennen sind Firma, vollstän-dige Adresse, zuständiges Re-gistergericht, Handelsregister-nummer sowie je nach Unter-nehmensform Gesellschafter, Geschäftsführer, Vorstände bzw. Vorsitzender des Auf-sichtsrates	Im Geschäftsleben treten Sie mit Vor- und Zunamen auf. Auf dem Briefkopf kann auch der Geschäftszweck angegeben werden
Prokuraerteilung	möglich	nicht möglich
Rechtsform	alternative Rechtsformen sind zu wählen, z. B. OHG oder KG	Einschränkung auf die BGB-Gesellschaft
Rügepflicht	unverzüglich	innerhalb von zwei Jahren nach Lieferung

Land- und forstwirtschaftliche Betriebe und deren Nebenbetriebe (z. B. Sägewerke oder Molkereien) können sich, wie Kleingewerbetreibende, in das Handelsregister eintragen lassen, da sie nach dem HGB zunächst keine Kaufleute sind. Ist nach Art und Umfang eine kaufmännische Organisation erforderlich, besteht ein Eintragungs-wahlrecht. Aufgrund dieser Möglichkeit werden solche Betriebe ebenfalls als **Kann-kaufleute** bezeichnet.

Beispiel | Bauer Meier besitzt ein landwirtschaftliches Unternehmen, das aufgrund sei-ner Größe und seines Umfangs eine kaufmännische Organisation nötig macht. Er kann lediglich durch den freiwilligen Eintrag ins Handelsregister zum Kauf-mann werden.

Formkaufleute sind Kaufleute kraft Rechtsform, wie Kapitalgesellschaften (AG, KGaA und GmbH), Genossenschaften und Versicherungsvereine auf Gegenseitigkeit. Sie werden als juristische Personen zum Kaufmann, auch wenn sie kein Handelsgewerbe betreiben. Es besteht die Pflicht, sich ins Handelsregister einzutragen. Als Beispiel ist eine Schauspiel-GmbH zu nennen.

13.4 Das Handelsregister

Handelsregister	
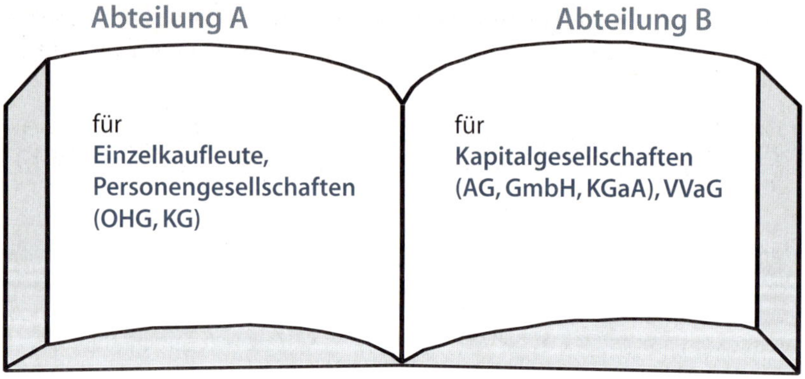 **Abteilung A**	**Abteilung B**
für Einzelkaufleute, Personengesellschaften (OHG, KG)	für Kapitalgesellschaften (AG, GmbH, KGaA), VVaG

Inhalt der Eintragungen:

- Firma
- Name des Inhabers bzw. des persönlich haftenden Gesellschafters, des Geschäftsführers oder des Vorstands
- Rechtsform des Unternehmens
- Unternehmenszweck
- Zweigniederlassungen

- ggf. Gesellschafter oder Kommanditisten, Höhe der Einlagen, des Grund- oder Stammkapitals
- Insolvenz
- Vergleich
- Liquidation
- Löschung

Ein Kaufmann hat die Pflicht, seine Firmenbezeichnung in das Handelsregister eintragen zu lassen. Unter dem **Handelsregister** (HR) versteht man ein öffentliches Verzeichnis aller Kaufleute. Es wird vom jeweiligen Amtsgericht geführt, in dessen Bezirk sich der Kaufmann befindet. Das Handelsregister kann jeder gebührenfrei einsehen. Die **Eintragung der Kleingewerbetreibenden** in das Handelsregister ist nicht endgültig, sie kann vielmehr auf Antrag gelöscht werden, womit auch die Kaufmannseigenschaft erlischt. Dieser Schritt sollte aber wohl überlegt sein, denn eine solche Eintragung ist mit Kosten verbunden. GmbHs müssen z. B. bis zu 900,00 € Gebühren für den Notar, das Gericht und die Veröffentlichung in einem Pflichtblatt einrechnen; bei anderen Rechtsformen summieren sich die Kosten auf 300,00 – 400,00 €.

13.5 Die Firma des Kaufmanns

Die **Firma** eines Kaufmanns ist der Name, unter dem er im Handel seine Geschäfte betreibt und seine Unterschrift abgibt. Ein Kaufmann kann unter seiner Firma klagen und verklagt werden (§ 17 HGB). Da die Firmenbezeichnung für den Kaufmann steht, existieren für verschiedene Rechtsformen (siehe auch Kap. 14) unterschiedliche Namensausprägungen.

13.5.1 Firmenbezeichnungen

Gesellschaften und Einzelkaufleute haben weitgehend die freie Wahl eines aussagefähigen und werbewirksamen Firmennamens. Dabei existieren folgende Möglichkeiten:

> **Personenfirma**

Bei **Personenfirmen** wird der Familienname als Firmenname gewählt. Dies ist zwar nicht besonders einfallsreich, aber eine gesetzlich zulässige Alternative.

Beispiel

Thomas Jonsen, Klaus Sausen und Anton Schwupp sind Gesellschafter einer OHG. Die Firma kann als Personenfirma folgende Titel tragen:

- Jonsen OHG *oder* Sausen OHG *oder* Schwupp OHG
- Jonsen, Sausen und Schwupp OHG
- usw.

➤ Sachfirma

Bei der **Sachfirma** enthält der Firmenname den Gegenstand (Zweck) des Unternehmens.

Beispiel

Frank Trut und Sabine Huhn sind Gesellschafter einer GmbH. Die GmbH produziert goldene Rasierklingen für Nachfrager gehobener Gesellschaftsschichten. Als Sachfirmen wären z. B. denkbar:

- Goldi-Rasierklingen Gesellschaft mit beschränkter Haftung
- Rasierklingen Gold Gesellschaft mbH
- usw.

➤ Fantasiefirma

Fantasienamen für die Unternehmen können frei gewählt werden, um die Werbewirksamkeit des Firmennamens zu steigern.

Beispiel

Theo Landau ist Komplementär und Maria Engels Kommanditistin einer Vermögensverwaltung in Köln-Sülz. Als Fantasiefirma ist z. B. „Dagobert Duck KG" denkbar.

Den Fantasienamen sind allerdings auch Grenzen gesetzt, sinnlose Buchstabenkombinationen sind nicht zulässig. So wollte sich z. B. ein Unternehmen unter dem Namen „AAA AAA AAA AB ins Lifesex TV. de GmbH" in das Handelsregister eintragen lassen. In diesem Fall entschied das Oberlandesgericht Celle, dass eine Buchstabenkombination, die kein aussprechbares Wort ergebe, „vom Verkehr nicht als Name" gewertet wird. Mit diesem Urteil wird denjenigen Unternehmen Einhalt geboten, die Buchstabenkombinationen z. B. dazu nutzen, um im Branchenverzeichnis „ganz oben" zu erscheinen. Diese Vorgehensweise ist insbesondere bei Schlüsseldiensten sehr beliebt.

➤ Gemischte Firma

Die **gemischte Firma** vereint die bisher genannten Alternativen. Man spricht z. B. von einer gemischten Firma, wenn der Zweck des Unternehmens um einen Personennamen und/oder einen Fantasiezusatz erweitert wird.

Beispiel

Erneut wird von Theo Landau als Komplementär und Maria Engels als Kommanditistin einer Vermögensverwaltung in Köln-Sülz ausgegangen. Sie können die Personenfirma „Landau KG" oder auch die Sachfirma „Sülzer Vermögensverwaltungs KG " als Firmenbezeichnungen wählen. Darüber hinaus sind folgende gemischte Firmen denkbar:

- Landaus Vermögensverwaltungs KG (gemischte Firma aus Sach- und Personenfirma)
- Dagobert Duck Vermögensverwaltungs KG (gemischte Firma aus Fantasie- und Sachfirma)
- usw.

13.5.2 Firmengrundsätze

Zum Schutz von Dritten sind im Handelsrecht Firmengrundsätze formuliert, an die sich der Kaufmann zu halten hat:

Firmengrundsätze

| Firmen-ausschließlichkeit | Firmen-öffentlichkeit | Firmenwahrheit und -klarheit | Firmen-beständigkeit |

➤ **Firmenausschließlichkeit**

Jede neue Firma muss sich von allen am selben Ort oder in derselben Gemeinde bereits bestehenden und in das Handelsregister eingetragenen Firmen deutlich unterscheiden. Die zuerst am Ort ansässige Firma wird durch diesen Grundsatz geschützt, d.h., ein neuansässiges Unternehmen darf nicht einfach den Namen einer bereits bestehenden Firma kopieren. Nach dem UWG (Gesetz gegen den unlauteren Wettbewerb) müssen **Verwechslungen** mit anderen Firmen grundsätzlich auszuschließen sein. Sonst kann auf Unterlassung und Schadenersatz geklagt werden.

Beispiel Wenn Herr Landau und Frau Engels den Firmennamen „Sülzer Vermögensverwaltungs KG" gewählt haben, darf keine KG, die sich in Zukunft in Köln niederlässt, diesen Namen wählen. Auf diese Weise soll die Unterscheidungsfähigkeit verschiedener Firmen gewährleistet werden.

Wenn keine ausreichende Unterscheidbarkeit zu anderen Firmennamen vorliegt, kommt es zu Abmahnungen. So prozessierte z. B. der Software-Riese Microsoft gegen zahlreiche kleine Unternehmen, die nach der Gründungsphase dadurch einen Wettbewerbsvorteil erringen wollten, dass sie die Bestandteile „Soft" oder „Micro" in ihrem Namen trugen. Teure Umtaufungen sind oft die Folge von Prozessen oder Vergleichen. Neben den Prozesskosten müssen z. B. Schilder und Briefköpfe erneuert und die Werbung geändert werden. Um dies zu vermeiden, können **Namensfindungs-Agenturen** engagiert werden, die zwischen 60.000,00 und 120.000,00 € für ihre Dienste verlangen. Um Verwechslungen auszuschließen, suchen sie einen adäquaten Firmennamen anhand weltweiter Datenbankrecherchen und von Handelsregistervergleichen.

Auch die Firmennamen „IT AG" oder „Snowboard OHG" würden keine ausreichende Unterscheidungsfähigkeit des Namens gewährleisten, da allgemein gebräuchliche Begriffe allein keiner Unternehmung als Firma zur Verfügung stehen. Eine mögliche Ergänzung würden Ortsangaben, originelle Abkürzungen oder ein Personenname darstellen, wie z. B. „Cologne IT AG" oder „Snowboard Glöckel OHG". In Zweifelsfällen sind gerichtliche Entscheidungen nötig.

„Grund und Boden + Grundstücksgesellschaft mbH" wurde per Gerichtsbeschluss als Firma zugelassen, da nach Meinung des Gerichtes eine ungewöhnliche Reihenfolge von allgemeinen Worten vorliegt.

➤ Firmenöffentlichkeit

Jeder Kaufmann ist verpflichtet, die Firma am Ort seiner Handelsniederlassung oder mögliche spätere Änderungen in das Handelsregister des Amtsgerichts anzumelden. Hierdurch ist eine gewisse Öffentlichkeit gewährleistet, d.h., Banken, Behörden, Kunden und Lieferanten erfahren, unter welcher Firma Geschäftsvorgänge abgewickelt werden.

➤ Firmenwahrheit und -klarheit

Die freie Firmenwahl darf kein Freibrief für irreführende Firmierungen sein. Dem Firmennamen muss ein Rechtsformzusatz beigefügt werden. Bei einer Kommanditgesellschaft kann dieser Zusatz in ausgeschriebener Form oder durch eine eindeutige Abkürzung wie „KG" erfolgen. Für das Einzelunternehmen wären denkbare Zusätze: „eingetragener Kaufmann" bzw. „eingetragene Kauffrau" oder die Abkürzungen „e.K.", „e.Kfm.", „e.Kfr." oder „e.Kff.". Hierdurch sollen die Gesellschafts- und Haftungsverhältnisse für Dritte offen gelegt werden, was u.a. dem Gläubigerschutz dient.

Bezeichnung für die gewählte Unternehmensform	eine allgemein verständliche Abkürzung
eingetragener Kaufmann	e.K.; e.Kfm.
eingetragene Kauffrau	e.K.; e.Kff., e.Kfr.
offene Handelsgesellschaft	OHG
Kommanditgesellschaft	KG
Gesellschaft mit beschränkter Haftung	GmbH bzw. Gesellschaft mbH
Aktiengesellschaft	AG
Kommanditgesellschaft auf Aktien	KGaA
eingetragene Genossenschaft	e.G.

Mario Böler und Heinz Unger sind Komplementäre einer Großhandelskette für Computerzubehör. Das Unternehmen ist also der Rechtsform nach eine OHG. Dies muss im Firmennamen zum Ausdruck kommen, z.B. „Böler & Unger CompuZu *OHG*".

Eine **Täuschung über Art oder Umfang des Geschäfts,** die Verhältnisse des Geschäftsinhabers oder den Unternehmenszweck entspricht ebenfalls dem Sachverhalt der

Irreführung. Im Firmennamen dürfen keine unzureichenden geografischen Herkunfts-angaben oder erfundenen Titel (z. B. Doktortitel) erscheinen. Ein kleines Blumengeschäft darf also nicht vortäuschen, ein international handelndes Unternehmen zu sein.

> ➤ **Firmenbeständigkeit**

Wechselt der Geschäftsinhaber lediglich seinen Namen (z. B. durch Heirat oder Adoption), kann die Firmenbezeichnung beibehalten werden. Ferner kann die Firma bei Verkauf des Unternehmens oder Tod des alten Inhabers vom neuen Geschäftsinhaber übernommen werden, sofern der bisherige Geschäftsinhaber oder dessen Erben in die Fortführung ausdrücklich einwilligen. Auch bei der Aufnahme eines neuen Gesellschafters muss die alte Firmenbezeichnung nicht erlöschen, da hiermit häufig ein gewisses Ansehen verbunden ist. Dieses Ansehen, das z. B. durch die Qualität der verkauften Produkte oder eine ansprechende Geschäftspolitik bei den Kunden erworben wurde, erhöht bzw. vermindert den Geschäftswert.

| Beispiel | Markus Meier will (aus Altersgründen) seinen Betrieb, eine angesehene Feinkostkette mit der Firmenbezeichnung „Meier Feinkost e. K." an Michael Hebel verkaufen. Beide einigen sich darauf, dass Hebel den alten Firmennamen weiterführen darf, denn der gute Ruf der Firma soll Hebel den Eintritt ins Geschäftsleben erleichtern. Er firmiert deshalb unter „Meier Feinkost e. K.". Denkbar wäre auch ein Zusatz, der den Wechsel andeutet, z. B. „Meier Feinkost e. K. – Nachfolger". |

Die Firmenfortführung kann für den neuen Inhaber allerdings auch gewisse Gefahren beinhalten, denn er haftet für alle im Betrieb des Geschäfts begründeten Verbindlichkeiten des früheren Inhabers, d. h. für rückständige Versicherungsprämien genauso wie für Lieferantenschulden. Diese Haftung kann durch eine vertragliche Vereinbarung ausgeschlossen werden, die sofort ins Handelsregister einzutragen ist. Wird hingegen ein Unternehmen unter einer anderen Firma fortgeführt, haftet der Käufer ohne gesonderte vertragliche Vereinbarung nicht für bereits bestehende Schulden.

Die geschilderten Firmengrundsätze sowie die weiteren Vorschriften des Firmenrechts spiegeln sich im **kaufmännischen Schriftverkehr** wider: Auf allen Geschäftsbriefen, die an einen bestimmten Empfänger gerichtet werden, muss der Kaufmann seine Firma mit dem entsprechenden Zusatz, den Ort der Handelsniederlassung, das Registergericht und die Nummer, unter der die Firma im Handelsregister eingetragen ist, angeben. Durch diese Angabepflichten soll die Firma eindeutig zu identifizieren sein (siehe Kap. 13.6).

13.5.3 Exkurs: Bestimmungen zur Firma im europäischen Ausland am Beispiel der englischen und irischen Limited Company (Ltd.)

Grundsätzlich ist die Namenswahl für eine englische oder irische Limited Company frei. Das letzte Wort des Firmennamens muss Limited oder Ltd. lauten. Der gewünschte Firmenname darf nicht anstößig, beleidigend oder ungesetzlich sein sowie keine Verbindung zu Behörden, Regierungen oder ähnlichen Institutionen vorspiegeln. Bestimmte Namensbestandteile dürfen nur mit besonderer Genehmigung genutzt werden, wie z. B. Royal, King, Queen, Windsor, Police, Chamber of Commerce, Bank, Insurance usw. Doktoren- und Adelstitel hingegen sind meist ohne Probleme im Firmennamen eintragungsfähig. Sollte der Wunschname schon registriert sein, so kann er nicht nochmals registriert werden. In amtlichen Nachschlagewerken ist die Aufzählung aller im Vereinten Königreich eingetragenen Firmen ersichtlich und deshalb kann schnell beurteilt werden, ob ein Firmenname möglich ist. Sollte der Wunschname der zu gründenden Unternehmung jedoch registriert sein, besteht die Option, hinter dem Wunschnamen einfach den Zusatz „Deutschland" o. Ä. anzuhängen. Ein Limited-Firmenname sähe dann beispielsweise wie folgt aus: „DFG-Deutschland Ltd./Limited". Mit der Eintragung des Firmennamens beginnt dann der Schutz dieses Namens, der es anderen Unternehmen verbietet, den gleichen Namen zu tragen.

13.6 Auftreten von Kaufleuten im Geschäftsverkehr

Kaufleute müssen im Geschäftsverkehr bestimmten Anforderungen genügen, die sich in der Gestaltung der Geschäftsbriefe manifestieren. Bei **Geschäftsbriefen** handelt es sich um alle von einem Unternehmen ausgehenden schriftlichen Mitteilungen, die an einen bestimmten Empfänger gerichtet sind und eine geschäftliche Betätigung betreffen, wie z. B.

- Auftragsbestätigungen,
- Bestellscheine,
- Lieferscheine,
- Postkarten,
- Preislisten und
- Rechnungen.

Nicht hierzu gehören allgemeine Werbeschriften, Postwurfsendungen, Anzeigen sowie Mitteilungen und Berichte, die im Rahmen einer bestehenden Geschäftsverbindung ergehen und für die üblicherweise Vordrucke verwendet werden.

Angaben in Geschäftsbriefen	
Verbindliche Angaben auf Geschäftsbriefen für **alle** Rechtsformen	- Rechtsformzusatz - Sitz der Gesellschaft - Registergericht - Handelsregister-Nummer
Zusätzliche Angaben bei einer **GmbH**	- Alle Geschäftsführer mit Familiennamen und mindestens einem ausgeschriebenen Vornamen - Ist ein Aufsichtsrat gebildet und ein Vorsitzender bestellt, dann auch dessen Familiennamen mit mindestens einem ausgeschriebenen Vornamen
Zusätzliche Angaben bei einer **AG**	- Alle Vorstandsmitglieder mit Familiennamen und mindestens einem ausgeschriebenen Vornamen - Der Vorsitzende ist als solcher zu kennzeichnen - Der Vorsitzende des Aufsichtsrates mit Familiennamen und mindestens einem ausgeschriebenen Vornamen

Bei diesen Pflichtangaben sind die Gesellschaften in der grafischen Gestaltung frei. Aus praktischer Erfahrung empfiehlt sich, mit dem Druck der Geschäftsbriefe möglichst bis zum Vollzug des Handelsregistereintragungsverfahrens zu warten. Zu diesem Zeitpunkt besteht Gewissheit über die Zulässigkeit des gewählten Firmennamens und die Handelsregister-Nummer ist bekannt. Falls Geschäftsbriefe nicht den Normen entsprechen, kann die Gesellschaft vom Registergericht mit einem Zwangsgeld von bis zu 5.000,00 € zur Beachtung der Vorschriften über die Angaben auf den Geschäftsbriefen angehalten werden. Aus diesem Grund ist es ratsam, auch Kurzbriefe und E-Mails mit den Angaben zu versehen, auch wenn die Rechtsprechung hierzu noch kein eindeutiges Urteil gefällt hat.

13.7 Check-up

13.7.1 Zusammenfassung

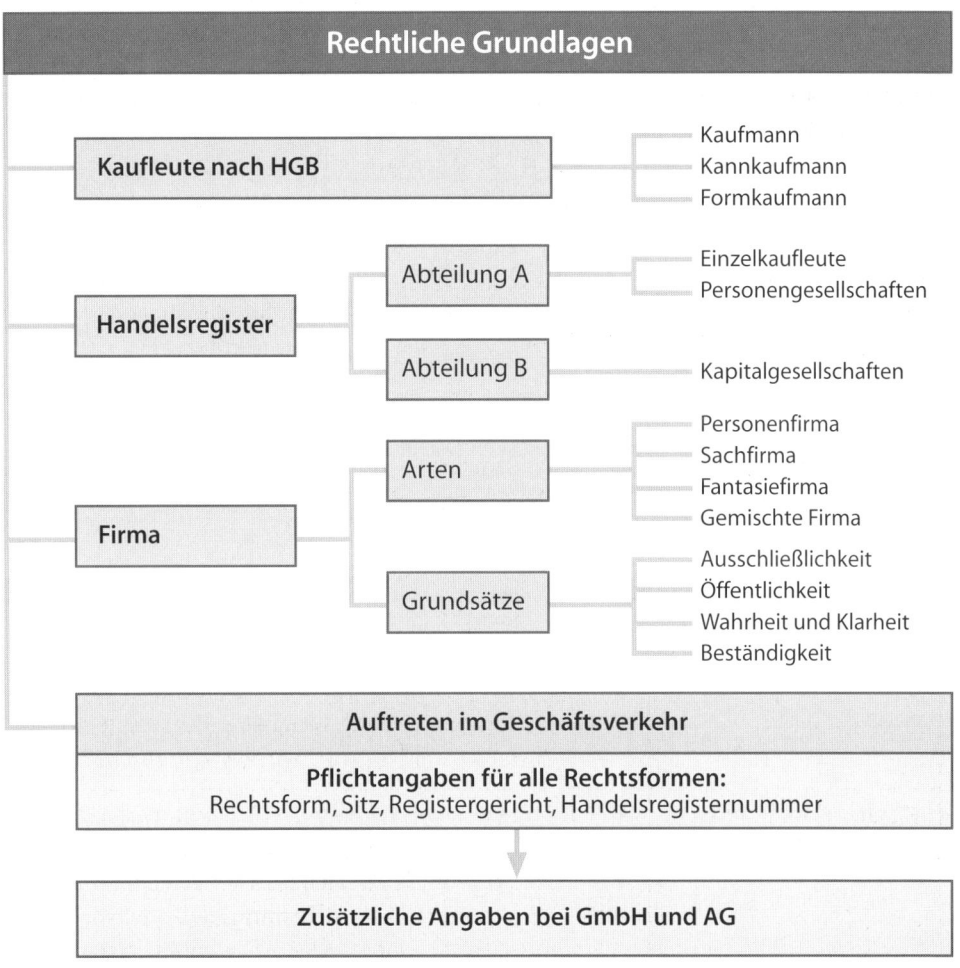

13.7.2 Kontrollfragenblock

1. Beurteilen Sie folgende Aussagen auf ihren Wahrheitsgehalt:
   - „Ein Unternehmen darf sich einen Fantasienamen als Firmennamen wählen."
   - „Eine AG hat die Pflicht, sich ins Handelsregister einzutragen."

2. Eine OHG hat zwei Gesellschafter: M. Muskel und P. Protz. Die OHG entwirft aktuelle Unternehmenssoftware. Als Firmenname soll aus diesem Anlass „MP Soft OHG" gewählt werden. Die beiden sind aber nicht ganz sicher, ob dies möglich ist. Was raten Sie den Herrn Muskel und Protz?

3. Frank Frast will seinen Betrieb, eine angesehene Kette von Elektronikfachgeschäften, mit dem Firmennamen „Elektro Frast e. K." an Thomas Brüh verkaufen. Beide einigen sich darauf, dass Brüh den alten Firmennamen weiterführen darf, da ihm dies den Eintritt ins Geschäftsleben erleichtert. Er firmiert deshalb unter „Elektro Frast e. K.".
   3.1 Welcher Firmengrundsatz ist in diesem Fall angesprochen?
   3.2 Wie kann er andeuten, dass es sich um eine Nachfolge handelt?

4. Sabine Seefeld besitzt ein kleines Einzelhandelsgeschäft. Welchen Status im Sinne der Kaufmannseigenschaften wird sie haben?

5. Beurteilen Sie die folgende Aussage: „Land- und forstwirtschaftliche Betriebe müssen sich ins Handelsregister eintragen lassen, wenn sie einen bestimmten Betriebsumfang bzw. eine bestimmte Betriebsgröße besitzen!"

13.7.3 Weiterführende Literatur

Jaschinski, C.; Hey, A.: Wirtschaftsrecht, 2. Auflage, Rinteln 2004.

Klunzinger, E.: Einführung in das Bürgerliche Recht, 11. Auflage, München 2002.

Müssig, P.: Wirtschaftsprivatrecht, 6. Auflage, Heidelberg 2002.

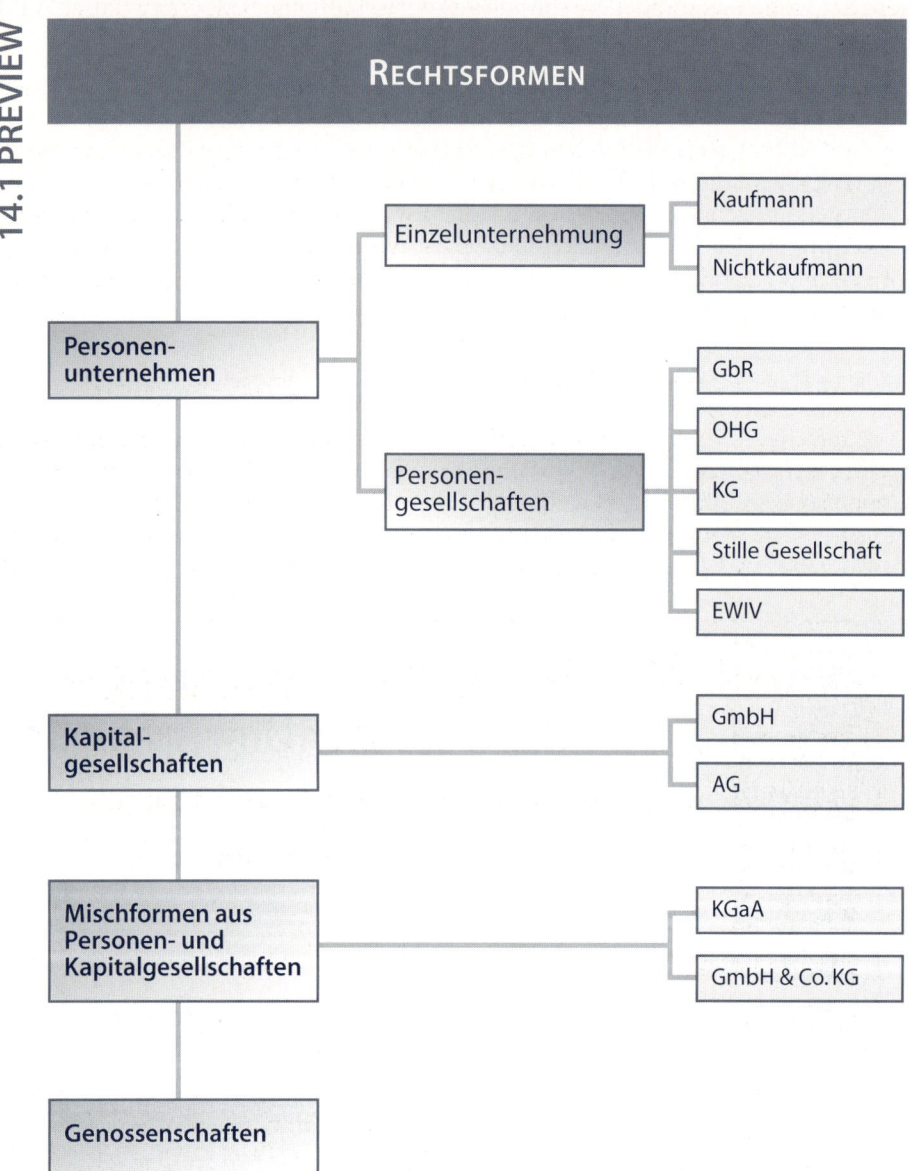

14.2 Problemstellung

Die Wahl der Rechtsform eines Betriebes könnte zunächst als rein juristisches Problem angesehen werden, denn die betriebswirtschaftliche Bedeutung dieser Wahl ist nicht unmittelbar offensichtlich.

Der Gesetzgeber sieht für verschiedene Rechtsformen unterschiedliche Rechte und Pflichten und einen unterschiedlichen individuellen Gestaltungsspielraum vor. Umfang und Inhalt dieser Vorgaben beeinflussen das unternehmerische Handeln und sind deshalb von hohem betriebswirtschaftlichem Interesse. Bei der Wahl der Rechtsform ist demnach zu beachten, dass die jeweiligen gesetzlichen Regelungen den Vorstellungen des Unternehmers möglichst weitgehend entsprechen und dass der notwendige finanzielle und sonstige Aufwand in einem günstigen Verhältnis zur Unternehmensgröße stehen.

14.3 Übersicht der Rechtsformen von Unternehmen

Zu unterscheiden sind zunächst **Rechtsformen des öffentlichen und des privaten Rechts.** Auf diejenigen des öffentlichen Rechts, zu denen Anstalten, Stiftungen und Körperschaften zählen, wird nicht näher eingegangen. Von betriebswirtschaftlichem Interesse sind vielmehr die Unternehmen des privaten Rechts. Sie werden nach Personenunternehmen, Kapitalgesellschaften und Genossenschaften unterschieden.

Die Rechtsform der Unternehmen

Umsatzsteuerpflichtige Unternehmen in Deutschland (2001)

2,04 Mio	Einzelunternehmen
262 460	OHG, BGB-Gesellschaften
451 260	GmbH
106 150	KG, GmbH & Co KG
6 860	AG, KGaA
6 070	Genossenschaften
5 870	öffentliche Betriebe
40 540	sonstige Rechtsformen
2,92 Mio	*Unternehmen insgesamt*

Quelle: Statistisches Bundesamt

ZAHLENBILDER

227 020

Sowohl die Einzelunternehmung als auch die Personengesellschaften werden als **Personenunternehmen** bezeichnet. Hier steht die Person des Unternehmers bzw. Gesellschafters im Vordergrund. Zumeist sind dies natürliche Personen, also Menschen, als Träger von Rechten und Pflichten.

Kapitalgesellschaften und **Genossenschaften** werden auch Körperschaften genannt. Sie sind eigenständige juristische Personen. Dies bedeutet, dass die Unternehmung als solches (und nicht die an ihr beteiligten natürlichen Personen) rechtlich selbstständig handeln kann. Die Handlungen werden durch so genannte Organe der Gesellschaft vorgenommen, die wiederum mit natürlichen Personen besetzt sind.

Daneben existieren noch **Mischformen** zwischen Personen- und Kapitalgesellschaften, die den beschriebenen Formen abhängig von der größeren Affinität (= Verwandtschaft, Ähnlichkeit) zugeordnet werden.

14.4 Die Beurteilungskriterien

Für betriebswirtschaftliche Belange sind bei der Beurteilung der einzelnen Rechtsformen im Wesentlichen folgende **sieben Kriterien** wichtig:

1. Gründung

Hier kommt es darauf an, welche Regelungen bei der Gründung zu beachten sind. Fraglich ist, welche Eintragungen und Anmeldungen vorgenommen werden müssen, ob Verträge mit anderen Gesellschaftern geschlossen werden müssen oder können und welcher Aufwand damit verbunden ist.

2. Finanzierung

Die Finanzierung beschäftigt sich mit der Frage, wie die benötigten (Geld-)Mittel beschafft werden, die die Unternehmung zum Geschäftsbetrieb benötigt.

3. Geschäftsführung und Vertretung

Hier geht es um die Frage, wer die inneren Angelegenheiten der Unternehmung leitet (Geschäftsführung) und wer sie nach außen vertritt und somit befugt ist, für die Unternehmung gültige Rechtsgeschäfte abzuschließen.

4. Verteilung von Gewinn und Verlust

Die Regelungen zu diesem Punkt stehen im Mittelpunkt unternehmerischen Interesses. Je nach Unternehmensform gibt es gesetzliche Vorschriften, die aber zumeist durch individuelle Regelungen abgeändert werden können.

5. Haftung

Neben der Verteilung von Gewinn und Verlust besteht für jeden Unternehmer ein besonderes Interesse an der Frage, inwieweit er persönlich für Verbindlichkeiten der Unternehmung haften muss.

6. Besteuerung

Es muss vor allem geklärt werden, ob die Besteuerung beim Betrieb als solchem, nur beim Unternehmer oder bei Betrieb und Unternehmer ansetzt. Der Umfang der Steuerverpflichtungen ist mitentscheidend für den Nettoertrag, den der Betrieb abwirft.

7. Auflösung

Auch bei der Auflösung eines Unternehmens sind Bestimmungen zu beachten, deren Umfang von der Rechtsform abhängt.

14.5 Einzelunternehmung

Gewerbebetriebe einzelner Unternehmer werden Einzelunternehmungen genannt. Der Betrieb wird ohne Gesellschafter (Ausnahme: „stiller Gesellschafter") geführt. Wichtiges Kennzeichen ist die in jeder Hinsicht enge Verbindung zwischen dem Unternehmer und seiner Unternehmung.

Die Einzelunternehmung ist die in Deutschland meistverbreitete Unternehmensform. Dies ist vor allem auf ihre einfache Struktur zurückzuführen, die eine problemlose Betriebsgründung ermöglicht. Die Einzelunternehmung kann von Kaufleuten und Nichtkaufleuten geführt werden (siehe Kap. 13.3).

1. Gründung

Mangels mehrerer an der Unternehmung beteiligter Personen entfällt der Abschluss eines Gründungsvertrages. Es herrscht insoweit Formfreiheit. Grundsätzlich ist der Eintrag ins Handelsregister vorgeschrieben. Eine Vielzahl von Einzelunternehmen ist aufgrund einer geringen Betriebs- und Umsatzgröße nicht von dieser „Zwangseintragepflicht" betroffen.

2. Finanzierung

Der Einzelunternehmer ist Eigentümer des Betriebsvermögens. Dies bedeutet, dass er für die Finanzierung des Unternehmens aufkommt. Das Kapital des Unternehmens ist also gleich demjenigen des Unternehmers. Entsprechend sind Bankkredite an den Betrieb persönliche Kredite des Unternehmers.

3. Geschäftsführung und Vertretung

Beides obliegt alleine dem Inhaber. Ein eventuell aufgenommener stiller Gesellschafter hat keinerlei Mitspracherechte.

4. Verteilung von Gewinn und Verlust

Dem Einzelunternehmer steht der gesamte Gewinn zu. Verluste sind allerdings in vollem Umfang von ihm persönlich zu tragen.

21 Voss – ISBN 3-8120-0646-4

5. Haftung

Der Unternehmer haftet unbeschränkt mit seinem gesamten persönlichen Vermögen. Verbindlichkeiten sind an die Person des Unternehmers gebunden. Das bedeutet, dass es keinen Unterschied macht, ob er Verbindlichkeiten in seiner Eigenschaft als Unternehmer oder als Privatmann eingeht. In beiden Fällen kann auf sein Privatvermögen zurückgegriffen werden, d.h., der Unternehmer haftet bis hin zum Orientteppich und der privaten Briefmarken- oder Goldmünzensammlung.

6. Besteuerung

Im Falle der Einzelunternehmung wird nicht das Unternehmen an sich besteuert. Stattdessen unterliegt der Unternehmer der üblichen Einkommensteuerpflicht. Es spielt keine Rolle, ob der anfallende Gewinn im betrieblichen oder privaten Bereich des Unternehmers verwandt wird. Da eine gewerbliche Tätigkeit ausgeführt wird, besteht grundsätzlich auch Gewerbesteuerpflicht, die allerdings durch Freibeträge und Sonderregelungen eingeschränkt ist.

7. Auflösung

Die Auflösung des Einzelunternehmens geschieht durch freiwilligen Beschluss des Inhabers, Insolvenz oder Tod des Unternehmers. Im Todesfall des Unternehmers kann das Geschäft samt Firmennamen von einem Nachfolger übernommen werden, wenn die Erben in die Fortführung ausdrücklich einwilligen.

➤ Beurteilung

Die Gründung der Einzelunternehmung ist einfach und unterliegt weitestgehend den Vorstellungen des Inhabers. Es ist keine Einigung mit anderen Gesellschaftern erforderlich. Die Haftung für Verbindlichkeiten des Betriebes ist für den Inhaber unbeschränkt. Für die Fälle, in denen eine Einzelunternehmung unüberschaubar wird, sollte der Inhaber über eine Änderung der Rechtsform nachdenken, da er die Geschäftsvorgänge nicht mehr kontrollieren kann, aber dennoch mit seinem vollen Privatvermögen für die Konsequenzen einsteht. Die Einzelunternehmung ist somit vorrangig für kleine Betriebe geeignet, deren Geschäftsvolumen keinen größeren organisatorischen Aufwand trägt und benötigt.

14.6 Personengesellschaften

Ein Hauptmerkmal von Personengesellschaften ist, dass mehrere Personen gemeinsam ein Ziel verfolgen und sich gegenseitig die Unterstützung bei der Zielerreichung zusichern. Theoretisch gibt es kaum Einschränkungen für mögliche Tätigkeitsfelder einer Personengesellschaft (z.B. ärztliche Gemeinschaftspraxis, gemeinsam betriebene Großbäckerei, Automobilhandel). In der Praxis finden sich Personengesellschaften vor allem im Bereich von Familienbetrieben und im Zusammenschluss von klein- und mittelständischen Betrieben. In diesem Zusammenhang ist interessant, dass nicht nur natürliche, sondern auch juristische Personen Betreiber einer Personengesellschaft sein können. Auch andere Betriebe als juristische Personen können Person einer Personengesellschaft sein. Besonders kommt dieser Umstand bei der GmbH & Co. KG zum Ausdruck (siehe Kap. 14.6.3).

Die Realisierung eines Unternehmens als Personengesellschaft ist in Form folgender Typen möglich:

- Gesellschaft bürgerlichen Rechts (GbR);
- offene Handelsgesellschaft (OHG);
- Kommanditgesellschaft (KG) und GmbH & Co. KG;
- stille Gesellschaft;
- Europäische Wirtschaftliche Interessenvereinigung (EWIV).

14.6.1 Gesellschaft bürgerlichen Rechts (GbR oder auch GdbR)

Die GbR ist der Grundtypus der Personengesellschaft. Sie wird auch als **„BGB-Gesellschaft"** bezeichnet. Dieser Umstand resultiert aus der Tatsache, dass sich die entsprechenden gesetzlichen Bestimmungen nicht wie bei anderen Gesellschaftsformen im Handelsrecht (z. B. HGB, GmbH-Gesetz), sondern im Bürgerlichen Gesetzbuch (BGB) finden. Die relevanten Paragrafen sind die §§ 705–740 BGB und bedingt auch die §§ 741–758 BGB.

Zwingend gesetzlich vorgeschrieben sind für eine GbR die im Folgenden genannten Gründungsbestimmungen. Die weiteren aufgeführten Regelungen stellen quasi ein Angebot des Gesetzgebers für die Regelungen innerhalb einer GbR dar. Der spezielle Gesellschaftsvertrag kann in diesen Fällen abweichende Bestimmungen vorsehen. Die GbR-Bestimmungen sind auch insoweit von Bedeutung, als auf ihre Grundsätze bei den noch im Folgenden zu besprechenden Gesellschaftsformen der OHG und KG zurückgegriffen wird.

1. Gründung

Die GbR entsteht durch einen Gesellschaftsvertrag, in dem sich mindestens zwei (natürliche oder juristische) Personen (Gesellschafter) dazu verpflichten, ein gemeinsames Ziel zu fördern. Insbesondere wird hierin die Höhe der zu entrichtenden Beiträge und der Zweck der GbR festgelegt.

In Frage kommen wirtschaftliche und ideelle Ziele, die kein Vollhandelsgewerbe begründen. Des Weiteren darf dem Gründungszweck kein gesetzliches Verbot entgegenstehen (eine GbR entsteht z. B. nicht, wenn sie zum Zwecke des Autodiebstahls und der Autoschieberei gegründet werden soll).

Die Vertragsform des Gesellschaftsvertrages ist nicht an eine bestimmte Form gebunden (z. B. schriftlich, mündlich). Denkbar ist sogar ein Abschluss, ohne dass sich die Beteiligten über die Gründung einer GbR bewusst sind. Beispiel für Letzteres ist eine Tippgemeinschaft beim erlaubten Glücksspiel (z. B. Lotto).

2. Finanzierung

Im Gesellschaftsvertrag kann bestimmt werden, welchen Beitragsanteil jeder Gesell-schafter zu tragen hat. Falls nichts Näheres bestimmt ist, hat jeder Gesellschafter die gleichen Anteile zu tragen. Daraufhin ist das Gesellschaftsvermögen nicht mehr Be-standteil des Privatvermögens eines Gesellschafters, sondern es ist ein davon abge-grenztes Gesamthandvermögen der GbR.

Der Kapitalanteil bezeichnet den Wert des Gesellschafteranteils am Gesellschafts-vermögen. Dieser Anteil kann nicht nur in Geld erbracht werden, sondern auch in Form abstrakter Werte, wie etwa technischem Know-how. Die Einigung über den Wert solcher Einlagen erfolgt im Gesellschaftsvertrag. Über den Kapitalanteil wird ein Konto geführt. Dieses Konto berücksichtigt Einlagen, Entnahmen, Gewinne und Verluste.

Zu einer Erhöhung des vereinbarten Beitrags kann kein Gesellschafter gezwungen werden. Dies betrifft auch den Fall, in dem die ursprüngliche Einlage durch einen Verlust der GbR (der ja auch anteilmäßig diese Einlage gemindert hat) geringer gewor-den ist, als ursprünglich bei Gründung der GbR vorgesehen war. Die Gesellschafter müssen bei Verlusten zunächst nichts „nachschießen" (zu beachten sind aber die Haftungsbestimmungen).

3. Geschäftsführung und Vertretung

Diese stehen, solange im Gesellschaftsvertrag nichts anderes bestimmt wurde, allen Gesellschaftern gemeinschaftlich zu. Bei jedem Geschäft der Gesellschaft ist die Zu-stimmung aller Gesellschafter notwendig.

Zur Geschäftsführung gehören alle Handlungen, die ein Gesellschafter zur Errei-chung des Gesellschaftszwecks vornimmt. Ein zur Geschäftsführung bestellter Ge-sellschafter darf keine Aktionen vornehmen, die den Charakter der GbR verändern würden. Dazu gehört der Ausschluss eines Gesellschafters oder die Veränderung der festgesetzten Beiträge. Die Vertretung ist an die Geschäftsführung gekoppelt.

4. Verteilung von Gewinn und Verlust

Solange im Gesellschaftsvertrag nichts anderes bestimmt ist, werden alle Gesellschaf-ter, unabhängig von dem von ihnen gezahlten Beitrag, zu gleichen Anteilen an Ge-winn und Verlust beteiligt. In der Praxis ist es allerdings üblich, dass die Verteilung der Gewinne abhängig von geleisteten Beiträgen und betriebenem Aufwand der ein-zelnen Gesellschafter ist.

5. Haftung

Im Außenverhältnis, also in der Beziehung der Gesellschafter zu außen stehenden Gläubigern, haften die Gesellschafter unbeschränkt mit dem gesamten Privat-vermögen. Es besteht eine gesamtschuldnerische Haftung der Gesellschafter, d.h., dass Gläubiger sich bezüglich ihrer gesamten Forderungen an einen beliebigen Ge-sellschafter wenden können. Dieser hat die Forderungen komplett zu erfüllen und haftet mit dem gesamten Privatvermögen. Der in Anspruch genommene Gesellschafter kann von seinen Mitgesellschaftern (im so genannten Innenverhältnis) die entsprechenden Anteile an der Forderung der Gläubiger zurückfordern. Das Vorhandensein eines finanzstarken Gesellschafters kann demnach bei Geschäftspartnern der Gesellschaft besonderes Vertrauen erwirken.

Im Innenverhältnis besteht eine Sorgfaltspflicht, die sich an der Sorgfalt orientiert, die jeder Gesellschafter in privaten Dingen anwendet. Wenn ein Gesellschafter gegen die Sorgfaltspflicht verstößt, haftet er persönlich gegenüber der Gesellschaft für den Schaden.

Wenn sich bei einer Gesellschaftsauflösung herausstellt, dass die Schulden die Guthaben der Gesellschaft übersteigen, haften die Gesellschafter mit ihrem Privatvermögen für die verbleibenden Schulden.

6. Besteuerung

Die GbR ist kein selbstständiges Steuersubjekt. Die Besteuerung erfolgt beim jeweiligen Gesellschafter im Rahmen seiner üblichen Steuerverpflichtungen (Einkommensteuer). Unabhängig hiervon besteht aber bei gewerblichem Zweck oder gewerblicher Prägung der Unternehmung grundsätzlich Gewerbesteuerpflicht.

7. Auflösung

Die Auflösung der GbR erfolgt durch Tod eines Gesellschafters, Eröffnung des Insolvenzverfahrens über das Vermögen der Gesellschaft oder durch Kündigung der Gesellschaft durch einen Gesellschafter. Eine solche Auflösung kann durch entsprechende Bestimmungen im Gesellschaftsvertrag verhindert werden.

➤ Beurteilung

Für reine Handelsbetriebe ist die Unternehmensform der GbR nicht geeignet. Die Einfachheit der Gründung einerseits, andererseits die unbeschränkte Haftung und mögliche Konkurrenz bei der Geschäftsführung lassen die Gesellschaftsform nur für bestimmte Zwecke geeignet erscheinen.

Die GbR ist besonders passend für die Kooperation von Personen, deren gemeinsames Ziel in einem Nebenaspekt wirtschaftlich motiviert ist. Beispiele wären zwei Bekannte, die sich ein motorbetriebenes Gokart kaufen, um es gemeinsam zu nutzen und hin und wieder zur Deckung eines Teils der Betriebskosten zu vermieten. Gemeinschaftspraxen oder -kanzleien von Freiberuflern sind weitere Beispiele.

14.6.2 Offene Handelsgesellschaft (OHG)

Die OHG ist eine Personengesellschaft (und somit keine eigenständige juristische Person), in der mehrere Gesellschafter ein Handelsgewerbe unter gemeinsamer Firma betreiben. Die Gesellschaft ist stark an die Personen der Gesellschafter gebunden. Gesellschaftsanteile sind grundsätzlich nicht übertragbar.

Die ergänzenden rechtlichen Bestimmungen zur OHG finden sich in den §§ 105–160 HGB. Bei hier nicht näher spezifizierten Regelungen wird auf die schon von der GbR her bekannten Regelungen der §§ 705–740 BGB zurückgegriffen.

1. Gründung

Eine OHG entsteht, wenn mehrere Kaufleute zusammen ein Unternehmen eröffnen und keine spezielleren Vorschriften für andere Rechtsformen relevant werden. „Offen" ist die OHG deshalb, weil alle beteiligten Gesellschafter ins Handelsregister eingetragen werden müssen. Eintragungspflichtig im Handelsregister sind bei der Anmeldung einer OHG:

- Name, Vorname, Stand und Wohnort jedes Gesellschafters;
- Firma und Sitz der Gesellschaft;
- Zeitpunkt des Gesellschaftsbeginns.

Entsprechende Änderungen bei diesen Daten sind ebenfalls zum Eintrag in das Handelsregister zu melden. Die Anmeldung im Handelsregister hat durch alle Gesellschafter zu erfolgen.

Die Rechtsverhältnisse zwischen den beteiligten Gesellschaftern werden bei Gründung einer OHG durch einen Gesellschaftsvertrag bestimmt, für den der Gesetzgeber die schriftliche Form allerdings nicht vorschreibt. Um spätere Rechtsstreitigkeiten zu vermeiden, ist der Abschluss eines schriftlichen Gesellschaftsvertrags aber dringend zu empfehlen. Aufbauend auf den Bestimmungen zur GbR kommen in den Fällen, in denen hier nichts Näheres bestimmt wird, die gesetzlichen Bestimmungen der §§ 110–122 HGB zum Tragen.

2. Finanzierung

Grundsätzlich richtet sich die Finanzierung nach derjenigen bei der GbR. Der Gesellschafter einer OHG, der Geldeinlagen an die Gesellschaft zu spät tätigt, muss allerdings Zinsen zahlen.

Für den Fall, dass die bisherige Kapitalbasis der OHG nicht mehr ausreicht, kann eine Kapitalerhöhung vorgenommen werden. Dies ist auf drei verschiedene Arten möglich:

- ein oder mehrere Gesellschafter erhöhen ihre Einlagen;
- neue Gesellschafter mit neuen Einlagen werden aufgenommen;
- entstandene Gewinne werden durch die Gesellschafter nicht entnommen, sondern zur Kapitalerhöhung genutzt.

3. Geschäftsführung und Vertretung

Alle Gesellschafter sind zur Führung der Gesellschaft einerseits berechtigt und andererseits verpflichtet (unter dem Vorbehalt, dass im Gesellschaftsvertrag nichts anderes vereinbart wird). Jeder Gesellschafter kann ohne die Zustimmung der anderen Gesellschafter für die Gesellschaft handeln, solange diese nicht ihr mangelndes Einverständnis erklären.

Falls einer der geschäftsführenden Gesellschafter seine Pflichten grob verletzt oder sich als unfähig herausstellt, kann ihm auf Antrag der übrigen Gesellschafter die Geschäftsführung durch gerichtliche Entscheidung entzogen werden.

Jeder Gesellschafter (auch von der Geschäftsführung ausgeschlossene) besitzt das Recht, Papiere und Handelsbücher einzusehen.

Beschlüsse, die von den Gesellschaftern zu fassen sind, bedürfen der Zustimmung aller bzw. all derer, die im Gesellschaftsvertrag dazu bestimmt worden sind.

Zur Vertretung der Gesellschaft ist grundsätzlich jeder Gesellschafter ermächtigt, es sei denn, durch den Gesellschaftsvertrag wird ein Gesellschafter von der Vertretung ausgeschlossen. Ein entsprechender Ausschluss ist von sämtlichen Gesellschaftern zur Eintragung ins Handelsregister anzumelden.

4. Verteilung von Gewinn und Verlust

Wie Verluste oder Gewinne innerhalb der Gruppe der Gesellschafter aufgeteilt werden, kann durch eine entsprechende Gestaltung des Gesellschaftsvertrages vorab geregelt werden.

Falls wider Erwarten keine Regelungen getroffen wurden, werden Gewinn und Verlust folgendermaßen verteilt: Vom Gewinn erhält zunächst jeder Gesellschafter einen Anteil in Höhe von 4 % seines Kapitalanteils. Der restliche Gewinn wird nach Köpfen (unabhängig vom Kapitalanteil) verteilt. Die Verteilung des Verlustes geschieht entsprechend.

Beispiel

Die „Fritz Schmitz & Söhne OHG" hat ein Gesamtkapital von 100.000,00 €. Es gibt drei Gesellschafter mit folgenden Kapitalanteilen:

- Fritz Schmitz: Kapitalanteil 50 % (absolut 50.000,00 €)
- Hans Schmitz: Kapitalanteil 30 % (absolut 30.000,00 €)
- Franz Schmitz: Kapitalanteil 20 % (absolut 20.000,00 €)

Der Gewinn der OHG im abgelaufenen Geschäftsjahr betrug 34.000,00 €.

Dieser Gewinn wird nun in zwei Stufen folgendermaßen aufgeteilt:

1. Stufe (4 % vom Kapitalanteil):

- Fritz Schmitz: 4 % von 50.000,00 € = 2.000,00 €
- Hans Schmitz: 4 % von 30.000,00 € = 1.200,00 €
- Franz Schmitz: 4 % von 20.000,00 € =   800,00 €

                 insgesamt: 4.000,00 €

2. Stufe:

Vom Gewinn in Höhe von 34.000,00 € verbleiben nach Abzug der Gewinnausschüttung in der ersten Stufe (4.000,00 €) noch 30.000,00 €. Es gibt drei Gesellschafter, unter denen dieser Betrag zu gleichen Teilen aufgeteilt wird. Also erhält jeder der drei Gesellschafter in der zweiten Stufe zusätzlich einen Betrag von 10.000,00 €.

Insgesamt erhält

- Fritz Schmitz: (1. Stufe:) 2.000,00 € + (2. Stufe:) 10.000,00 € = 12.000,00 €.
- Hans Schmitz: (1. Stufe:) 1.200,00 € + (2. Stufe:) 10.000,00 € = 11.200,00 €.
- Franz Schmitz: (1. Stufe:)   800,00 € + (2. Stufe:) 10.000,00 € = 10.800,00 €.

Falls einer der Gesellschafter im abgelaufenen Geschäftsjahr Leistungen für die Gesellschaft erbracht hat, die als Einlagen gelten, oder im umgekehrten Fall Geld aus seinem Kapitalanteil entnommen hat, würde dies bei der Aufteilung der Gewinne entsprechend berücksichtigt. Jedem Gesellschafter ist es möglich, bis zum Betrag von 4 % seines für das letzte Geschäftsjahr festgestellten Kapitalanteils Entnahmen vorzunehmen. Darüber hinausgehende Entnahmen bedürfen der Zustimmung der anderen Gesellschafter.

5. Haftung

Die Gesellschafter haften, wie bei der GbR, unbeschränkt mit ihrem Privat- und Betriebsvermögen gegenüber den Gläubigern der OHG. Es besteht eine gesamtschuldnerische Haftung der OHG-Gesellschafter.

6. Besteuerung

Die steuerlichen Regelungen entsprechen grundsätzlich denjenigen der GbR; auch die OHG ist kein selbstständiges Steuersubjekt. Vielmehr unterliegen die Gesellschafter der üblichen Einkommensteuerpflicht, die ihren Anteil der Gewinne der OHG umfasst. Da die Tätigkeit der OHG gewerbsmäßig ist, besteht eine Gewerbesteuerverpflichtung.

7. Auflösung

Eine OHG wird aus folgenden Gründen aufgelöst:

- durch Zeitablauf, sofern die OHG per Gesellschaftsvertrag nur für eine bestimmte Zeit vereinbart war;
- durch Beschluss der Gesellschafter. Dieser Beschluss muss – soweit der Gesellschaftsvertrag nichts Abweichendes vorsieht – einstimmig erfolgen;
- durch die Eröffnung des Insolvenzverfahrens über das Vermögen der Gesellschaft;
- durch gerichtliche Entscheidung.

Der Umstand der Auflösung muss im Handelsregister vermerkt werden. Bei der Auflösung der OHG gilt der Grundsatz „Fortführung der Gesellschaft bei Ausscheiden eines Gesellschafters". Die OHG wird also nicht aufgelöst, wenn ein Gesellschafter verstirbt oder über sein Vermögen das Insolvenzverfahren eröffnet wird. Diese Regel trägt dem Prinzip der Unternehmenskontinuität Rechnung.

> **Beurteilung**

Die Haftung der einzelnen Gesellschafter ist unbegrenzt. Dies birgt ein beträchtliches Risiko in sich. Bezüglich der Ausgestaltung der Regelungen in einem Gesellschaftsvertrag bestehen große Spielräume. Die Möglichkeiten, in einer OHG eigene Vorstellungen durchzusetzen, hängen von der Ausgestaltung des Gesellschaftsvertrages und von dem Verhandlungsgeschick der jeweiligen Gesellschafter bei der Aushandlung dieses Vertrages ab.

Die meisten Bestimmungen zur OHG sind aber relativ einfach umzusetzen, sodass sich eine derartige Gesellschaftsform für kleinere bis mittlere Unternehmen anbietet, in denen alle Gesellschafter verantwortlich handeln wollen.

14.6.3 Kommanditgesellschaft (KG) und GmbH & Co. KG

Die Bestimmungen für die KG bauen auf denjenigen der GbR und der OHG auf. Im Folgenden werden daher nur die Änderungen zu diesen Unternehmensformen aufgezeigt. Die die KG betreffenden ergänzenden Bestimmungen finden sich im HGB in den §§ 161–177 a. Auch die KG hat den Betrieb eines Handelsgewerbes unter gemeinsamer Firma zum Zweck.

Wichtigster Unterschied der KG zur OHG ist, dass es hierbei zwei verschiedene Arten von Gesellschaftern gibt: zum einen die bereits von der OHG bekannten persönlich haftenden Gesellschafter, die hier **Komplementäre** genannt werden; zum anderen Gesellschafter, deren Haftung auf den Betrag ihrer Vermögenseinlage beschränkt ist. Diese Gesellschafter werden **Kommanditisten** genannt.

Zur Errichtung einer KG ist ebenfalls ein Gesellschaftsvertrag zu schließen, der in diesem Fall **Kommanditvertrag** genannt wird.

Bei der Eintragung ins Handelsregister sind Komplementäre und Kommanditisten zu berücksichtigen. Die Höhe der Einlage der Kommanditisten ist ebenfalls ins Handelsregister einzutragen. Eine Besonderheit der KG ist, dass bei der Bekanntmachung dieser Eintragung Namen und Höhe der Einlagen der Kommanditisten nicht bekannt gegeben werden. Dies ermöglicht eine diskrete Beteiligung an einer Kommanditgesellschaft.

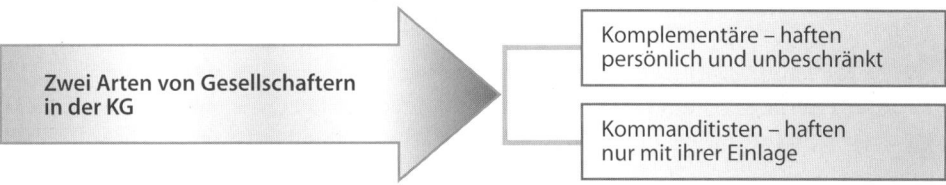

Zwei Arten von Gesellschaftern in der KG

Komplementäre – haften persönlich und unbeschränkt

Kommanditisten – haften nur mit ihrer Einlage

Die weiteren Rechtsverhältnisse zwischen den Gesellschaftern der KG können per Kommanditvertrag geregelt werden. Falls dieser nichts Näheres bestimmt, gelten folgende Regelungen:

- Kommanditisten sind von der Geschäftsführung ausgeschlossen.
- Sie können gewöhnlichen Handlungen der Geschäftsführung nicht widersprechen.
- Sie haben ein Recht auf Einsicht in die Bücher der Unternehmung.
- Gewinne und Verluste werden ähnlich wie in der OHG verteilt. Der Gewinn wird zunächst in Form von 4 % der Kapitalanteile verteilt; der Rest – wie auch der Verlust – in einem „angemessenen Verhältnis". Da von dieser gesetzlichen Bestimmung abgewichen werden kann, sollte in einem Gesellschaftsvertrag Näheres konkretisiert werden. Kommanditisten besitzen kein Entnahmerecht und haben keine Nachschusspflicht. Verluste sind für sie nur bis zur Höhe ihrer Einlage möglich. Gewinne werden nur ausgezahlt, wenn der Kontostand des Kommanditisten nicht unter der vertraglich festgelegten Einlagesumme liegt.
- Der Kommanditist haftet nur bis zur Höhe seiner Einlage.
- Der Tod eines Kommanditisten hat keinen Einfluss auf das Fortbestehen der KG.

Ein Sonderfall der KG ist die **GmbH & Co. KG.** Während die GmbH bei der Darstellung der Kapitalgesellschaften besprochen wird (siehe Kap. 14.7.1), ist die GmbH & Co. KG grundsätzlich eine Personengesellschaft. Einer der Gesellschafter in dieser speziellen KG ist aber keine natürliche Person, sondern eine GmbH. Dabei wird die GmbH als einziger Komplementär eingesetzt. Der Vorteil dieser Konstruktion ist, dass so zwar eine Personengesellschaft gegründet werden kann, andererseits aber die Haftung dennoch beschränkt wird. Eine natürliche Person als Komplementär müsste nämlich mit ihrem gesamten Privatvermögen unbeschränkt haften. Die GmbH als Komplementär haftet zwar auch mit ihrem gesamten Vermögen. Die natürlichen Personen, die hinter der als juristischen Person geltenden GmbH stehen, haften jedoch für die Verbindlichkeiten dieser GmbH nur beschränkt.

Der Vorteil der Einrichtung eines Betriebes als GmbH & Co. KG besteht in vielen Fällen in einer günstigeren steuerlichen Position im Bereich der Grunderwerbsteuer gegenüber einer GmbH. Auch hat eine GmbH & Co. KG gegenüber einer GmbH Vorteile in der Publizitätspflicht und Rechnungslegung.

➤ Beurteilung

Durch die Gesellschaftsform der KG ist es möglich, eine Beteiligung an einer Handelsgesellschaft einzugehen, ohne die hohen Haftungsrisiken der GbR bzw. OHG tragen zu müssen.

Haftungsgründe sind auch Hauptgrund der Beliebtheit der GmbH & Co. KG, weil die Gesellschafter einer Komplementär-GmbH in ihrer Haftung beschränkt sind. Zudem bestehen gewisse steuerliche Vorteile für die Gesellschafter (z. B. keine Körperschaftsteuer).

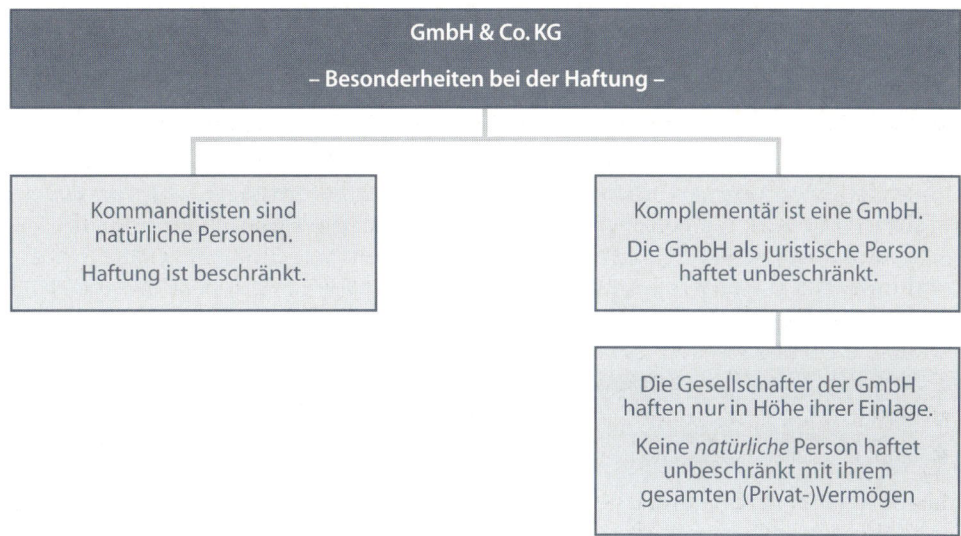

14.6.4 Stille Gesellschaft

Hier bietet sich für Kapitalanleger die Möglichkeit, sich diskret an Unternehmungen mit unterschiedlichen Rechtsformen zu beteiligen, was – zumindest im weiteren Sinne – auch dem Charakter einer Kapitalgesellschaft entspricht. Diese Teilhaberschaft braucht nach außen nicht deutlich zu werden. Ein Eintrag ins Handelsregister ist nicht vorgesehen. Unternehmen, die sich zur Beteiligung eignen, können Einzelunternehmungen und Personengesellschaften sein. Denkbar ist auch die Beteiligung an einer Kapitalgesellschaft. Die gesetzlichen Regelungen zur stillen Gesellschaft finden sich in den §§ 230–236 HGB.

1. Gründung und Finanzierung

Die stille Gesellschaft kommt durch einen formfreien Vertrag zwischen dem Inhaber oder Hauptgesellschafter eines Unternehmens und dem stillen Gesellschafter zustande. Der Beteiligungsbetrag des stillen Gesellschafters geht in das Vermögen des Inhabers bzw. Hauptgesellschafters über.

2. Geschäftsführung

Eine Geschäftsführung ist für den stillen Gesellschafter üblicherweise nicht vorgesehen.

3. Verteilung von Gewinn und Verlust und Haftung

Der Anteil des stillen Gesellschafters am Gewinn und Verlust bestimmt sich nach dem von ihm geschlossenen Vertrag. Sein Verlustanteil kann aber nicht höher als seine Einlage sein. Eine persönliche Haftung des stillen Gesellschafters über seinen Einlagebetrag hinaus ist ausgeschlossen.

4. Besteuerung

Der stille Gesellschafter unterliegt als Einzelperson der üblichen Einkommensteuer.

5. Auflösung

Wie andere vertragliche Verhältnisse kann das Vertragsverhältnis zwischen stillem Gesellschafter und Inhaber bzw. Hauptgesellschafter der Unternehmung in beiderseitigem Einvernehmen beendet werden. Weitere Gründe für eine Auflösung sind Eröffnung des Insolvenzverfahrens über das Vermögen der Gesellschaft oder Tod des Hauptgesellschafters.

➤ Beurteilung

Die stille Gesellschaft schafft für Unternehmen neue Finanzierungsquellen durch die stillen Gesellschafter. Für diese bietet sich ihrerseits die Möglichkeit, eine Beteiligung diskret zu tätigen. Niemand Unerwünschtes erfährt (etwa durch einen Handelsregistereintrag) etwas hiervon.

In Familien wird die stille Gesellschaft oft zur Milderung der Steuerprogression genutzt, indem Familienmitglieder als stille Gesellschafter aufgenommen werden. Sie erhalten bestimmte Gewinnanteile, die sie dann separat versteuern müssen. Hierdurch fällt nicht der gesamte Gewinn und ein entsprechend hoher Steuersatz bei den Hauptgesellschaftern an.

14.6.5 Europäische Wirtschaftliche Interessenvereinigung (EWIV)

Die Europäische Wirtschaftliche Interessenvereinigung ist die erste Gesellschaftsform (west-)europäischen Rechts, die die grenzüberschreitende Unternehmenskooperation fördern soll. Europäischen Betrieben soll die Gelegenheit gegeben werden, über die Staatsgrenzen hinaus zusammenzuarbeiten, um im Wettbewerb bestehen zu können. Die Gesellschaftsform stellt einen Schritt in Richtung europäische Harmonisierung dar und entspringt dem Gesetz zur Ausführung der EWG-Verordnung vom 1. Januar 1989.

Die EWIV ist dem Charakter nach eine Personengesellschaft, die in vielen Aspekten mit der OHG vergleichbar ist. Der Zweck der Gesellschaft ist die Förderung der wirtschaftlichen Tätigkeit der Mitglieder. Hier ist ein Genossenschaftsgedanke verankert (siehe Kap. 14.8).

Als Vereinigung besitzt die EWIV eine eigenständige Rechtspersönlichkeit, die verklagt werden, Verträge abschließen oder weitere Rechtshandlungen vornehmen kann. Die Firma muss im Rechts- und Geschäftsverkehr allerdings erkennbar sein, d.h., die Firmenbezeichnung muss den Zusatz Europäische Wirtschaftliche Interessenvereinigung in ausgeschriebener oder abgekürzter Form (EWIV) enthalten (z.B. Leconte & Fischer Büromöbel EWIV).

1. Gründung

Bei den Gründungsmitgliedern ist eine Mehrstaatlichkeit zwingend vorgeschrieben, d. h., die Gesellschafter müssen aus mindestens zwei unterschiedlichen EU-Mitgliedsstaaten bzw. aus den EFTA-Staaten des Europäischen Wirtschaftsraumes (also Norwegen, Island, Lichtenstein) kommen. Seit dem 1. Mai 2004 können auch Partner aus den neuen EU-Mitgliedstaaten an einer EWIV teilnehmen bzw. eine EWIV in diesen Staaten gründen. Es kann sich um natürliche Personen oder juristische Personen handeln, die ein Unternehmen betreiben. Anders als bei der OHG ist der Eintritt der Handlungsfähigkeit der Gesellschaft vom Eintrag ins Handelsregister abhängig. Zudem ist ein schriftlich abgefasster Gründungsvertrag notwendig, der allerdings nicht zwingend von einem Notar beurkundet werden muss, d. h., eine Privaturkunde ist ausreichend. Notwendige Mindestangaben sind im Gründungsvertrag über den Firmennamen, die amtliche Anschrift, den Unternehmensgegenstand, die Mitglieder sowie die Dauer der Vereinigung (sofern sie nicht unbestimmt ist) zu leisten. Zusatzangaben sind über alle Aspekte der Betriebstätigkeit möglich, wie z.B. Finanzierungsmodalitäten oder Einberufung und Beschlussfassung der Mitgliederversammlung.

2. Finanzierung

Es muss kein fester Kapitalstamm gebildet werden. Die Gesellschafter können jedoch Bar- und Sacheinlagen nach eigenem Ermessen leisten.

3. Geschäftsführung und Vertretung

Der (bzw. die) Geschäftsführer kann (können) durch den Gründungsvertrag oder Mitgliederversammlungen bestimmt werden. Dabei muss es sich nicht um einen Gesellschafter der EWIV handeln (Fremdorganschaft). In Deutschland muss der Gesellschafter allerdings eine natürliche Person sein, auch wenn ihr Sitz nicht in Deutschland ist. Jeder Geschäftsführer vertritt und verpflichtet die EWIV gegenüber Dritte, selbst wenn seine Handlungen nicht direkt mit dem Unternehmenszweck der Vereinigung in Verbindung stehen. Neben den Geschäftsführern bilden die gemeinschaftlich handelnden Mitglieder das zweite Organ der EWIV. Bei Mitgliedsversammlungen besitzen die einzelnen Mitglieder eine Stimme, wobei der Gründungsvertrag bestimmten Mitgliedern mehr als eine Stimme gewähren kann. Ausgeschlossen ist jedoch eine Stimmenmehrheit eines einzelnen Mitglieds.

4. Verteilung von Gewinn und Verlust und Besteuerung

Die Gewinne der Vereinigung werden direkt an die Gesellschafter weitergegeben, d. h., sie erwirtschaftet für sich selbst keine Gewinne. Daher unterliegt sie auch nicht der Besteuerung. Die Mitglieder der EWIV versteuern die Gewinne nach den jeweiligen nationalen Vorschriften. Die genaue Verteilung von Gewinnen und Verlusten kann im Gesellschaftsvertrag fixiert werden. Falls dort nichts näher bestimmt wird, sind Gewinne oder Verluste zu gleichen Teilen aufzuteilen.

5. Haftung

Die Gesellschafter haften unbeschränkt mit ihrem Privat- und Betriebsvermögen gegenüber den Gläubigern der EWIV. Es besteht also wie bei der OHG eine gesamtschuldnerische Haftung. Die Gläubiger müssen jedoch zuerst bei der Vereinigung Schulderfüllung suchen, bevor sie sich an die einzelnen Gesellschafter wenden.

6. Auflösung

Die Auflösung der EWIV erfolgt durch einstimmigen Mitgliederbeschluss, gerichtliche Auflösungsentscheidung, Fristablauf oder Zweckerreichung. Auch eine Liquidation bzw. ein Insolvenzverfahren nach jeweiligem nationalem Recht begründen eine Gesellschaftsauflösung. Einzelheiten sind im Amtsblatt der Europäischen Gemeinschaften zu veröffentlichen.

➤ Beurteilung

Die Gründung der EWIV ist einfach und ermöglicht deutschen Betrieben eine enge Form der Zusammenarbeit mit europäischen Partnern, die keine Kapitaleinlagen erfordert. Fragen der Versteuerung werden auf die einzelnen Gesellschafter verlagert. Die grenzüberschreitende Kooperation verlangt jedoch sprachliches Geschick und bedingt Kommunikationskosten (Telefonate usw.).

Beispiel

Sparkassen aus einigen EU-Mitgliedstaaten kooperieren in einer EWIV, um ihren Kunden ein einheitliches Paket an grenzüberschreitenden Dienstleistungen zu offerieren. Ebenso arbeiten Institutionen im Bildungssektor zusammen, die ein europaweites Mobilitätsprogramm für Studenten und Dozenten über eine EWIV koordinieren.

14.7 Kapitalgesellschaften

Bei Kapitalgesellschaften ist das Betriebsvermögen nicht Vermögen der Gesellschafter, sondern es gehört der Kapitalgesellschaft als solcher. Eine Konsequenz dieser Rechtsform ist die starke Beweglichkeit bzw. leichte Übertragbarkeit der Anteile an der Gesellschaft. Forderungen an eine Kapitalgesellschaft sind nicht an die Gesellschafter persönlich zu richten.

Damit Gläubiger einen gewissen Schutz für ihre Verbindlichkeiten erhalten, schreibt das Gesetz eine minimale Höhe des Grundkapitals vor, welches in Haftungsfällen herangezogen werden kann. Bei der Kapitalgesellschaft handelt es sich um ein eigenes Rechtssubjekt, d.h., dass ihre Gesellschafter nicht automatisch die Handlungsträger sind. Vielmehr benötigen Kapitalgesellschaften so genannte Organe zum Handeln. Diese Organe sind Gremien innerhalb der Gesellschaft, in denen z. B. die Geschäftsführung oder die Geldgeber der Gesellschaft vertreten sind und so indirekt die Steuerung der Gesellschaft übernehmen.

Kapitalgesellschaften ermöglichen aufgrund der einfachen Beteiligungsmöglichkeiten die Ansammlung großer Kapitalmengen. Außerdem wird bei kleineren Betrieben ein weitgehender Haftungsausschluss für die Gesellschafter gewährleistet.

Zu den Kapitalgesellschaften zählen folgende Unternehmensformen:

- Gesellschaft mit beschränkter Haftung (GmbH);
- Aktiengesellschaft (AG);
- Kommanditgesellschaft auf Aktien (KGaA).

14.7.1 Gesellschaft mit beschränkter Haftung (GmbH)

Die Rechtsform der GmbH wird vor allem für mittelgroße und größere Unternehmen gewählt. Sie ist eine einfach zu errichtende Kapitalgesellschaft und bietet so die leichteste Möglichkeit, ein Unternehmen mit den günstigen **Haftungsausschlüssen** einer Kapitalgesellschaft zu gründen. Die GmbH ist eine eigenständige juristische Person und Kaufmann im Sinne des HGB. Die näheren gesetzlichen Bestimmungen zur GmbH finden sich im **GmbH-Gesetz** (GmbHG).

1. Gründung

Zur Gründung ist mindestens eine Person notwendig. Normalerweise gründen jedoch wenigstens zwei Gesellschafter die GmbH. Sie stellen eine Satzung auf, die Folgendes enthalten muss:

- Firma, Sitz und Zweck der GmbH;
- Höhe des Stammkapitals und Verteilung auf die Gesellschafter;
- Nebenabsprachen.

Anders als bei den Personengesellschaften ist bei der GmbH eine **notarielle Beurkundung** vorgeschrieben. Bei Gründung einer GmbH muss ein Handelsregistereintrag erfolgen, durch den die GmbH rechtlich entsteht.

2. Finanzierung

Die Finanzierung erfolgt durch die **Stammeinlagen** der Gesellschafter, die pro Gesellschafter mindestens 100,00 € und insgesamt mindestens 25.000,00 € betragen müssen. Dabei können auch **Sacheinlagen** berücksichtigt werden, d.h., die Gesellschafter können auf bereits vorhandene Sachwerte zurückgreifen. Sacheinlagen können Maschinen, Patentrechte oder unter Umständen sogar ein ganzes Unternehmen sein. Sie müssen im Gesellschaftsvertrag genau beschrieben und bewertet werden. In einem gesonderten **Sachgründungsbericht** ist die Bewertung darzulegen und zu begründen. Wenn das Kapital nicht ordnungsgemäß erbracht wurde, spicht man im juristischen Sinn von einer „verschleierten Sachgründung". Bei groben Verfälschungen ist das Stammkapital noch einmal zu erbringen.

Beispiel | Hans Schmitz gründet eine GmbH. Er besitzt bereits ein Geschäftsauto und eine Ladeneinrichtung aus seiner bisher betriebenen Einzelunternehmung. Beides kann er als Sacheinlagen in die Stammeinlage der Gesellschaft einbringen. Herr Schmitz darf die beiden Vermögenswerte jedoch nicht überbewerten.

Die Summe der Stammeinlagen wird als **Stammkapital** bezeichnet. Es ist bei Gründung gleich dem Gesellschaftsvermögen. Im zeitlichen Ablauf verändert sich das Gesellschaftsvermögen der GmbH; der Betrag des Stammkapitals bleibt jedoch kon-

stant. Der Geschäftsanteil eines jeden Gesellschafters bemisst sich an seinen Stammeinlagen. Wenn das Stammkapital nicht mehr ausreicht, kann es durch **Nachschuss-
zahlungen** ergänzt werden, die per Gesellschaftsvertrag vereinbart werden können.
Eine weitergehende Finanzierung ist durch die Aufnahme neuer Gesellschafter denkbar.

Die Geschäftsanteile der Gesellschafter sind frei veräußerbar und nicht an die Person
eines Gesellschafters gebunden. Die Veräußerung kann per Gesellschaftsvertrag an
die Zustimmung der anderen Gesellschafter geknüpft sein. Die Übertragung von
Geschäftsanteilen kann grundsätzlich nur durch einen an die notarielle Form gebun-
denen Vertrag erfolgen.

3. Geschäftsführung und Vertretung

Die Organe einer GmbH bestehen aus der **Geschäftsführung,** der **Gesellschafterversammlung** und unter Umständen (freiwillig per Satzung oder gesetzlich vorgeschrieben ab 500 Arbeitnehmern) aus einem **Aufsichtsrat.** Die Gesellschafterversammlung ist das oberste Organ einer GmbH. Sie kontrolliert die GmbH insoweit, als sie
den oder die Geschäftsführer bestimmt (insoweit dies nicht bereits durch den Gesellschaftsvertrag festgelegt ist) und weisungsbefugt ist, den Jahresabschluss feststellt
und über die Verwendung des Gewinns entscheidet.

Die Abstimmungsbefugnisse in der Gesellschafterversammlung richten sich für ge-
wöhnliche Entscheidungen nach dem Umfang der Geschäftsanteile der einzelnen
Gesellschafter. Insoweit die Satzung nichts anderes vorsieht, entsprechen 50,00 € Ge-
schäftsanteil einer Stimme. Normalerweise reicht bei Abstimmungen die einfache
Mehrheit. Bei Satzungsänderungen wird aber eine Dreiviertelmehrheit benötigt. Die
Gesellschafterversammlung beschließt (nach § 46 GmbHG) u.a. über:

- Feststellung des Jahresabschlusses und Ergebnisverwendung;
- Einforderung von Einlagen und Rückzahlung von Nachschüssen;
- Teilung und Einziehung von Geschäftsanteilen;
- Bestellung und Abberufung von Gesellschaftern;
- Maßnahmen zur Überwachung der Geschäftsführung;
- außergewöhnliche Entscheidungen wie Bestellung von Prokuristen.

Der oder die Geschäftsführer werden durch Gesellschaftsvertrag oder einen besonderen Anstellungsvertrag in das Amt bestellt. Die Geschäftsführung führt die Geschäfte und vertritt die GmbH nach außen. Da Letzteres gesetzlich festgelegt ist, sind
vertragliche Beschränkungen der Vertretungsmacht Dritten gegenüber unwirksam.
Der Geschäftsführer kann durch die Gesellschafterversammlung bei unvereinbartem
Handeln jederzeit abberufen werden. Die Geschäftsführer haben jedem Gesellschafter auf Verlangen schnellstmöglich Auskunft über die Angelegenheiten der Gesellschaft zu geben und Einsicht in die Bücher und Schriften zu gestatten. Diese Aus-
kunfts- und Einsichtsrechte der Gesellschafter können im Gesellschaftsvertrag nicht
abweichend geregelt sein.

4. Verteilung von Gewinn und Verlust

Die Gewinnverwendung in einer GmbH kann flexibel per Satzung geregelt werden. Zunächst muss die Gesellschafterversammlung nach dem abgelaufenen Geschäftsjahr den Jahresabschluss und einen eventuell angefallenen Gewinn feststellen. Danach wird der Gewinn entweder nach einem in der Satzung festgelegten Verhältnis verteilt (etwa nach dem Verhältnis der Geschäftsanteile) oder die Gesellschafterversammlung verteilt ihn. Oft wird der Gewinn nicht einfach an die Gesellschafter überwiesen, sondern dazu verwandt, das Stammkapital zu erhöhen oder Rücklagen zu bilden. Eventuell später anfallende Verluste können von diesem **Rücklagenkonto** abgedeckt werden. Hierdurch wird verhindert, dass sich das Gesellschaftsvermögen verringert.

5. Haftung

Die Haftung der GmbH ist grundsätzlich auf das Gesellschaftsvermögen beschränkt. Die Gesellschafter können nicht persönlich haftbar gemacht werden. Dies gilt auch dann, wenn die Forderungen das Gesellschaftsvermögen überschreiten. Um die Gläubiger wenigstens in dieser Höhe zu schützen, muss das Stammkapital bei der Anmeldung im Handelsregister bereits gezahlt sein. Wenn im Gesellschaftsvertrag die Verpflichtung zum Ausgleich fehlender Beträge vereinbart worden ist, haben die Gesellschafter in dieser Höhe über die bereits getätigte Einlage hinaus Mittel „nachzuschießen".

Besonders bei der Ein-Personen-GmbH hat sich das aus der Rechtsprechung entstandene Instrument der **Durchgriffshaftung** etabliert, bei der der Gesellschafter über das Stammkapital hinaus zur unbeschränkten persönlichen Haftung herangezogen werden kann. Voraussetzung ist, dass die Wahl der GmbH als Rechtsform nur zu missbräuchlichen Zwecken erfolgte. Dies ist z.B. dann der Fall, wenn der Gesellschafter einer Ein-Personen-GmbH seine Unternehmung wie ein Einzelunternehmen führt und im Geschäftsleben den Eindruck der dort geltenden unbeschränkten Haftung vortäuscht, im Haftungsfall aber auf die Haftungsbeschränkungen der GmbH verweisen will. Die Durchgriffshaftung gilt auch bei vorsätzlichen Körper- oder Eigentumsverletzungen.

Der Vorteil der Haftungsbegrenzung auf die Stammeinlagen wird in der Praxis oft relativiert. So werden notwendige Kredite eines GmbH-Gründers banküblich abgesichert, d.h., er muss z.B. eine Grundschuld (= Recht an einem Grundstück, das zu seiner Verwertung durch Zwangsversteigerung oder -verwaltung befugt) auf sein Privatgrundstück ins Grundbuch eintragen lassen oder einen Bürgen stellen. Die Haftungsbegrenzung der GmbH beschränkt sich daher meist auf Verbindlichkeiten gegenüber Lieferanten.

Die Existenz und damit auch die Haftungsbegrenzung der GmbH beginnt erst mit dem Eintrag ins Handelsregister. Bei mehreren Gründern besteht bis zu diesem Zeitpunkt eine GbR, ein einzelner Gründer bildet ein Einzelunternehmen. Damit haften die Handelnden persönlich unbeschränkt.

22 Voss – ISBN 3-8120-0646-4

6. Besteuerung

Da die GmbH als Kapitalgesellschaft eine eigene Rechtspersönlichkeit besitzt, ist sie **selbstständiges Steuersubjekt.** Zu zahlen sind von der GmbH auf Gewerbeertrag Gewerbesteuer und auf Einkommen Körperschaftsteuer. Die Gesellschafter ihrerseits werden nochmals zur Einkommensteuer auf ihre Einkünfte (inklusive der Hälfte der ausgeschütteten Gewinne) herangezogen. Gewinne, die nicht ausgeschüttet werden, sondern in der GmbH verbleiben, werden mit Körperschaftsteuer belastet.

7. Auflösung

Die Auflösung einer GmbH kann folgende Gründe haben:
- gemeinsame Entscheidung der Gesellschafter;
- Ablauf eines zeitlich befristeten Gesellschaftsvertrages;
- Gerichtsbeschluss;
- Eröffnung des Insolvenzverfahrens;
- Auflösungsgründe, die im Gesellschaftsvertrag individuell festgelegt werden.

➤ Beurteilung

Gegenüber den Personengesellschaften sind die Möglichkeiten, Geschäftsführung und Gewinnverteilung individuell per Gesellschaftsvertrag zu regeln, stärker begrenzt. Zudem bestehen steuerliche Nachteile, da die GmbH selber schon eigenständiges Steuerobjekt ist.

Andererseits ist der Aufwand, eine GmbH zu gründen und zu führen, für eine Kapitalgesellschaft relativ gering. Das aufzubringende Stammkapital ist vergleichsweise niedrig (die Notwendigkeit der Erhöhung des Mindestnennbetrages wurde daher schon verschiedentlich diskutiert). Dafür ist es den Unternehmern möglich, die Haftungsverpflichtungen gegenüber Personengesellschaften entscheidend einzuschränken.

14.7.2 Exkurs: Ausländische Alternativen zur GmbH

Mittelständler, die bisher eine GmbH als Rechtsform in Erwägung zogen, können seit Beginn des neuen Jahrtausends nach ausländischen Alternativen suchen. Wegbereiter dieser Entwicklung war der Europäische Gerichtshof, der mit seinen Urteilen den Wettbewerb der Gesellschaften in Europa ermöglichte. Nachdem in Deutschland Unternehmen, die im Ausland gegründet waren, bisher nicht anerkannt waren, ist die Rechtsform in Europa mittlerweile sehr frei zu wählen. Zwei beliebte Alternativen werden im Folgenden dargestellt: die spanische Sociedad de Responsabilidad Limitada (S.L.) und die englische Limited Company (Ltd.). Die spanische Alternative stellt dabei eine besonders junge Rechtsform dar: Erst am 1. April 2003 wurde das bestehende Gesetz von 1995 reformiert. Das am 1. Juni 2003 in Kraft getretene Gesetz hat die Förderung von Neugründungen und den Fortbestand kleiner und mittlerer Unternehmen durch ein rasches und vereinfachtes Gründungsverfahren und die Festlegung steuerlicher Entlastungen zum Ziel.

14.7.2.1 Sociedad de Responsabilidad Limitada (S.L.)

1. Gründung

Die Gesellschaft muss in notarieller Urkunde (span. = Escritura Publica de Constitución de Sociedad) vorzugsweise bei einem spanischen Notar gegründet werden. Dabei muss eine Bescheinigung des zentralen spanischen Handelsregisters in Madrid (span. = Registro Mercantil) vorgelegt werden, aus der hervorgeht, dass die gewünschte Firmenbezeichnung noch nicht von einer anderen Gesellschaft in Spanien besetzt ist. Durch die notarielle Beurkundung wird die Satzung der Gesellschaft festgelegt. Die Satzung (span. = estatutos) regelt alle wesentlichen Einzelheiten der Gesellschaft, wobei naturgemäß auf das spanische GmbH-Gesetz zurückgegriffen werden muss. Die eigentliche Geburtsstunde der Gesellschaft ist die Eintragung der Gesellschaft ins Handelsregister, dann erst wird sie rechtsfähig. Gleichwohl darf die Gesellschaft bei entsprechender Beschlussfassung bereits vor der Eintragung handeln, obwohl die beschränkte Haftung der neuen Rechtspersönlichkeit erst mit dem Handelsregistereintrag beginnt. Bei der Gründung sind als Gesellschafter maximal fünf Privatpersonen zulässig. Die Einmanngesellschaft ist möglich, wobei die Einschränkung gilt, dass der Alleingesellschafter einer solchen „Sociedad Limitada Nueva Empresa" keine weitere Einmanngesellschaft gründen darf. Die Gründung ist sehr einfach: Es reicht das Ausfüllen eines einzigen Dokumentes aus, sodass das neue Unternehmen innerhalb von 48 Stunden tätig werden kann. Ausfüllen und Einreichung eines Gründungsantrages sind per Internet durch ein elektronisches Einheitsdokument (span. = Documento Unico Electrónico, DUE) möglich.

2. Finanzierung und Haftung

Die S.L. muss ein Mindeststammkapital von 3.006,00 € besitzen, wobei das gesamte Gesellschaftskapital bereits bei der Gründung voll aufgebracht sein muss und durch Bankbescheinigung nachzuweisen ist. Eine Haftung ist grundsätzlich auf das Gesellschaftsvermögen beschränkt.

3. Geschäftsführung und Vertretung

Die organschaftliche Struktur der Gesellschaft ist ähnlich wie in Deutschland. Es gibt auch hier die Gesellschafterversammlung. Für einen ausländischen Investor ist attraktiv, dass eine Gesellschafterversammlung auch im Ausland anberaumt und durchgeführt werden kann. Die Gesellschafterversammlung bestimmt den bzw. die Geschäftsführer (span. = Administradores). Das Geschäftsführungsorgan kann dabei unterschiedliche Strukturen annehmen. Zunächst ist es möglich, dass ein Alleingeschäftsführer berufen wird. Weiterhin können auch mehrere gesamtvertretungsberechtigte Geschäftsführer benannt werden. Die letzte Option, die eher für Großunternehmungen geeignet ist, sieht auch die Möglichkeit der Bildung eines Vorstandes vor. Kleinere Gesellschaften haben meist lediglich einen oder zwei Administradores, wobei diese je nach dem Willen aller Gesellschafter und den Regelungen des Gesellschaftsvertrages einzeln oder gemeinschaftlich vertretungsberechtigt sind.

4. Besteuerung

Eine S. L. unterliegt spanischem Recht, wenn sie ihren Sitz auf dem spanischen Staatsgebiet hat – d.h. an dem Ort, wo sich die effektive Verwaltung und Führung der Gesellschaft befindet bzw. wo ihre Hauptniederlassung bzw. -aktivität liegt. Als Besteuerungsgrundlage ist ein vereinfachtes Buchhaltungssystem vorgesehen, welches keiner Bilanzform bedarf und lediglich die Einkäufe und Verkäufe des Unternehmens während des Jahres gegenüberstellt. Die neuen Unternehmen können weiterhin die Steuerzahlung aussetzen, und zwar Verkehrs-, Körperschaft- und Stempelsteuer sowie die Einkommensteuer während der ersten zwei Jahre der Tätigkeit. Kapitalgesellschaften, also GmbHs und Aktiengesellschaften, werden aufgrund des spanischen Körperschaftsteuergesetzes mit 35% ihrer Gewinne besteuert. Hierbei können während eines Zeitraumes von 7 Jahren Gewinne mit Verlusten kompensiert werden. Gesellschaften unterliegen auch der spanischen Gewerbesteuer — Impuestos Sobre Actividades Economicas (IAE). Es handelt sich hierbei um einen festen jährlichen Steuerbetrag, der abhängig ist von der Gesellschaftätigkeit und dem Ort der Gesellschaft.

14.7.2.2 Limited Company (Ltd.)

1. Gründung

Eine Limited Company (Ltd.) benötigt mindestens zwei Gründer, einen Direktor (engl. = Director) und einen Sekretär (engl. = Company Secretary). Die Limited Company erlangt durch Aushändigung einer Gründungsurkunde durch den Führer des Gesellschaftsregisters Rechtsfähigkeit und kann danach sofort ihre Geschäfte aufnehmen sowie Verträge abschließen. Die Gründung dauert in der Regel etwa 7–10 Tage, eine Schnellgründung (24 Std.) ist in bestimmten Fällen möglich. Die Gründungskosten für die Gesellschaft sind gering, so beträgt die Pflichteinzahlung nur £ 2,00 (ca. 3,00 €), die Gesamtgründungskosten belaufen sich auf einen Bruchteil der deutschen Kosten.

2. Finanzierung und Haftung

Das gezeichnete Mindestkapital beträgt bei der englischen Ltd. £ 1.000,00 Sterling, wovon nur zwei Pfund Sterling eingezahlt werden müssen. Das eingetragene Stammkapital kann zu jedem beliebigen Betrag erhöht werden. Das englische Wort „limited" bedeutet beschränkt und zeigt, dass die Haftung sich auf das reine Firmenvermögen beschränkt. Die Limited Company ist eine eigene Rechtspersönlichkeit, die selbstständig, d.h. getrennt von den Gesellschaftern, existiert. Die Direktoren sind nicht haftbar für Verbindlichkeiten der Limited Company (anders natürlich bei kriminellen Handlungen der Direktoren oder der Gesellschaft). Gläubiger können daher, wenn kein unzulässiges Verhalten vorliegt, die Gesellschafter oder Direktoren oder Mitarbeiter einer Limited Company nicht in Haftung oder Regress nehmen und nur auf Vermögenswerte der Gesellschaft zurückgreifen. Die Gesellschafter können nach Konkurs sofort ohne Einschränkung eine neue Limited Company gründen und betreiben.

3. Geschäftsführung und Vertretung

Direktor und Company Secretary können, aber müssen nicht gleichzeitig Gesellschafter sein. Die Direktoren der Limited Company (die in etwa den deutschen GmbH-Geschäftsführern entsprechen) handeln für die Limited Company. Die Gesellschaftsversammlung kann mehrere Direktoren bestellen, wobei bei mehreren Direktoren einer von diesen auch gleichzeitig Company Secretary sein kann. Alle Direktoren können von den Gesellschaftern nach Belieben auch wieder problemlos entlassen und neu bestellt werden. Der Gesellschaftsbeschluss muss nur ordnungsgemäß protokolliert werden und dem Register mitgeteilt werden. Gesellschafter, Direktoren und Company Secretaries brauchen keine Briten zu sein, es besteht keine Beschränkung hinsichtlich der Nationalität. Als Anteilseigner einer Limited Company kann man Namensgeber (engl. = Nominees) einsetzen, die in Wirklichkeit als Treuhänder arbeiten. Diese Namensgeber können als Direktoren der Gesellschaft fungieren, also diese Aufgaben treuhänderisch durchführen. Dies kann beispielsweise der Fall sein, wenn ausländische Klienten nicht gern mit ihrem eigenen Namen in den Büchern der Gesellschaft erscheinen möchten.

4. Besteuerung

Die Besteuerung der Gesellschaft richtet sich danach, wo ihr Verwaltungssitz ist. Ist er z. B. in England, erfolgt die Besteuerung der Limited Company ausschließlich nach englischem Recht. Wenn in England jedoch nur der juristische Sitz (engl.= Registered Office) ist, der tatsächliche Verwaltungssitz jedoch in Deutschland, dann erfolgt eine Besteuerung der Ltd. ausschließlich nach deutschem Recht. Erfolgt die Versteuerung des gesamten weltweiten Einkommens in England, ist mit niedrigeren Körperschaftsteuersätzen zu rechnen. Zu beachten ist, dass die englische Gesetzgebung bindend vorschreibt, dass die Limited Company ein Büro in England führt und dort ein Domizil haben muss; die Limited Company ist also keine Briefkastenfirma.

14.7.2.3 Beurteilung der ausländischen Alternativen

Die Limited-Company-Rechtsform ist besonders attraktiv, weil ihre Gründungskondition erheblich einfacher als in Deutschland ist und es keiner Kapitaleinlage bedarf. Ebenso entfallen der teure Gang zum Notar und die IHK-Zwangsbeiträge. Die spanische Variante bietet hier keine exorbitanten Vorteile, da sowohl ein Notar eingeschaltet als auch Stammkapital hinterlegt werden muss. Die Gründungszeit ist allerdings bei beiden ausländischen Varianten weit geringer als bei der deutschen GmbH. Die Sociedad de Responsabilidad Limitada genießt weltweit noch einen geringen Bekanntheitsstatus, die englische Limited Company hingegen besitzt international bereits einen sehr guten Ruf. Der deutsche Unternehmer muss auch eins prüfen: Vergeben deutsche Banken an die ausländischen Varianten Kredite so leicht wie an das deutsche Pendant? Auch der Haftungsausschluss muss bei den ausländischen Gesellschaften nicht in jedem Fall greifen. So hat das Amtsgericht Hamburg die Gesellschafter einer britischen Ltd., die lediglich in Deutschland geschäftlich tätig war, nach ihrer Insolvenz wegen Rechtsmissbrauchs voll zur Haftung herangezogen. Internationale Gerichte verfahren übrigens ähnlich: In der spanischen Rechtsprechung etwa lässt sich eine vermehrte Tendenz zum Haftungsdurchgriff feststellen, der einen Rückgriff auf das Vermögen der Gesellschafter in Ausnahmefällen ermöglicht. Solche Ausnahmen können z. B. vorliegen, wenn sich die Gesellschafter grob geschäftsschädigend verhalten haben.

Bei einem Vergleich sollten neben den Gründungskosten die laufenden Kosten einer Gesellschaft nicht vernachlässigt werden: In Großbritannien sind die öffentlich-rechtlichen Pflichten wesentlich umfangreicher. So ist der Company Secretary, der bestimmte formelle Aufgaben der Ltd. abwickelt, weder im spanischen noch im deutschen Recht vorgesehen. Als Fazit bleibt festzuhalten, dass ein direkter Vergleich der Systeme schwer möglich ist. Eine Lösung wäre es, eine EPG (Europäische Privatgesellschaft) zu schaffen, die international unter denselben Normen beurteilt wird. Die Ausformulierung entsprechender Normen befindet sich in der Europäischen Union jedoch noch in einem sehr frühen Stadium.

14.7.3 Aktiengesellschaft (AG)

Die AG ist Kaufmann und wie die anderen Kapitalgesellschaften eine eigenständige juristische Person. Durch ihre Eigenarten ist sie in besonderem Maße zur Ansammlung größerer Kapitalmengen für die Unternehmung geeignet. Dies geschieht durch die Ausgabe von Aktien, die einer Vielzahl von Aktionären die Beteiligung an dieser Unternehmung auch mit geringen Beträgen ermöglicht. Die genauen gesetzlichen Regelungen zur AG finden sich im **Aktiengesetz** (AktG).

1. Gründung

Zur Gründung einer AG ist eine Person notwendig, die eine Satzung feststellen und die auszugebenden Aktien übernehmen muss. Für diese Aktien muss sie im Gegenzug eine Einlage auf das Grundkapital tätigen. Die Satzung (Gesellschaftsvertrag) muss notariell beurkundet werden. Zu den Organen der AG, die bei Gründung bestellt werden, gehören der Aufsichtsrat, der Vorstand und eine Hauptversammlung. Der Vorstand hat den Eintrag ins Handelsregister zu beantragen.

2. Finanzierung

Das Grundkapital der AG ist in Aktien zerlegt. Diese können von Kapitaleignern gekauft werden. Vor Eintrag der AG ins Handelsregister müssen alle Aktien verkauft sein. Das dabei aufzubringende Grundkapital muss mindestens 50.000,00 € betragen. Aktien können, müssen aber nicht, zum Börsenhandel zugelassen werden. Sie sind ein genau bestimmter Anteil am Grundkapital einer AG. Durch die Aktie wird den Aktionären das Mitgliedschaftsrecht an der AG eingeräumt. Dieses umfasst die Mitbestimmung und die Ertragsbeteiligung (Näheres siehe Kap. 5.7).

Ähnlich wie bei der GmbH können Sacheinlagen zur Aufbringung des Grundkapitals geleistet werden, die vollständig erbracht werden müssen. Nach § 27 Abs. 2 AktG können dies nur Vermögensgegenstände sein, deren wirtschaftlicher Wert feststellbar ist; Verpflichtungen zu Dienstleistungen können also keine Sacheinlagen sein.

3. Geschäftsführung und Vertretung

Vorstand, Aufsichtsrat und Hauptversammlung sind die Organe einer Aktiengesellschaft. Die **Hauptversammlung** (§§ 118–138 AktG) als Beschlussgremium der Aktionäre wählt bzw. entsendet Mitglieder in den **Aufsichtsrat** (§§ 95–116 AktG). Neben Vertretern der Unternehmenseigner sind auch Vertreter der Arbeitnehmer im Aufsichtsrat von Unternehmen, die Mitbestimmungsgesetzen unterliegen. Der Aufsichtsrat kontrolliert die Geschäftsführung des **Vorstandes** (§§ 76–94 AktG), der weitgehenden Berichtspflichten unterliegt. Weiterhin muss er auf Anfrage von Aktionären der Hauptversammlung unter bestimmten Voraussetzungen Auskunft erteilen.

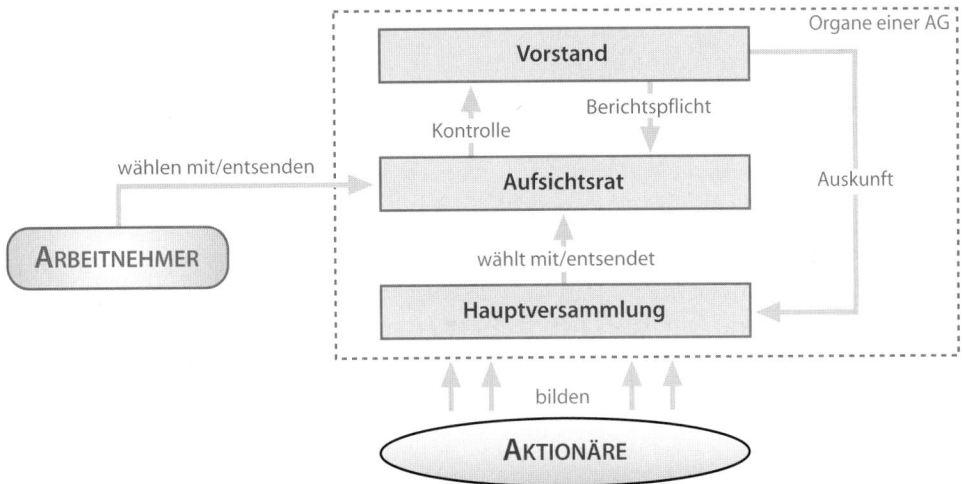

Die Kompetenzen der einzelnen Organe lassen sich folgendermaßen gegenüberstellen:

Kompetenzen der Organe einer AG		
Vorstand	**Aufsichtsrat**	**Hauptversammlung**
■ Eigenverantwortliche Leitung der Geschäfte ■ Berichtspflicht bzgl. Geschäftspolitik, Rentabilität, Finanz- und Ertragslage ■ Antrag auf Eröffnung des Insolvenzverfahrens bei Zahlungsunfähigkeit der Gesellschaft ■ Einberufung der Hauptversammlung	■ Überwachung der Geschäftsführung ■ Prüfung der Bücher ■ Bindung von Entscheidungen des Vorstandes an die Zustimmung des Aufsichtsrates möglich ■ Einberufung der außerordentlichen Hauptversammlung ■ Durchsetzung von Schadensersatzansprüchen bei fahrlässigem Handeln des Abschlussprüfers	■ Bestellung der Mitglieder des Aufsichtsrates ■ Verwendung des Bilanzgewinns ■ Entlastung des Vorstandes und Aufsichtsrates ■ Bestellung des Abschlussprüfers ■ Beschlussfassung über Satzungsänderungen mit $3/4$-Mehrheit ■ Auflösung der AG mit $3/4$-Mehrheit

4. Verteilung von Gewinn und Verlust

Die Hauptversammlung verteilt den Gewinn, nachdem sie zunächst die gesetzlichen und freien Rücklagen aus dem Jahresüberschuss gebildet hat. Die Aktionäre erhalten den Gewinn der AG in dem Verhältnis der von ihnen gehaltenen Aktiennennbeträge.

Verluste treffen alleine die juristische Person der AG und nicht die Aktionäre (allerdings müssen Aktionäre börsennotierter Aktien wahrscheinlich Kursverluste hinnehmen).

5. Haftung

Die Ansprüche von Gläubigern werden im Rahmen des vorhandenen Grundkapitals, dem Kapital der Aktionäre, befriedigt. Die Aktionäre können also nur in Höhe des Werts ihrer Aktien Verluste erleiden.

Nach § 41 AktG besteht die AG erst durch Eintrag in das Handelsregister. Wer vor dem Eintrag im Namen der Gesellschaft handelt, haftet persönlich, handeln mehrere, so haften sie als Gesamtschuldner.

6. Besteuerung

Bei Gewinnen der AG fällt Körperschaftsteuer an. Die Regelungen bezüglich der Gewinne und Beteiligungen der Gesellschafter und ihrer Besteuerung entsprechen denjenigen der GmbH (siehe Kap. 14.7.1). Im Übrigen unterliegt auch die AG der Gewerbesteuer.

7. Auflösung

Die Auflösungsgründe sind für Kapitalgesellschaften grundsätzlich gleich. Die Auflösungsgründe einer AG entsprechen daher denjenigen, die bei der Besprechung der GmbH genannt wurden (siehe Kap. 14.7.1).

➤ Beurteilung

Die AG ist *die* Kapitalgesellschaft. Durch ihre Unternehmenskonstruktion ist sie die ideale Unternehmensform für Großunternehmungen, weil hier leicht hohe Kapitalreserven vom Kapitalmarkt für die Unternehmung zusammengetragen werden können. Diesem gerade für Großunternehmen bedeutenden Vorteil stehen eine nur geringe Flexibilität bei der Ausgestaltung der AG entsprechend den Wünschen der AG-Gründer sowie umfangreiche Vorschriften zur Unternehmenskonstruktion gegenüber.

14.7.4 Exkurs: Die Europa-AG (SE)

Seit dem Jahr 2004 existiert eine weitere internationale Rechtsform: die Europa-AG (Europäische Aktiengesellschaft, abgekürzt SE = Societas Europaea). Dabei handelt es sich um eine Rechtsform für Unternehmen, die in verschiedenen Mitgliedstaaten der Europäischen Union agieren bzw. die Absicht dazu haben. Damit soll die herkömmliche deutsche Aktiengesellschaft nicht ersetzt oder verdrängt werden. Vielmehr wurde eine Option für grenzüberschreitend tätige Gesellschaften geschaffen, die sich in einer Rechtsform einer Europa-AG zusammenschließen wollen, womit kostspielige und zeitaufwendige Gründungen von Tochtergesellschaften in einzelnen Ländern unnötig werden. Das **Grundkapital** der Europa-AG beträgt 120.000,00 €. Die SE wird in das **Register** des Mitgliedstaates eingetragen, in dem sie ihren satzungsmäßig bestimmten Sitz hat, der zugleich Hauptverwaltung sein muss. Der **Jahresabschluss** der Europa-AG besteht aus der Bilanz, der Gewinn- und Verlustrechnung, dem Anhang zum Jahresabschluss sowie dem Bericht über den Geschäftsverlauf und die Lage der Gesellschaft. Die dafür maßgeblichen Vorschriften richten sich nach dem – weitgehend europarechtlich vereinheitlichten – Recht des Sitzstaates.

14.7.5 Kommanditgesellschaft auf Aktien (KGaA)

Die KGaA ist eine Mischform aus KG und AG. Sie ist eine eigenständige juristische Person. Die gesetzlichen Regelungen zur KGaA finden sich ebenfalls im Aktiengesetz (§§ 278–290 AktG). Ergänzend gelten die bereits genannten Bestimmungen zur KG. Da das Recht der KGaA auf demjenigen der AG aufbaut, werden nur die ergänzenden Regelungen aufgeführt. Die Gründung einer KGaA erfordert wenigstens fünf Gesellschafter.

Die Finanzierung geschieht vornehmlich durch Ausgabe der Aktien an die Kommanditisten. Zu den Aktionären dürfen auch die Komplementäre gehören. Diese haben darüber hinaus die Möglichkeit, zusätzliche Einlagen zu tätigen.

Die Komplementäre einer KGaA bilden automatisch den Vorstand und übernehmen so die Geschäftsführung und Vertretung. Wichtige Beschlüsse der Hauptversammlung, wie etwa der Jahresabschluss, sind von den Komplementären zu bestätigen. Dadurch haben sie einen besonderen Einfluss auf die Gewinn- und Verlustverteilung.

Der Komplementär (oder auch die Komplementäre), der bei einer KGaA üblicherweise eine natürliche Person ist, haftet mit dem persönlichen Privatvermögen unbegrenzt. Die Kommanditisten sind hier Aktionäre. Diese haften für Verbindlichkeiten der KGaA nur maximal bis zur Höhe ihrer Einlage.

Bei der Besteuerung wird zwischen dem Anteil der Komplementäre und dem Aktienanteil der Kommanditisten unterschieden. Die Komplementäre werden steuerlich wie solche einer „normalen" KG behandelt.

Ansonsten unterliegt die KGaA der Körperschaftsteuer. Auch die Anteile der Komplementäre werden hiervon zunächst erfasst, werden dann aber nicht mehr bei der Einkommensteuerermittlung herangezogen. Daher werden bei der Körperschaftsteuer der Gesellschaft lediglich die Anteile der Kommanditisten (also der Aktieninhaber) erfasst.

> **Beurteilung**

Die KGaA ist eine selten genutzte Unternehmensform. Sie ist eher in der Lage, bei Geschäftspartnern der Unternehmung größeres Vertrauen als etwa eine AG hervorzurufen, weil eine verantwortungsvolle Geschäftsführung durch die enge persönliche Anbindung der Komplementäre an die Gesellschaft und aufgrund ihrer persönlichen Haftung eher gegeben zu sein scheint.

14.8 Eingetragene Genossenschaft (eG)

Die eG ist ebenfalls eine Gesellschaft mit einer eigenständigen Rechtspersönlichkeit. Es bestehen jedoch einige Ähnlichkeiten zu Personengesellschaften. Die Gesellschafter heißen hier Genossen. Die Gesellschaftsform soll eine Art Selbsthilfeorganisation für die beteiligten Mitglieder bezüglich ihrer wirtschaftlichen Interessen sein. Unterschieden werden:

- gewerbliche und ländliche Genossenschaften;
- Konsum- und Wohnungsbaugenossenschaften.

Es sind vor allem so genannte **Einkaufsgenossenschaften** (z. B. EDEKA-Genossenschaften), **landwirtschaftliche Absatz- und Produktionsgenossenschaften** (z. B. im Molkereibereich oder bei Winzern, die ihren Absatz über eine eG organisieren) und **Kreditgenossenschaften** bekannt.

Die gesetzlichen Bestimmungen zur Genossenschaft finden sich im **Genossenschaftsgesetz (GenG)** und im HGB.

1. Gründung

Zur Gründung sind mindestens **sieben Mitglieder** erforderlich. Diese müssen ein Statut für die eG ausarbeiten. Sie haben einen Vorstand und einen Aufsichtsrat zu wählen. Danach ist eine Eintragung in das **Genossenschaftsregister** erforderlich. Dieser Schritt macht die eG dann zur eigenständigen juristischen Person und zum Kaufmann im Sinne des HGB.

2. Finanzierung

Im Statut werden Geschäftsanteile festgelegt, wobei gesetzlich keine Mindesthöhe besteht. Auf diese Anteile müssen die Genossen Einzahlungen von mindestens 10 % vornehmen. Die Höhe dieses Geschäftsguthabens verändert sich durch Gewinn- und Verlustanteile der einzelnen Genossen. Die eG ist darüber hinaus verpflichtet, aus dem Gewinn einen **Reservefonds** zu gründen, dessen Höhe durch das Statut festgelegt wird.

3. Geschäftsführung und Vertretung

Die eG besitzt als Organe den Vorstand, der mindestens zwei Personen umfassen muss, den Aufsichtsrat und die General- bzw. Vertreterversammlung. In den Organen dürfen nur Genossen vertreten sein. Jeder Genosse hat eine Stimme in der General- bzw. Vertreterversammlung. Am Aufsichtsrat sind abhängig von der Genossenschaftsgröße in unterschiedlichem Anteil auch Arbeitnehmervertreter beteiligt.

Der Vorstand übernimmt die Geschäftsführung und Vertretung. Er wird durch die Generalversammlung gewählt und vom Aufsichtsrat überwacht.

4. Gewinn- und Verlustverteilung

Beides wird weitgehend vom **Statut** der Genossenschaft bestimmt. Grundsätzlich erfolgt die Verteilung gemäß dem Verhältnis der Geschäftsguthaben – allerdings nur, wenn die Geschäftsanteile durch den Genossen voll eingezahlt wurden.

Aus Gewinnbestandteilen muss ein Reservefonds gebildet werden. Im Statut muss die Höhe dieses Fonds festgesetzt werden.

5. Haftung

Die eG kann als „Eingetragene Genossenschaft mit beschränkter Haftpflicht", „Eingetragene Genossenschaft mit unbeschränkter Haftpflicht" oder als „Eingetragene Genossenschaft ohne Haftpflicht" existieren.

Für die Gesellschaftsform der „Eingetragenen Genossenschaft mit beschränkter Haftung" besteht eine Haftung der Genossen nur bis zur Höhe ihrer Gesellschaftsanteile. Weitere Haftung ist nur möglich, wenn im Statut der Genossenschaft erweiterte Haftsummen festgelegt sind. Die Genossen haften persönlich für Zusagen über Einlagen, die sie tatsächlich noch nicht getätigt haben.

Die Genossen einer eG mit unbeschränkter Haftpflicht haften demgegenüber für Verbindlichkeiten der eG mit ihrem gesamten Privatvermögen.

Bei der eG ohne Haftpflicht haften die Genossen in keinem Fall persönlich. Die Haftung trifft nur die eG als eigene juristische Person.

6. Besteuerung

Die Gewinne der Genossenschaft unterliegen der **Körperschaftsteuer.** Genossenschaften, deren Zweck auf Erwerb und Wirtschaften ausgerichtet ist, zahlen zudem **Gewerbesteuer.** Ausnahmen von dieser Steuerpflicht finden sich im Körperschaft- und Gewerbesteuergesetz.

7. Auflösung

Die Auflösung einer eG kann aus folgenden Gründen erfolgen:
- Beschluss der Generalversammlung (mit $^3/_4$-Mehrheit);
- Mitgliederzahl sinkt unter sieben;
- gesetzwidrige Handlungen der eG;
- Zeitablauf (wenn eine Zeit des Bestehens im Statut vereinbart war);
- Vermögenslosigkeit.

Die Auflösung muss in das Genossenschaftsregister eingetragen werden.

➤ Beurteilung

Der Gesetzgeber lässt bei der eG nur stark eingeschränkte Spielräume bei der Ausgestaltung der Geschäftsführung und der Gewinn- und Verlustbeteiligung zu.

Die Gesellschaftsform der eG ist für Personen und Unternehmen besonders interessant, die Teilbereiche des Wirtschaftens sinnvollerweise einer eG überlassen möchten, um eigene Aktionen auf das eigentliche Geschäft konzentrieren zu können. So kann sich z. B. ein Winzer auf die Aufgaben des Weinanbaus und der -gewinnung konzentrieren und ist durch eine eG von den Aufgaben des Verkaufs und der Vermarktung befreit. Im landwirtschaftlichen Bereich bestehen Vorteile durch die gemeinsame Nutzung von teuren Maschinen, die sich für den einzelnen landwirtschaftlichen Unternehmer nicht zur Anschaffung lohnen und von einer Genossenschaft zeitweise zur Verfügung gestellt werden.

Die Mitglieder von Einkaufsgenossenschaften profitieren von Preisvorteilen beim Einkauf größerer Warenmengen. So kann der Beitritt zu einer eG den Erhalt des Betriebes sichern.

Für den einzelnen Genossen besteht der Vorteil, relativ unkompliziert aus der eG auszusteigen. Ein Nachteil für Inhaber größerer Anteile an der eG ist allerdings, dass sie nur eine Stimme in der Generalversammlung besitzen und somit ihr höherer Kapitaleinsatz keine Auswirkungen auf ihren Entscheidungsanteil hat.

14.9 Check-up

14.9.1 Zusammenfassung

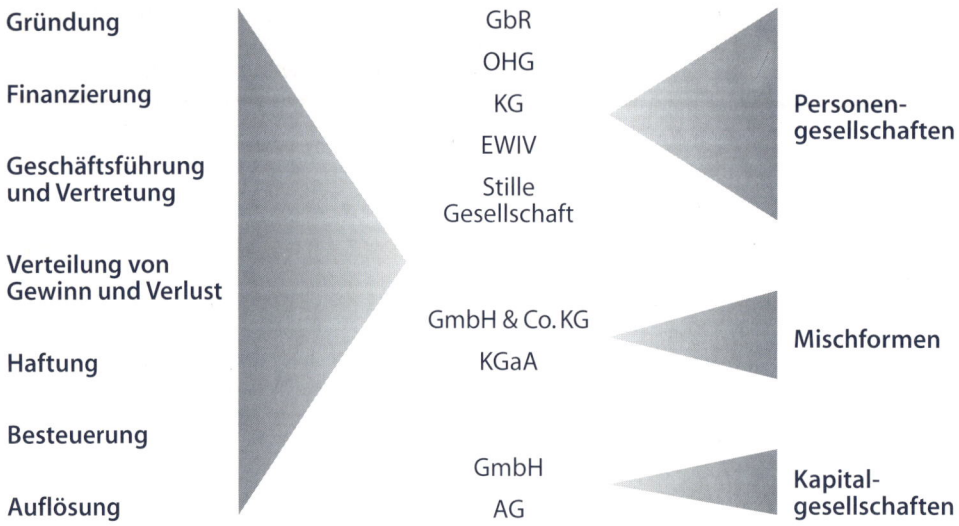

Vor- und Nachteile der Personenunternehmen im Überblick		
Rechtsform	Vorteile	Nachteile
Einzel-unternehmung	■ Keine Teilung des Gewinns ■ Größtmögliche Freiheiten ■ Kein Mindestkapital nötig ■ Minimale Gründungskosten ■ Einfache Struktur	■ Haftung mit Privatvermögen ■ Verluste sind allein zu tragen ■ Überlastungen möglich
GbR	■ Hohes Maß an Mitbestimmung für jeden Gesellschafter ■ Kein Mindestkapital nötig ■ Kein Handelsregistereintrag ■ Minimale Gründungskosten ■ Einfache Struktur	■ Haftung mit Privatvermögen ■ Nicht für alle Branchen und Geschäftsbereiche geeignet ■ Gewinne sind i.d.R. zu teilen
OHG	■ Hohes Maß an Mitbestimmung für jeden Gesellschafter ■ Kein Mindestkapital nötig ■ Hohes Ansehen bei Kredit-instituten ■ Minimale Gründungskosten	■ Haftung mit Privatvermögen ■ Handelsregistereintrag vor-geschrieben ■ Umfangreiche Buchführung ■ Mit der Kaufmannseigenschaft verbunden ■ Gewinne sind i.d.R. zu teilen
KG	■ Hohes Maß an Freiheit für Komplementäre ■ Kein Mindestkapital nötig ■ Hohes Ansehen bei Kredit-instituten ■ Keine Haftung mit Privat-vermögen für Kommanditisten	■ Haftung mit Privatvermögen für Komplementäre ■ Handelsregistereintrag vor-geschrieben ■ Umfangreiche Buchführung ■ Mit der Kaufmannseigenschaft verbunden ■ Gewinne sind i.d.R. zu teilen
Stille Gesellschaft	■ Kein Handelsregistereintrag ■ Stärkung der Kapitalbasis durch stillen Gesellschafter ■ Haftung für stillen Gesellschafter beschränkt auf Beteiligung ■ Einfache Struktur ■ Diskrete Beteiligung	■ Gefahr starker Abhängigkeit vom stillen Gesellschafter als Geldgeber ■ Stiller Gesellschafter trägt nach außen hin keine Verantwortung
EWIV	■ Nicht auf Kaufleute beschränkt ■ Grenzüberschreitende Koopera-tion ■ Einfache Struktur des Gründungsvertrages möglich ■ Multidisziplinäre Zusammen-arbeit möglich ■ Keine Kapitaleinlage nötig	■ Haftung mit Privatvermögen ■ Handelsregistereintrag vor-geschrieben ■ Gewinne sind i.d.R. zu teilen ■ Relativ unbekannte Gesell-schaftsform

Vor- und Nachteile der Kapitalgesellschaften im Überblick		
Rechtsform	Vorteile	Nachteile
GmbH	■ Gesellschafter haften nicht persönlich ■ Im Vergleich zu anderen Kapitalgesellschaften einfachere Strukturen	■ Aufwendige Gründungsformalitäten (z. B. notarielle Beurkundung, Handelsregistereintrag) ■ Mindestkapital von 25.000,00 € ■ Steuerliche Nachteile
AG	■ Haftung nur mit dem Gesellschaftsvermögen ■ Keine Haftung der Eigner ■ Ideal für Großunternehmen ■ Kapital kann vom Kapitalmarkt beschafft werden ■ Eigenkapitalfinanzierung auf breiter Basis, weniger abhängig von Krediten ■ Möglichkeit der Mitarbeiterbeteiligung ■ Unternehmernachfolge unproblematisch	■ Aufwendige Gründungsformalitäten (z. B. notarielle Beurkundung, Handelsregistereintrag) ■ Mindestkapital von 50.000,00 € ■ Geringe Flexibilität bei Ausgestaltung (umfangreiche Vorschriften) ■ Publizitätspflichten ■ „Überfremdung" des Kapitals möglich, d.h. feindliche Übernahme
KGaA	■ Hohes Maß an Mitbestimmung für jeden Gesellschafter ■ Keine Haftung mit Privatvermögen für Kommanditisten ■ Schafft Vertrauen bei Geschäftspartnern, da enge Anbindung der Gesellschafter an die Unternehmung	■ Selten genutzte Unternehmensform ■ Haftung mit Privatvermögen für Komplementäre ■ Aufwendige Gründungsformalitäten (z. B. notarielle Beurkundung, Handelsregistereintrag) ■ Komplexe Struktur, von außen schlecht durchschaubar

14.9.2 Kontrollfragenblock

1. Fritz Schmitz und Anton Huber wollen ein Handelsunternehmen gründen. Ziel ist, Computerkomponenten aus Taiwan zu importieren und in Deutschland mit möglichst hohem Gewinn zu verkaufen. Ist als Rechtsform dieses Unternehmens eine GbR denkbar?

2. Zwei Bastler kaufen sich einen Bausatz für einen Oldtimer-Nachbau für 16.000,00 €. Sie haben das gemeinsame Ziel, das Automobil zusammenzubauen, zu pflegen und hin und wieder an Oldtimer-Ausfahrten teilzunehmen. Welche Gesellschaftsform bietet sich an?

3. Die Hansiflex Computer GmbH möchte expandieren und dies mit Mitteln des Kapitalmarktes finanzieren. Welche neue Rechtsform böte sich hier an?

4. Hat sich ein „stiller Gesellschafter" auf jeden Fall am Verlust „seiner" Gesellschaft zu beteiligen?

5. Ist es denkbar, eine Forschungs-GmbH zu gründen, die die Erforschung eines Bazillus zum Zweck hat?

6. Was ist das Hauptmerkmal von Personengesellschaften?

7. Wofür steht die Abkürzung EWIV?

8. Wie erfolgt die Gewinnaufteilung bei einer Gesellschaft bürgerlichen Rechts (GbR)?

9. Wie vollzieht sich die Haftung gegenüber Gläubigern bei einer offenen Handelsgesellschaft (OHG)?

10. Wodurch kann sich eine GmbH auflösen?

11. Nennen Sie die Organe einer Aktiengesellschaft und beschreiben Sie kurz, welche Hauptfunktionen sie besitzen!

14.9.3 Weiterführende Literatur

Führich, E.: Wirtschaftsprivatrecht, 6. Auflage, München 2002.

Klunzinger, E.: Grundzüge des Gesellschaftsrechts, 12. Auflage, München 2002.

Wörlen, R. u.a.: Handelsrecht mit Gesellschaftsrecht, 6. Auflage, Köln 2003.

15 | Unternehmenszusammenschlüsse

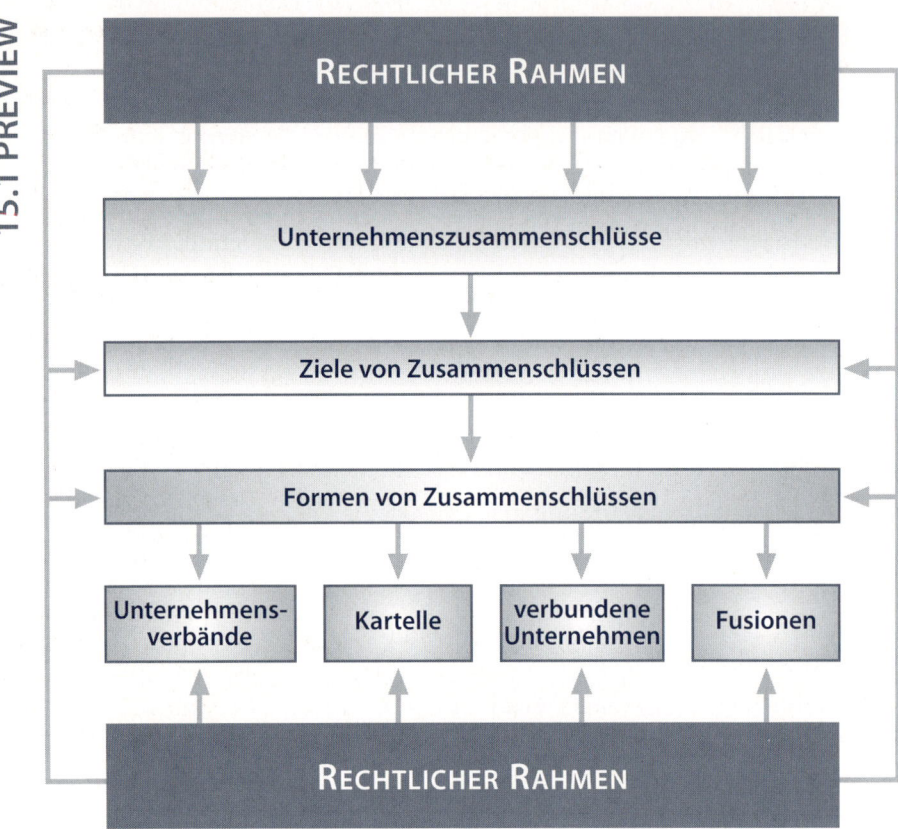

15.2 Problemstellung

In jeder Marktwirtschaft sind zahlreiche Zusammenschlüsse von ehemals rechtlich und wirtschaftlich selbstständigen Unternehmen zu beobachten. Hierdurch versuchen die Unternehmen, Vorteile zu realisieren, die einem wirtschaftlich allein handelnden Unternehmen in dieser Weise nicht zur Verfügung stehen.

In der Literatur werden solche Zusammenschlüsse recht kontrovers diskutiert. Sie werden nicht nur aus betriebswirtschaftlicher, sondern auch aus juristischer, volkswirtschaftlicher und philosophischer Sicht beurteilt.

Karl Marx sah in der wachsenden Unternehmenskonzentration gar den Untergang des Kapitalismus begründet. Er vertrat die Meinung, dass das konzentrierte Eigentum an Produktionsmitteln zu starken sozialen und ökonomischen Spannungen zwischen den einzelnen Bevölkerungsklassen (Arbeiterklasse und Eigentümer) führen würde, die sich letztlich zwangsläufig in einer Revolution entladen müssten.

Im Folgenden werden die Ziele, die mit Unternehmenskooperationen verfolgt werden, näher erläutert, um dann auf die wichtigsten Formen der Zusammenschlüsse konkret einzugehen. Es ist zu beachten, dass die Formen von Unternehmenszusammenschlüssen in der Marktwirtschaft sehr vielfältig sind und hinsichtlich der betriebswirtschaftlichen Wirkung große Unterschiede bestehen.

15.3 Ziele von Unternehmenszusammenschlüssen

Wie bereits erläutert, hoffen Betriebe infolge von Kooperationen auf Vorteile, die sie als allein handelndes Unternehmen nicht nutzen können. Die Zielsetzung der Kooperation muss natürlich für beide Partner vorteilhaft sein, da sonst kein Unternehmen mit einer Zusammenarbeit einverstanden ist. Ausnahmen bilden so genannte **„feindliche Übernahmen"**, bei denen ein Konkurrent (z. B. eine AG) aufgekauft wird, ohne damit einverstanden zu sein.

Im Mittelpunkt von Unternehmenszusammenschlüssen stehen **erwerbswirtschaftliche Ziele** wie Gewinn- und Umsatzmaximierung. Diese Ziele lassen sich in den einzelnen Funktionsbereichen des Unternehmens unterschiedlich verfolgen.

> ➤ **Nutzen von Größenvorteilen zur Kostensenkung**

Im **Vertriebsbereich** können Zusammenschlüsse bedeutende Vorteile zur Folge haben – so z. B. die Errichtung einer gemeinsamen Vertriebsorganisation und logistischen Zusammenarbeit im Absatzbereich –, denn jedem einzelnen Mitglied wird eine Kosteneinsparung ermöglicht. Wenn z. B. zwei Unternehmen einen Fuhrpark gemeinsam nutzen, wird eine größere Auslastung der einzelnen Lkws erreicht, sodass Leerfahrten vermieden werden können.

Ferner kann eine **gemeinsame Forschungs- und Entwicklungsabteilung** erheblich die Kosten senken, denn durch das Zusammenfügen von Erfahrungen der einzelnen Unternehmen kann z. B. die Zahl der Neuproduktflops verkleinert werden. Bei der

23 Voss – ISBN 3-8120-0646-4

Forschungs- und Entwicklungsarbeit handelt es sich allerdings um einen sehr sensiblen Kooperationsbereich, da die meisten Hersteller ihre Produktinnovationen als exklusiv und vertraulich ansehen und somit lieber einen Neuproduktflop riskieren, als ihr Wissen einem potenziellen Partner preiszugeben.

Auch eine **gemeinsame Beschaffungs- und Absatzmarktforschung** kann Kosten vermindern. Unternehmen mit einem ähnlichen Produktionsprogramm können so z. B. zusammen eine Marktforschungsgesellschaft in Anspruch nehmen, um Informationen über die Interessen und Bedürfnisse der Endverbraucher zu gewinnen.

➤ Gewinnung von Marktmacht und Verbesserung der Marktstellung

Marktmacht wird durch eine Einschränkung des Wettbewerbs aufgebaut. Im Extremfall kann der Wettbewerb sogar ganz und gar zum Stillstand kommen, dann ist eine Monopolstellung erreicht (siehe Kap. 1.4.4). Die Einschränkung kann z. B. durch Preis- oder Mengenabsprachen zwischen den Kooperationsmitgliedern zustande kommen. Eine verbesserte Marktstellung hilft ebenfalls bei Verhandlungen mit Lieferanten, denn aufgrund von großen gemeinsamen Absatzmengen kann der Verhandlungsdruck auf den Lieferanten verstärkt werden.

➤ Absatzsicherung und Absatzsteigerung

Aufgrund der besonderen Marktdynamik (z. B. Änderungen des Kaufverhaltens) ist es für ein Unternehmen oft lebenswichtig, mit einigen Konkurrenten zu kooperieren. Als **absatzwirtschaftliche Kooperationsfelder** bieten sich z. B. gemeinschaftliche Werbung oder eine gemeinsame Preispolitik an. Dies soll verhindern, dass weitere Konkurrenten auf den Markt drängen.

➤ Finanzierungsziele

Große und kapitalintensive Aufträge können von einzelnen kleinen Unternehmen oft nicht durchgeführt werden. Durch eine gemeinsame Finanzierung können höhere Kapitalbeträge aufgebracht werden. Als zusätzlicher Effekt ist die **Erhöhung der Kreditwürdigkeit** bei den Banken zu nennen, da eine größere Vermögensmasse als Haftungskapital zur Verfügung steht.

Natürlich vermindert sich auch das Existenzrisiko für das einzelne Unternehmen durch den Zusammenschluss, da die „Last auf mehrere Schultern verteilt ist". Besonders für kleine und mittelständische Industrie- und Handelsunternehmen bieten sich so neue Wege, z. B. bei der Erschließung von internationalen Märkten.

15.4 Formen des Unternehmenszusammenschlusses

Die Zusammenschlüsse von Unternehmen unterscheiden sich in der Zielformulierung, dem Bindungsgrad (Aufgabe der rechtlichen und wirtschaftlichen Selbstständigkeit) und der Dauer der Bindung der beteiligten Unternehmen.

15.4.1 Unternehmensverbände

Bei Verbänden besteht ein sehr geringer Grad der Bindung, da weder die wirtschaftliche noch die rechtliche Selbstständigkeit der einzelnen Mitgliedsunternehmen eingeschränkt wird. Die Verbände übernehmen meist nur eine fachliche Beratungsfunktion für die Mitglieder. Im Wesentlichen lassen sich drei Arten von Unternehmensverbänden unterscheiden:

- Wirtschaftsfachverbände;
- Arbeitgeberverbände;
- Kammern.

Wirtschaftsfachverbände und **Arbeitgeberverbände** sind frei gebildete, auf Dauer angelegte Interessenvereinigungen mit dem Ziel, die wirtschaftlichen und sozialen Belange der Wirtschaft sowie der Arbeitgeber zu vertreten. Die Arbeitgeberverbände bildeten sich zu Beginn des vergangenen Jahrhunderts als Reaktion auf die Organisation der Arbeitnehmer in den Gewerkschaften. Die Entwicklung vollzog sich vorwiegend auf regionaler Ebene **(Landesverbände,** z. B. in Berlin oder Hessen) und nach Branchen **(Fachverbände,** z. B. für Handwerk oder Industrie). Die Fachverbände können ihrerseits nach Regionen gegliedert sein. Als Dachorganisation für die Arbeitgeberverbände bildete sich nach dem Zweiten Weltkrieg 1949 die **Bundesvereinigung der Deutschen Arbeitgeberverbände (BDA).** Partner der Gewerkschaften bei der Aushandlung von Tarifverträgen bleiben jedoch die Branchenverbände. Gleichzeitig beraten sie Mitglieder in arbeitsrechtlichen Fragen und unterstützen sie bei gerichtlichen Auseinandersetzungen.

Beispiel

Ein Beispiel für einen Fachverband ist der Spitzenverband der deutschen Industrie, der BDI (Bundesverband der deutschen Industrie). Seine Mitglieder sind industrielle Branchenverbände, von A wie Automobilindustrie bis Z wie Zuckerindustrie. Der Verband vertritt die wirtschaftspolitischen Interessen seiner Mitglieder gegenüber Parlament und Regierung, politischen Parteien, wichtigen gesellschaftlichen Gruppen sowie gegenüber der Europäischen Union und engagiert sich in vielen internationalen Organisationen.

Bei den Kammern sind in erster Linie die **Industrie- und Handelskammern (IHK)** zu nennen. Die Mitgliedschaft ist zwangsweise, wobei sich die Mitglieder (Kammermitglieder) aus Handelsgesellschaften und juristischen Personen des privaten und öffentlichen Rechts eines räumlichen Bezirks (Kammerbezirk) zusammensetzen. Die Industrie- und Handelskammern fördern die einzelnen Belange der Mitglieder, indem sie Behörden durch Gutachten und Berichte unterstützen und Mitglieder beraten. Außerdem leisten sie Beihilfe bei der Einrichtung von Fach- und Berufsschulen und der Schlichtung von Wettbewerbsstreitigkeiten.

Die Finanzierung der Industrie- und Handelskammern erfolgt durch die Beiträge der (Zwangs-)Mitglieder. Der Dachverband ist der Deutsche Industrie- und Handelstag (DIHT), der die Interessen der gesamten gewerblichen Wirtschaft gegenüber dem Bund vertritt.

15.4.2 Kartelle

Das Wort „**Kartell**" lässt sich aus dem lateinischen Begriff „charta" ableiten, was so viel bedeutet wie „kleine Urkunde". Ursprünglich wurde der Begriff für Verträge zwischen kriegführenden Kontrahenten verwendet. Im Englischen und Französischen (jeweils die Bezeichnung „cartel") sowie Italienischen („cartello") kennzeichnet der Begriff ähnliche Sachverhalte wie im Deutschen.

Ein Kartell entsteht durch eine vertragliche Vereinbarung von rechtlich und wirtschaftlich selbstständigen Unternehmen (meist) einer Branche, mit dem Ziel, den Wettbewerb einzuschränken. Die Mitglieder nehmen infolge des Kartellvertrages Einschränkungen ihres wirtschaftlichen Entscheidungsspielraums in Kauf, um Markt und Wettbewerb durch Kartellabsprachen zu beeinflussen und zu steuern. Infolgedessen versprechen sich die Kartellmitglieder höhere Gewinne und geringere wirtschaftliche Risiken.

In den USA sind Kartelle seit 1890 durch den **Sherman Act** (Anti-Trust-Gesetz) verboten, da sie den Wettbewerb stark beschränkten. In Deutschland erfolgte 1957 ein generelles Kartellverbot durch das **Gesetz gegen Wettbewerbsbeschränkungen (GWB)**. Dieses Gesetz wird im Volksmund auch „Kartellgesetz" genannt. Die Bezeichnung ist allerdings sehr ungenau, denn das GWB regelt neben dem Verbot der Kartellierung auch die Kontrolle von marktbeherrschenden Unternehmen. Es soll im Sinne der marktorientierten Wirtschaftsordnung einen funktionierenden Wettbewerb sichern. Bei Zuwiderhandlungen drohen den Unternehmen entsprechende Geldbußen.

Neben einigen **Bereichsausnahmen,** z. B. für Banken, Versicherungen, land- und forstwirtschaftliche Betriebe, die Energieversorgung und den Sportbereich, sind einige Kartelle anmeldungspflichtig oder erlaubnispflichtig.

Beispiel | Eine Bereichsausnahme stellen die so genannten Sportkartelle (z. B. im Fußballsport) dar. Sie tragen dem Solidaritätsgedanken Rechnung. Hierbei wird die zentrale Vermarktung von Fernsehübertragungsrechten von sportlichen Wettbewerben erlaubt. Ein angemessener Teil der dabei erzielten Einnahmen muss jedoch der Förderung des Jugend- und Amateursports zugute kommen.

Unter **Erlaubnispflicht** fasst man den Sachverhalt, dass bestimmte Kartelle auf Antrag vom Bonner **Kartellamt** erlaubt werden können, zusammen. Die Genehmigung erfolgt für bis zu fünf Jahren. Bei anmeldepflichtigen Kartellen wird keine Einschränkung des Wettbewerbs angenommen. Sie müssen lediglich beim Kartellamt angemeldet werden und unterliegen dann der **Kartellaufsicht.**

15.4.2.1 Verbotene Kartelle

Vertragliche Vereinbarungen zwischen miteinander im Wettbewerb stehenden Unternehmen, die eine Verhinderung, Einschränkung oder Verfälschung des Wettbewerbs bezwecken oder bewirken, sind grundsätzlich verboten.

Dem Kartellverbot unterliegen insbesondere **Preiskartelle,** denn diese setzen den natürlichen Preismechanismus der Wirtschaft durch Preisabsprachen der Kartellmitglieder außer Kraft. Diese Absprachen können gewisse Preisober- oder -untergrenzen oder im Extremfall einen festen Absatzpreis beinhalten, an den sich die Kartellmitglieder laut Kartellvertrag zwingend zu halten haben. Da die Preiskonkurrenz auf dem Markt infolge der Kartellabsprachen aufgehoben oder eingeschränkt ist, sind die Kartellmitglieder in der Lage, einen höheren Preis durchzusetzen als bei vollständiger Konkurrenz.

Preiskartelle haben oft nur eine kurze Lebensdauer, wenn nicht zusätzlich noch gewisse **Absatzquoten** vereinbart werden. Ohne solche Quoten geraten einzelne Mitglieder leicht in die Versuchung, ihre Gewinne durch höhere Absatzmengen zu erhöhen. Als Folge dieses Verhaltens wäre der Kartellpreis, ausgenommen bei vollkommen elastischer Nachfrage (Polypol), nicht zu halten.

Mengenkartelle beschränken den Wettbewerb in ähnlich intensiver Weise. Die Gesamtnachfrage (Angebote und Aufträge) wird nach der jeweils vorhandenen Produktionskapazität auf die einzelnen Unternehmen des Kartells aufgeteilt (quotiert). Durch diese Quotierung sollen ein Überangebot verhindert und die Preise stabil gehalten werden. Es ist allerdings äußerst schwierig, die Mitglieder dazu anzuregen, sich an die vorgegebenen Quoten zu halten. Als bestes Beispiel hierfür dient die OPEC (Organisation erdölexportierender Länder), deren Mitglieder die vorgegebenen Quoten immer wieder überschreiten. Die Absprachen sind allerdings nicht generell zum Scheitern verurteilt.

Beispiel

So teilten bis 1997 14 Hersteller von Stromkabeln den entsprechenden Markt nach Quoten auf. Kundenanfragen wurden auf die Mitglieder so gestreut, dass am Ende einer festgelegten Periode der Marktanteil der zugeteilten Quote entsprach. Die Durchsetzung der Quoten erfolgte durch Preis- bzw. Rabattabsprachen, die zeitlich bis zum Jahr 1902 zurückreichten. Deshalb sprach der Leiter der zuständigen Beschlussabteilung des Kartellamtes in diesem Zusammenhang auch von einem „Dinosaurier der Kartellgeschichte". Gegen die einzelnen Kartellmitglieder wurden Bußgelder in Millionenhöhe verhängt: Es entfielen beispielsweise nach Konzernzugehörigkeit 50,06 Mio. € auf Alcatel und 45,03 Mio. € auf Siemens.

Gebietskartelle stellen eine weitere Ausprägung des Mengenkartells dar. Hierbei werden bestimmte Absatzgebiete unter den Unternehmen aufgeteilt, wobei sich ein Unternehmen auf ein Gebiet konzentriert. Auf diese Weise wird die räumliche Konkurrenz vermieden, da kein Kontrahent in der gleichen Region ansässig ist und dort folglich keine Produkte absetzen kann. Es ist allerdings fraglich, ob sich einzelne Gebiete ohne weiteres trennen lassen.

15.4.2.2 Anmeldepflichtige Kartelle

Anmeldepflichtige Kartelle beschränken ebenfalls den Wettbewerb, haben aber zugleich positive Wirkungen, die bei einem Vergleich von Vor- und Nachteilen überwiegen. So beeinträchtigen Zusammenschlüsse von kleinen und mittleren Unternehmen den Wettbewerb nicht wesentlich, steigern aber deren Konkurrenzfähigkeit.

In diese Kategorie sind **Kooperationskartelle** oder auch **Mittelstandskartelle** einzuordnen. Durch die zwischenbetriebliche Zusammenarbeit wird kleineren Betrieben gestattet, gewisse Rationalisierungspotenziale zu nutzen, die größeren Unternehmen aufgrund ihrer Betriebsgröße offen stehen. Diese Kartelle sind anmeldungspflichtig. Sie sind erlaubt, wenn das Bundeskartellamt während einer dreimonatigen Frist nicht widerspricht. Sie werden daher auch **Widerspruchskartelle** genannt.

Ähnliche Vorschriften gelten für **Konditionenkartelle,** die allgemeine Regeln über Lieferungs- und Zahlungsbedingungen einschließlich der Skonti zum Inhalt haben. Dies erlaubt dem Endverbraucher eine bessere Übersicht über das Marktgeschehen und ist somit zu dessen Nutzen. Preise oder Preisbestandteile dürfen jedoch kein Bezugspunkt der Vereinbarungen sein. Problematisch ist jedoch, dass Skonti nach dem europäischen Verständnis Teil der Preisgestaltung sind und die Verwendung von Skonti in Europa somit als Preisabsprachen verboten wären. Seit dem 1. Mai 2004 gilt aber eben das neue europäische Kartellrecht.

Den gleichen Zweck wie Konditionenkartelle besitzen **Normen- und Typenkartelle,** die Vereinbarungen ermöglichen, die die einheitliche Anwendung von Normen oder Typen bezwecken. Bei Normen handelt es sich um nichtstaatliche Vorschriften über Beschaffenheit, Form, Größe und Qualität von Materialien. Typen hingegen sind Endprodukte, die sich aus mehreren Teilen bzw. auch aus verschiedenen Normteilen zusammensetzen. Durch die verbesserte Marktübersicht können die Kunden Vergleiche anstellen. Zudem werden einzelne Bestandteile durch eine einheitliche Normung austauschbar.

15.4.2.3 Genehmigungspflichtige Kartelle

Bei den genehmigungspflichtigen Kartellen ist die ausdrückliche Erlaubnis der Kartellbehörde zum Bestand der Kartelle nötig. In diesem Zusammenhang werden folgende Kartelle unterschieden:

- **Rationalisierungskartelle,** die über reine Normungs- und Typungsabsprachen hinausgehen;
- **Strukturkrisenkartelle,** die eine Anpassung der Produktionskapazitäten an eine veränderte Marktlage (Rückgang der Nachfrage) ermöglichen, um Überkapazitäten durch gemeinsame Vereinbarungen abzubauen;
- **sonstige Kartelle,** deren Vereinbarungen unter angemessener Beteiligung der Verbraucher an den entstehenden Gewinnen zu einer Verbesserung der Entwicklung, Erzeugung, Verteilung, Beschaffung, Rücknahme oder Entsorgung von Waren beitragen.

Zusätzlich ist noch durch den Bundeswirtschaftsminister eine Genehmigung von so genannten **Sonderkartellen** möglich. Diese sind nach § 8 GWB nur ausnahmsweise möglich, wenn die Beschränkung des Wettbewerbs aus überwiegenden Gründen der Gesamtwirtschaft und des Gemeinwohles notwendig ist oder unmittelbare Gefahr für den Großteil eines Wirtschaftszweiges besteht (so genannte **Ministererlaubnis).** Denkbar sind solche Fälle bei Konjunkturkrisen, weshalb diese Kartellart auch als **Konjunkturkrisenkartell** bezeichnet wird.

15.4.2.4 Maßnahmen zur Sicherung der Kartellvereinbarungen

Da die einzelnen Kartellunternehmen einen hohen Grad an Selbstständigkeit beibehalten, besteht die Gefahr, dass das Kartell auseinander bricht. Um dies zu verhindern, werden für den Fall eines Regelverstoßes u. a. **Konventionalstrafen** in Kartellverträgen vereinbart (z. B. die Zahlung von 100.000,00 € bei einer Zuwiderhandlung).

Streitigkeiten zwischen den einzelnen Mitgliedern können zusätzlich durch ein **Kartellschiedsgericht** geschlichtet werden. Ferner können Aussteigern gewisse Kampfmaßnahmen angedroht werden, wie **Boykotte** oder **Diskriminierungen.** Dies wäre z. B. die Drohung, dass nach einem Ausscheiden keines der verbleibenden Kartellmitglieder mit dem ausscheidenden Mitglied weiter zusammenarbeitet. Dadurch kann dem Aussteiger der Zugang zu Beschaffungsmärkten erheblich erschwert werden.

Ein Ausscheiden eines Mitglieds kann auch zu Preiskämpfen führen, d. h., das Kartell unterbietet jeden Preis des Aussteigers. Eine solche Maßnahme soll die Zahl seiner Aufträge vermindern, sodass letztlich seine Existenz auf dem Spiel steht. Ein „Preiskrieg" kann allerdings für beide Seiten zu großen Verlusten führen.

15.4.2.5 Syndikate als Sonderform des Kartells

Ein **Syndikat** ist eine spezielle Ausprägung des Kartells, man spricht in diesem Zusammenhang auch von einem Kartell „höherer Ordnung". Das Syndikat unterhält eine gemeinsame und zentrale Verkaufsorganisation für alle Kartellmitglieder. Dabei wird der Absatz durch eine **zentrale Vertriebsgesellschaft** übernommen. Sie nimmt Bestellungen und Zahlungen der Nachfrager entgegen und stellt ihnen im Gegenzug die Rechnung aus. Hierdurch ist eine Kontrolle von Absatzpreisen und -quoten möglich. Die Mitglieder verlieren jedoch die Kontrolle über Teilbereiche ihres Marketingmix und geben bestimmte Entscheidungsbefugnisse in die Hand der Gesellschaft, die nunmehr z. B. Preise, Mengen und weitere Distributionswege vorgibt. Dies führt zwar zu Kostensenkungen, gleichzeitig wird aber die wirtschaftliche Selbstständigkeit eingeschränkt. Das Syndikat ist seinerseits rechtlich selbstständig und wird meist in der Rechtsform einer GmbH gegründet.

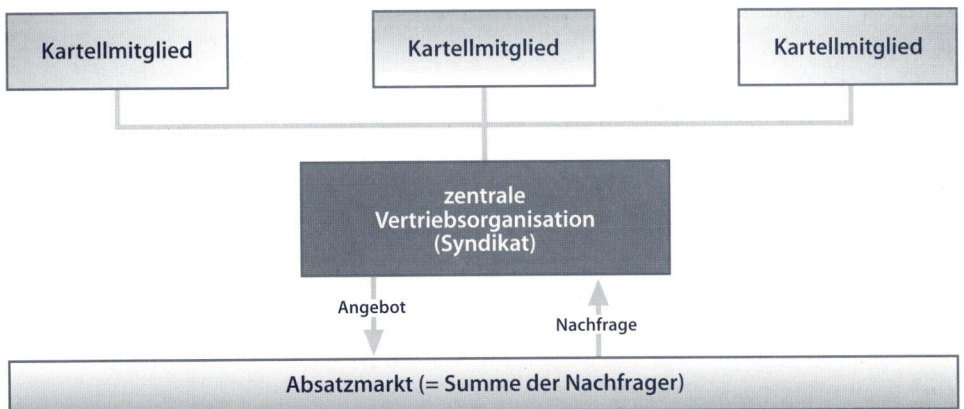

Ein Syndikat ist neben dem Absatz- auch für den Einkaufsbereich denkbar, beide Ausprägungen sind nach dem GWB unzulässig.

15.4.2.6 Voraussetzung und Grenzen der Kartellierung

Kartelle bieten sich bei gleichartigen (homogenen) Produkten an, wie Benzin, Mehl, Salz oder Zement. Diese Produkte werden meist in sehr großer Stückzahl und ähnlicher Qualität produziert, sodass die Preispolitik als differenzierendes Instrument zwischen den Marktwettbewerbern in den Vordergrund tritt. Zusätzlich muss eine geringe oder zumindest überschaubare Anzahl an Herstellern vorhanden sein, da so die Absprache untereinander erleichtert wird.

Man spricht von **geschlossenen Kartellen,** wenn alle Wettbewerber eines Wirtschaftszweiges in dem Kartell organisiert sind. Bei einem **unvollkommenen Kartell** hingegen vereinigen die Mitglieder weniger als 100 % des Marktanteils in dem Kartell.

Grenzen sind der Kartellierung insbesondere beim technischen Fortschritt und bei Einzelanfertigungen gesetzt, da hier die Vereinbarungen ständig umgestaltet werden müssten. Dies wäre mit sehr hohen Verhandlungs-, Anpassungs- und Kontrollkosten verbunden.

15.4.3 Verbundene Unternehmen

Der Begriff **„verbundene Unternehmen"** wurde erstmals 1965 im Aktiengesetz eingeführt, das zahlreiche Vorschriften bezüglich verbundener Unternehmen beinhaltet.

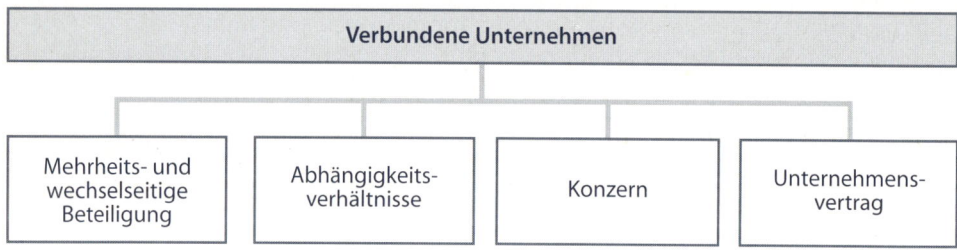

15.4.3.1 Mehrheitsbesitz und wechselseitige Beteiligung

Bei einem **Mehrheitsbesitz** besitzt ein Unternehmen die Anteilsmehrheit oder die Stimmenmehrheit an einem rechtlich selbstständigen Unternehmen.

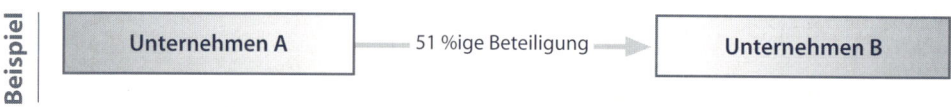

Unternehmen A wird auch als **Muttergesellschaft** oder herrschendes Unternehmen bezeichnet. Unternehmen B wird dementsprechend abhängiges Unternehmen oder **Tochterunternehmen** genannt.

Unter Umständen sind den einem Unternehmen gehörenden Anteilen weitere Anteile von abhängigen Unternehmen hinzuzurechnen.

Beispiel

Unternehmen A besitzt 100 % der Anteile an Unternehmen B und 21 % der Anteile an Unternehmen C. Unternehmen B hingegen besitzt 30 % der Anteile an Unternehmen C. Das Unternehmen A kann also über die Anteile von Unternehmen B frei verfügen. Die Anteile sind den eigenen Anteilen an Unternehmen C zuzurechnen. Unternehmen A besitzt demnach eine Mehrheitsbeteiligung von 51 % (= 21 % + 30 %) an Unternehmen C.

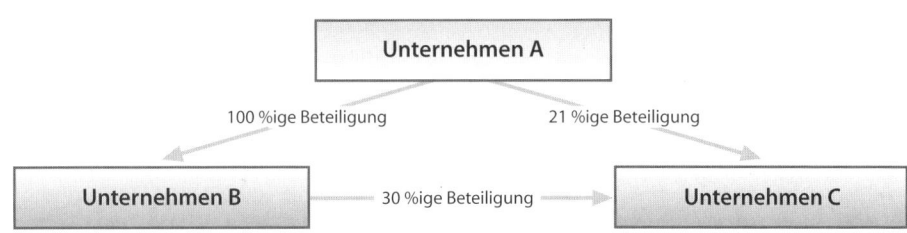

Von einer **wechselseitigen Beteiligung** spricht man, wenn jedes Unternehmen mindestens 25 % der Anteile des anderen besitzt.

15.4.3.2 Abhängigkeitsverhältnisse

Bei einem Abhängigkeitsverhältnis kann ein herrschendes Unternehmen auf ein anderes rechtlich selbstständiges Unternehmen einen beherrschenden Einfluss ausüben. Das herrschende Unternehmen hat in diesem Fall keine oder nur eine geringe Beteiligung an Anteilen oder Stimmen. Beispiele bilden Zulieferbetriebe, die von einem Nachfragemonopol abhängig sind.

15.4.3.3 Konzerne

Das Wort „**Konzern**" hat seinen Ursprung im Lateinischen (lat.: concernere) und bedeutet so viel wie „zusammenführen". Im betriebswirtschaftlichen Sinn besteht ein Konzern aus zwei oder mehreren rechtlich selbstständigen Unternehmen, wobei eine einheitliche Leitung besteht. Die Leitung bestimmt die Koordination der Geschäftspolitik der Unternehmen, was zum Verlust der wirtschaftlichen Entscheidungsgewalt der einzelnen Konzernmitglieder führt. Sie sind finanziell (meist) eng miteinander verbunden.

Der Konzernzusammenschluss kann in drei Richtungen gehen, nämlich in eine laterale, vertikale und horizontale.

In einem **horizontal gegliederten Konzern** ist das Produktionsprogramm der einzelnen Konzernmitglieder gleichartig, da es sich um Betriebe der gleichen Branche handelt. Hierdurch wird der Wettbewerb oft erheblich eingeschränkt. Im Extremfall ist sogar eine marktbeherrschende Stellung als Ergebnis der Konzernbildung denkbar. Demzufolge unterliegen solche Konzerne der besonderen Missbrauchsaufsicht der Kartellbehörde.

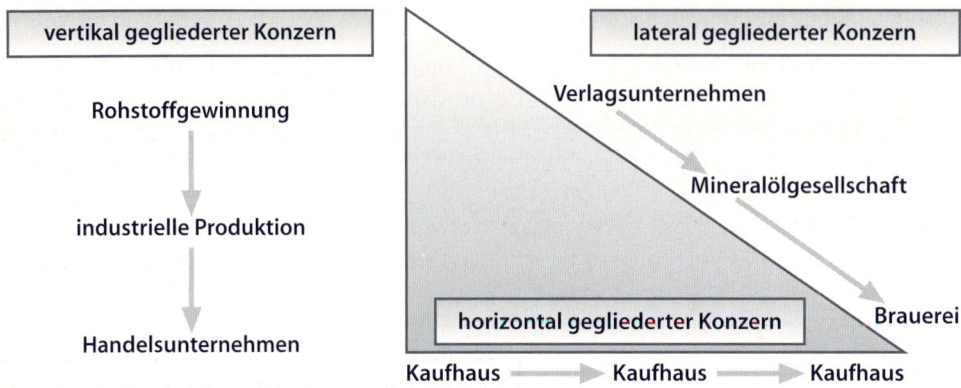

Von einem **vertikal gegliederten Konzern** spricht man, wenn sich Unternehmen aufeinander folgender Produktionsstufen verbinden. Die Gründe dafür liegen vor allem in der Verminderung von Beschaffungs- und Absatzrisiken.

Bei einem **lateral gegliederten Konzern** besteht weder eine horizontale noch eine vertikale Verflechtung der Konzernunternehmen. Die einzelnen Unternehmen besitzen keinerlei Übereinstimmung bei Produktionsprogramm oder absatzmäßiger Verwertung.

Die Spitze des Konzerns wird häufig von einer Dachgesellschaft **(Holdinggesellschaft)** gebildet. Diese Holdinggesellschaft übernimmt die Verwaltungs- und Finanzierungsarbeiten, ist selber aber nicht aktiv an der Produktion und am Handel beteiligt. Dies überlässt sie den einzelnen untergeordneten Unternehmen.

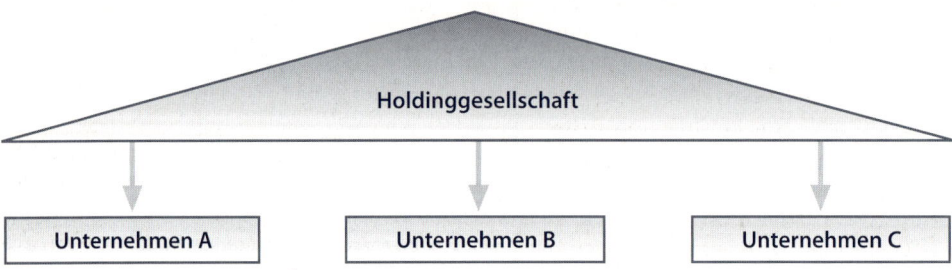

15.4.3.4 Unternehmensvertrag

Unternehmensverträge sind nach dem Aktiengesetz solche Verträge, durch die eine Aktiengesellschaft oder Kommanditgesellschaft auf Aktien die Leitung ihrer Gesellschaft einem anderen Unternehmen unterstellt **(Beherrschungsvertrag)** oder sich verpflichtet, ihren ganzen Gewinn an ein anderes Unternehmen abzuführen **(Gewinnabführungsvertrag).** Bei einem Beherrschungsvertrag wird auch von einem **Vertragskonzern** gesprochen. Des Weiteren sind Betriebspacht-, Teilgewinnabführungs- und Betriebsüberlassungsverträge zu unterscheiden.

15.4.4 Fusion

Im Rahmen einer Fusion geben Unternehmen ihre wirtschaftliche und rechtliche Selbstständigkeit auf. Die Fusion ist damit die engste Art des Zusammenschlusses von Unternehmen, denn die Unternehmen werden nicht nur wirtschaftlich (wie beim Konzern), sondern auch rechtlich vereinigt. Man spricht auch von **Unternehmens-verschmelzungen,** da zwei Vermögensmassen zu einer einzigen verschmolzen werden. Dabei können, ähnlich wie bei der Konzernbildung, horizontale, vertikale und laterale Fusionen unterschieden werden. In der Praxis sind Fusionen allerdings häufig bei Unternehmen anzutreffen, die eine starke Verwandtschaft hinsichtlich des Produktionsprogramms aufweisen.

Im englischen Sprachraum wird die Verschmelzung als **Trust** bezeichnet. Es sind zwei mögliche Fusions-ausprägungen zu unterscheiden: die Fusion durch Neubildung und die Fusion durch Aufnahme.

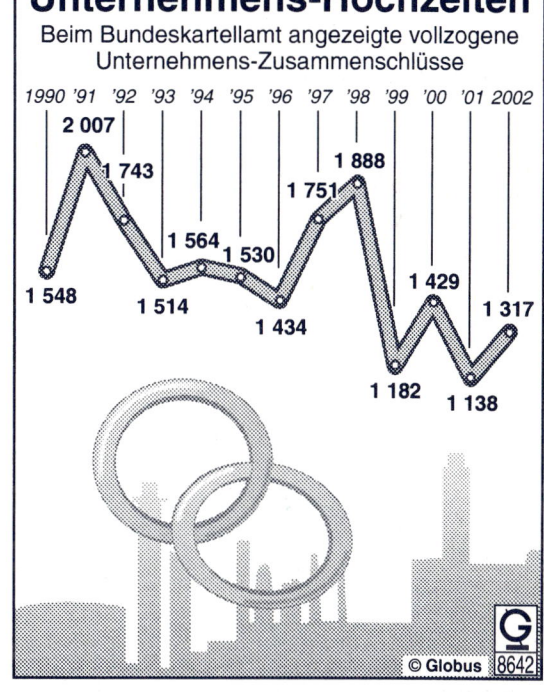

Unternehmens-Hochzeiten
Beim Bundeskartellamt angezeigte vollzogene Unternehmens-Zusammenschlüsse

1990 '91 '92 '93 '94 '95 '96 '97 '98 '99 '00 '01 2002

2 007
1 743
1 888
1 751
1 564
1 530
1 548
1 514
1 429
1 317
1 434
1 182
1 138

© Globus 8642

15.4.4.1 Fusion durch Neubildung

Bei einer Fusion durch Neubildung werden die Vermögensmassen der sich vereinigenden Unternehmen auf ein neu gebildetes Unternehmen übertragen. Handelt es sich bei den Unternehmen um zwei Aktiengesellschaften, dann tauschen die Aktionäre ihre alten Aktien gegen Aktien der neu gebildeten Gesellschaft. Im rechtlichen Sinne entsteht eine neue Firma, die Firmen der übertragenden Gesellschaften werden aufgelöst.

Beispiel

Beispielsweise kombinierten das französische Unternehmen Rhône-Poulenc und die deutsche Höchst AG ihre Pharma- und Agrikultursparten, womit sie Aventis als Unternehmen neu bildeten. Nur wenige Jahre später (2004) fusionierte Sanofi-Synthelabo mit Aventis zu Sanofi-Aventis.

15.4.4.2 Fusion durch Aufnahme

Bei einer Fusion durch Aufnahme erfolgt die Verschmelzung durch die Übertragung des Vermögens einer Gesellschaft oder mehrerer Gesellschaften als Ganzes auf eine übernehmende Gesellschaft. In rechtlicher Hinsicht wird nur der Firmenname der übertragenden Gesellschaften gelöscht.

Beispiel

Ein weiteres Beispiel aus der Pharmabranche: Im Jahr 2000 übernahm der Pharmagigant Pfizer seinen Konkurrenten Warner-Lambert. Der Firmenname und die grundsätzliche Strategie blieben davon unberührt. Zwei Jahre später wurde dann der Wettbewerber Pharmacia mit der gleichen Vorgehensweise „einverleibt".

Die Aufnahme eines Partners ist oft mit zahlreichen Problemen verbunden. Es wird zwar meist der Name des stärkeren Partners im Rahmen der Fusion beibehalten, doch nicht jede Firma mag auf ihre traditionelle Bezeichnung verzichten. Die geplante Fusion der beiden Fluggesellschaften British Airlines und KLM scheiterte u. a., weil die Niederländer den Firmennamen „Koninklijke Luchtvaart-Maatschappij" nicht erlöschen lassen wollten.

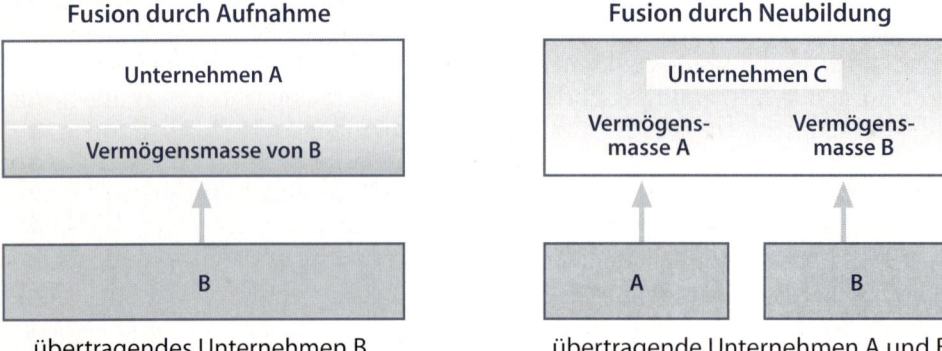

15.4.4.3 Chancen und Risiken von Fusionen

Aufgrund zahlreicher spektakulärer Unternehmensverschmelzungen in der Wirtschaft wurde von der Mitte bis zum Ende der Neunzigerjahre auch von einem „Fusionsfieber" bzw. einer „Fusionitis" gesprochen. So gründeten die Citicorp und Travellers in der Finanzbranche ein gemeinsames Unternehmen, in der Ölbranche schlossen sich Total und Petrofina zur Total Fina sowie die Exxon Corp. und die Mobil Corp. zur Exxon Mobil Corp. zusammen. Die Unternehmensberatungsgesellschaft A.T. Kearney erwartet in Zukunft Fusionsbestrebungen vor allem in stark zersplitterten Geschäftszweigen, d. h. bei Banken und Versicherungen, der Energieversorgung, den IT-Dienstleistern und der Telekommunikation. In der Automobilbranche glauben einige Analysten an einen Konzentrationsprozess, bei dem am Ende sechs globale Anbieter bestehen bleiben, die so genannten „Global Six": DaimlerChrysler, General Motors, Honda, Ford, Toyota und Volkswagen.

Ankündigungen von Zusammenschlüssen werden fast ausnahmslos von Behauptungen angeblicher **Synergien** begleitet, die nicht nur Einsparungen, sondern auch weitere Gewinne bringen sollen. Die Erwartung höherer Renditen, verbesserte Konkurrenzfähigkeit, die Stärkung der Finanzkraft und eine geografisch breiter gefächerte Produktion sind weitere Aspekte, die mit „Unternehmenshochzeiten" in Verbindung gebracht werden. Von **Gefahren und Risiken** ist kaum die Rede.

Die Risiken einer Fusion von zwei Unternehmen mit vergleichbarem Geschäfts-bereich hat z. B. der Softwarehersteller Novell erfahren müssen. Bereits 13 Mo-nate nach der Übernahme von Wordperfect musste die Geschäftsleitung zuge-ben, dass es kaum Synergien gab und die Unternehmen nicht zusammenpass-ten. Wordperfect wurde von Novell 1996 für 115 Millionen Dollar veräußert, die Kaufsumme innerhalb eines Aktientausches betrug jedoch 885 Millionen Dollar. Ebenso unglückliche Erfahrungen sammelte Daimler-Benz bei dem Zu-sammenschluss mit der AEG, der 1985 zunächst als Einstieg in einen „integrier-ten Technologiekonzern" gefeiert wurde. Bereits Anfang der Neunzigerjahre wurden aber Geschäftsfelder wie Haushaltsgeräte und Bürotechnik geschlos-sen oder veräußert. In den folgenden Jahren wurden weitere ehemalige AEG-Sparten verkauft, was nach dem Daimler-Manager J. Schrempp eine „Rückkehr zur Profitabilität" bedeutete. Wenige Jahre später wurde jedoch durch eine Fu-sion mit Chrysler mehr als die Hälfte des ehemaligen Börsenwertes vernichtet. Der amerikanische Partner legte nach der Fusion mangelnde Profitabilität der dortigen Werte und des Absatzes auf dem amerikanischen Markt offen. Über die zukünftigen Aussichten des deutsch-amerikanischen Unternehmens strei-ten sich die Analysten. Deutsche Fusionsbemühungen müssen jedoch nicht zwangsläufig negativ ausfallen. Im Jahr 1999 bewiesen die beiden Energie-versorger Veba und Viag, dass ein gemeinsames Unternehmen profitabel sein kann. Auch das innovative Firmenlogo E.on wurde mit hohem Marketingetat erfolgreich bei der Kundschaft etabliert.

Eine Erhebung der Unternehmensberatung McKinsey belegt die mangelnde Effekti-vität von Zusammenschlüssen. Die Consulting Group analysierte 500 weltweite Unter-nehmensverschmelzungen mit einem Volumen von mehr als 500 Millionen Dollar. Aus Sicht des Unternehmenskäufers ist – gemessen an der Kursentwicklung der Aktien – jede zweite Übernahme ein Erfolg. Für die Verkäufer hingegen sind 80 % der Transaktionen profitabel. Die Kurswerte, die dabei entstehen oder vernichtet werden, sind beachtlich: 600 Millionen Dollar Börsenwert schafft eine durchschnitt-liche Erfolgsfusion, ein durchschnittlicher Flop vernichtet 500 Millionen Dollar an Börsenwert. Eine Langzeitstudie der Mercer Management Consulting belegt, dass mehr als die Hälfte der Zusammenschlüsse keine Erhöhung des Aktionärsvermögens des akquirierenden Betriebes zur Folge hatte. Nur in 44 % der Fälle entwickelte sich der Aktienkurs der fusionierten Unternehmen besser als der Index der jeweiligen Branche. Der Studie zufolge zerstört eine große Anzahl von Fusionen Unternehmens-werte, anstatt zusätzliche zu schaffen.

Ein wesentlicher Problembereich, der oft über Erfolg oder Misserfolg einer Fusion entscheidet, ist das **Zusammenführen von unterschiedlichen Unternehmenskultu-ren und -organisationen.** Die Anpassung nimmt ebenso wie der Abbau von Mentali-tätsproblemen und der Aufbau menschlicher Integrationsprozesse einen längeren Zeitraum in Anspruch. Mehrere Chrysler-Manager wechselten z. B. aus diesem Grund nach dem Zusammenschluss mit Daimler zum Konkurrenten General Motors. Je ausgeprägter die Kulturen der Fusionspartner sind, desto sorgfältiger muss die Inte-gration vorbereitet werden.

Genauso schwierig erscheint die Handhabung des stark erhöhten Informations- und Kommunikationsstroms in Folge des Zusammenschlusses. Umfassende Kenntnisse des Partners erschließen sich oft erst „Schritt für Schritt", was die Reaktion auf Missstände beträchtlich verlangsamt. Unsystematische und inkonsistente Akquisitionsstrategien führen daher selten zum Erfolg. Eine sorgfältige Unternehmensprüfung, Implementierungs- und Integrationsphasen sind besonders wichtig. Im Rahmen der Prüfungsphase **(due diligence)** müssen die wirtschaftlichen Gegebenheiten, die Zukunftsaussichten und die Organisationsstruktur des Zielunternehmens gründlich analysiert werden. Das Ergebnis der „due diligence" wird in der Regel in einem umfangreichen schriftlichen Bericht zusammengefasst.

Trotz umfangreicher Prüfungen neigen Unternehmen in oligopolistischen Märkten bei einer Internationalisierungsstrategie oft dazu, einem Marktführer zu folgen. Man kann in diesem Fall von einem „Herdentrieb" sprechen, dem gerne erfolgsverwöhnte und von sich selbst überzeugte Unternehmensvorstände überhastet nacheifern.

15.4.4.4 Kontrolle von Unternehmensfusionen

Da Fusionen zu zahlreichen wirtschaftlichen Beschränkungen des Wettbewerbs führen, unterliegen sie der besonderen **Kontrolle des Kartellamtes.** Der Fusionsbegriff wird dabei allerdings weiter gefasst. Er wird auch auf Konzerne übertragen, da sie in wirtschaftlicher Hinsicht ähnliche Wirkungen haben. Gemäß § 35 des GWB ist bei zusammenschlusswilligen Unternehmen eine „vorbeugende Fusionskontrolle" angebracht, wenn im letzten Geschäftsjahr vor dem Zusammenschluss

- die beteiligten Unternehmen insgesamt weltweit Umsatzerlöse von mehr als 500 Mio. € und
- mindestens ein beteiligtes Unternehmen im Inland Umsatzerlöse von mehr als 25 Mio. € erzielt haben.

Bereits 1991 trat zudem die **EU-Fusionskontrolle** für Großfusionen in Kraft. Nach Ansicht des Berliner Institutes für Wirtschaftsforschung (DIW) schützt die europäische Kontrolle den Wettbewerb und die Interessen des betroffenen Verbrauchers allerdings nur unzureichend, da sie anfällig für politische Einflüsse sei. Zudem gebe es nach Ansicht des DIW auf der europäischen Ebene keine klaren Kriterien, ab wann eine Fusion dem Wettbewerb schade. Auch Schwellen, ab wann ein Fusionsvorhaben kontrollpflichtig ist, fehlen im EU-Recht, da z. B. in den jeweiligen Gesellschaftsrechten der Mitgliedstaaten die Sperrrechte sehr unterschiedlich geregelt sind.

Ein „**Weltkartellamt**" ist aus ähnlichen Gründen schwer zu realisieren. Neben der Problematik der unterschiedlich ausgestalteten nationalen Rechtsordnungen stellt sich die Frage, wer ein solches Kartellamt demokratisch kontrollieren sollte oder wie es generell vor politischer Einflussnahme geschützt werden könnte. Im ersten Schritt müssen also die Genehmigungs-, Prüfungs- und Kontrollverfahren der Staatengemeinschaft angeglichen werden. Erst danach kann ein Weltkartellamt erfolgreich eingerichtet werden.

15.5 Check-up

15.5.1 Zusammenfassung

✔ Sie lasen über grundlegende Ziele von Unternehmenszusammenschlüssen.

✔ Sie konnten sich über verschiedene Formen von Unternehmenszusammenschlüssen informieren.

✔ Sie haben gelernt, dass verbotene, anmeldepflichtige und genehmigungspflichtige Kartelle zu differenzieren sind.

✔ Sie lernten verschiedene Formen eines Konzerns (horizontal, vertikal und lateral) kennen.

✔ Sie haben erfahren, dass Fusionen durch Neubildung oder durch Aufnahme auftreten können, wobei auch negative Aspekte einer Fusion beachtet werden müssen.

15.5.2 Kontrollfragenblock

1. Die beiden mittelständischen Lebensmitteleinzelhändler Heinz Müller und Hans Hansen möchten in Zukunft enger zusammenarbeiten, um günstiger Gemüse einzukaufen. Welche Art Kartell bietet sich an? Was ist bei der Bildung zu beachten?

2. In welchen Branchen (= Wirtschaftszweigen) sind Kartelle häufig anzutreffen?

3. Welche beiden Fusionsausprägungen sind zu unterscheiden?

4. Bei welchem Unternehmenszusammenschluss verlieren Unternehmen ihre rechtliche und wirtschaftliche Selbstständigkeit?

5. Beurteilen Sie die folgende Aussage: Bei einem Konzern ist eine einheitliche Leitung eine unabdingbare Voraussetzung.

6. Die Super-Fruchtsaft AG besitzt die Stimmenmehrheit an der Elite-Fruchtsaft AG und übt diese Stimmenmehrheit auch aus. Um was für eine Form der Gliederung handelt es sich bei diesem Konzern?

7. Welche Ziele lassen sich bei Unternehmenszusammenschlüssen unterscheiden?

8. Welche Kartelle sind verboten?

9. Was ist eine Holdinggesellschaft?

10. Ist der Automobilhersteller Daimler schon an „Fusionsfieber" erkrankt?

15.5.3 Weiterführende Literatur

Dabui, M.: Postmerger-Management: Zielgerichtete Integration bei Akquisition und Fusion, Wiesbaden 1998.

Emmerich, V.: Kartellrecht, 9. Auflage, München 2001.

Meher, U.: Fusionskontrolle und Transnationalisierung, Hamburg 2002.

 www. bundeskartellamt. de

AUSGEWÄHLTE ASPEKTE DER WARENBESCHAFFUNG

Beschaffungsplanung
- Bedarfsermittlung und Mengenplanung
- Terminplanung
- Preisplanung
- Lieferantenauswahl

Kaufverhalten im Rahmen der Warenbeschaffung
- Rollen der Beschaffungspartner
- Kaufprozesse in der Warenbeschaffung

16.2 Problemstellung

Natürlich muss ein Unternehmen nicht nur Waren beschaffen, sondern u.a. auch Arbeitskräfte (z.B. Facharbeiter), Betriebsmittel (z.B. Maschinen) und Finanzmittel (z.B. Bargeld oder Kredite). Da diese Aspekte bereits in anderen Kapiteln erläutert wurden, wird im Folgenden nur die Warenbeschaffung eines Handelsbetriebes betrachtet. Der Begriff **Einkauf** kann in diesem Zusammenhang synonym verwendet werden, da er sich auf die Beschaffung von Waren und Betriebsmitteln (nicht jedoch z.B. auf die Beschaffung von Arbeitskräften und Kapital) bezieht.

Bevor ein Handelsbetrieb seine Waren dem Konsumenten anbieten kann, ist der Einkauf eben dieser Waren unumgänglich. Das Unternehmen steht also zwangsläufig mit zwei Märkten in Verbindung, dem Beschaffungs- und dem Absatzmarkt. Während Fragen und Problembereiche des Warenabsatzes bereits im Kapitel Marketing diskutiert wurden, wird in diesem Kapitel das Augenmerk auf den **Beschaffungsbereich** gerichtet.

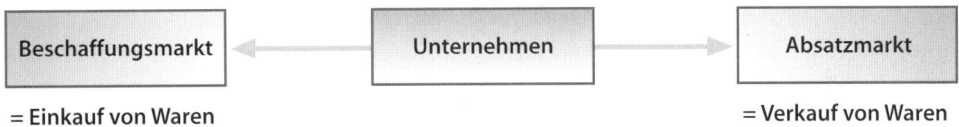

| Beschaffungsmarkt | ← | Unternehmen | → | Absatzmarkt |

= Einkauf von Waren   = Verkauf von Waren

Grundlage einer fundierten Einkaufsentscheidung ist eine hinreichende **Planung.** Im Rahmen dieser Planung muss der Beschaffungsmanager auf fünf elementare Fragen eine Antwort finden:

Kernfragen der Einkaufsplanung
■ Was soll beschafft werden?   ➡ Bedarfsermittlung
■ Wie viele Artikel sind zu beschaffen?   ➡ Mengenplanung
■ Wann soll die Bestellung erfolgen?   ➡ Terminplanung
■ Wie teuer sollen die Waren eingekauft werden?   ➡ Preisplanung
■ Wo kann das Unternehmen die Waren beschaffen?   ➡ Lieferantenauswahl

24 Voss – ISBN 3-8120-0646-4

16.3 Bereiche der Beschaffungsplanung

16.3.1 Bedarfsermittlung und Mengenplanung

Durch die **Bedarfsermittlung** werden Einkaufsentscheidungen vorbereitet und getroffen. Solche Entscheidungen fallen nicht nur in Unternehmen, sondern auch in Haushalten zwangsläufig an.

Beispiel | Herr Meyer will seiner Frau ein besonderes Mittagessen zubereiten. Hierbei muss er überlegen, was er kochen will und welche Zutaten in welchen Mengen dazu notwendig sind. Er muss den Bedarf genau ermitteln.

Im Handelsunternehmen bieten bisherige Warenverkaufszahlen einen Anhaltspunkt für den zukünftigen Bedarf. Die Auswertung der Absatzstatistiken nennt man **Verkaufsdatenanalyse.** Mit Hilfe der Analyse werden sowohl Daten über die benötigten Produkte als auch über Mengen erzielt. Es ist allerdings zu beachten, dass hierdurch keine Auskunft über neue, (möglicherweise) gewinnbringende Produkte gewonnen wird. Solche Informationen können durch das Studium von Fachzeitschriften oder durch Kontakte mit innovativen Lieferanten ermittelt werden. Schließlich müssen Trend- und Modeveränderungen in die Planung einbezogen werden. Bei einem Großhandelsbetrieb sind solche Informationen durch Marktforschungsanalysen oder den Außendienst zu erfassen, denn dieser kann durch den direkten Kundenkontakt zukünftige Bedürfnisse erkennen. Es sind aber auch Daten der Kosten- und Leistungsrechnung bei der Bedarfsplanung zu berücksichtigen, denn sie geben z.B. Aufschluss über unterschiedliche Gewinnspannen der einzelnen Produkte.

Große oder kleine **Einkaufsmengen** können zu Vor- oder Nachteilen für das Unternehmen führen. Bei großen Bestellmengen ist z.B. ein großes Lager notwendig. Dies hat eine Steigerung der Lagerkosten (z.B. durch Mieten und Strom) zur Folge. Umgekehrt verhält es sich bei kleinen Einkaufsmengen, denn es ist kein großes Lager mehr nötig. Andererseits muss das Unternehmen in kürzeren Zeitabständen Bestellungen durchführen, und hierdurch steigen die **Bestellkosten.** Solche Bestellkosten umfassen Kosten der Warenannahme und -prüfung sowie Kosten für Anfragen, Angebotsvergleiche und Vertragsverhandlungen. Die **optimale Bestellmenge** ist erreicht, wenn die Summe aus Lagerkosten und Bestellkosten am niedrigsten ist. Diese Rechnung ist in der Praxis allerdings – z.B. aufgrund von beschränkt lagerfähigen Produkten oder vorgegebenen Mindestbestellmengen – nur schwer zu verwirklichen.

16.3.2 Terminplanung

Wenn ein Handelsbetrieb einen Kunden nicht beliefern kann, wird dieser unter Umständen seine Ware bei einem attraktiveren Lieferanten einkaufen. So entgehen dem Unternehmen gewinnbringende Geschäfte. Der Verlust, der infolge der Lieferunfähigkeit entsteht, wird **Fehlmengenkosten** genannt. Diese Kosten sind durch eine rechtzeitige Warenbestellung zu vermeiden. Bei der Lieferdauer sind jedoch einige Faktoren zu beachten. Neben der reinen Lieferzeit (z.B. per LKW oder Deutsche Bahn

AG) sind Bearbeitungszeiten der Bestellung im eigenen Unternehmen und beim Lieferanten sowie die Güterannahme und -prüfung einzurechnen.

Ein so genannter **„eiserner Bestand"** (= Mindestbestand) eines Artikels ist für Notfälle (z. B. unerwartet eingetretene Veränderungen der Lieferzeit) vorgesehen. Er wird im normalen Betriebsgeschehen nicht angegriffen.

16.3.3 Preisplanung

Jedes Unternehmen ist bestrebt, seine Waren so günstig wie möglich einzukaufen. Dabei dürfen die Qualität der Waren und bereits bestehende Geschäftsbeziehungen aber nicht vergessen werden. Zurzeit wird in der Betriebswirtschaftslehre in Verbindung mit der Bedeutung von Geschäftsbeziehungen die **Efficient Consumer Response** (effiziente Konsumentenansprache) intensiv diskutiert. Das Ziel dieser Zusammenarbeit zwischen Industrie und Handel ist die verbesserte Befriedigung der Konsumentenwünsche. Den Kunden soll ein besserer Service zu geringeren Preisen garantiert werden. Um dies zu erreichen und durch eine „schlankere Distributionskette" die Kosten im Absatzkanal zu vermindern, sind Handel und Industrie zu einer engeren Kooperation gezwungen. In den USA werden solche Vorteile bereits wahrgenommen, so konnten so genannte Warehouse Clubs im Vergleich zu traditionellen Supermärkten die Kosten deutlich verringern.

Wird jedoch nur die Ausnutzung von Preisvorteilen beim Einkauf betrachtet, so ist der **Bezugspreis (Wareneinstandspreis)** maßgebend für die Warenbeschaffung. Dieser ist wie folgt zu berechnen:

Listeneinkaufspreis	**(laut Preisliste des Lieferanten)**
– Rabatt	**(Preisnachlass, z. B. für große Mengen)**
= Zieleinkaufspreis	
– Skonto	**(Preisnachlass bei vorzeitiger Zahlung)**
= Bareinkaufspreis	
+ Verpackungskosten	**(z. B. für Kisten)**
+ Transportkosten	**(z. B. Kosten für LKW-Transport)**
= Bezugspreis	

Beispiel

Der ROVO-Spielegroßhandel kauft 100 Gesellschaftsspiele bei dem Spieleproduzenten Hirsch. Laut Preisliste des Herstellers beträgt der Listenpreis 20,00 €. Da die ROVO dort bereits lange Zeit Kunde ist, wird ein Rabatt von 20 % gewährt. Außerdem berechnet der Lieferant weder Verpackungs- noch Transportkosten. Die Zahlung soll innerhalb von 20 Tagen beim Lieferanten eingehen, erfolgt sie früher, so werden 2 % Skonto eingeräumt. Wie hoch ist der Bezugspreis für ein Spiel, wenn der Rechnungsbetrag nach zehn Tagen beglichen wird?

	Listeneinkaufspreis	20,00 €
−	Rabatt	4,00 €
=	Zieleinkaufspreis	16,00 €
−	Skonto	0,32 €
=	Bareinkaufspreis	15,68 €
+	Verpackungskosten	0,00 €
+	Transportkosten	0,00 €
=	Bezugspreis	15,68 €

Ausgewählte Rabattarten	Beschreibung
Frühbezugrabatt	erfolgt bei vorzeitiger Abnahme von Saisonartikeln
Mengenrabatt	Preisnachlass bei Abnahme größerer Einkaufsmengen
Naturalrabatt	ist Rabatt in Form von Warenbeigaben
Treuerabatt	gibt es für langjährige Kunden (Stammkunden)
Wiederverkäuferrabatt	wird Groß- und Einzelhändlern gewährt

16.3.4 Lieferantenauswahl

Bevor eine Entscheidung für einen Lieferanten getroffen wird, müssen zunächst Informationen über diesen eingeholt werden. Diese Informationen können unternehmensintern durch **Lieferantenkarteien/-dateien** und **Artikelkarteien/-dateien** ermittelt werden. Sie informieren über:

- Art und Qualität der Ware;
- Preise, Lieferungs- und Zahlungsbedingungen;
- Zuverlässigkeit des Lieferanten;
- Dauer der Geschäftsbeziehungen;
- Lieferzeit.

Diese Daten können durch schriftliche oder telefonische Anfragen bei aktuellen und potenziellen Lieferanten erneuert oder ergänzt werden. Anfragen sind unverbindlich. Aus diesem Grund können bei der Recherche nach bestimmten Gütern beliebig viele potenzielle Lieferanten ohne rechtliche Bindung angeschrieben werden. Nachdem die angeforderten Informationen eingetroffen sind, können auch bislang unbekannte Lieferanten in die Kartei aufgenommen werden. Auch Betriebsbesichtigungen bei möglichen Lieferanten oder Informationen durch den Besuch von Messen oder Ausstellungen können die Datenbasis erweitern.

Nachdem die vorliegenden Daten analysiert und verglichen wurden, muss eine Auswahl zwischen den Lieferanten getroffen werden. Die Lieferantenauswahl wird in der Literatur oft nur auf rein preisliche Gesichtspunkte reduziert. Dies entspricht jedoch nur der Realität, wenn zwischen den Partnern vorher keine Geschäftsbeziehungen bestanden sowie kein weitergehendes Informationsmaterial vorliegt. Doch das ist nur in den seltensten Fällen realistisch. Vielmehr gewinnen die Geschäftsbeziehungen, wie bereits erläutert, zunehmend eine besondere Relevanz im Einzel- und Großhandel. Aus diesem Grund werden weitere Aspekte in die Auswahlentscheidung einbezogen. Neben den berechenbaren Entscheidungskriterien wie dem Bezugspreis, der gewünschten Liefermenge und der Lieferzeit müssen auch nicht berechenbare Kriterien in die Entscheidungsfindung einbezogen werden. Anhaltspunkte liefern auch hier die Artikel- und Lieferantenkarteien/-dateien. Bevor die endgültige Entscheidung für einen Lieferanten fällt, sollten demnach folgende Fragen beantwortet werden:

- Wie zuverlässig ist der Lieferant?
  (z. B. Einhalten der Lieferfristen, gute Qualität der Waren)
- Bietet der Lieferant einen besonderen Kundenservice an?
  (z. B. Beratung oder zusätzliche Garantieleistungen)
- Wie ist das Ansehen des Lieferanten?
  (z. B. Dauer der Geschäftsbeziehungen, Ruf des Lieferanten)
- Wie ist die Kulanz des Lieferanten zu beurteilen?
  (z. B. Umtausch, ordentliche und zügige Bearbeitung von Reklamationen)

Insbesondere bei ausländischen Lieferanten kann ein **Länderrisiko** (Risiko = Ereignisse, bei denen eine Verlustgefahr besteht) in die Lieferantenauswahl einbezogen werden, denn dort können politische oder ökonomische Instabilitäten vorhanden sein.

Eine Möglichkeit, berechenbare und nicht berechenbare Kriterien zu vergleichen, bietet die **ABC-Lieferanten-analyse.** Hierbei werden drei Kriterien (A, B und C) bestimmt, die im Hinblick auf die Bestellung besonders wichtig erscheinen. Im nächsten Schritt werden diese bewertet. Insgesamt sind dabei 100 % Punkte zu vergeben (Kriterium A + Kriterium B + Kriterium C = 100 %). Für jedes Kriterium wird so ein Prozentsatz ermittelt, wobei eine hohe Prozentzahl bedeutet, dass dieses Kriterium sehr wichtig ist. Die Anteile könnten dann auf einen „Kuchen" verteilt werden (siehe Abb. rechts).

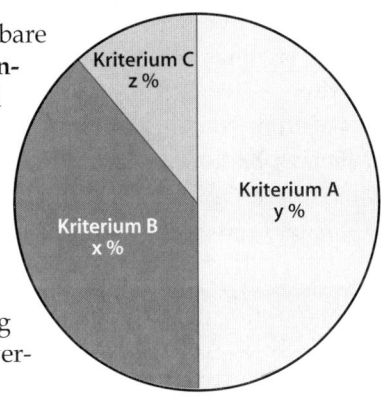

Beispiel

Der ROVO-Spielegroßhandel soll ein qualitätsorientiertes Spielefachgeschäft dauerhaft mit einer Spielesammlung beliefern. Der Kunde will das Produkt also neu in sein Sortiment aufnehmen. Nun muss der Großhandelsbetrieb nach einem entsprechenden Lieferanten Ausschau halten. Bei der Lieferantenauswahl erscheint das Kriterium Qualität aufgrund des anspruchsvollen Abnehmers besonders wichtig. Aber auch die Zuverlässigkeit des Lieferanten kann in diesem Fall eine entscheidende Rolle spielen. Der Preis sollte zwar in den Lieferantenvergleich eingehen, spielt jedoch eine eher unbedeutende Rolle. Die %-Punkte könnten wie folgt vergeben werden:

- am wichtigsten: Qualität   → 50 %
- sehr wichtig: Zuverlässigkeit → 30 %
- wichtig: Bezugspreis   → 20 %

Anschließend wird in einer Tabelle angegeben (siehe unten), wie viele Prozentpunkte jeder Lieferant von dem ermittelten Maximalprozentsatz erhält. Dabei kann jede Einzelbewertung zwischen 0 und der Maximalprozentzahl je Kriterium liegen. Die erreichte Gesamtpunktzahl entscheidet über die Lieferantenauswahl.

In dem vorliegenden Fall werden drei Lieferanten beurteilt:

	Lieferant A	Lieferant B	Lieferant C
Qualität (max. 50 %)	25	50	35
Zuverlässigkeit (max. 30 %)	15	20	20
Bezugspreis (max. 20 %)	20	5	10
Summe	60	**75**	65

Das bedeutet, Lieferant A erhält von 50 möglichen Qualitätspunkten genau die Hälfte, also 25 Punkte. Lieferant B hingegen liefert qualitativ äußerst hochwertige Produkte und erhält deshalb die volle Punktzahl (50). Alle weiteren Punkte werden ähnlich verteilt, dann werden die Punkte für jeden Lieferanten aufaddiert. Bei diesem Beispiel fällt die Entscheidung auf Lieferant B.

Kritisch ist bei der ABC-Analyse anzumerken, dass es sich um eine subjektive Bewertung handelt. Selten werden zwei Mitarbeiter des Unternehmens die gleiche Gewichtung und Verteilung der Prozentzahlen vornehmen. Dennoch regt diese Vorgehensweise zu tiefer gehenden Gedanken über die Auswahl an.

16.4   Kaufverhalten im Rahmen der Warenbeschaffung

16.4.1   Rollen der Beschaffungspartner

Anbieter		Interaktion	Verkäufer	
Unternehmen	*Mitarbeiter*	- episodenhaft	*Unternehmen*	*Mitarbeiter*
- Struktur	- Ziele	- langfristige Beziehungen	- Struktur	- Ziele
- Technologie	- Einstellung		- Technologie	- Einstellung
- Ressourcen	- Erfahrung		- Ressourcen	- Erfahrung

Dem Einkaufsteam des eigenen Unternehmens steht oft ein ganzes Team des Warenverkäufers gegenüber, ein so genanntes **Selling Center.** Es stellt sich als ein multipersonales Verkaufsgremium der Anbieterseite dar und umfasst die anbieterseitigen Gesprächspartner des Einkaufsgremiums.

Der Chefeinkäufer des eigenen Unternehmens hat die Aufgabe, sich darüber zu informieren, wer dem gegenüberliegenden Selling Center angehört und welche Funktion die einzelnen Mitarbeiter bekleiden. Danach kann er – je nach Marktmacht des eigenen Unternehmens – die Besetzung seiner Einkaufsabteilung **(Buying Center)** darauf ausrichten, um ein optimales Verhandlungsergebnis zu ermöglichen. Ein Selling Center umfasst in der Regel folgende Teilnehmer:

■ **Geschäftsführer** als derjenige, der letztendlich verantwortlich entscheidet. Er ist nicht zwangsläufig bei Verhandlungen zugegen. Besonders bei international agierenden Unternehmen mit einem hohen Umsatzvolumen tritt der Geschäftsführer in den Hintergrund.

■ **Schlüsselkundenberater** (Key Accounter) als zuständiger Ansprechpartner für einzelne Kunden des Verkäufers. Er hat ein umfangreiches Aufgabenprofil zu erfüllen, das von Verantwortlichkeit für Forschungs- und Beratungsprojekte mit Schlüsselkunden über eigene Budgetverantwortung bis hin zur strategischen Planung reichen kann. Als Teamleiter kann er im Selling Center eine herausragende Position einnehmen, die er in Einzelfällen an einen Chefverkäufer abtritt bzw. mit ihm teilt.

■ **Anwendungsberater** besitzen die Aufgabe der Personalschulung für Mitarbeiter des Kunden, der Entwicklung von Konstruktionsmethodiken (insbesondere für Software) bei einzelnen Projekten oder für die Unterstützung bei der Einführung der erworbenen Produkte/Leistungen. Je komplexer die verkauften Güter sind, desto wichtiger wird ihre Rolle.

■ **Techniker** besitzen eine besondere Rolle, wenn Industriegüter verkauft werden, wie etwa vollständige industrielle Anlagen. Sie unterstützen gegebenenfalls den Anwendungsberater oder treten direkt in Kontakt mit dem verantwortlichen Personal des Einkäufers.

■ **Außendienstler** sind (insbesondere bei größerem Transaktionsvolumen des Geschäfts) mit wenig Entscheidungskompetenz ausgestattet. Sie können jedoch als eine Art „gate keeper" wichtige Informationsflüsse lenken bzw. erschweren.

Bei der Zusammensetzung des eigenen Buying Centers sollten fachliche und soziale Aspekte berücksichtigt werden. Die Fachkompetenz ist unentbehrlich, um einen qualitativ sachlichen Informationsfluss mit der Verkaufsseite zu gewährleisten. Sozialkompetenz des Einkaufsteams kann eine stimmige „Chemie" zwischen Verkaufs- und Einkaufsseite herbeiführen, die bei Verhandlungen von Vorteil sein kann, weil es sich letztlich um ein „People Business" handelt, d.h., angesichts objektiv zunehmend austauschbarer Kaufobjekte besitzt die interpersonale Vereinbarkeit größte Relevanz.

Neben den beschriebenen Rollen kann es zu weiteren Rollenverteilungen im Selling Center, aber auch im Buying Center kommen. So gibt es den **Angreifer**, der aggressiv in Gespräche einsteigt, den **Nachfasser,** der unterstützend die Meinung des Angreifers aufgreift und bestätigt, den **Moderator,** der Gespräche leitet, den **Ausgleicher,** der schlecht zu vereinbarende Standpunkte wieder aufeinander zuführt, und den **Faktenkenner,** der fachliche Argumente liefert. Die jeweiligen Rollen im Selling Center sind nicht personengebunden, d. h., es ist möglich, dass ein Mitglied mehrere Funktionen ausfüllt, Rollen wechseln oder mehrere Personen identische Rollen übernehmen.

16.4.2 Kaufprozesse in der Warenbeschaffung

Bei Beschaffungsvorgängen handelt es sich um Kaufprozesse unter Betrieben. Die Verhaltensmerkmale der Unternehmen am Markt unterscheiden sich von denen der Konsumenten (siehe Kap. 8.3.3 u. 8.3.4), daher werden sie nun gesondert erläutert.

Im Beschaffungsbereich kommt es aufgrund bereits bestehender Geschäftsbeziehungen in großem Umfang zu **Wiederholungskäufen,** d. h., Güter gleicher Art und Güte werden beim selben Lieferanten erneut gekauft. Charakteristisch ist dieser Kaufprozess u. a. bei Beschaffungsgütern von geringem Wert, wie z. B. Papier oder Kugelschreiber. Beim Einkauf von Handelswaren kann eine feste Bindung zum Lieferanten auch aufgrund von mangelnden Alternativen zustande kommen. So müssen Waren gegebenenfalls bei so genannten **„hidden champions"** beschafft werden. Hierbei handelt es sich um (meist unbekannte) mittelständische Weltmarktführer, die durch Kundennähe und besondere Produktinnovationen die Konkurrenz größtenteils ausgeschaltet haben. Ein Beispiel für einen solchen „hidden champion" ist das Unternehmen Haribo aus Bonn, das mit der Süßwaren-Spezialität „Gummibärchen" eine Marktführerschaft in der westlichen Welt besitzt.

Bei alt vertrauten und zuverlässigen (z. B. wegen gleich bleibend guter Produktqualität) Lieferanten wird der Kunde oft deren Neuprodukte nachfragen, denn Routine und Sicherheit machen eine langwierige Entscheidungsfindung unnötig. Sucht das Handelsunternehmen hingegen das Risiko und somit neue gewinnträchtige Produkte, dann ist ein Lieferantenwechsel oft unumgänglich. In diesem Fall spricht man von **Beschaffungsinnovationen,** d. h., neue Produkte werden bei neuen Lieferanten eingekauft.

Unter dem Stichwort **Electronic Procurement** (= elektronische Beschaffung bzw. Besorgung) werden über das Internet erschlossene Beschaffungsalternativen zusammengefasst. Genau genommen versteht man hierunter die Nutzung von Informations- und Kommunikationstechnologien für die elektronische Unterstützung und Integration von Beschaffungsprozessen. Eine Untersuchung von Ariba mit dem CAPS (Center of Advanced Purchasing System) aus dem Jahr 2002 ergab, dass der Fokus der Güter, die durch E-Procurement vertrieben werden, noch stark auf indirekten MRO-Gütern und -Dienstleistungen, die katalogbasiert beschafft werden, liegt. **MRO** steht für „Maintenance, Repair and Operations". MRO-Bedarfe sind die so genannten „indirekten Bedarfe" eines Produktionsbetriebes, d. h., die Güter gehen im Gegensatz zum Fertigungsmaterial nicht substantiell in die Produkte ein. Neben Instandhaltungsmaterial und Ersatzteilen sind dies insbesondere Betriebsstoffe, Werkzeuge und Vorrichtungen sowie Büromaterial oder Hygienepapiere. Es handelt sich also in erheblichem Umfang um normierte Standardgüter, die in ähnlicher Form in mehreren Branchen benötigt werden. Zu den Vorreitern im E-Procurement zählen die Branchen Chemie, Logistik und Elektronik, gefolgt von den klassischen Industriesektoren wie Automobilindustrie, Maschinenbau und Metallverarbeitung. Eine deutsche Variante eines elektronischen Handelsplatzes im Rahmen der Warenbeschaffung stellt z. B. die Hamburger Verlagsgruppe „Wer liefert was?" (www. wlwonline. de) dar, die seit 1995 eine Auswahl aus über 400.000 Lieferanten aus 15 Ländern anbietet und die nach 70.000 Suchbegriffen und mehr als 43.000 Produkt- bzw. Dienstleistungsrubriken in neun Sprachen gegliedert ist. Diese Homepage (= Empfangs- oder Übersichtsseite) im World Wide Web übernimmt eine **elektronische Marktplatzfunktion,** die eine einfache Kontaktaufnahme zum Lieferanten ermöglicht. Das Internet wird also immer mehr für Geschäftsvorgänge genutzt, die bislang auf Papier erledigt wurden. Eine einzelne Anfrage per Fax, Brief oder Telefonat erübrigt sich hierdurch. Die Abläufe und der damit verbundene Zeitaufwand werden durch das Angebot im World Wide Web verkürzt, was eine Senkung der Transaktionskosten bewirkt.

16.5 Check-up

16.5.1 Zusammenfassung

✔ Sie lasen über die Kernfragen der Einkaufsplanung (Bedarfsermittlung, Mengenplanung, Terminplanung, Preisplanung, Lieferantenauswahl).

✔ Sie haben erfahren, dass verschiedene Rollen im Selling Center des Geschäftspartners zu unterscheiden sind.

✔ Sie haben gelernt, dass im Rahmen der Warenbeschaffung verschiedene Variationen von Kaufprozessen bestehen.

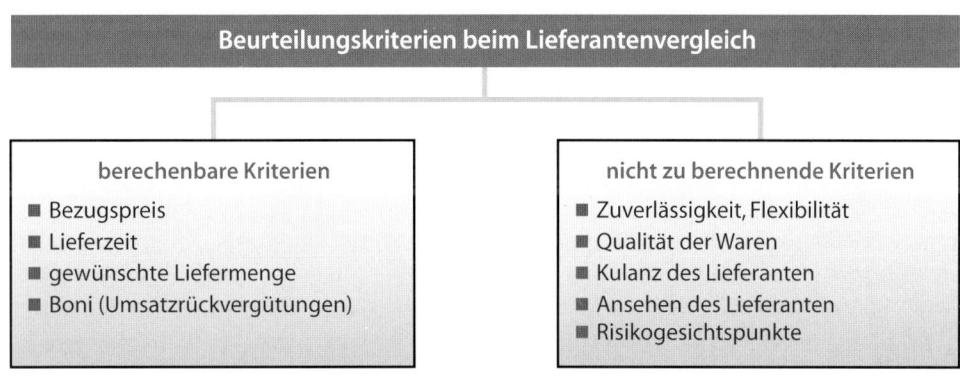

Beurteilungskriterien beim Lieferantenvergleich

berechenbare Kriterien	nicht zu berechnende Kriterien
■ Bezugspreis	■ Zuverlässigkeit, Flexibilität
■ Lieferzeit	■ Qualität der Waren
■ gewünschte Liefermenge	■ Kulanz des Lieferanten
■ Boni (Umsatzrückvergütungen)	■ Ansehen des Lieferanten
	■ Risikogesichtspunkte

16.5.2 Kontrollfragenblock

1. Situationsbeschreibung:

   Sie arbeiten im ROVO-Spielegroßhandel in der Abteilung Einkauf. Es sind nunmehr noch 18 Tage Zeit bis zur Aktionswoche „Rund ums Spiel" Ihres langjährigen Kunden (Warenhaus Weber), der einen Spielemix mit mindestens vier Gesellschaftsspielen anbieten will. Der Auftrag über 300 Spielesammlungen muss also „schleunigst" geschrieben werden.

   Welche Kriterien spielen in diesem Fall bei der Auswahl eines geeigneten Lieferanten eine besondere Rolle?

2. Was versteht man unter einem „eisernen Bestand"?

3. Beschreiben Sie, was ein Selling Center ist!

4. Was ist der Hauptkritikpunkt an einer ABC-Analyse?

5. Wie können Sie den Begriff „hidden champion" kennzeichnen?

16.5.3 Weiterführende Literatur

Boutellier, R. u.a.: Handbuch Beschaffung, München 2003.

Large, R.: Strategisches Beschaffungsmanagement, 2. Auflage, Wiesbaden 2000.

Wagner, S.: Lieferantenmanagement, München 2002.

 www.wlwonline.de

Preismanagement

Situationsdarstellung

Stellen Sie sich vor, Sie sind ein junger Mitarbeiter des Unternehmens „Unserbräu", einer Privatbrauerei im Familienbesitz mit dem Standort Sauerland. Im Rahmen Ihres Trainees sind Sie zurzeit in der Marketing- und Controllingabteilung tätig, um einen Überblick über das gesamte Unternehmen zu erlangen. Die Unternehmenssituation ist im Augenblick allerdings nicht ganz so rosig. „Die Konsumenten laufen weg", so kennzeichnete der Marketingleiter Herr Stollen die Situation treffend. Über kurz oder lang wird das Unternehmen wohl in die Verlustzone abgleiten, wenn nichts verändert wird. Sie sollen nun aktiv dabei mithelfen, das Problem zu untersuchen und zu lösen.

■ **Informationen zum Unternehmen**

Die Zukunft hat bereits begonnen und auch Unserbräu ist von den Problemen der letzten Jahre nicht unberührt geblieben. Als Premium-Brauer konnte sich das Unternehmen als „kleine Persönlichkeit" auf dem Markt behaupten und sein Pils zu einer Marke mit Flair und Stil entwickeln. Wegen der starken lokalen Bindung an das Sauerland ist das edle Nass bundesweit jedoch längst nicht in aller Munde. Mit Hilfe einer strategischen Allianz und entsprechend frischem Kapital könnte das Absatzgebiet allerdings erweitert werden.

Bislang war der Vorstand der Brauerei internationalen Kooperationen oder Allianzen gegenüber skeptisch. Imageverluste für die eigenen Marken wurden ebenso befürchtet wie die Beeinträchtigung der unternehmerischen Selbstständigkeit. Seit einem halben Jahr ist nun der neue Vorstandsvorsitzende Herr Lager im Amt, der eine Kooperation mit dem irischen Biergiganten Morphy's B.C. einging. Der irische Spezialist für malzhaltiges Dunkelbier gilt wie das Sauerländer Unternehmen als Premium-Brauer und ist nun mit 35 % an der Privatbrauerei beteiligt worden. Beide Unternehmen ergänzen sich mittlerweile fachlich, regional und vor allem auch menschlich ausgezeichnet. Die Geschäftsleitung ist mit drei Managern der Privatbrauerei Unserbräu und zwei Managern der Morphy's B.C. besetzt.

■ **Die Lage der deutschen Brauereiindustrie**

Mit einem Jahresumsatz von rund 9 Mrd. € in 2002 ist die Brauereiindustrie ein bedeutender Zweig des deutschen Ernährungsgewerbes. Der Bierausstoß der deutschen Brauereien betrug 2002 circa 110 Mio. Hektoliter. Seit Generationen ist Deutschland zudem international für seine guten Biere und hohen Qualitätsstandards bekannt und gilt als „Biertrinkerland". Zwar ist Bier eines der beliebtesten Getränke in Deutschland – Verbraucher konsumieren hier zu Lande rund 66 % mehr Bier als der Durchschnittseuropäer –, trotzdem sinkt der Pro-Kopf-Verbrauch seit Jahren. Trank ein Bundesbürger 1975 noch etwa 147 *l* im Jahr, waren es im Jahr 2002 weniger als 125 *l*. Für 2010 wird nur noch ein durchschnittlicher Verbrauch von 110 *l* pro Kopf der Bevölkerung prognostiziert. Die genaue Entwicklung wird in der folgenden Abbildung wiedergegeben.

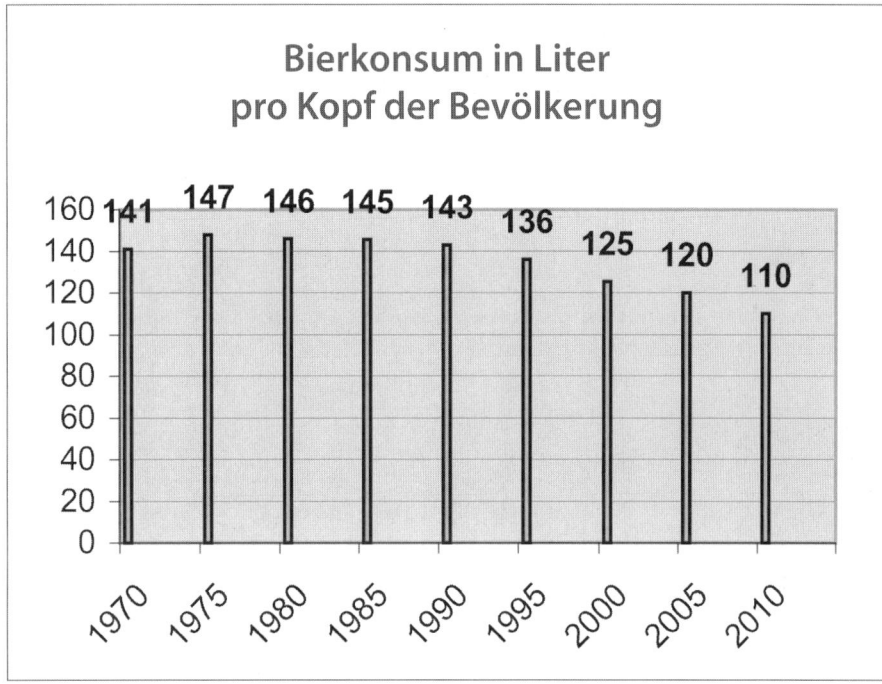

Ausschlaggebend für den Rückgang sind sich verändernde Konsumgewohnheiten. Neben einem gestiegenen Gesundheitsbewusstsein der Bevölkerung, das zu einer Substitution von Bier durch Mineralwasser und Fruchtsäfte führt, verringert vor allem der Wunsch nach innovativen Lifestylegetränken den Konsum traditioneller Biersorten. Hinsichtlich der Nachfragestruktur auf dem Biermarkt ist deshalb vornehmlich ein Trend in Richtung Bierspezialitäten wie Biermixgetränken zu verzeichnen.

Aufgrund oben angeführter Fakten und einer auch in Zukunft nicht absehbaren Trendumkehr kann gesagt werden, dass sich die Brauereiwirtschaft derzeit in einem gesättigten, bereits leicht schrumpfenden Markt befindet. Die klassischen Braubetriebe sehen sich auf diesem Markt einer Überkapazität ausgesetzt, die bei den meisten Unternehmen bei schätzungsweise 40 % liegt. Die Marktanteile einzelner Brauereien sind, anders als im europäischen Ausland, immer nur einstellig – wobei sich bei höheren Marktanteilen deutlich bessere Renditen erzielen lassen. Als Konsequenz daraus liegt die Zukunft der deutschen Brauwirtschaft in der Konzentration, also in wachsenden Marktanteilen. Da Interbrew (Belgien) und Heineken (Holland) den Schritt auf den deutschen Biermarkt gewagt haben, gibt es keinen Zweifel, dass in Zukunft weitere internationale Großkonzerne auf dem drittgrößten Biermarkt der Welt mitmischen wollen.

Ein neues Projekt: die Marke „Feel Green"

Als erste gemeinsame Aktion zwischen Unserbräu und Morphy's B. C. – neben der gemeinschaftlichen Promotion beider Premiumpils-Marken – ist die Einführung des Biermixgetränks **Feel Green** geplant. Die rechtliche Grundlage dazu bekamen die deutschen Bierbrauer 1993 durch eine EG-Richtlinie der Brüsseler Hohen Kommission: Seither darf Bier nicht mehr nur mit Limonade zu Radler gemischt werden und der Fantasie der Brauer sind keine Grenzen mehr gesetzt.

Ein halbes Jahr lang wurde in den Speziallabors beider Brauereikonzerne in Irland und im Sauerland unter gemeinsamer Kontrolle geforscht, gemixt und getestet. Zeitgleich wurden Marktforschungsstudien in Auftrag gegeben, um Biertrends zu entdecken, und Trendscouts wurden in einschlägige Szenelokale geschickt. Das Biermixgetränk besteht zu gleichen Teilen aus irischem Dunkelbier und Sauerländer Premium-Pils und ist mit dem Aroma irischen Whiskeys versetzt. Es soll wahlweise in der braunen 0,33-Liter-Flasche mit giftgelbem Drehverschluss oder im 5-Liter-Partyfass zu erwerben sein.

Das neue Produkt soll vornehmlich in Szene-Clubs, Diskotheken und In-Restaurants verkauft, aber auch im spaßorientierten Reiseverkehr verzehrt werden. „Man trägt heute seine Flasche in der Hemdtasche, um beide Hände fürs Leben frei zu haben", so die Trendscouts. Dafür soll die Flasche mit dem besonderen Design besonders geeignet sein. Die Produktion ist daher nicht ganz so günstig. Als variable Kosten fallen für jede Flasche samt Inhalt 0,56 Cent an. Für Maschinen, Personal usw. fallen Fixkosten von 300.000,00 € an. **Feel Green** soll im Fach-Großhandel in Verbindung mit trendigen Kühlschränken mit Werbeaufdruck und Leuchtreklame vertrieben werden.

Die Macher der beiden Unternehmen planen mit dem Trendgetränk in den nächsten zwei Jahren realistische Umsätze von 25 Mio. €.

Grundsätzlich wurden alle Marketingmix-Elemente ausführlich geplant. In einer außerordentlichen Vorstandssitzung kam es allerdings zu leichten Verstimmungen und Auseinandersetzungen hinsichtlich des richtigen Preismanagements und geeigneter Ziele für die Zukunft. Offen sind beispielsweise

die Fragen nach dem optimalen Einführungspreis und geeigneten Zielformulierungen. Um die Geschäftsleitung zu unterstützen, wurde eine Arbeits-
gruppe gebildet, der Sie angehören. Orientieren Sie sich bei Ihrer Arbeit an
den folgenden Arbeitsaufgaben.

Arbeitsaufgaben

1. Beschreiben Sie kurz die Entwicklung des Gesamtmarktes und die Ambiti-
    onen der Brauerei Unserbräu!
2. Leiten Sie für das Unternehmen eine „SMARTE" Zielformulierung ab (vgl.
    Kap. 4)!
3. Was versteht man unter Preisdifferenzierungsmanagement? Diskutieren Sie,
    bezogen auf den vorliegenden Fall, welche Formen der Preisdifferenzierung
    anzuwenden sind (vgl. Kap. 8)!
4. Als Markteinführungsstrategien hinsichtlich des Preises kennt man die
    Skimming-(Abschöpfungs-) sowie die Penetrations- bzw. Durchdringungs-
    strategie. Erläutern Sie, welche der beiden Strategien sich Ihrer Meinung
    nach für Feel Green anbietet und begründen Sie Ihre Strategiewahl (vgl.
    Kap. 8)!
5. Wie hoch ist der Deckungsbeitrag, wenn man Verkaufspreise von 1,00 €,
    1,50 € oder 2,00 € unterstellt (vgl. Kap. 7)?

18 | Lösungen zu den Aufgaben

18.1 Lösungen zu Kapitel 1

Zu Aufgabe 1:

Im Oligopol teilen sich wenige Anbieter den Absatz zur Versorgung vieler Nachfrager. Beispiele finden sich in der Elektro-, Eisen-, Stahl-, Mineralöl- und der Pharmaindustrie.

Zu Aufgabe 2:

Als zentrale Merkmale lassen sich nennen: erwerbswirtschaftliche Ziele, Autonomie, Privateigentum, Kombination von Produktionsfaktoren und Fremdbedarfsdeckung.

Zu Aufgabe 3:

Anzusetzen ist das Geburtsjahr der BWL in etwa zu Beginn des 20. Jahrhunderts mit der Gründung der ersten Handelshochschulen, z. B. in Aachen, Leipzig und St. Gallen.

Zu Aufgabe 4:

Ja, sie produzieren jedoch nur für den eigenen Bedarf und nicht für Fremdbedarf. Trotzdem sind auch in Haushalten zahlreiche betriebswirtschaftliche Entscheidungen zu treffen, z. B. Finanzierungsentscheidungen beim Kauf eines Autos.

Zu Aufgabe 5:

Der Markt ist derjenige Ort, in dem Angebot und Nachfrage nach Gütern und Dienstleistungen aufeinander treffen.

Zu Aufgabe 6:

Die Aussage ist falsch, da in einem Monopol ein Anbieter vielen kleinen Nachfragern gegenübersteht. Für ein Polypol wäre die Aussage zweckmäßig.

Zu Aufgabe 7:

Die BWL konzentriert ihre Untersuchungen auf einzelne Betriebe bzw. deren Wirtschaften. Die VWL hingegen geht von einer gesamtwirtschaftlichen Betrachtung aus, d.h. dem Zusammenwirken von mehreren Betrieben, Haushalten und dem Staat in der Wirtschaft.

Zu Aufgabe 8:

Nach dem Maximumprinzip soll mit einem gegebenen Input ein höchstmöglicher Output erzielt werden.

Zu Aufgabe 9:

Ein offener Markt ist für jedes Individuum frei zugänglich, d. h., es besteht freie Konkurrenz zwischen den einzelnen Anbietern.

Zu Aufgabe 10:

Die spezielle BWL beschäftigt sich mit Problemen einzelner Wirtschaftszweige wie z. B. Industriebetriebe oder Handelsbetriebe.

18.2   Lösungen zu Kapitel 2

Zu Aufgabe 1:

Unter dieser Abkürzung sind die Grundsätze ordnungsmäßiger Buchführung zusammengefasst. Sie stellen Normen zur ordnungsgemäßen Gestaltung der Rechnungslegung dar, die der Kaufmann bei der Aufstellung von Bilanz, Jahresabschluss und Inventur zu beachten hat.

Zu Aufgabe 2:

Rücklagen stellen Eigenkapital dar und können in der Bilanz verdeckt sein (stille Reserven). Rückstellungen sind Fremdkapital und sind in der Bilanz stets offen ausgewiesen.

Zu Aufgabe 3:

    Anschaffungspreis
+ Anschaffungsnebenkosten
+ nachträgliche Anschaffungskosten
− Anschaffungspreisminderungen
= Anschaffungskosten

Zu Aufgabe 4:

Die Aussage ist falsch. Sie widerspricht dem Realisationsprinzip.

385

25 Voss – ISBN 3-8120-0646-4

Zu Aufgabe 5:

Die Aussage gibt die Funktion des Jahresabschlusses korrekt wieder und ist daher zweckmäßig.

Zu Aufgabe 6:

Unter dem Umlaufvermögen lassen sich Bilanzposten zusammenfassen, die entweder schnell veräußert oder verbraucht werden oder aus sonstigen Gründen nur kurzfristig im Betrieb verbleiben.

Zu Aufgabe 7:

In diesem Fall handelt es sich um Zweckaufwand bzw. Grundkosten. Die Aufwendungen dienen der Erfüllung des Betriebszwecks und fallen in der Periode des Verbrauchs an. Beispiele sind Fertigungslöhne und Gehälter.

Zu Aufgabe 8:

Bei der vor- oder nachverlegten Inventur kann der Bestand an einem Tag innerhalb der letzten drei Monate vor oder zwei Monate nach dem Geschäftsjahresende aufgestellt werden.

Zu Aufgabe 9:

Es handelt sich um ein Bestandsverzeichnis, das alle durch die Inventur festgestellten Vermögensgegenstände und Schulden nach Art, Menge und Wert erfasst.

Zu Aufgabe 10:

Ein Disagio wird auch als Damnum oder auf Deutsch als Abgeld bezeichnet. Es kennzeichnet die Differenz zwischen Ausgabebetrag und höherem Rückzahlungsbetrag eines Kredites.

18.3 Lösungen zu Kapitel 3

Zu Aufgabe 1:

Es handelt sich beim Minimax-Kriterium zwar um eine pessimistische Entscheidungsregel, auf gewisse Sondersituationen (z. B. Existenzsorgen, drohende Insolvenz) ist sie dennoch anzuwenden.

Zu Aufgabe 2:

Aktionsraum:

- Aktion 1: Rasen mähen
- Aktion 2: Spülen

Umweltzustände:

- Zustand 1: gutes Wetter
- Zustand 2: schlechtes Wetter

Entscheidungsmatrix:

	Zustand 1	Zustand 2	Minimax	Maximax
Aktion 1	30	10	10	**30**
Aktion 2	15	15	**15**	15

Mit Hilfe der Minimax-Regel wählt Hans das Spülen, bei der Maximax-Regel bevorzugt er hingegen das Rasenmähen.

Zu Aufgabe 3:

Die Aussage ist nicht zweckmäßig. Die Kontrolle ist vielmehr ein unverzichtbares Gegenstück zur Planung, da sie das Betriebsgeschehen und somit auch die Planungsvorgaben überwacht.

Zu Aufgabe 4:

strategische Planung: hoher Ungewissheitsgrad, da sehr langer Planungshorizont

operative Planung: geringer Grad der Unsicherheit, da kurzer Planungshorizont (meist weniger als ein Jahr)

Zu Aufgabe 5:

Hier findet die Transformation einer Unsicherheitssituation in eine Risikosituation statt, und dies ohne erkennbare Begründung. Des Weiteren erfolgt die Gewichtung der einzelnen Ergebnisse nach einem sehr starren Schema.

18.4 Lösungen zu Kapitel 4

Zu Aufgabe 1:

Bei Venture Capital handelt es sich um Beteiligungskapital.

Zu Aufgabe 2:

Ausprägungen der Individualversicherungen sind Personen-, Sach- und Vermögensversicherung.

Zu Aufgabe 3:

Unter Zahllast versteht man den positiven Differenzbetrag von Umsatz- und Vorsteuer.

Zu Aufgabe 4:

Die Aussage ist nicht zweckmäßig, da es sich bei der Umsatzsteuer um eine Verkehrsteuer handelt.

Zu Aufgabe 5:

Es handelt sich um das Eingangskapitel eines Business-Planes. Hier wird auf max. 2 bis 3 Seiten das Geschäftsvorhaben dargestellt.

18.5 Lösungen zu Kapitel 5

Zu Aufgabe 1:

Unter den Begriff Finanzierung lassen sich alle Maßnahmen der Mittelbeschaffung und -rückzahlung zusammenfassen.

Zu Aufgabe 2:

Eine Risikoprämie ist die Zinsdifferenz zwischen einer risikobehafteten und einer risikounbehafteten Investition.

Zu Aufgabe 3:

Aktien sind Wertpapiere, die das (wirtschaftliche) Eigentum an einem Unternehmen der Rechtsform Aktiengesellschaft verbriefen. Aktiengattungen sind z. B. Vorzugs-, Stamm-, Quoten-, Nennwert-, Inhaber- und Namensaktien.

Zu Aufgabe 4:

Der Wert der Zahlung beläuft sich auf 10.000,00 € / 1,12 = 8.929,00 € (gerundet).

Zu Aufgabe 5:

Die Umsätze und Betriebskosten sind zur Bestimmung des Verschuldungsgrades irrelevant. Der Verschuldungsgrad gibt das Verhältnis von Fremdkapital und Eigenkapital an.

Beispiel: Verschuldungsgrad $= \dfrac{15 \text{ Mio.}}{30 \text{ Mio.}} = 0{,}5$. Der Verschuldungsgrad liegt bei 0,5.

Zu Aufgabe 6:

Er besitzt keinen Anteil an der Geschäftsführung und keine Beteiligung an überdurchschnittlichen Erträgen und stillen Reserven. Bei hoher Inflation kann es zu Wertverlusten kommen, da nur monetäre Werte zu zahlen sind.

Zu Aufgabe7:

Für eine langfristige Kreditfinanzierung sind Darlehen oder Anleihen geeignete Mittel.

Zu Aufgabe 8:

Bei einer Beteiligungsfinanzierung müssen den Anteilseignern Mitspracherechte eingeräumt werden. Zudem ist Beteiligungskapital steuerlich benachteiligt.

Zu Aufgabe 9:

Stückaktien lauten auf einen Anteil an der AG ohne genaue Bestimmung seiner nominellen oder verhältnismäßigen Größe.

18.6 Lösungen zu Kapitel 6

Zu Aufgabe 1:

Die Aussage ist richtig, Betriebsmittel gehören zu den Elementarfaktoren.

Zu Aufgabe 2:

Nein, bei der total substituierbaren Produktionsfunktion ist das Verhältnis der Produktionsfaktoren zueinander variabel.

Zu Aufgabe 3:

Als Verfahren der Fertigungsorganisation gelten: Fließ-, Werkstatt-, Gruppen- und Baustellenfertigung.

Zu Aufgabe 4:

Als älteste Form der Produktion gilt die Handarbeit (manuelle Arbeit).

Zu Aufgabe 5:

Eine Massenherstellung liegt vor, wenn größere Mengen standardisierter Produkte auf gleichen Produktionsanlagen gefertigt und für einen unbegrenzten Zeitraum ohne nennenswerte Variation auf einem Markt angeboten werden.

18.7 Lösungen zu Kapitel 7

Zu Aufgabe 1:

Die Aussage ist falsch, da es sich bei der Kostenrechnung um das interne Rechnungswesen handelt. Die Kostenrechnung ist daher im Wesentlichen frei von gesetzlichen Vorschriften.

Zu Aufgabe 2:

Jahr	Buchwert (in €)	Abschreibung linear (in €)	Buchwert (in €)	Abschreibung arithmetisch-degressiv (in €)
0	20.000,00	0,00	20.000,00	0,00
1	15.000,00	5.000,00	12.000,00	8.000,00
2	10.000,00	5.000,00	6.000,00	6.000,00
3	5.000,00	5.000,00	2.000,00	4.000,00
4	0,00	5.000,00	0,00	2.000,00

Zu Aufgabe 3:

Die wichtigsten Kostenarten sind Personalkosten, Werkstoffkosten und kalkulatorische Kosten.

Zu Aufgabe 4:

Selbstverständlich fallen Kosten an, und zwar kalkulatorische Mietkosten. Ihre Höhe ist z. B. aus einem Mietspiegel für Gewerberäume zu entnehmen. Es gelten die gleichen Überlegungen wie beim kalkulatorischen Unternehmerlohn.

Zu Aufgabe 5:

Gefragt war nach der Primär- und Sekundärkostenrechnung. Die Primärkostenrechnung verteilt die Kosten auf die Kostenstellen, wohingegen die Sekundärkostenrechnung der innerbetrieblichen Leistungsverrechnung dient.

Zu Aufgabe 6:

UKV und GKV unterscheiden sich hinsichtlich des formalen Ausweises der Lagerbestandsveränderungen und der Kostengliederung. Beim UKV erfolgt die Gliederung in Herstellkosten sowie Verwaltungs- und Vertriebsgemeinkosten, beim GKV nach Kostenarten.

Zu Aufgabe 7:

Als Normalkosten sollten

$$\frac{60.000 + 80.000 + 70.000}{3 \text{ Jahre}} = 70.000,00 € \text{ angesetzt werden.}$$

Zu Aufgabe 8:

Äquivalenzziffern sind im Rahmen von Kalkulationsverfahren von Bedeutung, speziell bei der Divisionskalkulation mit Äquivalenzziffern. Diese drücken dabei das Kostenverhältnis von unterschiedlichen Produktsorten aus.

Zu Aufgabe 9:

Der Grundgedanke der Prozesskostenrechnung besteht darin, Tätigkeiten oder Prozesse im Unternehmen zu identifizieren, die durch so genannte Kostentreiber bestimmte Kostensummen hervorrufen.

Zu Aufgabe 10:

Als Einflussgrößen sind Einstandspreise, Qualität der Arbeitsleistung/Rohstoffe etc., Betriebsgröße, Fertigungsprogramm und die Beschäftigung zu nennen.

18.8   Lösungen zu Kapitel 8

Zu Aufgabe 1:

1.1 Impulskauf
1.2 sozial beeinflusstes Verhalten
1.3 überlegtes Entscheiden
1.4 gewohnheitsmäßiges Verhalten

Zu Aufgabe 2:

positiv: Denkhilfe für Manager; einfache Darstellung; erlaubt die Ableitung von Strategien

negativ: zu starke Vereinfachung; noch weitere Erfolgsfaktoren außer relativen Marktanteil und Marktwachstum möglich

Zu Aufgabe 3:

z. B. Eismann; McDonald's; The Body Shop; Pizza Hut

Zu Aufgabe 4:

Das Produkt ist Ausgangspunkt der Marketingmixplanung und letztlich der Erfolgsträger des Unternehmens.

Zu Aufgabe 5:

Als markenpolitische Strategien stehen den Unternehmen Einzelproduktmarken, Produktfamilienmarken, Betriebsmarken sowie etwaige Mischformen zur Verfügung.

Zu Aufgabe 6:

Direkter Absatz erfolgt ohne Inanspruchnahme von Absatzmittlern, wie z. B. Factory-Outlet-Stores, in denen Hersteller ihre eigenen Marken direkt absetzen.

Zu Aufgabe 7:

In diesem Fall kann man von persönlicher Preisdifferenzierung sprechen.

Zu Aufgabe 8:

Die Skimming-Strategie wird auch als Abschöpfungsstrategie bezeichnet, d. h., der Preis bei der Einführung von Neuprodukten wird hoch angesetzt.

Zu Aufgabe 9:

Vertikale Preisbindungen existierten bis 1972 für gewisse Markenartikel, d. h., der Handel war an einen vorgegebenen Preis des Herstellers beim Absatz seiner Waren gebunden.

Zu Aufgabe 10:

Beim persönlichen Verkauf kommunizieren Verkaufsorgane der Industrie direkt mit dem Kunden, was besonders bei erklärungsbedürftigen Produkten nötig ist.

18.9 Lösungen zu Kapitel 9

Zu Aufgabe 1:

Die Sekundärforschung beschränkt sich auf die Auswertung von bestehendem Material und ist deswegen meist weit kostengünstiger als Primärerhebungen.

Zu Aufgabe 2:

Es sind die offene und geschlossene Fragestellung zu unterscheiden. Die Antwortvorgaben bei geschlossenen Fragestellungen lassen sich ferner unterteilen in Alternativvorgaben, Mehrfachvorgaben mit Rangfolge und ungeordnete Mehrfachvorgaben.

Zu Aufgabe 3:

Bei der schriftlichen Befragung ist der Interviewereinfluss am geringsten, da kein Interviewer bei der Befragung anwesend ist. Die telefonische Befragung weist einen geringeren Einfluss als die persönliche Befragung auf, weil hier nur die Stimme als Beeinflussungsmittel dient. Bei der persönlichen Befragung kommen noch Mimik und Gestik hinzu.

Zu Aufgabe 4:

Beobachtungen erfassen das wahrnehmbare Verhalten von Probanden (= Versuchs-/Testperson).

Zu Aufgabe 5:

Die Aussage ist nicht zweckmäßig, da die Rücklaufquote meist sehr gering ist. Anders ist dies nur, wenn eine Gruppe direkt vor Ort befragt wird, etwa bei einer Evaluation an einer Hochschule, bei der die Studierenden über die Qualität einer Vorlesung befragt werden.

18.10 Lösungen zu Kapitel 10

Zu Aufgabe 1:

positiv: übersichtliche Anweisungsverhältnisse, Einheitlichkeit der Leitung gewährleistet, keine Kompetenzschwierigkeiten

negativ: starke Beanspruchung der Führungsspitze, schwerfällig (lange Dienstwege), fehlende Fachkenntnis bei übergeordneten Stellen

Zu Aufgabe 2:

Die Vorteile des Stabliniensystems sind folgende: eindeutige Anweisungsbefugnisse, Entlastung der Führungsspitze, keine Kompetenzschwierigkeiten, Nutzung von Spezialwissen.

Zu Aufgabe 3:

Es handelt sich primär um einen autoritär-patriarchalischen Führungsstil.

Zu Aufgabe 4:

Die Aussage ist falsch. Als kleinste betriebliche Organisationseinheit wird einheitlich die Stelle gesehen.

Zu Aufgabe 5:

Der Dienst- und Meldeweg wird strikt beim Einliniensystem eingehalten.

18.11 Lösungen zu Kapitel 11

Zu Aufgabe 1:

Nein. Tarifabschlüsse, allgemeines Lohnniveau und gesetzliche Bestimmungen haben Einfluss auf die Lohnstruktur innerhalb eines Betriebes.

Zu Aufgabe 2:

Sicherlich wäre der Potzblitz-Reinigungs GmbH die Annahme eines solchen Angebotes nahe zu legen. Insbesondere wenn die Verantwortlichen keine erweiterten Kenntnisse der Personalauswahl haben, ist es günstiger, das Geld zu investieren, als mit einer Fehlbesetzung rechnen zu müssen, die für die Firma unter Umständen katastrophale Konsequenzen hat (z. B. Verluste, Insolvenz).

Zu Aufgabe 3:

Ja. Eine hohe Mitarbeiterzahl sichert (mit einiger Koordinierungsarbeit), dass für die anstehenden Aufgaben immer Personal vorhanden ist.

Zu Aufgabe 4:

Oberstes Kriterium ist die gemessene Arbeitsproduktivität im Bereich der fraglichen Arbeitsplätze. Hohe Arbeitsproduktivitätssteigerungen erlauben grundsätzlich auch adäquate Entlohnungserhöhungen. Darüber hinaus zwingen Gehaltserhöhungen Unternehmen zu Kosteneinsparungen, die sich oft in Entlassungen niederschlagen.

Zu Aufgabe 5:

Kriterien für eine Motivationsförderung der Mitarbeiter sind z. B. Führungsstile, Geld, Mitarbeiterstrukturen sowie die Arbeitsplatz- und -zeitgestaltung.

Zu Aufgabe 6:

Postkorb-Übungen sind beliebte Tests im Rahmen eines Assessment-Centers. Bei dieser Übung wird das Szenario unterstellt, dass ein Bewerber seinen Chef vertreten oder seine zukünftige Stelle ausfüllen soll. Dabei gilt es, die eingegangene Tagespost zu bearbeiten und nach Wichtigkeit zu sortieren.

Zu Aufgabe 7:

Es handelt sich um einen Langzeiturlaub mit einer Arbeitsunterbrechung bis hin zu einem Jahr. Der Arbeitsvertrag wird während dieser Zeit aufrechterhalten.

Zu Aufgabe 8:

Hier würde sich eine flexible Tagesarbeitszeit eignen, bei der gewisse Kernarbeitszeiten (z.B. von 11:00–16:00 Uhr) bestehen, in denen innerbetrieblich Absprachen getroffen oder Kundenanfragen beantwortet werden können.

Zu Aufgabe 9:

Als Instrumente der Personalbeschaffung lassen sich Neueinstellungen, Inanspruchnahme von Leiharbeitnehmern und Umbesetzung innerhalb des Betriebes unterscheiden.

Zu Aufgabe 10:

Ein Tarifvertrag regelt Rechte und Pflichten der Tarifvertragsparteien (z.B. Arbeitgeber, Arbeitnehmer).

18.12 Lösungen zu Kapitel 12

Zu Aufgabe 1:

Dem Deming-Zyklus oder auch PDCA-Zyklus nach müssen qualitätsorientierte Aktivitäten zunächst geplant („plan"), dann durchgeführt („do") und nach der Durchführung auf den Erfolg hin geprüft („check") werden. Auf der Grundlage des Erfolges werden für den nächsten Zyklus Verbesserungen beschlossen und umgesetzt („act").

Zu Aufgabe 2:

Als charakteristische Basiselemente sind Kundenorientierung, interne und externe Kunden-Lieferanten-Beziehung, Mitarbeiterbeteiligung, Prozessorientierung und kontinuierliche Verbesserungen zu differenzieren.

Zu Aufgabe 3:

Es sind Befähiger- und Ergebniskriterien zu trennen. Erstere thematisieren die wesentlichen Einflussgrößen auf die „Excellence", d.h., sie behandeln die Tätigkeiten, Handlungsweisen und Prozesse eines Unternehmens und beschreiben somit, *wie* Leistung innerhalb des Unternehmens zustande kommt. Die „Befähiger" werden auch als Frühindikatoren bezeichnet, denn sie sind verantwortlich für den zukünftigen Erfolg. Ergebniskriterien geben Auskunft, welche Ziele ein Unternehmen erreicht hat, d.h., sie beschreiben das, *was* ein Unternehmen für seine Anspruchsgruppen an Leistungen erbracht hat, indem deren Zufriedenheit gemessen wird. Die Ergebniskriterien werden auch als Spätindikatoren bezeichnet, denn sie zeigen, wie sich die Befähigerkriterien auf den Erfolg ausgewirkt haben.

Zu Aufgabe 4:

Es handelt sich eindeutig um eine Vision, die zukunftsbezogen ist – quasi ein Traum mit Verfallsdatum. Eine Mission hingegen veranschaulicht den eigentlichen Organisationszweck, d.h. die aktuelle und zukünftige inhaltliche Fokussierung, die Zielgruppen, das kulturelle und gesellschaftliche Selbstverständnis, die Wettbewerbsposition sowie das spezifische Unternehmensprofil.

Zu Aufgabe 5:

Checker treten bei methodischem Vorgehen des Silent Shoppings bzw. Mystery Shoppings auf. Es handelt sich um unternehmensinterne Mitarbeiter, die zu beobachtende bzw. zu analysierende Qualitätsstandards genau kennen und anschließend beurteilen. Als Checker betätigt sich beispielsweise ein fremder Bezirksleiter, der die Handelsfilialen eines Kollegen hinsichtlich Service (z. B. Warteschlangen an der Kasse), Sauberkeit usw. kritisch beurteilt.

18.13 Lösungen zu Kapitel 13

Zu Aufgabe 1:

Beide Aussagen sind richtig. Bei der AG handelt es sich um einen Formkaufmann. Sie muss sich als Kapitalgesellschaft in die Abteilung B des Handelsregisters eintragen lassen.

Zu Aufgabe 2:

Fantasienamen sind dem HGB nach erlaubt. Herr Muskel und Herr Protz haben demnach die Freiheit, diesen Namen zu wählen. Es sind im Weiteren jedoch noch die Grundsätze der Firmenausschließlichkeit und der Firmenöffentlichkeit zu beachten.

Zu Aufgabe 3:

3.1 Grundsatz der Firmenbeständigkeit

3.2 mit dem Zusatz Nachfolger (Elektro Frast e. K. – Nachfolger)

Zu Aufgabe 4:

Es wird sich aufgrund der geringen Betriebsgröße um den Status eines Nichtkaufmanns handeln.

Zu Aufgabe 5:

Diese Aussage ist falsch, denn es handelt sich bei land- und forstwirtschaftlichen Betrieben, die einen in kaufmännischer Weise eingerichteten Geschäftsbetrieb benötigen, um so genannte Kannkaufleute, denen ein Eintrag ins Handelsregister freisteht.

18.14 Lösungen zu Kapitel 14

Zu Aufgabe 1:

Nein, weil bei Betrieb eines Handelsgewerbes das Handelsgesetzbuch gilt. Denkbar wäre, das Unternehmen als OHG zu gründen.

Zu Aufgabe 2:

Es bietet sich eine GbR an, weil ein gemeinsamer Zweck vorhanden und genannt ist, die Gesellschafter bekannt sind, weil sie sich offenbar zur Kooperation verpflichtet haben und des Weiteren kein Handelsgewerbe vorliegt.

Zu Aufgabe 3:

Hier bietet sich die AG an. Die AG ermöglicht durch die Ausgabe von vielen Anteilsscheinen ohne weitergehende Haftungsverpflichtungen für die Aktionäre die Mobilisierung erheblicher Kapitalmengen.

Zu Aufgabe 4:

Nein, die Beteiligung am Verlust könnte aber per Vertrag vereinbart werden. Der Verlustanteil des stillen Gesellschafters kann jedoch nicht höher als seine Einlage sein.

Zu Aufgabe 5:

Ja, der Zweck einer GmbH muss kein Handelsunternehmen sein.

Zu Aufgabe 6:

Hauptmerkmal von Personengesellschaften ist, dass mehrere Personen gemeinsam ein Ziel verfolgen und sich gegenseitig die Unterstützung bei der Zielerreichung zusichern.

Zu Aufgabe 7:

EWIV steht für Europäische Wirtschaftliche Interessenvereinigung.

Zu Aufgabe 8:

Der Gewinn wird grundsätzlich zu gleichen Teilen ausgeschüttet, es sei denn, es finden sich andere Regelungen im Gesellschaftsvertrag.

Zu Aufgabe 9:

Die Gesellschafter haften gesamtschuldnerisch, d. h. unbeschränkt mit dem Betriebs-, aber auch mit dem Privatvermögen.

Zu Aufgabe 10:

Die Auflösung einer GmbH kann durch eine gemeinsame Entscheidung der Gesellschafter, Ablauf eines befristeten Gesellschaftsvertrages, Gerichtsbeschluss, Insolvenz sowie durch im Gesellschaftsvertrag individuell fixierte Gründe vollzogen werden.

Zu Aufgabe 11:

Die Organe einer Aktiengesellschaft sind die Hauptversammlung, der Aufsichtsrat und der Vorstand. Der Vorstand führt die Geschäfte des Unternehmens und wird dabei laufend vom Aufsichtsrat überwacht, der u. U. auch Arbeitnehmerinteressen vertritt. Die Hauptversammlung ist die Interessenvertretung der Anteilseigner (Aktionäre).

18.15 Lösungen zu Kapitel 15

Zu Aufgabe 1:

Den beiden Unternehmern steht es offen, ein Einkaufskartell zu bilden. Dieses unterliegt lediglich der Anmeldungspflicht und damit auch der Missbrauchsaufsicht der Kartellbehörde.

Zu Aufgabe 2:

Kartelle sind häufig in Wirtschaftszweigen mit einer geringen Zahl von Anbietern, die gleichwertige Produkte wie Benzin, Mehl, Salz oder Zement produzieren, anzutreffen.

Zu Aufgabe 3:

Zu unterscheiden ist die Fusion durch Aufnahme von der Fusion durch Neubildung.

Zu Aufgabe 4:

Bei einer Fusion gehen rechtliche und wirtschaftliche Selbstständigkeit im Rahmen des Zusammenschlusses verloren.

Zu Aufgabe 5:

Die Spitze eines Konzerns wird selbstverständlich durch eine einheitliche Leitung repräsentiert, von daher ist der Aussage zuzustimmen.

Zu Aufgabe 6:

Es handelt sich um einen horizontal gegliederten Konzern, da beide Partner auf der gleichen Ebene agieren.

Zu Aufgabe 7:

Unternehmenszusammenschlüsse sollen
- Nutzen von Größenvorteilen zur Kostensenkung,
- Gewinnung von Marktmacht und Verbesserung der Marktstellung,
- Absatzsicherung und Absatzsteigerung und
- die Realisierung von Finanzierungszielen
bewirken.

Zu Aufgabe 8:

Verboten sind grundsätzlich Preiskartelle, Mengenkartelle sowie Gebietskartelle.

Zu Aufgabe 9:

Holding- bzw. Dachgesellschaften bilden häufig die Spitze eines Konzerns, indem sie Verwaltungs- und Finanzierungsaufgaben übernehmen.

Zu Aufgabe 10:

Ja, mehrfach. So fusionierte der Konzern etwa in den Achtzigerjahren mit der AEG und vor wenigen Jahren mit dem amerikanischen Automobilhersteller Chrysler.

18.16 Lösungen zu Kapitel 16

Zu Aufgabe 1:

In diesem Fall hat die Zuverlässigkeit und Flexibilität besondere Bedeutung bei der Auswahlentscheidung. Zuerst muss freilich überprüft werden, ob potenzielle Lieferanten in der gewünschten Zeit liefern können.

Zu Aufgabe 2:

Der „eiserne Bestand" ist ein Mindestbestand eines Artikels für gewisse Notfälle (z. B. unerwartet eingetretene Veränderungen der Lieferzeit). Er wird daher im normalen Betriebsgeschehen nicht angegriffen.

Zu Aufgabe 3:

Ein Selling Center ist ein multipersonales Verkaufsgremium der Anbieterseite beim Warenverkauf. Es umfasst damit die anbieterseitigen Gesprächspartner eines Einkaufsgremiums.

Zu Aufgabe 4:

Als Hauptkritikpunkt ist die Subjektivität der Ergebnisse zu nennen. Selten werden unterschiedliche Mitarbeiter zu einer ähnlichen Gewichtung der Kriterien gelangen.

Zu Aufgabe 5:

„Hidden champions" sind meist unbekannte mittelständische Weltmarktführer, die durch Kundennähe und besondere Produktinnovationen die Konkurrenz beherrschen.

18.17 Lösungsansatz zur Fallstudie

Zu Aufgabe 1:

Die Entwicklung der Bierbranche über die letzten Jahre hinweg hat gezeigt, dass in Nischen am besten Geld verdient wird. Insbesondere Biermixgetränke sind stark im

Kommen. Mixen heißt also, den Absatzproblemen im Stammsegment auszuweichen. Hierfür ist allerdings die Beschaffung von Kapital notwendig. Diesen Schritt ging die Brauerei, als sie eine strategische Allianz mit Morphy's B.C. einging.

Zu Aufgabe 2:

Ansätze für die Zielformulierung nach der SMART-Formel sehen wie folgt aus:

Spezifisch	Eine genaue Zieldefinition ist nicht schwierig. Sie ist mit dem Umsatz (= abgesetzte Menge · Preis) schon vorgegeben.
Messbar	Die quantitative Messung könnte in Geldeinheiten (Euro) erfolgen. Ein Vergleichsmaßstab besteht noch nicht, da das Getränk neu am Markt etabliert werden soll.
Anspruchsvoll	Realistisch schätzen die Manager Umsätze von 25 Mio. € in den nächsten beiden Jahren ein. Dies wäre eine Größe, die anvisiert werden könnte, vielleicht mit einer leichten Erhöhung, um die Mitarbeiter anzuspornen (also etwa 30 Mio. €).
Realistisch	Die anvisierten 25 Mio. € wären im Bereich des erreichbaren und somit auch realistisch!
Terminiert	Wenn wir von einem Marktstart Anfang 2005 ausgehen, dann sollte der Umsatz am Ende des Jahres 2006 erreicht worden sein.

Ziel: Der erreichte Umsatz des innovativen Getränkes sollte Ende des Jahres 2006 mindestens 30 Mio. € betragen.

Zu Aufgabe 3:

Bei einer Preisdifferenzierung werden für identische Produkte von verschiedenen Kunden(-gruppen) aufgrund bestimmter Kriterien unterschiedlich hohe Preise gefordert. Die Preisdifferenzierung ist ein Instrument der differenzierten Marktbearbeitung, aufbauend auf den Ergebnissen der Marktsegmentierung. Das Ziel der Preisdifferenzierung ist das Erreichen einer Gewinnsteigerung durch Abschöpfung der Konsumentenrenten.

Formen der Preisdifferenzierung:

1. räumliche Preisdifferenzierung

   Def. = unterschiedliche Preise für verschiedene Regionen

   → Großstädte als Szene-Zentren mit höheren Preisen und niedrigere Preise in der herkömmlichen Dorfkneipe. Da das Bier über den (Groß-)Handel weiterzuverkaufen ist, kann diese Art der Preisdifferenzierung nicht direkt angewandt werden.

26 Voss – ISBN 3-8120-0646-4

2. zeitliche Preisdifferenzierung
   Def. = verschiedene Preise nach Zeitpunkt der Leistungserbringung
   → Besondere Preisaktionen bei Festivitäten oder Events wie z. B. Loveparade, Saint Patrick's Day. Diese Maßnahme kann z. B. durch Direktverkauf des Bieres auf den entsprechenden Festen realisiert werden.
3. personenbezogene Preisdifferenzierung
   Def. = unterschiedliche Preise für unterschiedliche Kundengruppen
   → Bietet sich in diesem Fall nicht an
4. Preisdifferenzierung nach Kaufbedingungen
   Def. = nutzen unterschiedlicher Einkaufsmerkmale (z. B. Menge)
   → Das 5-Liter-Partyfass kann beispielsweise preisgünstiger im Literpreis als eine Einzelflasche angeboten werden.

Zu Aufgabe 4:

Skimmingstrategie (Abschöpfungsstrategie):
■ Preis bei der Einführung von Neuprodukten wird hoch angesetzt;
■ betont Statussymbolcharakter;
■ Konsumfreudigkeit zahlungsfreudiger Kunden soll angeregt werden.

Durch einen hohen Preis lassen sich besonders Trendsetter ansprechen, die gerne Neuerungen testen und die Bereitschaft mit sich bringen, einen hohen Preis für Lifestyle-Produkte zu bezahlen. Feel Green ist zwar keine völlige Marktneuheit, allerdings besteht in dieser Geschmacksrichtung kein annähernd vergleichbares Mixgetränk. Durch den relativ hohen Einstiegspreis würde auch genug Spielraum für spätere Preissenkungen geschaffen.

Penetrationsstrategie (Durchdringungsstrategie):
■ Einführungspreis liegt relativ niedrig;
■ spätere Preiserhöhungen sind denkbar;
■ breite Käuferschichten sollen gewonnen werden.

Es können zwar breite Käuferschichten gewonnen werden, in erster Linie aber soll Feel Green als Trendprodukt eingeführt werden. Bei einem zu günstigen Preis besteht die Gefahr des Imageverlusts. Der Vertrieb einer günstigen Massenware würde dem Image der Premium-Brauerei Unserbräu nicht entsprechen. Zudem wird keine Massenproduktion zur Erreichung von Kostendegressionseffekten angestrebt, da Feel Green nur der Ergänzung der Produktpalette dient und die Kosten der Produkteinführung durch die Kooperation zwischen der Privatbrauerei Unserbräu und Morphy's B. C. begrenzt sind.

Zu Aufgabe 5:

Definition der Variablen: p = Preis; k_v = variable Stückkosten; KF = Fixkosten

Deckungsbeitrag = $p - k_v$

Anwendung:

1,00 € – 0,56 € = 0,44 €

1,50 € – 0,56 € = 0,94 €

2,00 € – 0,56 € = 1,44 €

Break-even-Point (Gewinnschwelle) = KF : $(p - k_v)$

Anwendung:

Für den Preis von **1,00 €:** 300.000,00 € : 0,44 = **681.819** verkaufte Flaschen

Für den Preis von **1,50 €:** 300.000,00 € : 0,94 = **319.149** verkaufte Flaschen

Für den Preis von **2,00 €:** 300.000,00 € : 1,44 = **208.334** verkaufte Flaschen

(Hinweis: Anzahl der verkauften Flaschen muss stets aufgerundet werden!)

Stichwortverzeichnis